JN017564

有明海のウナギは語る
食と生態系の未来

著　中尾 勘悟
肥前環境民俗（干潟文化）写真研究所

編著　久保 正敏
国立民族学博物館名誉教授

発行：公益財団法人 千里文化財団
発売：株式会社 河出書房新社

はじめに

本書は、一般財団法人（2021年4月から公益財団法人）千里文化財団発行の『季刊民族学』163号（2018年1月）、166号（2018年10月）に掲載された、中尾勘悟著「有明海周辺のウナギ漁」（上）（下）を基に、新たな取材や資料を加えたものである。1974年創設の国立民族学博物館が1977年に展示場を一般公開したのにあわせ、初代館長梅棹忠夫は市民向けサービスを担う博物館支援組織を設立した。その後身である千里文化財団は、展示場一般公開にあわせて創刊された家庭学術雑誌『季刊民族学』の編集・発行を、前身時代も含めて40年以上担ってきた。中尾勘悟の寄稿時に編集長を務め原稿の編集にあたったのが久保正敏だった縁で、このたび共著を刊行することになった。

資源量の減少が続くニホンウナギは、大食漢であり淡水生態系における食物連鎖の頂点に君臨するので、その消長は、成育環境である河川や干潟など水辺生態系の状況と連動する。つまり、ウナギの有力な成育場所、有明海での天然ウナギ漁の衰退は、水辺の生態系の劣化や喪失の例証となる。

そこで本書では、有明海の天然ウナギ漁を出発点として、水辺の生態環境の変化、人と水の関わり方の歴史を振り返りつつ、生態系の保全と持続が可能な地域社会の構築の可能性、さらには食の近未来についても考えていきたい。一見、ローカルでミクロな事象である有明海のウナギ漁は、実はマクロな日本の食の未来につながっている。

中島みゆき氏の「糸」ではないが、本書は次のように構成されている。縦糸は、45年以上も有明海の漁撈文化を取材・撮影してきた中尾による、有明海の生態系やウナギ漁、資源回復を目指す「森里海の連環」学に基づく諸活動などの、カラー写真による記録と報告である。横糸は、ウナギの生態、有明海の特徴、諫早湾干拓事業訴訟史（類例のない年表を紹介）、干拓とオランダとの関わり、河川行政の諸課題などの、久保による概説である。すなわち、フィールドワーク型の縦糸、文献調査型の横糸、両者で織りなす構成である。

本書の、1.4節「世界のウナギと日本の役割」はWWF（World Wide Fund for Nature：世界自然保護基金）ジャパン自然保護室海洋水産グループの植松（うえまつ）周平氏、コラム「ウナギは2回変態する」は九州大学大学院農学研究院特任教授の望岡典隆（もちおかのりたか）氏、コラム「46mの滝登り」「河川でのウナギの寝床」は九州大学大学院生物資源環境科学府博士課程（2021年当時）の松重一輝（かずき）氏と望岡典隆氏、2.4節「環境DNAとウナギの生息地解析」及びコラム「自然共生社会の実現のための『運ぶもの』と『運ばないもの』」は国立環境研究所生物多様性領域生態系機能評価研究室主幹研究員の亀山哲（さとし）氏、コラム「九州にある特殊なウナギ石倉」及び10.1節「三者協同による親ウナギ放流事業 —— 浜名湖」、10.2節「小型個体の再放流による増殖義務の履行 —— 佐鳴湖」は、いのちのたび博物館（北九州市立自然史・歴史博物館）学芸員の日比野友亮（ゆうすけ）氏、コラム「ふるさとの川はみな違う」は作家の阿部夏丸氏、コラム「生態系保全と防災の両立 —— 石組みによる河道改善」は日本大学理工学部教授の安田陽一氏、コラム「気仙沼舞根（もうね）湾湿地保全 —— ニホンウナギは私たちの未来を映し出す鏡」は京都大学名誉教授の田中克（まさる）氏、各氏からの寄稿による。

共著者二名は、1章、7.3節、コラム「六角川河口域でのウナギ地獄釣り」「嬉野川とシーボルト」を共同で執筆したほか、中尾は4.5節、5.1節、5.2節、第6～7章、8.6節、9.1節、9.4節、及びコラム「筑後川の大ウナギ退治の話」「柳川のウナギ供養祭」を執筆した。久保は、寄稿と上記を除いた、章、節、コラム、註の執筆、及び、編集作業全般を担当した。特記（敬称略）以外の写真は中尾の撮影、特記（敬称略）以外の図版は久保の作成による。

本文中に散見される「余談」は、箸休めとともに、周囲の関連事項にも関心を寄せてもらいたい、との久保の思いによる。同様に註のいくつかも、独立して読んでいただける読み物仕立てになっている。

個別の言及は割愛させていただくが、下記の方々（五十音順敬称略、肩書きは2021年4月現在）からは、情報提供、資料提供、写真提供、転載許諾、寄稿など、諸々ご支援をいただいた。篤く御礼申し上げる。とくに、佐藤慎一、田中克、日比野友亮、望岡典隆の各氏からは、学術的示唆やご指摘を多々いただいたことに深謝する。

穴井 綾香：久留米市市民文化部・文化財保護課（福岡県久留米市）
阿部 夏丸：作家（愛知県豊田市）
植松 周平：WWF（World Wide Fund for Nature：世界自然保護基金）ジャパン自然保護室海洋水産グループ（東京都港区）
内山 里海：NPO法人「SPERA森里海・時代を拓く」・代表（福岡県柳川市）
大上 隼人：道の駅あわくらんど（岡山県英田郡西粟倉村）
岡野 豊：エーゼロ株式会社・自然資本事業部・部長（2019年当時、岡山県英田郡西粟倉村）
小川原湖漁業協同組合（青森県上北郡東北町）
小野田 伸：岡山シティミュージアム・館長補佐（岡山市）
粥川 登（岐阜県郡上市）
鹿児島県ウナギ資源増殖対策協議会（鹿児島市）
亀山 哲：国立環境研究所・生物多様性領域生態系機能評価研究室・主幹研究員（茨城県つくば市）
高知県水産振興部漁業管理課（高知市）
国土交通省遠賀川河川事務所（福岡県直方市）
国立研究開発法人水産研究・教育機構広報課（横浜市）
木庭 慎治：福岡県立伝習館高等学校・教諭（福岡県柳川市）
西城 恵：一般社団法人 南三陸町観光協会・総務企画部門（宮城県本吉郡南三陸町）
坂本 一男：一般財団法人 水産物市場改善協会 筑地市場おさかな普及センター資料館・館長（東京都江東区）
佐藤 慎一：静岡大学・理学部地球科学科・教授（静岡市）
佐藤 典子：御前神社・宮司（岡山市）
佐藤 正典：鹿児島大学・名誉教授（鹿児島市）
塩田 直司：コスモス法律事務所・弁護士（熊本市）
竹下 八十：株式会社竹八・代表取締役社長（佐賀市）
武田 淳：佐賀大学・名誉教授（佐賀市）
太齋 彰浩：一般社団法人 サスティナビリティセンター・代表理事（宮城県本吉郡南三陸町）
駄田井 正：特定NPO法人「筑後川流域連携倶楽部」・理事長（福岡県久留米市）
田中 茂樹：一般社団法人鹿島市観光協会・事務局長（佐賀県鹿島市）
田中 克：京都大学・名誉教授（長野県上水内郡信濃町）
津田 潮：津田産業株式会社・代表取締役社長（大阪市）
東京大学大気海洋研究所広報室（千葉県柏市）
鍋田 康成：筑後川まるごと博物館運営委員会・学芸員、事務局長（福岡県久留米市）
新村 安雄：フォトエコロジスト、環境コンサルタント、リバーリバイバル研究所主宰（岐阜市）
野田 繭子：岡山県立博物館・学芸課（岡山市）
林 春野：エーゼロ株式会社・広報担当（岡山県英田郡西粟倉村）
日比野 友亮：いのちのたび博物館（北九州市立自然史・歴史博物館）・学芸員（福岡県北九州市）
本間 雄治：NPO法人「大川未来塾」（福岡県大川市）
松重 一輝：九州大学大学院・生物資源環境科学府・博士後期課程（福岡市）
馬奈木 昭雄：久留米第一法律事務所・弁護士（福岡県久留米市）
望岡 典隆：九州大学大学院・農学研究院・特任教授（福岡市）
森 千恵：旧児島湾研究会（岡山市）
森本 和子：日東河川工業株式会社・営業本部（香川県綾歌郡綾川町）
安田 陽一：日本大学・理工学部・教授（東京都千代田区）
山﨑 和文：佐賀県立博物館・学芸員（佐賀市）

扉写真：村山末次郎氏夫妻のウナギ塚。長崎県諫早市高木町（たかきちょう）境川河口の干潟、1985年。諫早湾潮受け堤防の内陸側に取り込まれた今では草原になっている。撮影：中尾勘悟

目次

本書では、文脈からそれと判別できる場合には、ニホンウナギ(標準和名)を単にウナギと表記している。また、本書での参考文献の引用形式は、[著者(・著者2)発表年(:該当頁(-該当最終頁))]である。

第1章

食資源としてのウナギ

1.1. ニホンウナギの供給量

高値で庶民の口には届きにくくなったウナギ。農林水産省の2021年漁期「漁業・養殖業生産統計」及び、財務省の2021年「貿易統計」によれば、市中に出回るウナギ62,926t（トン）のうち、日本の自然水系で採捕した大人のニホンウナギ、すなわち「天然ウナギ」の漁獲量（内水面漁業生産量）は、63tと0.1%に過ぎず、国内産のほとんどは、河口部で採捕したニホンウナギの稚魚（ちぎょ）「シラスウナギ」を養殖池に移入（池入（いけいれ）と呼ぶ）して育てた「養殖ウナギ」20,573tである（養殖生産量については、p.100のグラフ「1900年以降のニホンウナギ国内生産における天然ウナギと養殖ウナギ」参照）。そのうえ、出回るウナギの2/3は、輸入したウナギ（活ウナギと調整品、そのほとんどは蒲焼）42,290tである（p.12のグラフ「ウナギ供給量の推移」）。

ちなみに、農林水産省が統計処理する際の、ウナギ（稚魚の次の段階「未成魚」と、性成熟した「成魚」を総称するものとする）やシラスウナギの漁期は、前年11月1日〜当年10月31日である。

かつて、輸入されるウナギの中心は、ヨーロッパウナギのシラスウナギを中国で養殖した活ウナギやそれを蒲焼に加工したものであり（註1）、スーパーマーケットに出回っていた、価格が手頃な蒲焼の多くは、これであった。しかし、ヨーロッパウナギの資源量減少、2010年以降のEUでの貿易規制により輸入量は減少する一方で、インドネシアの通称ビカーラ種（*Anguilla bicolor*：標準和名の案はバイカラウナギ、1.4節）の輸入量が2016年をピークに一時的に増えていて、それに伴い、ビカーラ種の資源量の減少も懸念されている。いずれにしろ、日本のウナギ消費動向が輸入動向を左右し、世界のさまざまなウナギ種の資源量をも左右している（1.4節）。

日本国内でのウナギの供給が輸入に頼るようになった原因には、需要拡大に国内産だけでは追いつかなくなった、というだけではなく、国内産ニホンウナギ資源量自体の減少がある。天然ウナギの漁獲量（内水面漁業生産量）は、この50年間に大きく減少し、1960年代には毎年3千t前後あった水揚げが、2015年以降は70t前後で推移している。シラスウナギの国内採捕量も、1960年代は150t前後あったが、1970年代年以降減少し、近年は15t前後である（p.12のグラフ「ニホンウナギ内水面漁業生産量とシラスウナギ国内採捕量の推移」）。

ニホンウナギは、日本のはるか南約2,500km、マリアナ諸島の西にある西マリアナ海嶺（大洋底にそびえる起伏の多い海底山脈）近くで生まれ、孵化直後の仔魚（しぎょ）は遊泳力が未発達なので黒潮に乗って輸送され、半年近くの旅を経て日本近海に到達し、稚魚（仔魚の次の段階、親に似た姿に変態したものを稚魚と呼ぶ）シラスウナギに変態して河口域や浅い海域に入ってくる。日本の自然水系で育つ天然ウナギの生態については2.1節で紹介するが、国内産供給量のほとんどを支える養殖ウナギは、養殖とはいいながら卵からではなく、河口に到達した稚魚シラスウナギを採捕して育てるので、水産業界では、「生け簀などに蓄えて給餌し魚体を大きくする」意味の「畜養（蓄養とも）」と呼ぶこともある。

ただし、2015年の内閣府令「食品表示基準」別表「個別加工食品等の定義」は、「養殖とは、幼魚等を重量の増加又は品質の向上を図ることを目的として、出荷するまでの間、給餌することにより育成することを言う」と幅広い定義なので、ウナギの場合も「養殖」と表示される。

いずれにしろ、元となる稚魚、シラスウナギは自然界から得られるものなので、人間が養殖ウナギの生産量を自由に制御できない。実際、シラスウナギの国内採捕量は、先述どおり1970年代以降減少している。その時期以降、国内でのニホンウナギの需要が高まるとともに養殖業も拡大し（5.3節）、それに対応してシラスウナギの輸入量も増加していく。

1.2. シラスウナギの輸入

シラスウナギの輸入に関しては、1968年から輸入の始まった台湾の存在が、資源管理の問題に深く関わってきた。池入が2〜3月と日本より遅い台湾は、1月までに採捕したシラスウナギを日本に輸出していた。

しかし2000年前後から日本でのウナギ需要が急増し、未成魚になるまで養殖して日本に輸出する方が経済的に有利と気づいて養殖地が急拡大した。台湾では水温が高いため、日本でのように加温する必要（p.102）がなくオイル代もかからないので、養鰻には有利なのである。このようにして、台湾国内でのシラスウナギ需要も増大し、台湾政府もシラスウナギを日本から輸入して養殖し再輸出することを奨励したので、2〜3月には池入をほぼ終えている日本にシラスウナギの輸出を要望した［増井 2013］。

ところが日本は、その輸出には経済産業大臣の承認が必要な品目を記した「輸出貿易管理令」の運用に関し、水産庁長官が2006年11月に資源保護を目的にシラスウナギ輸出を5〜11月に限定する「要請」を出し、引き続いて、2007年4月に、経済産業省貿易経済協力局長名でこれと同じ内容の輸出注意事項「うなぎ稚魚の輸出承認について」を発出した。

そこで台湾は、要望に応じてくれない日本への対抗上、11月〜3月の期間、13g以下のシラスウナギの対日輸出を2007年11月に禁止した。

その結果、台湾産の多くが非合法に香港を経由して日本に至る闇ルートができあがった。香港は養殖池を持たず、シラスウナギを一時的に生かせておくための、掛け流しの水を受ける水槽を並べた「立て場」（元来は、江戸時代の宿駅制度下で人足や荷馬の集積所や休息所の意）があるだけで、台湾から非合法に入ったシラスウナギは、ここで前歴が「洗浄」されて日本に合法的に輸出される。ウナギlaunderingがおこなわれるのだ［鈴木 2018：292−312］。かくして、シラスウナギの主な輸入相手は、香港となった（p.13のグラフ「シラスウナギ国内採捕量と主な相手国からの輸入量の推移」）。

その後、2012年以来、日本、中国、チャイニーズタイペイ（台湾）、韓国との間で、持続可能な資源管理を目的に、池入数量の管理、養鰻管理団体の設立などを検討する政府間非公式協議が継続しておこなわれ、それを踏まえて民間ベースでも、これら4国間で「ASEA（Alliance for Sustainable Eel Aquaculture：持続可能な養鰻同盟）」が2015年に設立された。

こうした国際的な資源管理強化に対応する、日本国内の具体策のひとつとして、2014年に「内水面漁業の振興に関する法律」（内水面漁業振興法）が施行され、2014年11月、ウナギの2015年漁期から、養鰻業は農林水産大臣に届出が必要な「届出養殖業」に指定された。

さらに2015年6月1日には、同大臣の許可を要する「指定養殖業」に指定され、2015年11月から始まる2016年漁期から、この許可制度に基づいて、個別の養殖場ごとに池入数量の上限が設けられ、現在の総量は21.7tである。

こうして国際的な乱獲規制が進み、日台双方の輸出統制の意義が薄れてきたと考えた経済産業省は、密輸横行の原因だと批判の多い「輸出貿易管理令」の運用を2021年1月25日付通知で変更、同年2月1日以降、通年の輸出を可能とした。台湾にも対日輸出禁止を解いてもらい、貿易の透明性を高めることが狙いである（2021年1月13日付「共同通信」）。

1.3. ニホンウナギから未来を考えるヒントを

［水産庁 2022］によれば、2022年漁期の池入（2021年11月〜2022年4月末）数量は16.2t、その内訳は、シラスウナギ輸入量が5.8t、国内採捕量が10.3tである。当期は東アジア全体で採捕が遅れて高値取引となり、それが終盤まで続いたので池入が低調となった。国内漁は直近5漁期の平均的

な池入数量であった。このように、年ごとの振れ幅が大きいのは通例らしいが、その原因は不明だ。

関係者の夢は、こうした漁の豊凶に一喜一憂せずともすむ「完全養殖」の実現、すなわち、人工孵化から育てあげた成魚から得た卵をふたたび人工孵化させるという、閉じたサイクルの完成である。

2010年には、独立行政法人 水産総合研究センター養殖研究所（2020年7月から国立研究開発法人 水産研究・教育機構水産技術研究所、三重県度会郡所在）が学術的には完全養殖を完成させた［水産総合研究センター 2010］。しかし、メス、オスそれぞれを性成熟させるための生殖腺刺激ホルモンの

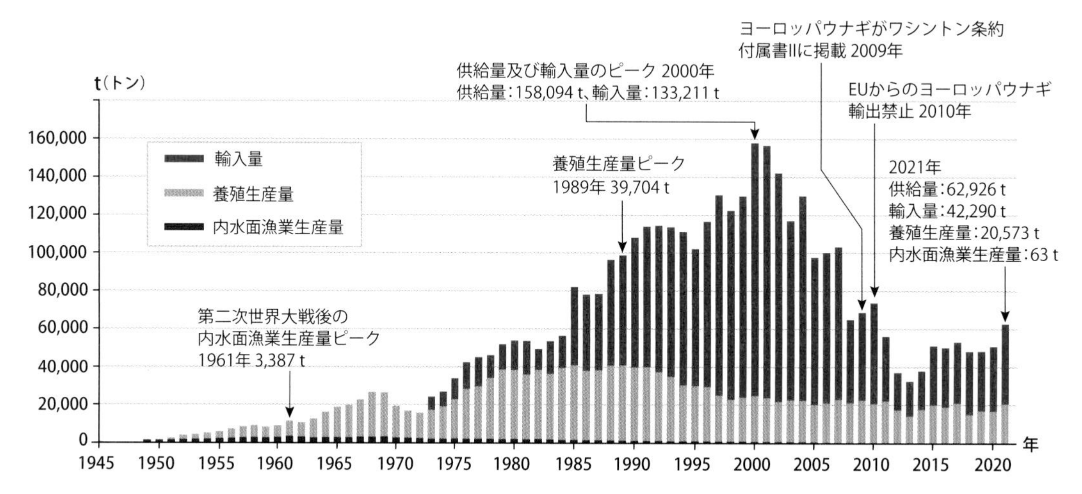

ウナギ（活ウナギと調製品）供給量（重量）の推移

水産庁 2022年7月『ウナギをめぐる状況と対策について』p.5掲載の図を基に作成。同図は、農林水産省「漁業・養殖業生産統計」及び財務省「貿易統計」に基づき水産庁が推計したもので、ウナギ（活ウナギと調整品）の輸入量は、貿易統計から（「稚魚以外のその他の生きもの」＋「調整品」／0.6）、すなわち、蒲焼など調整品の重量は、生きもの＝活ウナギの重量の60%に相当するとみなし、輸入量の全量が活ウナギであると仮定して算出している。なお、1972年以前の貿易統計の輸入品目に、ウナギは記載されていない。このグラフからわかるように、1985年頃からの輸入増加によって供給量が増加、2000年には約16万t が供給されたがその後減少、近年では5〜6万t 程度。これは、1985年頃から中国において日本への輸出目的でのヨーロッパウナギ養殖が急成長し、その後ヨーロッパウナギの資源量減少と貿易規制により急激に衰退したことが主因である（註1）。

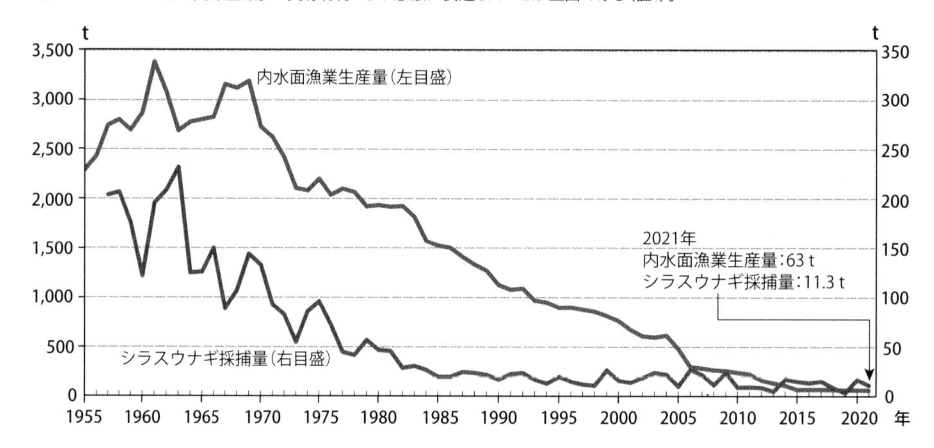

ニホンウナギ内水面漁業生産量とシラスウナギ国内採捕量の推移

前者の内水面生産量は、農林省（1978年から農林水産省）「漁業・養殖業生産統計」に基づく。後者のシラスウナギ国内採捕量は、2002年までは農林水産省『漁業・養殖業生産統計年報』に、2003年以降は「水産庁調べ（池入数量ー輸入量）」に基づく。1960年頃、利根川水系での漁期3月中旬〜10月下旬に採捕されたウナギにはクロコが含まれていたが、その6割が、クロコを起点とする養鰻（p.102）の盛んな静岡県、愛知県、三重県に種苗として移入されていた。そのため、農林省『漁業・養殖業生産統計年報』1960〜1973年のシラスウナギ採捕量データには、クロコが含まれている可能性がある。その後、シラスウナギを起点とする養鰻が主流となり、種苗漁期はシラスウナギ狙いの冬のみとなっている［水産研究・教育機構 2021］。

作成と投与技術、受精卵を得る技術、孵化した仔魚を育てるための飼料の探索（サメ卵などの試行を経て決定版は近いらしい）、飼育に必須な海水浄化装置など、生存率を高める技術開発、資材、人的作業には、膨大な努力、時間、経費がかかり［虫明2012］、対費用効果の点で商業化はいまだ遠い。

このように、ニホンウナギの生態や生活史はいまだ謎だらけで、西マリアナ海嶺近くで孵化したうちのほんの一握りの仔魚が日本列島近海に到達してシラスウナギに変態し、そのごく一部が養殖向けに採捕され、残りのごく一部が自然環境で成長し、さらにその一部が採捕されるに過ぎないから、グラフが示す生産量の多寡がニホンウナギ全資源量の盛衰を反映しているわけでは決してない。しかし、日本の食料の資源量として減少しているのは確かである。

2013年2月、環境省は「環境省レッドリスト」の絶滅危惧IB類（EN＝Endangered：近い将来における野生での絶滅の危険性が高いもの）にニホンウナギを位置づけた。翌2014年には国際自然保護連合（IUCN、International Union for Conservation of Nature and Natural Resources：約1,200の国家、政府機関、非政府機関が会員のネットワーク組織）も、環境省での分類の元となっている「IUCNレッドリスト」

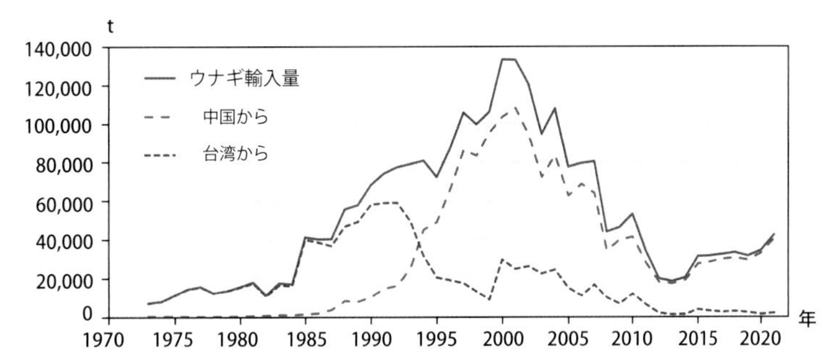

ウナギ（活ウナギと調製品）輸入量の推移

財務省の「貿易統計」から。輸入量の全量が活ウナギであると仮定して算出しているのは、左のグラフと同様。1994年以降、台湾に代わり、中国が最大の輸入相手国となった。ちなみに、輸入統計表における品目コードは、活ウナギ：0301.92.200、ウナギ調整品：1604.17.000（2011年までは、1604.19.010）、シラスウナギ：0301.92.199であり、これらを検索に用いて、財務省貿易統計サイトで数値を入手できる。

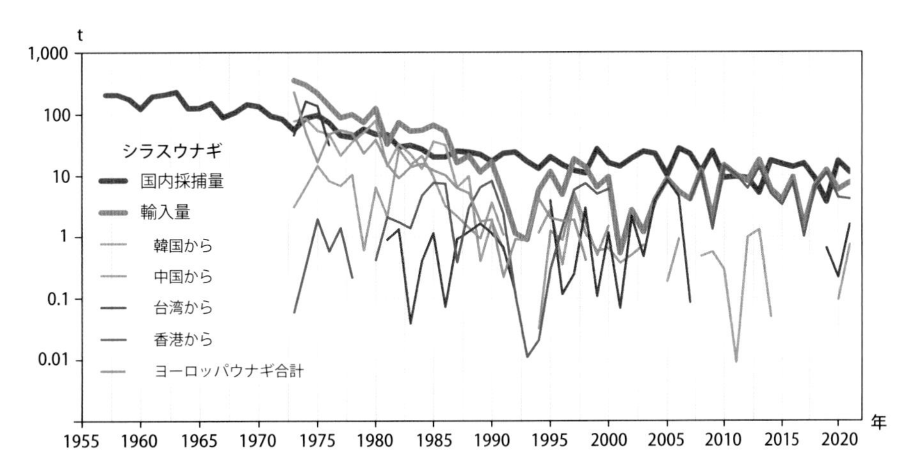

シラスウナギ国内採捕量と主な相手国からの輸入量の推移

国内採捕量の出所は、左のグラフと同じ。輸入量の出所は、財務省「貿易統計」から。縦軸は対数目盛で表現してある。スウェーデン、デンマーク、英国、アイルランド、フランス、イタリア、モロッコからの輸入は、ヨーロッパウナギのシラスウナギとみなして集計した。貿易統計の輸入品目にウナギが登場する1973年から2000年頃までヨーロッパウナギのシラスウナギ輸入が続いていたこと、1973年から一貫して記載されていた台湾からの輸入は、2007年からの日本、台湾双方の輸出規制によって香港からの輸入に切り替わり、現在に至るまで香港が輸入量のほとんどを占める最大の輸入相手国であること、などがわかる。

のENカテゴリー（絶滅危惧種。環境省の絶滅危惧IB類のモデル）にニホンウナギを位置づけた。もしこのまま資源量が減り続けると、環境省もIUCNもランクをひとつ上げ、環境省は絶滅危惧IA類（CR＝Critically Endangered：ごく近い将来絶滅の危険性が極めて高い種）に、IUCNはCRカテゴリー（近絶滅種。環境省絶滅危惧IA類のモデル）に、それぞれニホンウナギを位置づけ、ウナギ漁に厳しい制限が加わり、ワシントン条約により国際的取引が禁止されることにもなりかねない。

環境省が2020年3月に公表した「レッドリスト2020」によれば、日本の動物に関しては、絶滅危惧IA類（CR）とIB類（EN）の合計は749種、そのうち、汽水や淡水魚類についての絶滅危惧IA類は71種、IB類は54種に達する。もちろんこれは、評価対象に選ばれた種のみについての数値であり、しかも自然界に存在する野生個体全数を調査することは不可能なので、あくまでも推測値に過ぎないが、絶滅の危惧される種数が増加傾向にあるのは確かである。

人類史をひもとけば、ヒトが自分の近縁種も含め、狩猟や採集による直接的な殺戮だけではなく、自らの拡散や交易拡大とともに、動植物、おまけに病原体をも搬送し、その先にいた在来生物の生命やニッチ（生態学的地位）を脅かす、食料源を奪う、などの攪乱によって、如何に多くの生物種を絶滅に追いやってきたかを思い知る［コルバート 2015］。人類史の裏面は生物の絶滅史なのである。

このように数多くの絶滅危惧種がリストに掲げられるなかで、本書がとくにニホンウナギに焦点を当てようとする理由は、環境省が「水辺の生態系のシンボル」と位置づけている点にある。すなわち、雑食だが肉食中心の大食漢であるニホンウナギは、淡水生態系における食物連鎖の頂点に君臨するので、その存在自体が水辺の生態系の指標となる。したがってニホンウナギ資源量の消長から、水辺の生態系の現状が、さらには人間社会と生態系との関わりが、見えてくるのではないか、と考えるからである。

先述のような近年の天然ウナギの資源量減少の要因に関しては、海洋環境の変動による死滅回遊（註2）などによって日本列島近海に渡来するシラスウナギ個体数が減少した、養殖に回すシラスウナギの採捕量が増えたため産卵して再生産に至るまで成長する個体数自体が減少した、なども想定されているが、日本におけるウナギの成育環境が奪われたことも大きい、と言われる。

一般にウナギは川を遡上して育つが、ダムや堰が遡上を阻み、コンクリートの人工護岸によって隠れ場所が減少した。さらに8.1節で触れるように、ニホンウナギは、これまで考えられていた河川や湖沼などの淡水域よりも、河口域や浅海域、すなわち汽水域（淡水と海水が混じり合う水域）に多く生息することが明らかになったが、これら汽水域も次々と埋め立てられて減少している。つまり、河川と汽水域を含む成育環境全般が奪われた結果が、天然ウナギの資源量減少ではないかというのだ。

日に2回、干潮時に現れる干潟は、広く汽水域を生み出す環境である。4.1節で示すように、大潮の干潮時、有明海には日本の干潟全面積の4割を占める広大な干潟が出現する。干潟は「海のゆりかご」と呼ばれるように、生物多様性に富んだ生態系を作り出して豊かな恵みをもたらし、有明海は古来「宝の海」と呼ばれてきた。有明海は、人と海との豊かな関わりを象徴する存在だったのだ。

日本列島の脊梁山脈に降った雪や雨は、森で涵養され、地表水や地下水（両者は連続している）として海へと下る途中、林業、農業を潤し、さらに森の土壌が生み出す栄養分を河川や海に運んで漁業を潤す。逆に、産卵のために川を遡る遡河魚は、海に由来するミネラルなどを川上に運び、そこで生を終えることによって、運んできたもので森を潤す。この大いなる双方向の循環が、古来人びとの生活や文化を支えてきた。水を介した森－里－海の連環が、日本人の暮らしと文化の根底にあった。

しかるに、日本の「近代化」は、この連環を断ち切る方向に進んできたと言わざるを得ない。山を切り開いて農業用地や住宅地を造成し、治水と利水のため河川を堰き止めダムを造り、汽水域を含む海岸を埋め立てて工業用地・農業用地を広げようとしてきた。森から海に至る水の連環は顧みられることなく、河川を制御すること、土地を広げることに重点が置かれてきた。その結果、日本の代表的な干潟域を擁する有明海は、これまで生物多様性を保障してきた生態系の劣化と生き物の減少を招いており、今や「瀕死の海」と呼ばれるに至った。

本書ではこうした現状を踏まえ、有明海における天然ウナギ漁の今昔を紹介しつつ、治山治水など国土強靱化や農業政策の方向と、漁業資源及び漁撈文化や食文化の持続的な維持とを両立させるにはどうするか、さらに、近年激甚化している自然災害への対応と生態系の保全とを両立させるにはどうするかを、河川流域に根ざした地域社会を基盤にして考えたい。

そして、そのヒントのひとつとして、自然資本の循環を地域で実現しようとする、各地での「森里海の連環」を取り戻す活動などを紹介する。これら諸活動は、一見「近代化」以前の低成長でローカルな生活スタイルへの「回帰」を促す、過去志向にも見えるが、実はこの方向こそが、有限な地球資源という制約のもとで持続可能性を担保する、未来志向のパラダイムではないだろうか。これが、本書をとおして読者諸賢とともに考えていきたい論点である。

1.4. 世界のウナギと日本の役割

植松 周平　WWF ジャパン

ウナギ目・ウナギ科・ウナギ属の魚は現在、世界に16種と3亜種が知られている（コラム「世界のウナギ属」）。その多くは熱帯に分布するが、ニホンウナギ、ヨーロッパウナギ、アメリカウナギなど、温帯を中心に生息する「例外」もいる（p.23）。これら3種は、食用として国際的に広く流通してきたウナギでもある。

日本は紛れもなく、その消費の中心となってきた。貿易統計によると、ウナギの国内供給量及び輸入量がピークに達したのは2000年で、約16万 t（p.12のグラフ「ウナギ供給量の推移」）。これは、世界のウナギ消費量の約70%に相当する量であったと推定されている。

「中国産」と表記されるヨーロッパウナギ

その頃、日本で消費されていたウナギの8割以上は海外からの輸入で、なかでも最も多かったのがヨーロッパウナギである（註1）。ヨーロッパウナギは、大西洋で産卵し、ヨーロッパ大陸の河川や湖沼で育つ。ヨーロッパウナギの稚魚、シラスウナギが毎年、大量に捕獲されて中国に運ばれ、養殖池で育てられ、現地や日本の加工工場で蒲焼などの製品になり、日本の店頭に並んだ。しかし、製品には「ウナギ、中国産」としか表記されない。そのため、実はヨーロッパウナギだと知っていた日本人は、決して多くなかっただろう。

2009年、ヨーロッパウナギは、資源枯渇と絶滅のおそれがあることを理由に「ワシントン条約」附属書IIに掲載されて国際取引が規制されることとなった。さらに2010年12月以降は、EUからの輸出が全面禁止となっている。

ニホンウナギの減少と不透明な流通

ニホンウナギについて見ると、日本国内で採捕されるシラスウナギの量は、1975年以降、継続して減少している。とくに2012〜2013年、2018〜2019年にかけてのシーズンには、歴史的な不漁が国内各地で発生した（p.12のグラフ「ニホンウナギ内水面漁業生産量とシラスウナギ国内採捕量の推移」）。こうした事態とともに増加してきたのが、東アジアからのシラスウナギの輸入である。しかし、その流通経路や採捕量は正確に把握されておらず、違法性が疑われる漁獲によるものまで混ざり込むことになった。

たとえば香港は、シラスウナギの国際取引の一大中心地だが、シラスウナギの採捕や養殖はおこなっていない。つまり、日本が香港から輸入するシラスウナギは、もとは中国、韓国、台湾で採捕されたものである。

一方、台湾では2007年に、シラスウナギの輸出を実質禁止とした。その2007年以降、日本はシラスウナギの大部分を香港から輸入するようになった。そのため、台湾から違法に輸出されたシラスウナギが、香港経由で日本に持ち込まれていると指摘する声があるのだ。

こうした水産動植物の不透明な流通を改善すべく、「特定水産動植物等の国内流通の適正化等に関する法律（水産流通適正化法）」が2022年12月1日から施行され、それが指定する水産動植物のうち国産シラスウナギについては、2025年12月1日からこの法律が適用されることとなった。これにより、事前登録された漁業者・取扱業者しか、シラスウナギを流通させることができなくなる。また取引の際には、漁獲番号が付与され、その番号を伝達するとともに、取引記録を作成・保存することが義務付けられる。こうすることで「いつ、だれが」漁獲したシラスウナギなのかが明確になり、不透明な流通の改善が期待される。一方、輸入シラスウナギや、親ウナギ（国産・輸入）については未だ法律の対象外であり、早期改善が必要である。

水産物としての危機

絶滅のおそれの高い野生生物の世界的なリストとして知られるIUCNのレッドリストには、16種のウナギ属が掲載されている（IUCN Red List ver.2022-1）。そのうち6種が、「絶滅のおそれが高い」ことを示す3つのカテゴリー「CR（Critically Endangered）：近絶滅種」「EN（Endangered）：絶滅危惧種」「VU（Vulnerable）：危急種」にランクされている（コラム「世界のウナギ属」）。ヨーロッパウナギは最も危険性が高い「CR」、アメリカウナギとニホンウナギはその次の「EN」である。

水産物として利用されてきた3種のウナギが、いずれも絶滅の危機にあるという事実は、過剰漁獲を含む、持続可能ではない利用が多くおこなわれてきたこと、そしてウナギの資源管理がおこなわれていないことを物語っている。

ウナギ資源と食文化を守るために

WWF（World Wide Fund for Nature：世界自然保護基金）は、近年、日本での利用が増えつつある東南アジア産の通称ビカーラ種（*Anguilla bicolor*：標準和名の案はバイカラウナギ。コラム「世界のウナギ属」で示す一覧表では、インドバイカラウナギとニューギニアウナギの2つの亜種の総称）について、インドネシアのジャワ島で保全プロジェクトを開始した（10.5節）。ビカーラ種は、レッドリストでは「NT（Near Threatened）：近危急種」にランクされており、過剰利用が起きれば「VU」となる危険もある。

WWFは、日本の大手小売企業や専門家との協力のもと、シラスウナギの採捕から養殖現場までの一貫した漁業や養殖業の改善をめざしている。また、ウナギ製品のトレーサビリティモデルを確立する狙いもある。

また、他の関連団体と「IUU漁業（Illegal, Unreported and Unregulated：違法・無報告・無規制な漁業）対策フォーラム」を2017年9月に結成し、シラスウナギの違法漁業や不透明な取引を廃絶するため、行政、政治家、企業などに対し、水産流通適正化法において、輸入シラスウナギおよび親ウナギを対象種にするよう働きかけている。

水産物としても、野生生物としても、危機的な状況におかれているウナギ。その資源と食文化を未来へ受け渡していくためには、河川と海のつながりと、水辺と自然環境を取り戻すとともに、ウナギ属のトレーサビリティと、科学的知見及び「予防原則」（編者註：p.30参照）に基づいた資源管理を確立し、持続可能な利用が確実におこなわれるようにしていく取り組みが欠かせない。

今も世界的に主要な生産及び消費国である日本には、その先頭に立つ役割が求められているのだ。

コラム
世界のウナギ属

現在のルールでは、動物「界」を、上位から「門－綱－目－科－属－種」の階層構造を成す分類階級（rank）で分類し、最下位のrankである「種」の学名を、「属名」＋「種小名」の「二語名法」（二名法とも）で表記することになっている。ここで「種小名」と称するのは、リンネ（Carl von Linné）が提案したこの命名法に由来するが、現在の「国際動物命名規約 日本語版」の元である「英仏語版規約」では、「小」を含意していないので、日本語でも単に「種名」と表現すべきだ、との指摘がある［平嶋 1989；2000］。

「属」の学名は頭文字が大文字の、「種」以下の階層の学名はすべて小文字の、ラテン語のアルファベット26文字を使い、地の文とは異なる書体で表記することになっている。イタリック体を用いることが多いが、地の文がイタリック体なら別の書体を用いる。

1758年、リンネは著書『自然の体系』第10版の中で、*Muraena* 属（対応する日本語の属名はない）を設立し、それに属する種のひとつとして、ヨーロッパに分布するウナギを *Muraena anguilla* と命名して記載した。しかしこの種は後に*Anguilla* 属（ウナギ属）に移されたので、リンネの付けた学名 *Muraena anguilla* は、最終的には現在の学名 *Anguilla anguilla*（標準和名ヨーロッパウナギ）の、無効な古参異名（senior synonym）に位置づけられている。

現在の学名のように種小名が属名と同じ綴りである学名を「トートニム（tautonym、同語反復名）」と呼ぶ。トートニムとなっている種は、ある「属」の「タイプ種」（模式種とも）である場合が多い。タイプ種とは、ある「属」を設立して命名する際、客観的な参照基準を提供するものとして指定した種である。しかし、*Anguilla*属は、Franz von Paula Schrankが1798年に*Muraena anguilla* をタイプ種に指定して設立した属なので、「国際動物命名規約」条68.2に従い、*Anguilla* 属のタイプ種の学名は、*Anguilla anguilla* ではなく、*Muraena anguilla* に固定されている（註3）。トートニムは、植物や菌類では許されないが、動物の命名規約では許されていて、現在400種近くある。

もしもある種が細分されて、下位に亜種が認定された場合には、二語名に「亜種小名」を付け加えた「三語名」で表記する（「同規約」条5.2）。その際には、細分される以前から設立されていた種を「名義タイプ亜種」「模式亜種」「基本亜種」などと呼び、その「亜種小名」は、元の「種小名」を反復することになっている。これは、ある生物集合の代表として位置づけられていた、ということを暗示する点で、多くのトートニムに似ている。

次頁に示す分類表は、［塚本 2019］に基づくが、亜種の集合を＊で括って表現した二段のうち、上段が名義タイプ亜種、下段が新たに認定された亜種を示す。上段の亜種小名は、種小名が反復されている点に注意。

種や亜種の数え方には、注意が必要である。同じrankで数えるのが原則だが、亜種とは、ひとつの種の「種内分類群」なので、種の数を数え上げる際には、その種を細分した亜種群をまとめて1種と数える。名義タイプ亜種を種の数に計上する、と考えればよさそうだ。するとウナギ属の場合、種の数は16となる。亜種の数は、亜種のrankで数え上げると6となる。しかしこれだと、名義タイプ亜種を二重に計上してしまう。そこで、種の数に含めた名義タイプ亜種を除いた亜種を数えて、3、とすれば、二重計上を避けられる。すなわち、ウナギ属の種の数は16、亜種の数は3、総計19個の集団、とみなせる。

この分類表中のIUCNカテゴリーの略称についてはp.56参照。また、「標準和名」とは、各生物種（必ずしも日本に自然分布している必要はない）について、学名と一対一に対応するように関係諸学会が標準化中の、日本語による生物名（主に関東地方での呼称が元）のことである。魚類については、原則、中坊徹次編『日本産魚類検索：全種の同定 第二版』［中坊 2000］を起点とする。これを出発点に、鹿児島大学総合研究博物館の本村浩之教授が、その後の発表論文も加えた、標準和名と学名の対応表「日本産魚類全種リスト」をウェブ上に公開し、日々更新中である（https://www.museum.kagoshima-u.ac.jp/staff/motomura/jaf.html）。

なお、次頁の分類表においては、確定した標準和名を太字で示し、さらに、［黒木ほか 2022］で提案中の標準和名の最新案も併記してある。

この表のうち、通称ビカーラ種（*Anguilla bicolor*、標準和名の案はバイカラウナギ）の亜種のひとつ、ニューギニアウナギは、近年、屋久島以南や［YAMAMOTO et al. 2000］［井上ほか 2021］、宮崎県で［関屋ほか 2015］、日本での自然分布が確認されている。

また、ウグマウナギは、ごく最近、標

準和名として学界で共有されたものである。東京大学大気海洋研究所などのチームが2009年にフィリピン・ルソン島で発見した［青山 2013］新種が、*Anguilla luzonensis* と命名された。

2018、2019年に沖縄で採捕されたシラスウナギのDNA解析によって、この新種が日本でも自然分布していることが確認され［KITA et al. 2021］、2021年に、成体に見られる斑点がゴマに似るので、ゴマの沖縄方言「ウグマ」にちなみ標準和名として採用された（2021年7月25日付『朝日新聞』）。

なお、分子遺伝学的に集団構造を解析するなら、現在のウナギの種や亜種の取り扱いには議論の余地があり、たとえば［渡邊俊 2011］は、3つの亜種グループを不要とし、一覧表中の亜種の亜種小名を削除して、すべてを種に復職させ、計16種とする案を提案している。

ウナギ属の分類

学名 種のrank		学名 亜種のrank	IUCN カテゴリー	標準和名（太字は確定したもの、それ以外は提案中のもの）		
温帯種						
Anguilla anguilla			CR	**ヨーロッパウナギ**		
Anguilla rostrata			EN	**アメリカウナギ**		
Anguilla japonica			EN	**ニホンウナギ**		
Anguilla dieffenbachii			EN	ニュージーランドオオウナギ		
Anguilla australis	*	*Anguilla australis australis*	NT	オーストラリアウナギ	*	オーストラリアショートフィンウナギ
		Anguilla australis schmidtii				ニュージーランドショートフィンウナギ
熱帯種						
Anguilla borneensis			VU	ボルネオウナギ		
Anguilla mossambica			NT	モザンビークウナギ		
Anguilla megastoma			DD	ポリネシアロングフィンウナギ		
Anguilla celebesensis			DD	セレベスウナギ		
Anguilla marmorata			LC	**オオウナギ**		
Anguilla obscura			DD	ポリネシアショートフィンウナギ		
Anguilla bicolor	*	*Anguilla bicolor bicolor*	NT	バイカラウナギ	*	インドバイカラウナギ
		Anguilla bicolor pacifica				**ニューギニアウナギ**
Anguilla bengalensis	*	*Anguilla bengalensis bengalensis*	NT	ベンガルウナギ	*	インドベンガルウナギ
		Anguilla bengalensis labiata				アフリカベンガルウナギ
Anguilla interioris			DD	インテリアウナギ		
Anguilla luzonensis			VU	**ウグマウナギ**		
Anguilla reinhardtii			LC	オーストラリアロングフィンウナギ		

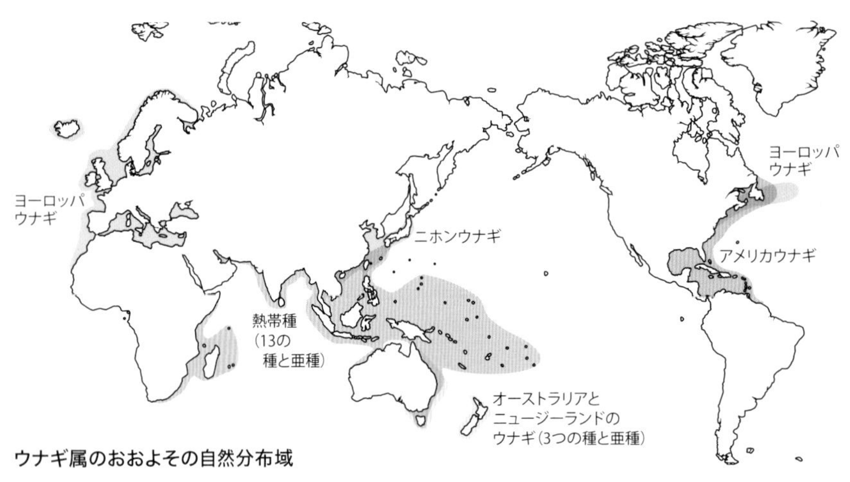

ウナギ属のおおよその自然分布域

自然分布域とは、その生物本来の能力で移動できる範囲により定まる地域を指す。ここでは、https://www.fishbase.se/ に掲げられている地域のうち、海洋部分のみを示す。

第2章

ニホンウナギの生態

2.1. ニホンウナギの日本での生活

ニホンウナギの産卵場は長らく謎だった。しかし、この30年ほどの間に、塚本勝巳・東京大学教授（現・東京大学特任教授・名誉教授）を中心とする研究グループによる調査で、ニホンウナギの生態に関する研究が急速に進んだ［塚本 2012］。

数回にわたる調査で、1970年代に産卵場だろうとの説が一時広まった沖縄南方や台湾東方より、もっと南のはずだ、という確信のもと調査を続けた結果、ついに2005年、西マリアナ海嶺近くで孵化2日後のプレレプトケパルス（英語読みならプレレプトセファルス、註4）、すなわち、腹の卵黄で成長する前期仔魚（しぎょ）を採集、2009年5月には受精卵の採集にも成功し、長年の謎だった産卵場が特定された（2.3節）。

本節ではこれ以降、主に望岡典隆氏（九州大学大学院）による解説に基づいて、ニホンウナギの生態を紹介しよう。前期仔魚プレレプトケパルスは、約1週間で卵黄を消尽すると、レプトケパルス（英語読みならレプトセファルス、註4）、すなわち、自ら採餌し成長する後期仔魚（葉形仔魚とも）に変化し、いまだ泳ぐ力が弱いので、4か月前後の間、世界最大規模の海流、黒潮に乗って数千kmも運ばれ、ベトナム（ごく少数）、中国、台湾、沖縄、朝鮮半島、日本列島の沿岸へと到達する。

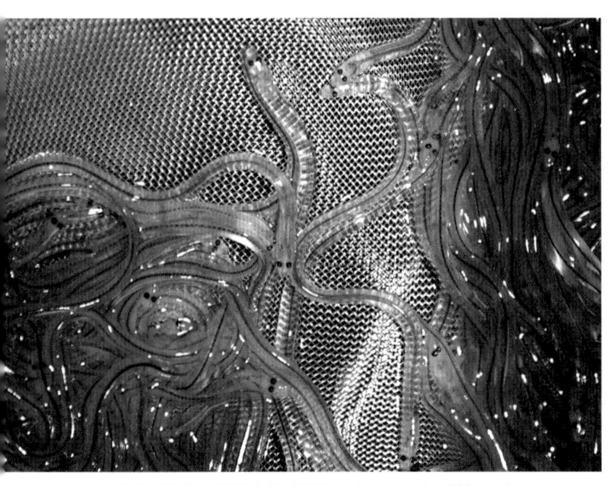

筑後川筑後大堰下流部で採捕されたシラスウナギ（p.155）。2020年2月

ウナギ目、フウセンウナギ目、カライワシ目、ソトイワシ目などカライワシ下区（分類案によってはカライワシ上目）の仔魚に共通する葉形仔魚の体形は、体が平たい、細胞液の密度が低く水分含量が高いので体の比重が小さい、など海水に浮きやすい体に進化（「浮遊適応」と呼ぶ）したことで、受動的な長距離移動を可能としている。ニホンウナギの葉形仔魚は、体長が25mmまでは尾端部の鰭（ひれ）に点状の小黒色素胞（しょうこくしきそほう）（メラニン顆粒を多数含む色素細胞）を持つが、25mmを越えると、眼を除いて体に色素を持たないので、ほかの科の葉形仔魚からの識別は容易である。

やがてそれぞれの沿岸に近づく頃、2〜3週間かけて、体の骨が硬骨化し脊椎が形成され比重も大きくなるなどして体長40〜60mmの稚魚、シラスウナギに変態する。その結果、能動的に泳げるようになるので、黒潮を離れ、歯が脱落して餌をとらないまま、塩分濃度の低い水に惹かれて河口に泳ぎ着く。日本列島の場合は、南日本から北日本へ北上しつつ11月前後から4月頃にかけて、各河口に到達する。沿岸沖合域で採捕されるシラスウナギは、ほとんど色素をもたない。

しかし漁期を過ぎた6〜7月にも、相模川河口でシラスウナギが採捕され、漁期は冬場という常識を覆す調査結果も報告されている。東アジアのいくつかの河口で、こうした地道な接岸調査を進めて資源量のより正確な把握を目指す「鰻川計画」が始まっている［篠田 2013］。ただしシラスウナギ漁と同様、新月前後の上げ潮時におこなうサンプリング調査である。

河口に着いたシラスウナギは、少し遡河して汽水と淡水の境界に着底する。そこで1週間ほどかけて淡水生活へと体を慣らす間に、餌を探し求める行動（索餌と呼ぶ）を始め、体表に黒い色素が発達した稚魚「クロコ」と呼ばれる発育期に入り（北九州市立自然史・歴史博物館の日比野友亮（ゆうすけ）氏によれば、「クロコ」の呼称は、研究者は9cm程度のものを指し、養鰻業界で指すのは10〜15cmほどのもの、と幅があり、全

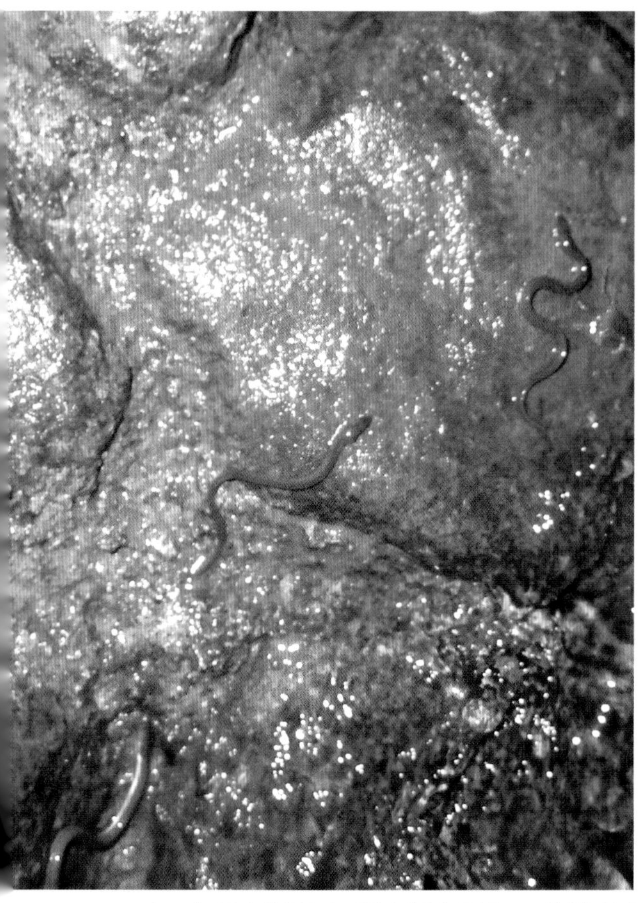

クロコは、ほとんど垂直に立つ岩をも登る（コラム「46mの滝登り」及び註5参照）。撮影：望岡典隆。2015年

国一律ではない）、夜間、上げ潮に乗って河川をさらに遡上する。やがて、腹部は白または淡いクリーム色、腹部と背中の境界付近は黄色、背中は黄緑から暗褐色や暗灰色の「黄ウナギ」と呼ばれる発育期に入る。その頃には、単独行動型となって定住場所に落ち着き、5〜12年の間そこで成長する。

生殖腺の形態的な性分化が決まるとされる体長が約20〜30cm程度に成長する時期が、定住生活を始める時期に重なるので、定住環境の何らかの影響で成魚の性が定まると推測されている［塚本 2012：60−61］（コラム「ニホンウナギの性決定」）。

やがて、オスで40cm、メスで50cm程度に成長すると、秋の河川水温低下とともに性成熟の始まる個体が現れる。彼らは、「銀化変態」（次節）して、背は黒っぽく腹は銀色に体色が変化するので「銀ウナギ」と呼ばれる。餌を食べなくなるので消化管や肛門は退化し、筋肉の水分は減る代わりに脂肪を蓄積して、産卵のための断食長旅に備える。銀ウナギの平均年齢は、オスで7歳、メスで9歳とされ、なかには胴回り20cm前後、長さが1m以上、重さは1kg以上のものもいるという。

銀ウナギは、産卵のために、秋から冬にかけて河川を下り海に出て、南に向かい、半年ほどかけて約2,500kmを絶食状態で回遊し、西マリアナ海嶺近くの生まれ故郷に帰っていく。このように、河川で成長するが産卵時には河川を下り海へと移動する魚類を、「降河回遊魚」と呼ぶ。「回遊」については、次節を参照されたい。

他方、p.166で示すように、河川を遡上せず汽水域から海に戻る「海ウナギ」や、汽水域と淡水域を何度も往来する「河口ウナギ」が存在し、しかも河川を遡上するウナギが2割に対して海ウナギや河口ウナギが8割以上に達することも近年判明した。さらに、西マリアナ海嶺付近の産卵場（2.3節）で採集された親ウナギの耳石調査（コラム「魚類の耳石と標識」）の結果から、海ウナギが再生産に関わっていることがわかり、その重要性が認識されるようになった（国立研究開発法人 水産研究・教育機構 広報誌 FRA NEWS『ウナギ特別号 ウナギ研究の歩み』2017年3月）。

これらの事実は、ウナギ資源回復を目指すうえで、汽水域と干潟が成育場所として如何に重要であるかを示している。

2.2. 産卵回遊と銀化変態

「回遊」とは、魚類の生活史のなかで、成長のための場と産卵の場との間の移動を指し、産卵の場への移動を「産卵回遊」と呼ぶ。このふたつの場が河川と海にまたがっていて、両者を行き来する回遊を「通し回遊」と呼び、それらのうち、ウナギのように海での産卵のために河川を下る回遊を「降河回遊」、サケ目サケ科の魚（以後、サケ・マス類と略記）のように河川で孵化後、海に下って成長し産卵のために河川を遡上する回遊を「遡河回遊」、アユのように普段の成長や産卵の場は河川だが、一定の期間だけ海で過ごす回遊を「両側回遊」と呼ぶ。

この「通し回遊」が進化の過程で獲得されたメカニズムについて、斯界ではMart R. Grossの説が知られている［GROSS et al. 1988］。

一般に低緯度地方では、海より河川の方が栄養分が多いので、海水魚のうち成長のために一定期間淡水域で過ごし産卵のためだけに海へ下るように進化したものが降河回遊魚である。逆に、高緯度地方では、河川より海の方が栄養分が多いので、淡水魚のうち河川に産卵場と生活史の一部を残して海でもっぱら成長するように進化したものが遡河回遊魚だ、という説である。

地球史に関する説によれば、約46億年前の誕生当初は灼熱のマグマオーシャンで覆われていた地球の表面が徐々に冷え、水蒸気が雨になり千年も降り続いて海が生まれ、30億年前頃には（諸説ある）小さな大陸プレートが生まれていた。その後、25～27億年前の太古代末期に、マントル対流がそれまでの二層対流から一層対流へと変化して（マントルオーバーターンと呼ぶ）、プレートの巨大化が始まり、大陸プレートの分裂、海洋プレートの生成と成長、両者の移動と衝突、後者の前者への沈み込み、など、「プレートテクトニクス」理論が説く一連の動きの結果、大陸プレート上に形成された大陸は3～4億年周期で離合集散を繰り返してきたとの説がある。提唱者John Tuzo Wilsonの名前から、この周期は「ウィルソン・サイクル」と呼ばれる。

古生代の終わり、2億5千万年前頃が直近の集結時期であり、すべての大陸が集まって超大陸パンゲアを形成していた。その後、2億年前頃からは再分裂を始め、まずは、合体以前から存在していた、北のローラシア大陸と南のゴンドワナ大陸に再び分かれた。両大陸に挟まれた海域はテチス海と呼ばれ、当時は低緯度の熱帯域に位置していた。現在の地中海、黒海、カスピ海、アラル海は、テチス海の名残とされる。

コラム

ニホンウナギの性決定

生物における性の決定は、その種が進化の過程で獲得した適応戦略、すなわち、次世代が残る確率を如何にして最大化するか、に基づく。動物の場合、雌雄が別の個体となる「雌雄異体」の種では、各個体の性は、受精時の性染色体の組み合わせで決まる「遺伝性決定」と、個体が置かれた環境によって決まる「環境性決定」に大別され、これらが組み合わされる様式もある。そのほかに、同一個体が雌性と雄性の両方の生殖器官を持つ、「雌雄同体」も存在する。

脊椎動物のうち、哺乳類や鳥類では遺伝性決定の種が大部分だが、胚の段階での性ホルモン量によって性転換が生じる例もある。爬虫類や両生類では、胚の段階での環境、なかでも温度によって性転換する「温度依存型性決定」種が数多く見つかっている。魚類の性決定はさらに多様で、遺伝だけで決定する種はメダカくらいで、雌雄同体の種もあれば、成長途上の環境に応じた性ホルモンの分泌状況によって性転換する種も多々あるという。

ニホンウナギは基本的に遺伝性決定ではあるが、発生過程で容易にリセットされ、また性分化期のストレスや環境によって遺伝的なメスからオスへ性転換する（「雌性先熟」と呼ぶ。性転換する魚類のほとんどが雌性先熟）と考えられる［塚本 2012：59–60］。

事実、日本水産資源保護協会による全国河川調査や、各地の河川でおこなわれた資源調査によれば、ストレスが少ないからだろうか自然界ではほぼ8対2でメスが多い［虫明 2012：111–116］。逆に、シラスウナギを養殖するとほぼ99%がオスに分化するのは、養殖池の高水温、個体密度の高さ、餌による飽食などの諸ストレスが複合した結果ではないか、と推測されているものの、そのメカニズムの詳細はいまだ明らかではない。

ニホンウナギの産卵場を特定した塚本勝巳氏らのグループが提唱する「テチス海仮説」によれば、現在の熱帯種の分布が集中している点や（コラム「世界のウナギ属」）、近年の分子遺伝学的系統解析の結果もあわせて考えると、ウナギの祖先種は、おそらく白亜紀期間中の1億年前頃にテチス海の、現在のインドネシア・ボルネオ島付近で出現した海水魚だった［塚本 2019：24］。

これをGrossの説と組み合わせるならば、彼らは、当初はテチス海が熱帯域にあったので、短距離の降河回遊型を選択した。しかしその後、諸大陸が引き続き分離していく過程で、産卵場を熱帯域に残したまま、成長の場である河川との距離を徐々に広げつつ種分化していったのが、現在、温帯に例外的に分布する、ニホンウナギ、ヨーロッパウナギ、アメリカウナギなどなのであろう。浮遊適応（p.20）したレプトケパルスの体が、海洋の長距離移動を伴う種分化を可能にしたと考えられる［塚本 2012：78］。

さて、遡河回遊型と河川残留型（陸封型）の両者が存在するサケ・マス類について、両者を比較するなかで良く研究されてきたのが、「銀化変態」（サケ・マス類については、銀化変態した個体をsmoltと称するところから「スモルト化」と呼ぶこともある）である。

これは、淡水中で孵化してから成長の場である海を目指して河川を下りつつ、来るべき海水での生活に適応するための準備期間中に起きる変化 ──（1）体のスリム化や体表にグアニンが沈着して背は黒に腹は銀色になるなどの形態変化、（2）鰓（えら）にある海水型塩類細胞の数が増える、あるいは肥大して浸透圧の調整能力が高まって海水適応能力が増す生理変化（p.34）、（3）ナワバリ性が弱まり集群性が高まるなどの行動変化 ──などを指し、甲状腺ホルモンなど数種類のホルモンが関与しており、体表の銀化はこれら諸変化が魚体で生じている指標である［山内 1994］。

背が黒く腹が銀色であると、海水中では、上から見下ろされると背の黒色が背景の海水の色と馴染み、下から見上げられても腹の銀色が水面のきらめきと馴染む。つまり上下いずれの側の敵からも見えにくくなる防衛効果があるという［黒木ほか 2011：83］。

他方、降河回遊型の魚類では、性成熟して産卵のために河川を下り海に向かう準備段階で銀化変態する。銀ウナギとは、銀化変態したウナギのことである。

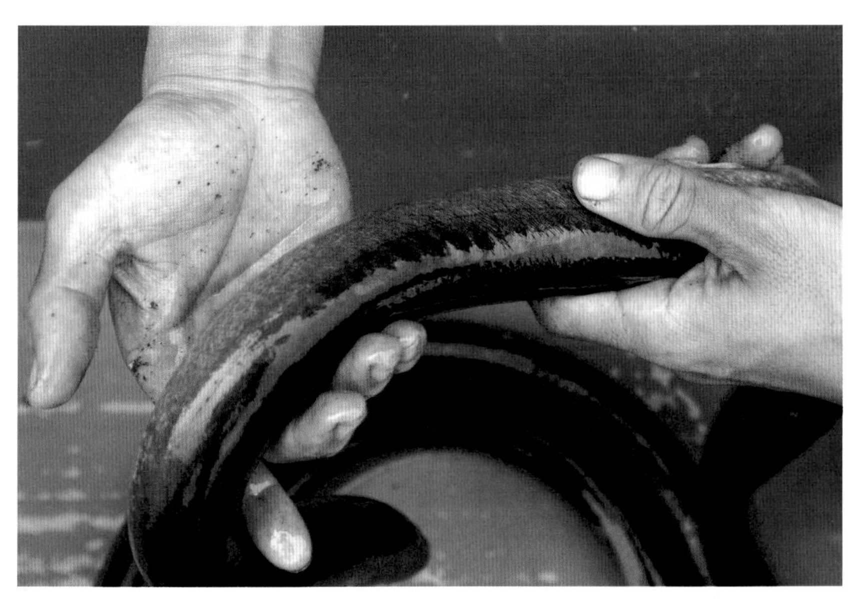

銀ウナギの肌の模様。全体に金属的な艶が出て背は黒く腹は銀色に変化している。2017年

コラム

ウナギは2回変態する

望岡 典隆　九州大学大学院

魚類の変態は一般にゆるやかに変化するものが多いが、アナゴ、ウナギなどのウナギ目の仲間やカレイ、ヒラメなどのカレイ目の仲間の変態は劇的な変化を伴う。そのなかでもニホンウナギをはじめとするウナギ科魚類は一生の間に2回変態する。

1回目の変態は、オリーブの葉のような偏平な形でガラスのように透明な後期仔魚、レプトケパルス(leptocephalus larva、larvaは幼生の意)から、筒状の稚魚、シラスウナギへの変態である(p.26の写真)。合成語leptocephalusのleptoはギリシア語由来の「薄い、小さい」の意、cephalusは同じくギリシア語由来の「頭」の意なので、leptocephalusはその名のとおり著しく小さな頭と偏平で大きな体を持つ。鰓は未発達で血色素をもたず、その広い体表面で皮膚呼吸をおこなっている。幼歯はノコギリの歯のような形状で前方を向いて生えており、これらはシラスウナギに変態する際に脱落する。変態に要する期間は2週間程度で、変態期仔魚は台湾東方海域から宮古島付近にいたる黒潮近傍に出現する。すなわち、外洋域でシラスウナギに変態し、冬季から春季に東アジア沿岸の河口域まで餌を食べずに絶食状態で泳いでくる。

河川、湖沼などに加入後、体が黄色みを帯びる黄ウナギとなり数年から10数年をかけて成長した後、産卵回遊へと旅立つ前に銀ウナギへと変態する。これが2回目の変態、銀化変態である。

銀化変態が始まるとその名のとおりいぶし銀様の体色に変化する。眼は大きくなり、下方も見ることができるようになる。これは、外洋の中層遊泳時には、下方からの捕食者回避が有利になるためと考えられている。また、胸鰭と尾鰭は大きくなるが、これらは、遊泳時のバランスをとる、推進力を上げる、それぞれに有利なためと考えられている。

筆者は2010年12月に長崎大学水産学部練習船長崎丸に乗船し、熊本県天草下島(しもしま)と鹿児島県長島(ながしま)との間にある長島海峡において銀ウナギの採集を試みた。6日の午前2時に長島海峡の沖に到着し、漂泊しながら、サーチライトで照らされた海面を学生と手分けして注視した。船の灯りにすぐに集まってきたのはイカ類、トビウオ類、ダツ類であった。やがて、強力なサーチライトの光のなかをゆっくりと体をくねらせて泳ぐ白くて長い魚を発見した。船の灯りには近づいてくるように見えるが、灯りに留まることはなく、やがて泳ぎ去っていった。

これらのうち、船の舷側に沿って泳いできた個体を柄の長い「たも網(タモ)」で採捕した。ゆっくり泳いでいるので、タモを入れるとそのまま入網し、すばやく泳ぐダツに比べて採捕は容易であった。約2時間の間に5個体を掬った。ウナギに混じって表層を泳ぐミナミホタテウミヘビも1個体採捕したが、底生魚のウミヘビ類がなぜ表層を泳いでいたのかは不明である。

ウナギは銀化変態が進むと餌を食べなくなるので、延縄(はえなわ)など餌を使う漁具では採捕されなくなるが、秋季に筌(うけ)や定置網などで、大型の銀化個体が採捕されてしまう。しかし、繁殖の準備を始めた銀ウナギは最も保護すべき個体なので、養鰻業が盛んな県を含む11県で10月〜2、3月(青森県では5月)まで内水面漁場管理委員会指示による採捕禁止によって、また1都1府12県では漁獲自粛や再放流によって、保護がおこなわれている(2021年7月現在、8.1節)。

長島海峡の表層で夜間に「たも網」で採捕したニホンウナギの銀化個体を掲げる筆者。
写真提供:望岡典隆。長崎大学水産学部練習船長崎丸船上、2010年12月

2.3. ニホンウナギ産卵場特定史

塚本勝巳著『ウナギ大回遊の謎』[塚本 2012]を要約し、ニホンウナギ産卵場特定の苦心を振り返ろう。

ウナギ産卵場の探索は、デンマークのヨハネス・シュミット（Johannes Schmidt）博士が1922年に発表した論文中で、北大西洋のサルガッソ海でヨーロッパウナギとアメリカウナギの後期仔魚レプトケパルス（leptocephalus、英語読みはレプトセファルス、註4）を採集したのでこの海域が産卵場だ、と示したのが嚆矢である。その後、資源減少を受けて調査に熱が入り、2006年にはヨーロッパの研究チームが、前期仔魚プレレプトケパルス（preleptocephalus、英語読みはプレレプトセファルス、註4）の採集にも成功した。しかし、いまだ親ウナギや卵は採集されておらず、詳細な産卵地点は解明されていない。

一方、日本では、ヨーロッパでの研究に刺激されて1930年代から主に日本近海で調査が始まったが、当時の分類学的知識の限界から、採集例はいずれも誤同定であった。

1967年、下関の農林省水産大学校（現・国立研究開発法人 水産研究・教育機構水産大学校）の松井魁（いさお）教授の率いる天鷹丸（てんようまる）が、台湾東南海域で体長約60mmのレプトケパルスを採集、ニホンウナギでは世界初の例となった。

1973〜75年、東京大学海洋研究所（現・同大学大気海洋研究所）の初代白鳳丸（はくほうまる）が本格的な産卵場調査に乗り出し（主任研究員は田中昌一氏、石井丈夫氏）、台湾の東方や南方海域で体長約50mmのレプトケパルス50数尾を一挙に採集した。そこで、産卵場は台湾沖だとの説が一時マスコミで広まった。しかし研究者たちは、体の大きいレプトケパルスは成育が進んだ個体なので、産卵場はもっと遠方だと考えた。

1986年、より正確な産卵場特定の機運が生じて白鳳丸が調査に赴き（主席研究員は梶原武氏）、黒潮の元となる北赤道海流の向きを勘案して、フィリピン東方海域に格子状の観測点を設けて体長40mm前後のレプトケパルス20数尾を採集、当時最新の耳石日周輪解析法（コラム「魚類の耳石と標識」）により、これらが孵化後約80日経過していたことがわかり、9月の採集から遡る6月頃が孵化時と推測した。

1988年6〜7月、鹿児島大学の小澤貴和（たかかず）教授率いる練習船・敬天丸が、フィリピン海中央部で体長20〜30mmのレプトケパルス数尾を採集、1990年には同時期同海域でほぼ同サイズの20数尾を採集した。

1991年6月、二代目白鳳丸（主席研究員は塚本勝巳氏）が、1988年採集地点から東方で体長10mm前後のレプトケパルス約950尾を採集、この画期的成果は、徹底した格子状観測点での悉皆調査と、日本各地に渡来したシラスウナギの耳石日周輪解析から産卵盛期を6〜7月と推定したことによる。しかしその後は、より小サイズで孵化直後に近いプレレプトケパルスが採集できない時期が数年間続く。

そこで、九州大学、韓国忠南大学との共同研究により、1991年採集の大量個体の耳石日周輪を再度詳しく解析し、孵化日が5月と6月の二群に分かれ、しかも新月日にほぼ一致することがわかり、新月前後に一斉に産卵し受精率を高める、という「新月仮説」が生まれた。また、採集海域の近くに海山がある点から、ニホンウナギ成魚が産卵と受精のため広い海洋の一点に集結するうえで、海山近辺の地磁気異常、重力異常、海流の乱れなどを指標にする、という「海山仮説」も生まれた。

1998年、このふたつの仮説に基づき、有人潜水艇も投入した大規模国際共同研究が実施されるも、めぼしい成果が得られなかったため、調査計画が練り直された。

まず、採集用ネットの改良や、船上にDNA分析機器を設置し採集した仔魚の種同定を即時可能とするなど、ハード面の改良が企画された。また、これまでの採集データを再分析し、北赤道海流の表層水域で東西方向に形成される塩分濃度の異なる境界線（いわば潮目、この海域では熱帯のスコールなどで降水量の多い南側が低濃度）、すなわち「塩分フロント」のすぐ南でレプトケパルスが採集された点に着目、北から南へ移動するニホンウナギ成魚は塩分濃度の低下あるいは水質の変化を検知して産卵場到達を知る、という「塩分フロント仮説」が提唱された。

2005年、白鳳丸（主席研究員は塚本勝巳氏）がこの塩分フロントに沿って設定した細かい観測点をたどる調査を実施、ついに6月の新月当日、体長5mm前後のプレレプトケパルス110尾を採集、耳石日周輪解析から孵化後2日であるとわかり、海流の流速から逆算して、マリアナ諸島の西にある、西マリアナ海嶺のスルガ海山付近が産卵場と推測した。

2008年、今度は親ウナギの採集を目指す研究チームが水産庁、独立行政法人 水産総合研究センター（現・国立研究開発法人 水産研究・教育機構）を中心に結成されて東京大学チームも参加、水産庁のトロール船・開洋丸と白鳳丸が前回の採集地、スルガ海山付近で探索を始めたが成果は出なかった。しかし開洋丸は、このあたりの中層潮流が渦を巻いているのではと考えて試みに南に向かい［張 2008］、6月3日に中層トロール網で親ウナギ3尾を採集、衛星電話を受けて急遽駆けつけた白鳳丸も6月2日生まれと推定されるプレレプトケパルス約240尾を採集、この地点が産卵域と確認され、毎年、特定の海山近辺で産卵するのではなく、西マリアナ海嶺近辺の広がりを持った海域が、年や月の諸条件によって選ばれると推測された。

2009年5月には、開洋丸、白鳳丸に独立行政法人 水産大学校（現・国立研究開発法人 水産研究・教育機構水産大学校）の天鷹丸も加わり、複数格子点での各船の観測結果から、その時点での塩分フロントと海山列との交点を割り出し、そこを中心に細かく観測した結果、5月22日とその翌日、北緯12度50分、東経141度15分付近で、白鳳丸がニホンウナギ受精卵計31個の採集に成功した。広大な海洋でわずか10m前後の立方体に集中すると推測される産卵ポイントの、ごく近傍に到達できたのである。この調査では、産卵場の水深が150〜200m近辺の中層であることも確認され、人工孵化技術開発における、親ウナギ向けの産卵環境条件や孵化した仔魚の飼育環境条件のヒントも得られた。2011年にも140個あまりの卵を採集している。

さてニホンウナギはどのように一生を終えるのだろうか。サケ・マス類などと同様に一度の産卵で死に至る、と考えられていたが、2008年以降に産卵場で採集された親魚の卵巣や精巣を調べた結果、雌雄ともに、一産卵期に複数回は産卵に参加していることが証明されたという［黒木ほか 2011:97］。

ところで、次節で詳しく紹介されているように、「環境DNA（eDNA、environmental DNA）」を用いた生物生息調査手法が最近注目を集めている。対象の生物を捕獲しなくても、環境に残されたDNAを分析することで、対象生物の分布や資源量を推定する手法である。ニホンウナギ産卵

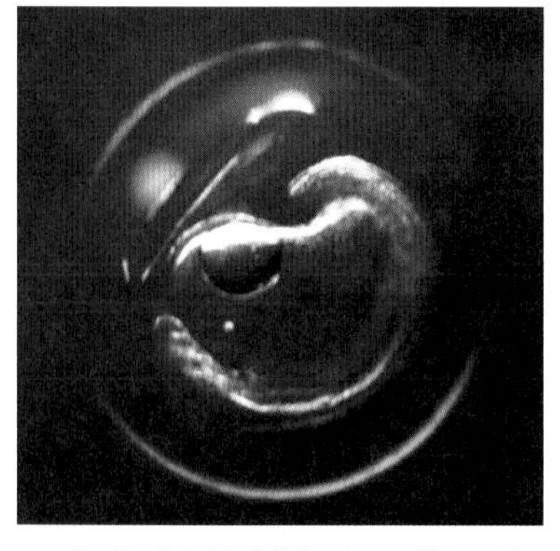

2009年5月の白鳳丸研究航海において、世界で最初に発見された天然ウナギ卵の歴史的画像。直径は約1.5mm。写真提供：東京大学大気海洋研究所。

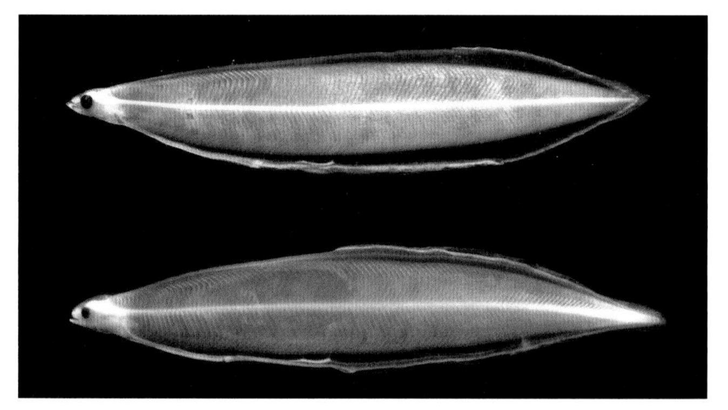

台湾東方沖で採捕されたニホンウナギの後期仔魚、レプトケパルス。
上：変態前の後期仔魚（全長50.6 mm）、下：稚魚シラスウナギへと変態中の後期仔魚（全長52.5 mm）。変態期に入ると、体高が低くなり、頭部は丸みを帯び、背鰭起部と肛門が体の前方に移動する。写真提供：望岡典隆。2004年11月

場の特定に関しても、東京大学、日本大学、近畿大学、国立研究開発法人 海洋研究開発機構などの研究チームが、2015年、2017年に、西マリアナ海嶺近辺の水深250〜800mの海域で採集した海水からニホンウナギのDNA検出に成功した、と2019年3月の「日本生態学会」で発表した。この手法を発展させれば、産卵場所のより精細な特定が可能となり、さらには将来、産卵の様子を撮影することができるかも知れない。

また、大型回遊魚の移動解析に近年使われている「ポップアップ式衛星通信型タグ」を用いた、下りウナギの産卵回遊ルートの解明も進む。魚体に装着されたタグが、魚体温、水温、水圧、照度などのデータを蓄積し、事前に設定された日時に魚体から離れて浮上、浮上位置とともに蓄積データを人工衛星経由で研究者に送る仕組みである。

たとえば、NPO法人セーフティー・ライフ&リバーが2013年に宮崎県東臼杵郡美郷町(ひがしうすきぐんみさとちょう)に設立した「国際うなぎLABO（所長は塚本勝巳氏）」と

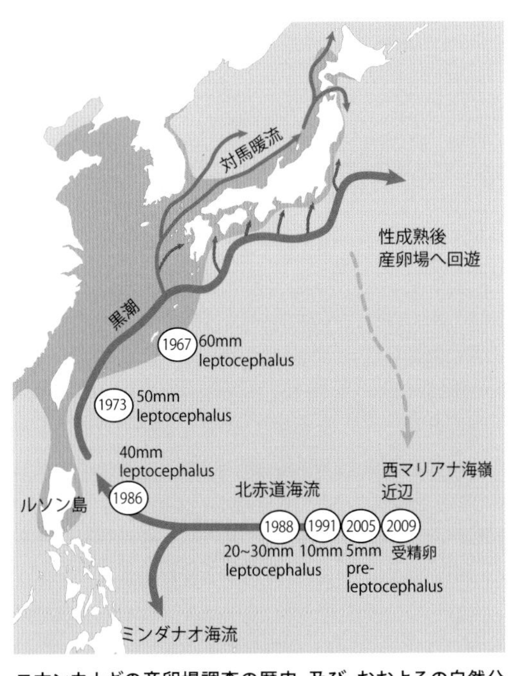

ニホンウナギの産卵場調査の歴史、及び、おおよその自然分布域　ただし、南に向かう産卵回遊ルートはあくまでも推測。産卵場調査の歴史については塚本勝巳『ウナギ大回遊の謎』［塚本 2012］ p.93を基に、淡紫色で示すおおよその自然分布域については https://www.fishbase.se/ を基に、それぞれ作成。

関係諸大学との共同研究によって、日向市から同タグを付けて放流された下りウナギが、黒潮に乗り八丈島周辺に達していることがわかり、下りウナギはいったん東に向かったのち南に向かう、という説が強まった（2016年4月5日付『宮崎日日新聞』）。さらに、下りウナギは、光を避けるかのように、昼は水深800mの深い層、夜は約250mの浅い層と、鉛直方向にも移動していることも確かめられた［渡邊俊 2019］。

いまだ多くの課題が残るが、孵化瞬間により近い時空間を追い求める努力が、豊かな副産物を生み出してきた。新種の発見もそのひとつである。

1995年以降、東京大学大気海洋研究所などのチームは、マリアナ諸島周辺だけでなく広い海域で調査をおこなってきたが、2002年に採集された2,500余のレプトケパルス個体に対して、DNA分析を再度試みるうち、5個体がどうやら新種のウナギである可能性が出てきた［黒木 2018］。

そこで、標本採集地点がフィリピン東側であることや海流から、その出所がフィリピンのルソン島ではないか、と目星をつけ、2007年から毎年調査班が入って現地住民の協力を得ながら新種ウナギを探し求め、2009年に新種ウナギ未成魚の採集に成功［青山 2013］、これが、シュミット博士の高弟、ヴィルヘルム・エーゲ（Vilhelm Ege）とポール・ジェスパーセン（Poul Jespersen）が1939年に示した、ウナギ属魚類の分類体系の金字塔（註3）以来70年ぶり、ウナギ属の新種、*Anguilla luzonensis*の発見であった［渡邊俊ほか 2015］。この発見とともに、世界各地で保存されている標本の再計測や、広い海域で採集した標本の分子遺伝学的な再検討によって［渡邊俊 2011］、コラム「世界のウナギ属」に掲げられているような、新しいウナギ分類表が提案されるに至っている。

このような数次にわたりチームを組んで継続されてきた調査航海は、莫大な経費という制約のなか、学際的なウナギ研究者や生物学研究者を輩出する原動力になってきたことも、付言しておきたい。

2.4. 環境DNAとウナギの生息地解析

亀山 哲　国立環境研究所

私は、絶滅のおそれのある回遊性淡水魚類を対象として、流域圏の自然環境について研究している。専門分野としては「生態系サービス（人類が自然から受けている便益、註6）」や「生態系の機能評価」と呼ばれるものだ。私にとってウナギ類は、9.1節で詳説されている「森里海の生態系の連環」の健全性を評価するための指標生物。そして現在の研究課題は、ウナギ類の生息適地の保全と復元、また資源量の回復である。さらにその先には、ニホンウナギなどを含む絶滅危惧種の存在と人間の社会活動とがしなやかに調和した、「自然共生社会」の実現を目指している。本節では、ニホンウナギの生息地モニタリングにおける環境DNAの役割を紹介しよう。

水、土壌、空気中などあらゆる環境中には、そこに生息している生物由来のDNAが存在しており、「環境DNA」とはその総称である。たとえば水中には、そこに棲む水性生物から剥がれ落ちた組織や細胞片、排出物、分泌物をはじめ、その生物に関係する微小な生物のDNAが存在している。環境DNA分析とは、河川水などを採集してそこに含まれる環境DNAを検出し、対象とする生き物を見つけることだ。つまり環境DNAを分析することで、生物の生息状況を把握し、さらに時空間的に解析することによって貴重種の生息環境をモニタリングすることが可能となる。そしてこの方法では、サンプリング地点を増やせば増やすほど、対象とする種がどこに棲んでいるのか？逆に生息していないのか？について、より広範囲かつ高精度に評価することができる。

しかし実際には、河川水などの自然環境中に存在する環境DNAは非常に微量である。簡単に言えば、元来の生物から放出されたDNAのごく一部が、水中に非常に薄い濃度で拡散し、流下

コラム

魚類の耳石と標識

脊椎動物の内耳にあり平衡感覚と聴覚を司る耳石は、炭酸カルシウムの結晶から成る。魚類の場合、水中から微量のストロンチウムなどの元素を取り込みつつ、樹木の年輪のように日周輪を刻んで成長する。海水のストロンチウム濃度は淡水の約百倍なので、魚体から摘出した耳石の成分を分析すると、生活史のどの時点で海に居たかがわかる。

1980年代半ばから、サケ・マス類など遡河回遊魚の生態調査のため、耳石を利用して仔稚魚に標識を付ける、「耳石標識」の研究が進んだ。

ひとつは1980年代後半に北米で開発された温度標識である。耳石の成長と密度が水温変化に影響されることを利用し、水槽の温度を一定時間ごとに変化させながら数日〜数週間飼育して耳石の成長とともに最外縁にバーコード状の標識を作り出す。

しかし長い飼育時間が必要という欠点があるので、1990年代半ばに開発されたのがストロンチウム標識法である。海水よりストロンチウム濃度がはるかに高い液に魚を24時間浸して耳石に標識を付ける。ストロンチウム濃度や浸漬時間を変えればバーコード状の標識付けも可能だが、耳石を研磨してから走査型電子顕微鏡による観察が必要となる。

他方、1980年代半ばに、アユやタイの仔稚魚の耳石標識として塚本勝巳氏らによって開発された方法が、紫外線下で赤色を発色する蛍光物質アリザリン・コンプレクソン（alizarin complexone：ALC）を応用するもので、その希釈液に20時間以上浸漬し耳石の最外縁を染色する。操作を何度も繰り返すと多重の標識も得られる。標識の観察には蛍光顕微鏡が必要となるが、耳石を研磨しなくても良い、生体への影響が少ない、大量、効率的に標識できる、などの利点があるので、現在、広く利用されている（p.231）。

ニホンウナギにこうした耳石標識を適用すれば、生産や流通過程の追跡が可能となり、トレーサビリティが高まる。異種ウナギの混入やシラスウナギの違法な流通（ウナギlaunderingなど）を排除する有力な方法のひとつとして注目されている（第1章）。

しているような状態といえる。そのため我々は、非常に微量な環境DNAを検出可能な状態（DNAバーコーディングによる種の同定が可能な量）まで増幅する作業を最初におこなう。この技術はPCR（Polymerase Chain Reaction：ポリメラーゼ連鎖反応）法と呼ばれており、2020年から猛威を振るっている新型コロナウィルスを、被検者の唾液などから検出する際にも使われている技術である。

PCR法について少し詳しく説明しよう。まずDNAとはデオキシリボ核酸（Deoxyribo Nucleic Acid）の略であり、糖（デオキシリボース）、リン酸、塩基から構成されていて、一般に生物の細胞の核の中に存在している。そしてDNAは、縄梯子（なわばしご）の上下を捻じったような形（二重らせん構造）である。梯子（はしご）の両側の縄（以後「鎖」と表現する）を構成する物質は糖とリン酸だ。重要なのは両方の鎖を繋ぐ梯子の踏み板の部分であり、これは塩基の決まった対（つい）（塩基対）でできている。DNAの塩基は、A（adenine：アデニン）、G（guanine：グアニン）、C（cytosine：シトシン）、T（thymine：チミン）の4種類しかない（次頁の図）。

この塩基対（正確には「ワトソン・クリック型塩基対」）は「AとT」、「GとC」という決まった組み合わせであり、水素結合している。これを相補的な結合と呼ぶ。つまり踏み板の両側の鎖は、一方の塩基の並びに対し他方の塩基の並びも一意に定まる。この塩基対の順序が、塩基配列と呼ばれるものである。たとえば、縄梯子の踏み板の右側の鎖が下から順に・・・・AACGTA・・・・であれば、一方の左側の鎖も同様に・・・・TTGCAT・・・・という順序になる。重要な点は、この塩基配列は生物種ごとに異なっており、それぞれの種に固有の塩基配列の領域が存在する、ということだ。DNAバーコーディングとは、この対象生物に固有の遺伝子領域（短い塩基配列、DNAバーコードと呼ぶ）を用い、生物種の同定をおこなう技術である。現在、世界レベルでDNAバーコードのデータベース作りが進んでいる。

さて、環境DNAを分析するためには、自然界では非常に少ないDNAの遺伝子領域を大量に増幅（複製）しなければならない。この増幅のための最新技術がPCR法である。DNAは、ある温度以上に加熱すると相補的結合（縄梯子の踏み板）が切れて別々の二本の鎖に分離する。その後、今度は徐々に冷却すると、二本の鎖がひとりでに相補的に結合して再び縄梯子の形になる。PCR法ではこの熱によるDNAの変性作用を利用する。簡単に言えば、同定したい元試料、耐熱性DNA合成酵素（DNAポリメラーゼ）、プライマーの3種から成る試料混合液を加熱し、その後冷却するという「DNA合成反応」を繰り返し、同定したい未知のDNA断片の特定領域を指数関数的に増やす技術である。

DNA合成酵素とは、一本鎖の核酸を鋳型として、それに相補的な塩基配列を持つDNA鎖を合成する酵素のこと。プライマーとは特定領域の鎖の両末端に結合しそこを起点に複製が進むように設計された試薬のことである。通常、プライマーは、標的DNA領域に相補的な配列を持つ短い一本鎖DNA（オリゴヌクレオチド）とDNAの構成要素である遊離ヌクレオチドを指す。実際のPCR法におけるDNAの分離と結合の各段階においては、DNAの熱変性（二本鎖を分離させる：一般的に95℃）→ アニーリング（annealing：プライマー付きの一本鎖DNAが、相補的な配列をもつDNA鎖と再び結合して、二本鎖を形成すること、一般的に55～65℃）→ 伸長（一般的に72℃）というプロセスを繰り返しおこなう。ねじれていた縄梯子の踏み板をまっすぐに伸ばして左右ふたつに切り離し、相補的な関係を基にプライマーを結合し、今度は別々のふたつの縄梯子として2倍ずつ増やしていく、というイメージに近い。環境DNAの分析では、このようにして増幅したDNAのバーコードを用い、既存のDNAデータベースと照合する事で種の同定をおこなう。

次に、環境DNAがなぜニホンウナギの調査でとくに重要視されるのか？を解説したい。ニホンウナギは夜行性なので、日中におこなわれる通常の水生生物調査ではどうしても個体の発見が困難だ。そのため調査結果としては「偽陰性」、つまり本当はそこに生息しているのに「未発見（不在）」と結論付けられる可能性が高い。それを解決する強力な技術が環境DNA分析である。この技術のおかげで、ニホンウナギに限らず各地で絶滅が危惧されている多くの在来魚種のDNAも同時に検出可能だ。さらに、オオクチバス属（ブラックバスはその総称）やブルーギルなど外来種の存在も同様の方法で推定できる。

これまでの水生生物調査手法と比べると、環境DNA分析には次のような利点がある。

(1) サンプリング方法は、基本的に調査地での採水のみで良い。つまり大規模河川など従来調査が困難だった場所でも比較的安全に実施することができる。また、特別な採集道具も不要なので、注意点を正しく守れば専門家でなくても生息調査ができる。

(2) 現地での作業は非破壊かつ非侵襲的であり、通常の調査と比べて生物の生息地へのダメージが少なく、現地の改変はほとんどない。

(3) 環境DNAの分解やほかの試料の混入がなければ、分析精度は極めて高感度である。そのため、生息数が少なく捕獲が難しい稀少生物や、一日の行動時間が限られている種でも検出が可能である。

とくに我々の研究グループでは、生物多様性や生態系の保全における「予防原則」に対しても、環境DNA分析手法が大いに貢献できると考えている。たとえば、最近数が少なくなり、絶滅のおそれのある生物を対象にする場合である。その対象種を捕獲して直接観察できなくても、環境DNA分析によって「密かに生息している可能性が非常に高い」と判断することができる。つまりこの結果を基に、特定の生物種の減少や生息地の急激な縮小に直面した場合、「原因と結果の明確な因果関係が証明されていない段階でも、取り返しのつかない状態に陥るおそれがあるときは、事前に対策を講じるべきである」という「予防原則」を発動する根拠となるのである。

環境 DNA を用いた生息地のモニタリング調査とは：
調査地点の試料（河川水等）に含まれる遺伝子の塩基配列（DNA バーコード）を用いて生物を同定すること。

DNA バーコードとは：
生物の種判別に適したゲノム領域（遺伝子）の塩基配列。
［HEBERT et al. 2003：313-321］

塩基配列とは：塩基の並び順。

塩基とは：DNA に含まれる 4 種類の化合物 A、T、G、C

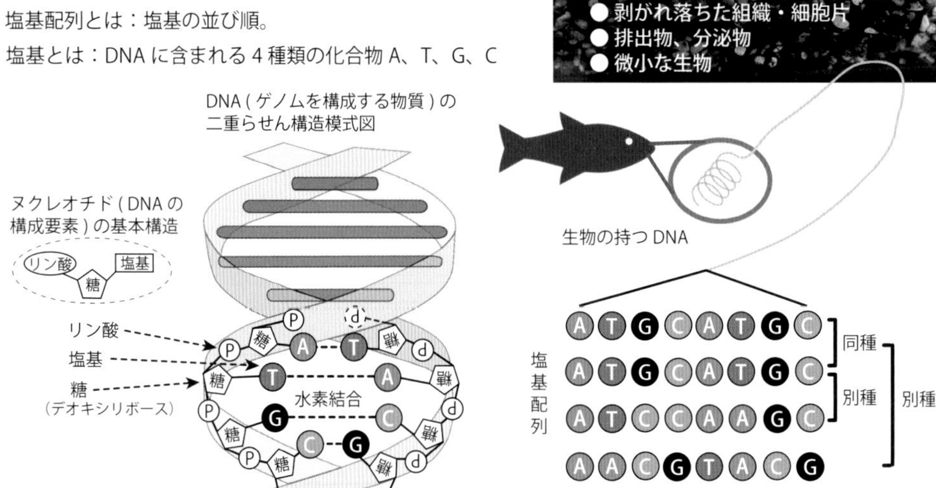

環境DNAを用いた生息地のモニタリングと評価の概念図。作成：亀山哲。
DNAの二重らせん構造については、赤坂甲治（監修）『よくわかる生物基礎＋生物』（学研プラス 2021年）などを基に作成。

2.5. 海水と淡水の往還
── 浸透圧という試練

魚類の進化史概略

生涯に海水域と淡水域の間を往復するニホンウナギの秘密を知るため、まず、魚類進化史を振り返ろう。進化史研究は化石から出発するが、新化石の発見や数十年前に発掘された化石を再分析することによって、学説が一変することも多い。近年は、遺伝子解析技術が進展して進化発

コラム

46mの滝登り

松重 一輝・望岡 典隆　九州大学大学院

8.3節で解説されているように、ダムや堰などの河川横断工作物は、海と川とを行き来するニホンウナギの生態を阻害している。環境省の調査では、落差40cm以上の構造物は小型の個体の移動を制限するという。一方、小さな個体は、たとえ垂直の壁であっても表面に凹凸があって湿っていれば、よじ登る能力を持つ。そこで、松重一輝（まつしげかずき）、安武由矢（やすたけよしや）（ともに九州大学大学院博士課程）、望岡典隆（同大学院准教授）、日比野友亮（北九州市立自然史・歴史博物館学芸員）のチームは（各自の所属は2021年度末現在）、上流への移動を妨げるダムや堰を評価するうえで、堤体の高さだけでなく、壁面の凹凸構造など複数の要因に注目する必要があると考え、それを立証する事例を求め研究を進めてきた。

今回、一見すると上流への移動を完全に阻むと考えられる、鹿児島県姶良（あいら）市にある高さ46m、幅43mのほぼ垂直な龍門滝（りゅうもんだき）（鹿児島県網掛川（あみかけがわ）水系）に着目して調査をおこなった。もしも龍門滝を越えて上流へ移動する個体が頻繁に存在するなら、堤体の高さ以外の要因が想定できるからである。なお事前に、木村毅・網掛川漁業協同組合長に、龍門滝上流では養殖ウナギを放流（註7）していないことを確認しておいた。

網掛川水系の中流部には、龍門滝のほかに、カワセミの滝（高さ約2m）、板井手（いたいで）の滝（高さ8m）、小規模な堰（高さ1m未満）がある。調査の結果、龍門滝下流の地点に加えて、龍門滝の上流でも最上流の調査地点を含む計3地点でニホンウナギが採捕された。それらの全長と年齢を調べると、龍門滝上流には、小さくて若齢の個体から、大きくて高齢の個体まで、幅広く生息していた。

ニホンウナギの小さな個体は、凹凸のある湿った壁をよじ登ることができるが、体サイズの増加とともに移動活性が低下することが知られている。これを踏まえると、小さくて若齢の個体が、龍門滝を越えて上流に比較的頻繁に加入し、そのまま龍門滝上流に留まって成長していると推察できる。龍門滝の壁面には、小さな亀裂があり、湿り気があってコケ植物が繁茂している。すなわち龍門滝の壁面は、46mという高さにもかかわらず、水流の強い場所を除くと小さな個体がよじ登るのに適した構造なのである。

この研究によって、ダムや堰がニホンウナギの上流への移動を妨げる要因には、堤体の高さのほかに、壁面の凹凸構造なども重要なことが確認できた。つまり、落差の小さな堰でも構造次第では上流への移動を大きく阻害するかも知れないし、その逆もあり得る。

今後は、高さ以外の要素にも注目し、遡上を妨げる構造物を検出して魚道を設置すれば、ニホンウナギの資源減少を食い止める可能性を高めることができると考えている。

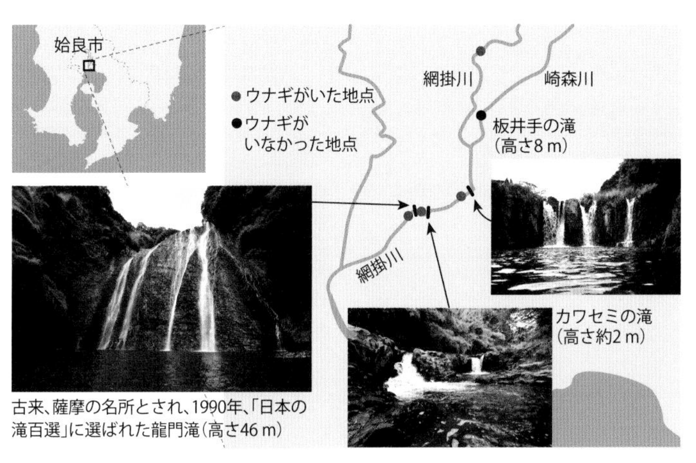

本研究の調査地点。図版作成：松重一輝。写真撮影：日比野友亮。

生生物学的な研究も進み、学説は常に更新されているようだ。

魚類は、我々ヒトにつながる脊椎動物の始祖に位置づけられる。最近のゲノム研究によると、最初の脊椎動物は、古生代オルドビス紀、約4億5千万年前の海中で、頭から尾まで脊索が貫いている頭索動物のひとつナメクジウオのような生物から進化したという。当時は北にロレンシア、バルチカ、南にゴンドワナの大きな陸塊があり、その間の熱帯域にあったイアペトゥス海が誕生場所のひとつとされる。

魚類は無顎類（現生は円口類のみ）、顎口類、軟骨魚類、硬骨魚類と、海中でさまざまに進化、既存の海中生物や魚類同士の間で生存競争が激化していく。シルル紀末の4億2千万年前までには、大陸移動の結果、ロレンシア、バルチカが合体してローラシア大陸となってイアペトゥス海が消滅し、その後の造山運動がローラシア大陸周囲に造り出した大河の河口や浅瀬などの汽水域、淡水域が、魚類進化の新たな舞台となり、約4億2千万年前から約3億6千万年前までのデボン紀に魚類が多様化した［NHK 2004］。これが現在主流の学説のようだ。

淡水世界は海よりも酸素濃度が低く、降雨や乾燥で容易に貧酸素となる厳しい環境なので、海中で既に獲得していた肺が淡水域への進出に役立った。脊椎は、体幹と筋力を支える役割のみならず、海水中には豊富だが淡水域では入手しにくいミネラルを体内にストックしておく貯蔵庫として機能するようになった。

海水域から汽水域、淡水域への進出で最大の壁は浸透圧である。細胞内液の塩分濃度は淡水より高いので、淡水との浸透圧の差によって細胞に水が侵入する。魚類は水の浸入を防ぐ固い鱗と排水するための腎臓を獲得することでこの問題を解決し、淡水域に進出できたという。

デボン紀中期の約3億8500万年前には、敵の少ない浅瀬で水生植物を掻き分けるのに有利な、鰭の基部が筋肉で覆われ鰭内部に骨がある「肉鰭類」が登場した。約3億6250万年前（デボン紀末）には、重力に耐える骨格を持ち、鰭を足に進化させ、乾燥に耐える皮膚を持つアカンソステガなど、陸地へ進出した四肢動物の祖先に近いものが誕生した［クラック 2000］。

陸に上っていったグループとは別に、引き続き水中での生活を選択した魚たちも、肺を浮き袋に作り変えるなど、さまざまに適応進化していく。中生代に入ると、鰭条及び鰭膜によって鰭が支えられた「条鰭類」の多くは、海への再移動を完了し、そのグループのなかで、最後に（中生代三畳紀、約2億5200万年前～2億年前）登場した「真骨類」は、浸透圧の変化に対応できる、後述する塩類細胞を発達させ、その後、海水魚から淡水魚まで、多様な種に進化した。以上が、現在おおむね了とされる魚類進化説の概略だが、もちろん議論は続いている。

浸透圧と生物細胞

浸透圧についておさらいしておく。溶液とは、溶かす液（溶媒）に何か（溶質）が溶けたものを、半透膜とは小さな分子である溶媒だけを通す膜を指す。水が溶媒である水溶液を考えると、純水と何らかの水溶液が半透膜を接して置かれていると、純水中の水分子の密度は、水溶液中にお

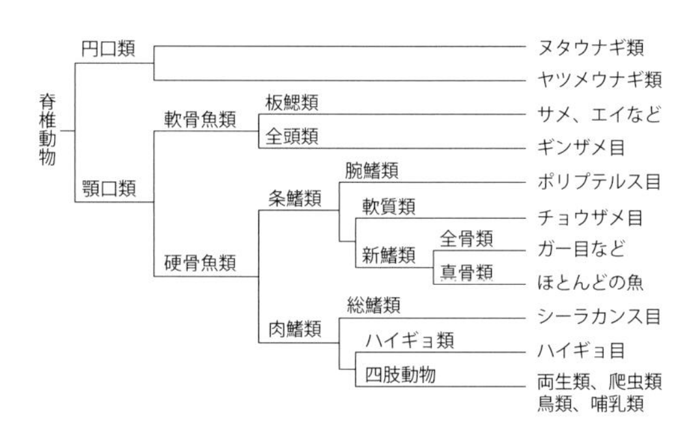

脊椎動物のうち、現生の魚類に着目した系統樹概略のひとつの案。系統の分岐は、ほぼ図の上から下の順に生じたとされる。ただし、「～類」という表現は通称であり、分類学において階層構造で動物を分類する際の、各階層レベルを示す分類階級（rank、門・綱・目・科・属など）による表現とは合致しない。［浦野 2010］に掲載の図などを基に作成。

ける水（溶媒）分子の密度より当然高いので、純水から水溶液に水分子が浸透しようとする圧力が生じる。これが、その水溶液の浸透圧であり、「水溶液が水を引き寄せる力」と考えれば良い。

これを一般化するなら、二種類の水溶液が半透膜を介して接していると、低濃度の溶液は水分子の密度が高いので、水分子の密度の低い高濃度の溶液側へと水が移動する、つまり、高濃度溶液は浸透圧が高い。すなわち、浸透圧に差のある二種類の水溶液が半透膜で接している場合、浸透圧の低い側から浸透圧の高い側へと水が移動する。

動物の体液は、細胞内液と細胞外液（間質液と血漿）から成り、内液と外液の境界が細胞膜であるが、その両側の浸透圧が同じになるように水が移動するので、細胞内液の浸透圧は体液全体の浸透圧と同じと考えて良い。動物の細胞膜は基本的に半透膜であり溶質は通さないが、細胞に必要な物質を取り込むため、膜表面には、弁の付いた管状構造の「膜タンパク質」が多数あって膜を貫通しており、特定のイオンや物質を選択的に通過させる。

ちなみに、膜タンパク質の一部は「イオンチャネル」とも呼ばれ、さまざまな種類のイオンを識別して選択的に通す個別チャネルがあって、チャネルの開閉を制御する仕組みにもさまざまな方式のあることが知られている。

さて、生命現象に関わる塩分は細胞内液中でイオン化しているので、細胞内液の塩分濃度はイオン濃度だとみなせる。細胞膜が海水と接していて、細胞内液のイオン濃度が海水のそれよりも低い、すなわち細胞内液の浸透圧が海水より低い場合には、浸透圧のより高い海水が水を引き寄せ、細胞が脱水される。逆に淡水の場合には細胞に水が入る。いずれの場合でも細胞の破壊につながる。塩漬け食品が長持ちするのも同じ理由で、周囲の塩分濃度の高い溶液によって腐敗菌が脱水され破壊されるのである。

魚類の浸透圧適応

海に生息する多くの無脊椎動物は海水のイオン濃度をそのまま細胞外液に持ち込んでいるので、細胞は脱水されない。一方、脊椎動物では、次の3つの戦略で、浸透圧に対処するべく進化してきた［竹井 2012］。

第1の戦略は、最も原始的な脊椎動物である無顎類、現生種では唯一残る円口類に属するヌタウナギのみが採る戦略で、海生の無脊椎動物と同様に海水組成を体液として用いるので浸透圧の心配はない。

第2の戦略は、サメやエイなど軟骨魚類と、現存する肉鰭類であるシーラカンスが採用しているもので、カルシウムや塩素などの1価イオン濃度を半分以下に抑える一方、尿素を血液中に蓄えて体液の浸透圧を海水レベルまで高めることで脱水から逃れる。別の系統として出現した軟骨魚と、硬骨魚・肉鰭類の子孫とが、同じ戦略で現生している理由は、それぞれの淡水性の祖先が海に進出して平行進化したため、あるいは、両者の共通の祖先である原始的な海産の顎口類が既にこのような機構を獲得していたため、と考えられる［浦野 2010］。

ちなみに、サメやエイの魚肉はアンモニア臭が強いが足が遅い。これは、死後、微生物や植物にある酵素ウレアーゼにより血液中の尿素が分解されてアンモニアに変化するため臭うが、魚肉が多く含む尿素や浸透圧調節物質ＴＭＡＯ（トリメチルアミン－N－オキシド）がヒスタミンの生成を抑えるので、魚肉を食べてもヒスタミン中毒を起こしにくく生食材の消費期限が長くなる、という［山崎 1996］。おかげで、輸送路や冷凍技術が未発達の時期に、海から遠い地域での貴重なタンパク源となったようだ。たとえば、島根県南部から広島県北部にかけて明治中期以降に普及した、サメの生肉を使う「ワニ（＝サメ）料理」が知られる。

第3の戦略は、体液の1価イオン濃度と浸透圧を、海水の約1/3に下げる方法である。これは、我々ヒトも含むすべての海産四肢動物（両生類、爬虫類、鳥類、哺乳類）及び、条鰭類、とくにその下位分類中の真骨類の魚類が採用している、真骨頂である。真骨類と四肢動物の共通の祖先である、汽水もしくは淡水に進出した原始的な硬骨魚類が、この戦略を採用したのかも知れない［浦野 2010］。

現在、真骨類は、すべての脊椎動物の種の半数以上、2万余の種数を誇るほどに繁栄している点から見ても、進化上、このレベルにまでイオン濃度を下げる方法が有利だったと考えられるが、その理由はいまだ明らかではない［竹井 2012］。

この戦略では、体液の浸透圧は海水と淡水の中間の値となるから、海水中では体液の相対的な浸透圧は低いので脱水され、淡水中では体液の相対的な浸透圧は高いので水が体内に侵入することになる。これに対処するために、第三の戦略を採用した真骨類は、鰓、腎臓、腸を用いて体液浸透圧を調節している。その際に重要な役割をするのが鰓にある大形の「塩類細胞」である。

塩類細胞の働き

鰓は表面積が大きく、鰓の表面と内部を走る毛細血管の間の細胞膜が薄いので、水に溶け込んでいる酸素の取り込みが容易である反面、浸透圧の差によって水も容易に移動してしまう。水の移動に伴う塩類の移動を相殺するように働く塩類細胞は、イオン輸送に特化した特異な細胞で、鰓の上皮細胞層を貫くように分布し、ミトコンドリアを多く含み、基底部は血管に接し、他端は外界の水に接している。塩類細胞には、塩分イオンを体外に出す「海水型」と、体内に取り込む「淡水型」があり、鰓上での両者の分布場所は異なっていて、前者の方が大型で細胞数も多い［浦野 2010］。

海水魚は、海中で体が脱水され、また塩類が体内に入ってくる。そこで体液の浸透圧を一定の範囲に保つために、盛んに海水を飲んで腸から水を吸収して水を補給し、腎臓が濃い尿を作って塩分を排出する。しかし魚類の腎臓は、体液よりも濃い尿を作るのが苦手なので、余分な塩分を排出するうえで塩類細胞の働きが決め手となる。海水型塩類細胞は、体液中よりもイオン濃度の高い海水側に向かって塩類イオンを排出するが、このように濃度勾配に逆らってイオンを輸送するにはエネルギーが必要である。細胞に必要なエネルギーのほとんどを生産するミトコンドリアを多く含んでいる塩類細胞の特徴が活かされている。

他方淡水魚は、水が体内に侵入して塩類が流出するので、腎臓で塩類を回収しつつ多量の薄い尿を作って侵入した過剰な水分を排出するとと

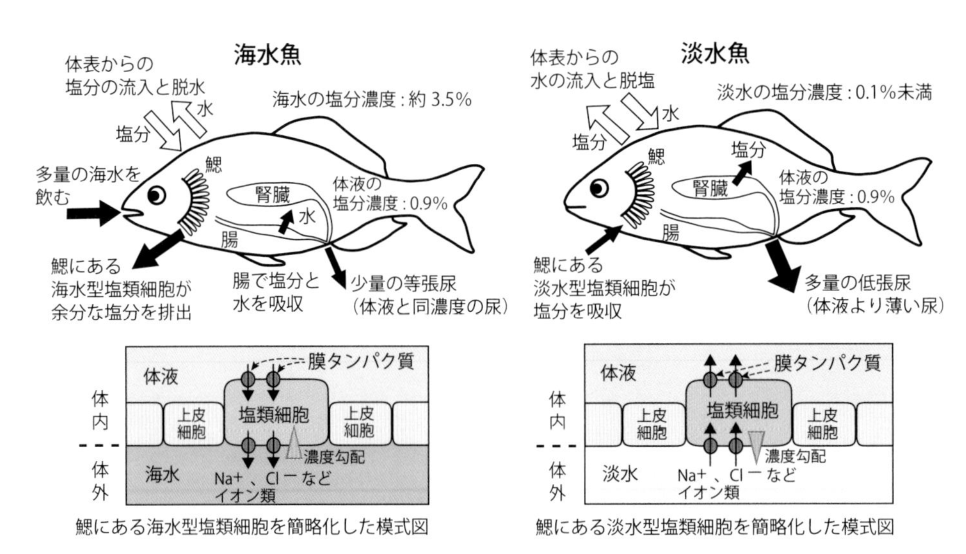

海水魚と淡水魚の浸透圧調節のしくみ。参照した文献類を基に作成。

もに、淡水型塩類細胞でも微量の塩類を吸収する。その際にも淡水型塩類細胞は濃度勾配に逆らって働いている［金子 1997］。

海水域と淡水域を往還する、ニホンウナギのような降河回遊魚、サケ・マス類のような遡河回遊魚は、海水型、淡水型、それぞれの塩類細胞の増減によって異なる水環境での浸透圧変化に対応している。ニホンウナギの場合も、性成熟し降河回遊で海に向かう銀化変態の際に、海水型塩類細胞を増やしているのである（2.2節）。

コラム

河川でのウナギの寝床

松重 一輝・望岡 典隆　九州大学大学院

昼間のウナギは川底や川岸に隠れており、餌を探しに出かけることは少ない。早い話が寝ているのだ。彼らは下流部を中心に河川の広い範囲に分布するため、昼間の隠れ家「ウナギの寝床」も、河川のいたるところにあるように思える。しかし漁師や釣り人は、「あそこの淵にはいるがこっちにはいない」などと語る。「ウナギの寝床」は、数mから数百m単位でまばらに分布することが、経験則的に知られてきたのだ。そこで、松重一輝、安武由矢（ともに九州大学大学院博士課程）、望岡典隆（同大学院准教授）の研究チームは（各自の所属は2021年度末現在）、水深、流速、川底の状態などの河川環境に着目し、「ウナギの寝床」のある場所の解明を進めてきた。

まず、鹿児島県の4河川の河川環境を調べてみた。水中に電流を流して驚いて出てくるウナギを捕らえる特殊な漁具を使って定量採集をおこない、ウナギの生息状況と河川環境の関係を解析した。その結果、潮汐によって水位の変動する感潮域には、多様な体サイズの個体が生息し、体サイズにより異なる環境に分布することがわかった。

比較的小さい個体は、感潮域のなかでも勾配の緩やかな区間に分布し、そこに特有の流速の遅い浅場で川底の砂利などに隠れていた。比較的大きい個体は、流速や水深に関係なく、浮き石状の巨礫や水際の植生などに隠れていた。とくに水際のヨシや巨礫、石積み護岸、蛇籠（じゃかご）（p.213の写真参照）などには多くの個体が隠れており、隙間の少ないコンクリート護岸に改修された区間では明らかに生息密度が低かった。潮汐の影響を受けない中流、上流域には比較的大型の個体が多く、彼らは急峻な渓流区間よりも勾配のなだらかな区間に分布する傾向があり、なかでも水深が比較的深くて巨礫の多い場所ほど生息密度が高かった。

どうやらウナギは、寝床の場所を複数の環境要因に基づいて決めているらしい。とくに川底の環境はすべての個体にとって重要で、隠れ家となる砂利や巨礫の多い場所ほど生息密度は高かった。しかるに、彼らは砂泥底でも自ら巣穴を掘って隠れ家を作ることができるのだから、とくに砂利や巨礫の多い場所を好む理由はないように思える。ではなぜ、単調な砂泥底よりも砂利や巨礫の多い場所に隠れるのだろう。

そこで、実験水槽を使ってウナギが砂に潜る際の行動を詳細に観察してみた。ウナギは砂に潜る前に、まず吻端で底面をつつきながら、潜るのに最適な場所を探すような行動をとる。都合の良い場所が見つかると、吻端を底面にあてた状態で体全体を激しく振って穴を掘る。そして、胸鰭から後方をほぼ静止させたまま頭部で砂を押しのけながら砂の中に潜り込んでいく。平らな砂底の場合と、砂底上に砂利を配置した場合とで、この一連の行動を比較してみた（次頁の図）。

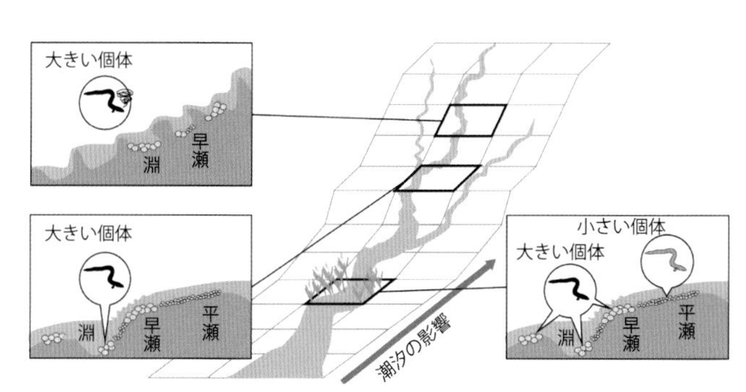

調査によって明らかにされた「ウナギの寝床」がある場所。作成：松重一輝。なお、
淵；水深が深く流れが緩やかな箇所、
早瀬；水深が浅く流れが速くて水底の礫や岩などにより乱流が生じ水面が波立ったり白く泡立ったりする箇所、
平瀬；水深は浅く流れは速いが乱流が生じず水面が平らな箇所、をいう。

観察の結果、砂利を配置した場合、ウナギは、砂に潜り始める際に砂利に口先を押し当てるだけで、体全体を使った穴掘り行動をほとんどせずに速やかに砂に潜ることができる。他方、平らな砂底では、砂に潜ることに失敗して何度も同じ行動を繰り返すようだ。

これら観察結果は、平らな砂底と比べて砂底上に砂利がある場合、ウナギはより容易かつ確実に、砂に隠れ得ることを示す。実際の河川で砂利や巨礫が多い場所では、そもそも穴を掘らなくても隠れることのできる隙間が既に存在することもあるだろう。そうした場所は、ウナギにとって少ない時間やエネルギーで隠れ得る好適な場所であり、反対に砂泥底では、仕方なく巣穴を掘って隠れていると考えられる。

こうして、「ウナギの寝床」のある場所を数～数百m単位で明らかにするとともに、多くのウナギが砂利や巨礫の多い場所に隠れている理由も推定できた。

今後、ウナギの暮らしやすい河川環境を保全していくには、感潮域を中心に、多様な体サイズの個体が隠れることのできる、豊かな環境を整備することが必要だろう。とくに小型個体は特定の場所にまとまって分布するため、そうした環境が失われた場合の影響は大きいに違いない。

ウナギの生態には未解明の部分が多く残されており、今回のように基礎的な研究を積み重ねていくことが求められている。

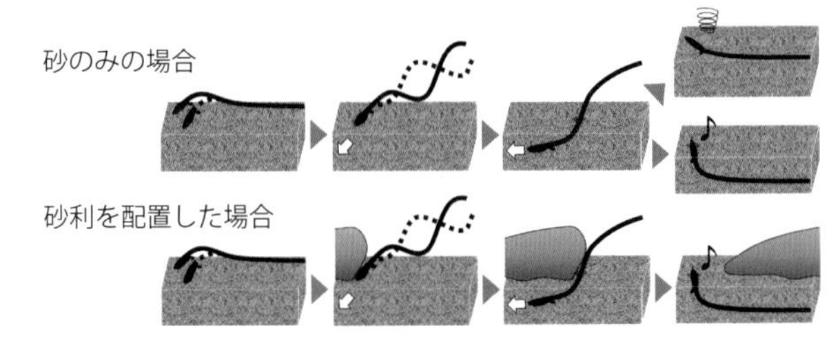

実験水槽で観察された、ウナギが砂に潜る際の行動。作成：松重一輝。

コラム

竹ん皮ウナギ

望岡 典隆　九州大学大学院

河川を遡上したニホンウナギは、「黄ウナギ期」と呼ばれる成長期に入る頃に定住場所に落ち着く。この時期には豊かな色彩変異が生じ、生息環境によりさまざまな色彩変異が見られるが、それは隠蔽的効果を持つからだ、と考えられている。体の色素がほとんどない「シロウナギ」や、白地に黒いまだら模様の「パンダウナギ」が稀に出現し、しばしば報道の対象となる。

河川下流の汽水域では、砂泥の色に紛れるような灰色から暗緑色を呈する個体が見られる。このうち青緑色のものは、3.4節で紹介されるように「アオ」と呼ばれ、九州はじめ西日本では、江戸時代から明治にかけて最高級品とされ、現在でも上質のウナギとして珍重されている。

河川中流域より上流には、タケノコを包んでいる外皮にそっくりな模様を持つ個体が見られ、地域によってはこれを「竹ん皮ウナギ」と呼ぶ。竹ん皮ウナギは、河畔林で覆われ昼間でも日差しが少ない上流部に多いのも、隠蔽的効果が大きいからであろう。鹿児島県出水市の河川の中・上流域では、ほとんどの個体がこの模様を持ち、なかには黒い点のほか黄色や朱色の斑紋のある個体も見られる。

竹ん皮ウナギの種同定を試み、ミトコンドリアDNAの部分塩基配列を調べたことがある。ニホンウナギの配列と一致し、異種ウナギ（註1）ではないことを確認できた。

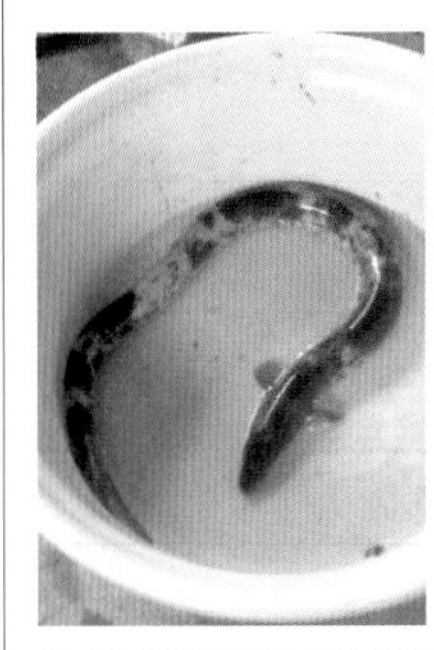

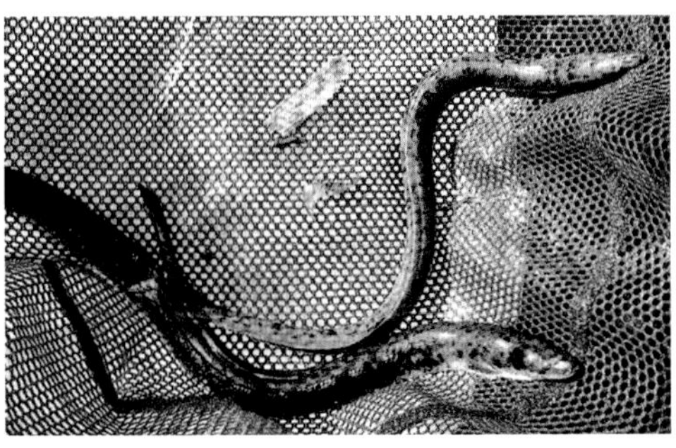

左：塩田川（第4章河川図⑯）と、鹿島川（河川図⑰）江湖とが合流する地点から、やや沖側の牡蠣礁（p.55の写真キャプション参照）の脇に仕掛けていた「横待ち」にかかった「竹ん皮ウナギ」を、鹿島市の中原豊氏（当時80歳）が採捕し、夫人がスマホで撮影。長さ約60cm。おそらく、多良岳（たらだけ）山系の上流渓流部に数年間棲息していて、秋になり下ってきたのだろう。2018年
右：鹿児島県出水市の河川中流域で採捕された「竹ん皮ウナギ」。撮影：望岡典隆。

第3章

日本の天然ウナギ漁

3.1. 北日本から関東地域へ

日本におけるニホンウナギ（以後、ウナギと略す）の「自然分布域」（その生物が本来有する能力で移動できる範囲により定まる地域）の北限は、日本海側では北海道の石狩川、太平洋側では北海道日高地方、浦河郡浦河町の絵笛川（JR北海道日高本線の東端、2015年の高波被災で不通となりそのまま廃線、2021年4月からバスに転換された区間にある絵笛駅近く）のあたり［岸ほか 2003］のようだ。

だが漁の北限は、いずれも江戸時代からウナギ産地として知られる、日本海側では青森県の十三湖と、太平洋側では青森県の小川原湖とされる。両湖とも、漁法は延縄（6.9節「延べ縄」と同じ）が主流である。しかし最近は、他地域と同様、両湖とも以前ほどの漁獲量はない。十三湖の十三漁業協同組合によれば、近年はウナギ漁に出る者はいないという。

他方、小川原湖の天然ウナギ漁獲量は、内水面漁業協同組合単位で比較すると全国一といわれてきたが、漁師から直に県内外の料亭やホテルなどに届けられることが多くて一般にあまり出回らず、認知度は低い（原作：雁屋哲、作画：花咲アキラの連載漫画『美味しんぼ』2007年「日本全県味巡り 青森編（2）、単行本第100巻に掲載」で紹介）。小川原湖漁業協同組合（以後、漁協と略記）は、漁獲量が減ったのを見て、1954年から毎年6月、シラスウナギを1年間育てて小川原湖に放流しており、2018年には63kgを放流している。また、青森県は全国一厳しい採捕禁止規定（10月1日～翌5月31日採捕禁止、漁期間でも40cm以下は採捕禁止）を設けている（8.1節）。

ところで、「水産増養殖」や「栽培漁業」の分野では、水産資源の維持増大のための養殖や放流に用いる稚魚や稚貝を「種苗」と呼ぶ。栽培漁業の分野では、親から採卵して人工孵化により生産された「人工種苗」を自然界に放流することを「種苗放流」と呼んでいる。したがって人工種苗を用いないウナギの場合は、河口域で捕らえた稚魚、シラスウナギを上中流域まで運んで放流すること、あるいは、養殖場である期間育ててから上中流域に放流することを種苗放流と呼ぶのは適切ではないが、都道府県によってウナギの場合にも種苗放流と呼ぶところもある。しかし本書では、栽培漁業の文脈に従い、小川原湖漁協の取り組みを「稚魚放流」と呼ぶことにする。このあたりの事情は、註7を参照されたい。

小川原湖漁協提供の資料によれば、ウナギの漁獲量は1960年代の23t前後から1970年代以降漸増、1979年に96.1tとピークを示したが、1998年70t、2008年23tと漸減、2014年以降は1t前後に急減、2017年は540kgと過去最少だった。

そこで、稚魚放流の効果を検証するため、2016年度以降、水産庁「鰻供給安定化事業のうち河川及び海域での鰻来遊・生息調査事業」の一部を受託して、青森県産業技術センター内水面研究所と小川原湖漁協が、生後1年の養殖ウナギにイラストマー標識（p.216）を施して、小川原湖から太平洋に注ぐ高瀬川に放流し、その後の成長状況、小川原湖に向かって遡上するシラスウナギの確認（2016年の調査で52年ぶりに確認）、など、天然ウナギ資源回復を目指した生態調査を進めている。『水と漁』第30号（地方独立行政法人 青森県産業技術センター2019年3月1日発行）によれば、放流後1年5か月で高成長を示すメスウナギが出現し、建網（定置網の一種、帯状の網の下辺を水底に着地させるように建てる）によって採捕した下りの銀ウナギがすべてメスだった（コラム「ニホンウナギの性決定」）など、順調な産卵回遊が期待できるという。

ところで、養殖ウナギの稚魚放流については数々の問題点が指摘されている。シラスウナギを養殖池で育てると、飼育のストレスや水温による、などの説があるがいまだ解明されていない謎として、成長すると著しくオスに偏る（コラム「ニホンウナギの性決定」）、感染症にかかるリスクが増える、など自然界とは異なる状況が生じる。また、シラスウナギの頃に到達した水系とは異なる水系に放流された、成長した個体はその後、降河回遊できなくなるのではという指摘もある。このように、人為的な操作を経たクロコの放流が河川環境やウナギ自身の生活に与える影響が解明されていない現在、リスクが想定される場合には養殖ウナギの稚魚放流を避けるべきだ、との議論がある［海部 2019：76－79］。しかし、この問題は筆者らの手に余るので、ここではこれ以上深入りしないでおく。

太平洋岸を南へおりると、利根川河口までのいずれの河川にもウナギは生息していて釣りの対象になっている。利根川、霞ケ浦、北浦は、かつては全国一の天然ウナギ産地で、1960年代までは漁獲量が年間千tに迫ったこともあり、全国漁獲量の1/3を占めていた。しかし、その後上流に次々とダムが建設され、霞ケ浦及び北浦の両方と鹿島灘とを結ぶ常陸（ひたち）利根川の常陸川水門（1963年竣工、水門操作開始、1973年完全閉鎖）、それに隣接する利根川河口堰（1971年竣工、1976年水門操作開始、両岸に魚道はあり、2009年度末にはp.177で紹介している多自然魚道も右岸に併設）の運用により、シラスウナギの遡上が阻害されるようになり、常陸川水門完全閉鎖から4年目以降は天然ウナギ漁獲量の減少が続いていて、1978年の400t強から2000年は60t、2016年には6tになった。

ちなみに、常陸川水門と利根川河口堰は隣接しているが、それぞれの洪水時の機能は逆で、前者は水門を閉じて流下を止め（堤防の役割）、後者は堰を開放して流下を促す。

しかし同じ茨城県でも、那珂川、久慈川、涸沼（ひぬま）は、減少してはいるものの利根川、霞ケ浦、北浦に比べると漁獲量の減少幅は小さかった。それは、那珂川、久慈川、涸沼にはダムや河口堰がないからだろうと推測されている［二平 2006］。これら健全な河川が残っているからか、下記の表「直近15年間の都道府県別天然ウナギ生産量ベストテン」が示すように、現在でも茨城県は毎年トップを争う。

とはいえ、ほかの地域と同様、2007年前後から、茨城県の漁獲量は急速に落ち込んでいる。とくに2012年以降は、3.11の影響、そして2012年5月に茨城県に対し発動された「原子力災害対策特別措置法」に基づくウナギ出荷制限の影響が明らかで、2014年1月に那珂川についての出荷制限が解除されるまでトップの座を明け渡した（利根川、霞ケ浦、北浦の出荷制限解除は2016年2月）。

下の表「直近15年間の都道府県別天然ウナギ生産量ベストテン」は、農林水産省の「漁業・養殖業生産統計」を基にしているが、各都道府県の水産関係部署が作成した詳細調査値との間で開きが生じる場合もあるし、小数点以下が公表されていないので順位は必ずしも正確ではない。

2007	青森 40	茨城 39	愛媛 39	大分 33	福岡 21	高知 20	島根 19	岡山 13	岐阜 12	東京 11
2008	茨城 38	愛媛 37	青森 35	大分 35	高知 21	福岡 21	岐阜 14	岡山 13	東京 11	千葉 9
2009	茨城 41	大分 37	愛媛 36	青森 23	福岡 22	岡山 14	岐阜 13	東京 12	千葉 11	宮崎 10
2010	茨城 40	大分 38	愛媛 36	青森 23	福岡 19	岡山 14	東京 11	島根 11	高知 8	千葉 7
2011	愛媛 36	茨城 34	大分 34	青森 23	福岡 18	島根 14	岡山 12	東京 11	高知 7	千葉 6
2012	大分 31	愛媛 29	青森 20	茨城 13	福岡 13	岡山 11	東京 10	島根 8	宮崎 5	高知 4
2013	愛媛 28	大分 24	青森 17	茨城 11	岡山 10	福岡 10	島根 6	東京 4	徳島 3	高知 3
2014	大分 21	愛媛 16	茨城 14	青森 12	岡山 9	福岡 6	島根 5	高知 4	岐阜 3	兵庫 3
2015	茨城 14	岡山 9	愛媛 6	大分 6	島根 5	福岡 5	兵庫 3	高知 3	宮崎 3	岐阜 2
2016	茨城 17	岡山 9	愛媛 9	大分 6	島根 5	福岡 5	高知 3	宮崎 3	徳島 2	熊本 2
2017	茨城 18	岡山 9	愛媛 9	島根 6	大分 5	福岡 4	高知 3	宮崎 3	熊本 2	青森 1
2018	茨城 15	岡山 10	島根 9	愛媛 7	大分 4	福岡 4	高知 3	東京 2	宮崎 2	徳島 1
2019	茨城 12	島根 12	岡山 10	愛媛 6	大分 5	福岡 4	高知 3	宮崎 3	東京 2	熊本 2
2020	茨城 14	島根 10	岡山 8	福岡 7	愛媛 6	大分 4	高知 3	東京 2	滋賀 2	熊本 2
2021	茨城 14	島根 9	岡山 8	愛媛 6	福岡 6	大分 4	高知 3	宮崎 2	熊本 2	東京 2

直近15年間の都道府県別天然ウナギ生産量ベストテン　数値はｔ（トン）。農林水産省「漁業・養殖業生産統計」より作成。

3.2. 関東・中部地域

江戸っ子が誇った「江戸前」とは、元来「江戸城の前の海」、すなわち現在の東京湾（あるいは湾内の漁場）の意味だが、面白いことに、宝暦（1751年）から文化の終わり（1818年）にかけては、「江戸前で捕れたウナギ」の意味に限定して使われていた［三田村 1975：181−183］、という。とくに浅草川や深川産のウナギが日本一だと江戸っ子に珍重された［大久保 2012：57］。

こうした歴史が示すように、有明海と同様に東京湾も、かつては干潟が発達し、生物多様性に富んだ恵みの海であり、ウナギも豊富で、第二次世界大戦前は毎年100〜400tの漁獲量があった。しかし、環境庁（当時）が1982年3月に公表した『第2回自然環境保全基礎調査・海域調査報告書』によれば、1945年には94.5km² あった東京湾の干潟は、高度経済成長期の1960年代〜1970年代前半に8割以上が埋め立てられ、1979年には10km² に減少し（その後人工干潟が形成されて現在はおよそ17km²）、同時期には水質悪化も進んで、ウナギは姿を消してしまう。

その後、次節で触れるように水質が少しは改善された1990年代以降、ふたたび姿を見せるようにはなったが、年に5t以下である［中央ブロック水産業関係研究開発推進会議・東京湾研究会 2013］。そこで、2015年、資源再生を目指して東京都と関係者が協議会を作り、江戸川、中川、荒川、多摩川、秋川では、稚魚放流をおこない、また8.1節で触れる「下りウナギ」の再放流も自主的におこなっている（「東京都産業労働局・うなぎの資源管理」ウェブサイト）。

さて、日本海側の最上川や信濃川にもウナギはいるが、漁が成り立つほど生息しているかは疑問だ。長野県の河川には、もはやウナギは生息していないようで、『長野県版レッドリスト2015』でも「野生絶滅種EW：Extinct in the Wild」（p.56）に位置づけられている。また、日本海側、とくに能登半島より北の河川でウナギの魚影が薄いことは、釣り情報を検索するとわかる。

内陸湖の諏訪湖は天竜川に流下しており、かつてはウナギ漁も盛んで、長野県岡谷市広報ウェブサイトによれば昭和初期には年に40t弱の漁獲量があったが、昭和10年代以降は稚魚放流によって資源を維持している状況だ［倉沢ほか 1981］。現在でも岡谷周辺に鰻料理店は多く、ちょうど関東と関西の中間に位置するので、背開きでウナギを開く関東流、蒸さずに炭火でじっくり焼く関西流、両者の特徴を合わせ持つ蒲焼を提供する。

この点を売りにしている岡谷市は、ウナギの町であることをアピールしようと、1996年に「うなぎのまち岡谷の会」を立ち上げた。1998年には、1月最終の丑の日を「寒の土用丑の日」として「日本記念日協会」に申請し、登録された。そして、脂が乗る寒の時期こそがウナギの旬だから、この日にも「寒ウナギ」を食べよう、という

葛飾北斎の「富嶽三十六景 登戸（のぼと、または、のぶと）浦」は、現在の千葉市中央区にある登渡（とわたり）神社の前身の寺の鳥居越しにほぼ真西にある富士山を望む。前に広がる干潟は潮干狩りの名所で、当時の東京湾の豊かな干潟の様子を伝えている。登戸浦は房総半島から江戸に向けてさまざまな物資を海上輸送する拠点のひとつだったが、現在、この風景の場所は埋め立てられて高層マンションなどになっている。「パブリックドメイン 浮世絵、錦絵の世界」より。

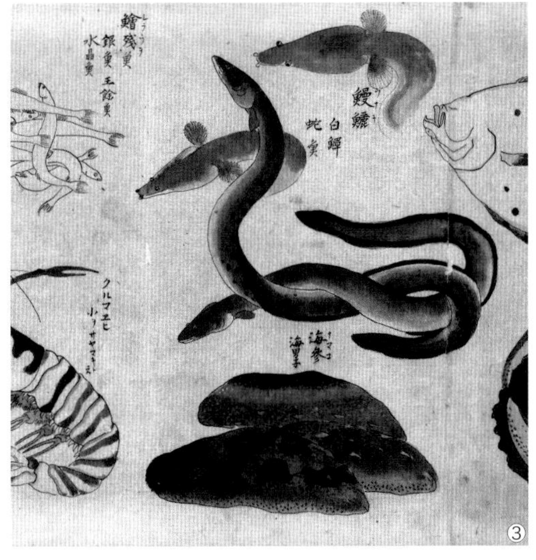

国立国会図書館デジタルコレクションの図譜に見るウナギ

①『日東魚譜 巻 1』より。『日東魚譜』は本邦最初の魚譜で、1719（享保4）年作成、その後3回改訂されるが内容はみな異なる。ここに示すのは1741（元文6）年の最終改訂本で、魚介類338品を図説したうちの一枚。裏写りしているこの図は、一部だけを切り出したものだが、元図の上部には、万葉集の大伴家持の歌にあるムナギがウナギに転じた、との解説がある。著者の神田玄泉は江戸の町医者だが、経歴などは不明。

②『梅園魚譜』より。毛利梅園（ばいえん）（1798〜1851）は、江戸時代後期、幕臣で書院番を務めていた本草学者で、数多くの写生図譜を残した。魚の『梅園魚譜』、草木の『梅園草木花譜』、鳥類の『梅園禽譜』などがあり、それら写生図譜は『梅園画譜』と総称される。この図の下部には、ウナギは色形や味もさまざまだがこれは「胡麻ウナギ」、と説明がある。

③ 白井文庫中の『魚譜』より。白井光太郎（みつたろう）氏（1863〜1932）は、東京帝国大学などで教鞭をとり、植物病理学の発展に寄与したほか、1891（明治24)年、日本の博物学発展史を日本で初めて系統的にまとめた『日本博物学年表』を上梓した。その元資料は、本草学関係の和漢洋の古書、自ら手写した資料、園芸書、動・植・鉱物の考証書や医薬関係書にいたる、きわめて幅広い約6,000冊の氏の蔵書に含まれている。1940〜42年に当時の帝国図書館がこれを購入、白井文庫と名付けた。

運動を展開し、それが全国にも広がりつつある（銀ウナギが含まれないことを願う）。岡谷市では同じ日にウナギを放生（ほうじょう）する「うなぎ供養祭」もおこなわれる。

ちなみに土用とは、古代中国の春秋戦国時代に遡るという自然哲学、五行（ごぎょう）思想に基づく。万物の五元素「五行＝木（もく）、火（か）、土（ど）、金（こん）、水（すい）」（五行は、惑星、方角、色、四神（しじん）、十干（じっかん）などにも結びつく豊かな概念である）に合わせて、1年を5等分した約73日間を各行の持ち分とし、春夏秋冬、各季節の初めの約73日間をそれぞれ、木、火、金、水に割り当て（四要素と対応付けできない場合、五行のうち土を遊軍とすることが多い）、土の持ち分の約73日間を4等分して、各季節の最後に割り付ける。すなわち、1年を20（=5行×4季）で除した約18.25日間をそれぞれ、立夏、立秋、立冬、立春の直前に割り付けて、それを、季節の交替期で土の気が旺盛に働く期間「土旺用事（どおうようじ）」、略して土用と呼ぶ。夏の土用は夏の終わり、つまり立秋前の、寒の土用は冬の終わり、つまり立春前の、それぞれ約18.25日間となる。丑の日は、十二支の丑を割り当てた日で12日ごとに巡るので、土用の期間中に2回生じることが多く、その場合は、一の丑、二の丑と呼ぶ。

さて本題に戻って、静岡県三島市は、巨大な水瓶である富士山塊から湧き出す湧水群の作る清流が市内を縦横に走り、昔はウナギが良く見られた。市中心に鎮座する「式内社（しきないしゃ）」（平安中期の『延喜式（えんぎしき）』神名帳（じんみょうちょう）に記載されているので由緒正しいとされる神社）である三嶋大社の祭神は、大山祇命（おおやまつみのみこと）と、福徳の神で恵比寿様と同一視される積羽八重事代主神（つみはやえことしろぬしのかみ）の二柱である。

『古事記』では「大山津見神」、『日本書紀』では「大山祇神」、と表記されるオオヤマツミは、男神イザナギと女神イザナミが、「国産み」の後の「神産み」で産み出した数多の神々の一柱で、「大いなる山（オオヤマ）の（ツ）神（ミ）」、すなわち山々を統括する神だとされる。全国の大山祇神社、三島神社、三嶋神社、山神社、山神神社の多くで主祭神として祀られている。山を統括するので神徳も幅広く、農業、漁業、商工業、鉱業にも及ぶ。明治の初期から中期、外国技術を導入した近代的な鉱山開発が全国で盛んになるとともに、増産と安全を祈願して多くの鉱山に大山祇神が勧請された。

オオヤマツミはまた水源をも司る。つまり、山から下った水が海に注ぎ再び雨となって山に降るという、水の循環すべてを司る神でもある。いわば、9.1節で紹介する「森里海の連環」を体現する神とみなすこともできる。そこで、川と海を行き来するウナギがその神使（神のつかわしめ）とされ、江戸時代からウナギ関係者の信仰を集めてきた。

清流の走る三島の人たちも同じように、三嶋大社の神池に多く生息していたウナギを神使として崇めたため、ウナギ食はタブーだった。しかし慶応3年12月9日（1868年1月3日）「王政復古の大号令」の直後、旧幕府勢力を駆逐しようと東進する新政府「東征軍」の薩摩、長州、土佐の兵士たちが、江戸（東京への改称は慶応4年7月17日、1868年9月3日）に向かう途中で三島に泊まり、この伝承を知らないまま当地のウナギを捕まえて食べたのに罰があたらないのを見て、地元民も食べるようになった、という（三島商工会議所編『みしまっぷ 三島とうなぎ』）。ここでも「三島うなぎ」の全国ブランド化を目指す種々の取り組みを進めており、2008年からは岡谷市に同調、寒の土用丑の日に「寒の土用うなぎまつり」を開いている。

ついでながら、京都市東山区に本宮がある三嶋神社の祭神のうちの一柱も大山祇大神なので、ウナギ関係者の信仰を集めてきた。また、安産の神徳があるこの神社に祈願する妊婦は、精力が強すぎて胎児に良くないとしてウナギを断つことになっている。祈願成就の暁には、かつては

京都市東山区の三嶋神社に奉納されたウナギ絵馬。撮影：久保正敏。2018年

本殿北にある音羽川へ生きたウナギを放生、音羽川が枯れた現在ではウナギの絵馬を奉納し、一転、ウナギを食べて体力回復に努める。毎年10月26日には、本宮から約1.5km離れた瀧尾神社境内にある祈願所で鰻放生大祭「うなぎ祭」が開かれ、ウナギ関係業者が参列する。

静岡県に話を戻すと、養殖ウナギで知られる浜名湖周辺では、天然ウナギもたくさん捕れる。主として延縄と竹筒漁（6.7節）で捕るが、定置網や袋網でも捕る。静岡県水産技術研究所浜名湖分場の広報季刊誌『はまな』各号によれば、近年の浜名湖での漁獲量は10t前後で、ピークは2005年の18.7t、2020年では7.5tと減少しており、1960年代には30戸以上あった漁師が、現在では数戸に減ってしまった。

木曽三川（木曽川、長良川、揖斐川）は、昔から下流域で頻繁に洪水被害をもたらすことで知られ、江戸時代から治水の努力が続いてきた。このうち長良川は、大河川の本流としては唯一ダムがないことで知られていたが、洪水防御と利水を目的に河口から5.4km上流に長良川河口堰が建設されて1995年から本格運用が始まった。この建設は大きな論争を招来したが、自然河川の形状に近い魚道は設けられている（8.5節）。木曽川、揖斐川にも堰が造られているがその多くに魚道が併設されてはいる。木曽三川の流域を持つ岐阜県農政部の資料『岐阜県の水産業』2020年版によれば、天然ウナギ資源は、揖斐川、飛

騨川、長良川、木曽川の順に豊かで、ほかの河川も含めると、岐阜県では1975年頃は毎年50t前後の漁獲量があったが、1995年以降は漸減、2010年以降は急減、2019年は、揖斐川0.5t、飛騨川0.4t、長良川0.4t、木曽川0.3t、河川総計は1.7tである。どの川でも稚魚放流がおこなわれ資源維持が図られている。

3.3. 関西地域

ウナギといえば琵琶湖に触れないわけにはいかない。かつては大阪湾からシラスウナギが淀川を遡上していたが、1905年に最上流の瀬田川に南郷洗堰が竣工しシラスウナギの遡上が減ったため、長年、稚魚放流で補ってきた。さらに1964年、瀬田川下流の宇治川に天ヶ瀬ダムが完成しシラスウナギの遡上は完全に遮断され、それ以降は毎年10月に静岡県や高知県から買い入れたクロコ（2018年は1t、その後減少）を琵琶湖に放流している。琵琶湖は餌になる生物相が豊かなので、クロコは比較的短期間で大きく育つ。育ったウナギは主に延縄や竹筒で捕る。滋賀県「琵琶湖漁業魚種別漁獲量統計」ウェブサイトによると、1975年頃までは毎年20〜30tの漁獲量だったが、1975年以降は10t前後、2010年に年間7t、2012年4t、2016年2t、2020年2tと漸減している。稚魚放流量の減少や漁業者の減少が原因と思われる。

大阪湾、淀川河口の汽水域では、1950年代まで伝統的ウナギ漁が盛んだった。大阪府立中之島図書館が所蔵する『摂津国漁法図解』と題する軸装紙本一幅（縦137cm、横63cm）は、1883（明治16）年に東京上野で開催された第1回水産博覧会に出品されたものだが、そこには、江戸末期から明治初期の大阪の漁法18種が図解されており、『大阪府漁業史』に詳しい解説がある［大阪府漁業史編さん協議会 1997：277−291］。そのうちからウナギ漁法を紹介しておこう（次頁の図）。

竹簀を張ってモンドリ（ウナギ籠や筌の別名）を仕掛けておく「魚簗簀漁」、竹筒漁の一種で竹筒「タンポ」で捕る「タンポ鰻漁」（p.226）、大阪では1878（明治11）年から漁網に導入された当時の新素材である木綿製の「さで網」（袋網）にウナギを細い追い竹で追い込む「左手網漁」、6.3節で紹介する「ウナギ掻き」と同様にウナギ鎌やウナギ鉤で引っかける「鰻漁」などである。ここでいう「さで網」は「たも網」と同じで、袋状の網地の口縁を、木、竹及び金具などで、三角形、円形、楕円形、半円形などさまざまな形状の枠に結び付け、柄を付けた小規模な「すくい網」の一種である（水産庁「都道府県漁業調整規則で定められている遊漁で使用できる漁具・漁法」ウェブサイト）。「さで網」には、この『摂津国漁法図解』のように「左手網」、あるいは2本の竹を交差させて袋状の口を三角形に形成する場合には「叉手網」、などの漢字が当てられる。

これらのほか、柴漬漁（5.2節）の一種で、葉の香りが独特で果実に毒があるので悪霊除けとして仏事のお供えに使われ、シキビとも呼ばれる常緑樹「シキミ」の枝を使った「樒漁」もあった（「浪速魚菜ノ会」ウェブサイト）。

『大阪府漁業史』によれば、明治〜昭和10年代にかけて大阪府の内水面漁業で最も重要な漁獲物がウナギであり、淀川流域、大和川、石津川など大阪湾に注ぐ河川流域も合わせると大正期の大阪府での年間漁獲量は50〜80t、その後も増加していく。しかし、第二次世界大戦後の高度経済成長期に川の汚染が進み、河口での漁業は衰退し、1950年代には30名ほどおられたウナギ漁師も減っていった（2016年9月1日付『産經新聞』大阪朝刊）。

日本政府は、1958年に「公共用水域の水質保全に関する法律」及び「工場排水等の規制に関する法律」、いわゆる「水質保全二法」を制定、さらに、「四大公害病」をはじめ次々と各公害の原因が明らかにされ反公害の声（註14の「異議申し立て」参照）が大きくなったのを受けて、1967年に「公害対策基本法」を制定、それに水質保全二法を統

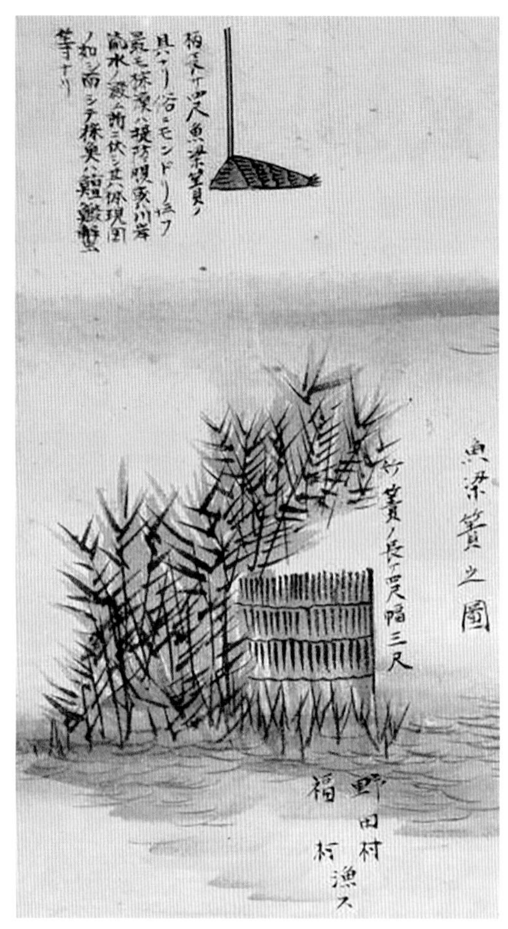

『摂津国漁法図解』から「魚簗簀漁（うおやなすりょう）」。一般的な簗漁と異なり、堤防の腹や川岸の水が澱む所の水中に鉛直方向に立てた簀に対して斜めにモンドリ（ウナギ籠）を設置し、中にタニシの肉の餌を入れておく。葦製の簀で進行を妨げられた魚が餌に引かれてモンドリに入る。長さ四尺（約1.2m）の柄が付いたモンドリが上方に描かれている。写真提供：大阪府立中之島図書館。

合した画期的な「水質汚濁防止法」を1970年に制定した。その結果、全国一律の排水基準と、違反に対する厳しい罰則が適用されるようになり、水質改善が進んだ［大阪市水道局 2016：100］。

その結果、1990年頃から淀川流域でもウナギが復活してきた。そこで、今も残る10数名の淀川漁師が捕るウナギや、シジミ、ハゼなど魚介類を売り出そうと、大阪市漁業協同組合、大阪商工会議所、大阪の食材の地産地消に取り組むNPO法人「浪速魚菜ノ会」が共同し、2012年にブランド「淀川産（もん）」を立ち上げた。2017年春には一般社団法人「淀川ブランド推進協議会」を立ち上

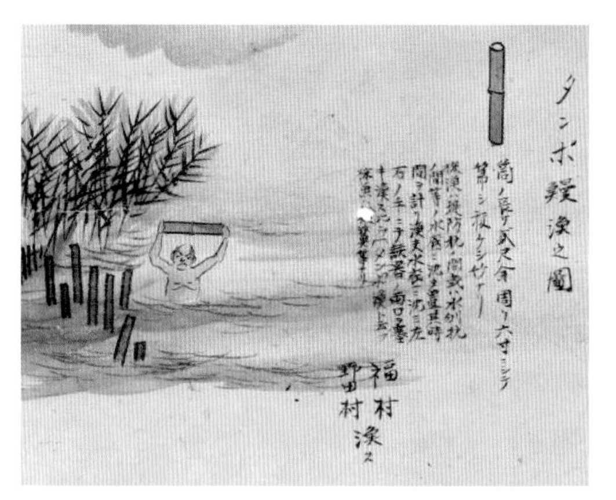

『摂津国漁法図解』から「タンポ鰻漁」。節を抜いた長さ二尺（約60cm）強の竹筒にタニシの肉の餌を入れ、堤防杭の間の水底に沈め、魚が入った頃を見計らって、漁師が水中に入り竹筒の両口を塞いで持ち上げる。写真提供：大阪府立中之島図書館。

『摂津国漁法図解』から「左手網漁」。漁師が、長さ五尺（約1.5m）の竹に、綿糸製で網目6mm（註20）、長さ五尺の袋網を付けた左手網（さであみ）を左手に持ち、右手に持った追い竹で魚を網に追い込む。写真提供：大阪府立中之島図書館。

『摂津国漁法図解』から「鰻漁」。ウナギ鎌（ウナギ掻き、ウナギ鉤とも）の先端の鉄部の長さは一尺二、三寸（36〜40cm）で、長さ八尺から一丈（2.4〜3m）の樫の柄を付けてある。6.3節の「船掻き」と酷似。写真提供：大阪府立中之島図書館。

げ、活動を拡大している。大阪市漁業協同組合ウェブサイトによると、ウナギについては、関連会社である「大阪市漁協株式会社」が、資源保護の観点から漁獲量に限界のある伝統漁法で捕ったウナギのみを漁師から買い取る（10.3節）。

この活動に賛同する料理店10数店がそれを仕入れ、このブランドで、蒲焼のほか、蒸籠蒸し、鰻茶（ウナギの茶漬け）、八幡巻（ゴボウを軸にウナギを巻き付けた料理。ウナギの代わりにドジョウ、アナゴ、牛肉も使う）などの料理を提供する。しかし、天然ウナギ漁獲量は年間数百kg程度と少量なので、常時提供するわけではない。

現在の大阪の一般的な鰻専門店は、天然ウナギを使うことが資源減少につながるのではないかと敬遠し、食べる餌が同じなので味や脂の乗り具合もほぼ均質で天然ウナギのような当たり外れがない（天然ウナギを謳って高値で供したウナギが、もし汚染物質臭などで不味ければ、関西人の客の容赦ないツッコミで大変）、サイズが揃っていて調理や焼きあがり時間もほぼ同じ、などの扱い易さから、もっぱら養殖ウナギを使う傾向があるという。

3.4. 中国地域

ウナギのブランドといえば、岡山県の児島湾で捕れる「アオ」が有名だ（コラム「竹ん皮ウナギ」）。大阪の市場や築地市場で何度も味が全国一とされ、岡山の郷土料理として人間も食べる栄養価の高いアナジャコを餌にしているから脂っこくなく皮も硬くない、と説明されてきた。もっとも、1951年に始まった児島湾淡水湖化事業により湾西部が1959年に堤防で締め切られ、「岡山シティミュージアム・デジタルアーカイブ」によると、それまでの年間300t前後の漁獲量が1972年以降激減した。しかし現在でも、堤防の外側に位置する旭川や吉井川の河口部で捕れるウナギのうち、前者では3割が、後者では8割がアオとされ、これらは、「西の横綱」と呼ばれて評価が高い。岡山県の近年の天然ウナギ漁獲量は、2004年23t、2010年14t、2016年 9t、2021年8tと、漸減している。

現在の岡山市北区と南区にまたがる青江地区は、室町期までは瀬戸内海に浮かぶ児島と対向する本土側の漁村だった。だが天正年間（1573～92年）に入ると、高梁川、旭川、吉井川の河口の干潟を干拓する新田開発が始まり、やがて児島は陸続きとなって児島湾が形成され、青江地区も海岸から離れていった。しかし、青江村の網元や漁師は児島湾での漁業権を依然保持していたので、彼らが旭川や吉井川の河口部の汽水域で捕ったアオウナギも「備前青江のアオ」と呼ばれ、全国に知られていた。味が良いのみならず、「掻き」（6.3節）ではなく両手でつかむ「ツカミ」（6.8節）や「ニギリ」と呼ぶ方法［湯浅 1970］で捕るので魚体に傷のない点も、高く評価された理由だ［岡 1986：63］。現在、岡山市北区青江の青江公会堂に「青江うなぎ発祥の地」の看板が掲げられている（岡山市広報ウェブサイト）。

背中が青緑色のウナギがアオと呼ばれるのは各地でも同様で、江戸中期の記録では、備前青江にならって、わざわざ三河から取り寄せたアナ

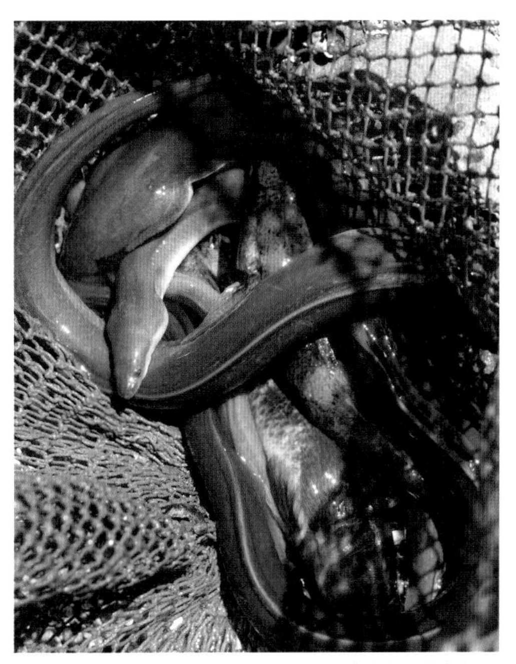

中に竹筒を入れたウナギ塚で捕れたアオウナギ。佐賀県藤津（ふじつ）郡太良町（たらちょう）里の入江、2009年

ジャコを餌に羽田沖で釣ったアオが、背中が黒や褐色の「江戸前」より珍重されたらしい［本山1958：59］。

1880年代には、アオで名を馳せた地域が西日本を中心に12か所あったという［黒木ほか 2011：204］。そのひとつ福井県の三方五湖では、現在もゴカイやテナガエビなどを食べて育つ「口細青鰻」を売りにしており、「頭の細長い口細だと泥に頭を突っ込んで栄養価の高いゴカイを食べることができるので、成長が早くて皮が柔らかいのに脂が乗っている」と地元、若狭町の公式観光ウェブサイトでは宣伝する。

ただし今では、養殖ウナギ中に1割しか出現しないとされる青緑色のウナギも、市場で「アオ」と呼ばれて珍重されるので話がややこしい。

ところで、ウナギとは直接関係しないが、児島湾と有明海には干潟漁つながりの歴史がある。明治期から有明海の潟漁師が児島湾に二枚貝アゲマキガイ（p.68）捕りに出かけたり、有明海の稚貝を児島湾に移植したこともある。

『岡山県水産試験場業務報告』の明治三十五年度版百七頁、「蟶貝（有明海でのアゲマキガイ）調査」の項に、

> 「明治二十六年初メテ本県ニ於テ種苗ヲ有明海ニ資リ県下児島湾ニ移植セシ以来児島養貝合資会社ニ於テモ前後数回ニ五斗或ハ壱石ツツヲ移植シタリシカ其功果ノ如何ニ就キテハ未タ深ク究メタルモノナカリキ然ルニ一昨三十三年ニ至リ沿岸漁民ノ之ヲ補採シテ啻ニ自家用ニ供スルノミナラス進ンテ市場ニ販売スルニ至リタルヲ以テ初メテ夥シク蕃殖セルヲ確メ得タリ然ルニ其捕採ノ方法甚タ苛酷ニシテ大小共ニ之ヲ洩ラスナキヲ以テ保護蕃殖ノ要頗ル急ナルヲ感シ命ヲ知事ニ乞ヒ之レカ調査ニ従事シ明治三十五年八月二十五日ヲ以テ報告ニ添フルニ意見ヲ具申スル所アリタリ…」

とある（「国立国会図書館デジタルコレクション」より）。児島湾汽水域での水産振興のために、干潟漁業の先進地である有明海に学んで養殖を進めたのは良いが、いつの間にか乱獲気味、それを危惧して保護養殖を急ぐべし、と提言しているのは興味深い。

話をウナギに戻すと、山陰地方で産地として知られているのは、ヤマトシジミでも有名な宍道湖と中海である。延縄と竹筒漁が主流だが、定置網にも入る。しかし、ここ出雲地方でも漁獲量は減っていて、宍道湖漁業協同組合のサイトによれば、宍道湖では1965年104tをピークに、1992年34t、1993年24t、1994年9t、以後10t前後に低迷、2014年は4tである。

1993年以降の激減の原因は、同年から周辺水田への散布が始まったネオニコチノイド系殺虫剤がもっとも疑わしい、との山室真澄氏の論文が公表された2019年以降、大きな話題となっている［山室 2021］。ネオニコチノイド（neonicotinoid）系殺虫剤とは、ニコチン（nicotine）の化学構造を少し変えて、主に昆虫などの節足動物の神経伝達を狂わせて死に至らしめる、とされる、農業用の殺虫剤である。1992年秋に農薬として登録され、翌1993年の田植えの時期以降、全国的に使われ始め、世界にも普及していったものである。

山室真澄氏は長年、宍道湖などで底生生物の調査をおこない、淡水域における食物連鎖を追ってきた。その連鎖とは、次のようなものである。水中の栄養塩を吸収して増殖した植物プランクトンは、光合成により糖質などの有機物を作り出し、それを動物プランクトンが捕食し栄養として吸収して増殖し、それを昆虫幼生やミミズなど底生生物が捕食し、それを魚類が捕食する、という食物連鎖である。

しかるに、1993年以降、宍道湖などでは、動物プランクトンであるミジンコ、底生生物であるアカムシ（昆虫オオユスリカの幼生）が激減している、しかし、植物プランクトン増殖の元となる栄養塩の濃度、および、植物プランクトンが作り出す有機物の量には、変化が見られない、など、連鎖の起点には変化がなかった、という調査結果が得られた。これらを総合すると、食物連鎖の最上位にあるウナギ激減の犯人は、ミジンコやアカムシなど、連鎖の中段に位置する節足動物を減少させた、

ネオニコチノイド系殺虫剤のほかには考えられない、と山室氏は結論づけたのである。この事情については、註23でやや詳しく紹介している。

宍道湖だけでなく、島根県全体に関しても、農水省中国四国農政局の統計によると、2007年の一時的ピーク19tが、2021年には9tへと減少している。

さて出雲といえば、出雲から大坂までの「うなぎ街道」が知られている。これは、江戸中期の1756（宝暦6）年に起きた中海でのウナギ大漁をきっかけに、大消費地である京、大坂に販路を広げるために使われた街道である。それは、古代からの「出雲街道」── 松江から姫路に至る、たたら製鉄の製品や物品の輸送路であり、出雲阿国（いずものおくに）も通り参勤交代にも使われ、安来から津山までは現在の国道181号と重なる街道 ── を利用し、生きたウナギの運搬サポート体制などのソフトウェアを新たに設けたものである。

安来港に集められたウナギを、濡らした海藻の寝床をしつらえた籠に入れ、それを天秤棒でかついだ輸送隊が、中国山地の川沿いの難路を越え、途中で水をかけて元気付け、輸送隊の泊まる宿周辺に作られたウナギ池にウナギも泊めて、勝山（現・岡山県真庭市勝山町）まで陸路で運ぶ。勝山からは出雲街道を離れ、川船で旭川を下り岡山まで、岡山からは生け簀を備えた専用船「イケフネ」で播磨灘を経て大坂の魚市場や専門店に運ぶもので、安来を出てから7〜9日間を要した。明治末1912年の山陰本線開通などにより鉄道輸送に切り替わっていくこの「鰻道中」によって、大坂で「天然ウナギは何といっても出雲が第一」との評判を得るようになった。

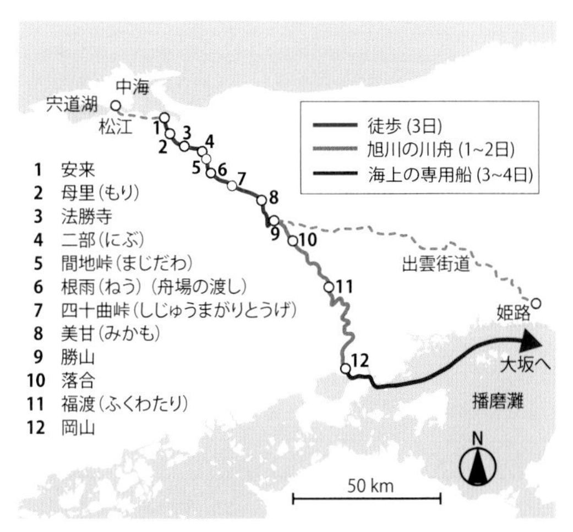

うなぎ街道、［山陰中央新報社 2010：134−145］を基に作成。児島湾の形は、［米田 1967］［森 2016］などを参考に、江戸中期での干拓状況をほぼ再現してある。

これが、明治期から第二次世界大戦直後までの大阪で、上方落語『うなぎ屋』や織田作之助『夫婦善哉（めおとぜんざい）』にも登場する「出雲屋」を名乗る鰻料理店が、一説には300軒を数えるほど繁盛した理由である。屋号が業態を表すのが上方流なので、出雲地方に何の縁もない鰻料理店でも「出雲屋」を名乗ったのだ。食紅商で大のウナギ好きの末吉が、行商先の松江で出会った鰻料理に惚れ込み、1876（明治9）年大阪道頓堀に「出雲屋」を開業したのが、そのきっかけだという。大いに繁盛した元祖「出雲屋」は、上方流の鰻丼、「まむし」で評判となってチェーン店を展開し、また、1923（大正12）年には、宣伝用に「出雲屋少年音楽隊」を結成、チェーン店を回って客の前で演奏した［山陰中央新報社 2010：134−145］。

ここで、ウナギからまったく離れる余談だが、明治末から大正期にかけて、百貨店が少年や少女による宣伝用ブラスバンドを結成する例が続出した。1909（明治42）年に東京の「三越少年音楽隊」、1911（明治44）年に名古屋松阪屋の「いとう呉服店少年音楽隊」、東京日本橋の「白木屋（しろきや）少女音楽隊」、1912（大正元）年に「大阪三越少年音楽隊」、「京都大丸少年音楽隊」、1923（大正12）年に「大阪高島屋少年音楽隊」がそれぞれ結成され［西谷 2007：77−78］（各百貨店ウェブサイトの歴史・沿革ページより）、いずれも、ジャズ、オペラ、クラシックなど多方面のミュージシャン育成に大いに貢献した。

出雲屋少年音楽隊の結成もそれら音楽隊結成ブームにならったもので、作曲家の服部良一氏はその第一期生だった。氏の姉が出雲屋本家に奉公していたこと、大正末の道頓堀が大阪ジャズのメッカだったことなどをきっかけに当時15歳の氏が音楽隊に入った。しかし、百貨店系の音楽隊は、1923（大正12）年の関東大震災、第一次世界大戦後の反動不況などの不景気により次々と解散していき、隊員たちは個別の道を進んで行くことになる。出雲屋少年音楽隊も、1925（大正14）年にわずか2年で解散する［服部 1982：37−51］。

これらブームの初期の頃に、「白木屋少女音楽隊」にヒントを得て、箕面有馬電気軌道（現・阪急電鉄）の実質的な創業者、小林一三（いちぞう）氏が結成したのが「宝塚唱歌隊」である。彼は、武庫川左岸に開発した宝塚新温泉の付属施設として、日本初の室内プールを持つ新館「パラダイス」も新築したが、温水を使わない室内プールが不人気なので、元来舞台にも転用できるよう設計されていた脱衣場を舞台に、プールの水を抜いて板を張って客席にして、専ら劇場として使うようになり［仙海 2021］、そのアトラクション向けに、1913（大正2）年に少女たちを集めて宝塚唱歌隊を作った。これが今日隆盛を見せる「宝塚歌劇団」の前身であり、その東京公演の拠点などの目的で日比谷に建設した東京宝塚劇場が、東宝グループのルーツである。

ウナギに話を戻すと、1889（明治22）年夏に、当時の鰻市場の中心だった大阪川魚株式会社で開かれたウナギ品評会では、ともに岡山から届いた出雲産と先述の青江産が最後まで勝ち残ったが、輸送時間が短くて鮮度の良い青江産に、「風味が勝る」として軍配が上がったという［岡 1986：68−70］。

3.5. 四国地域

瀬戸内海と四国沿岸でもウナギ漁は盛んで、石倉（有明海ではウナギ塚と呼ぶ、6.2節参照）、延縄、ウナギ筌（7.1節）や竹筒漁で捕っている。

高知県の四万十川や仁淀川は昔からウナギ資源が豊かなことで知られており、漁法もさまざまで、高知県内水面漁場管理委員会は、2014年2月刊行の『ニホンウナギの資源管理について』のなかで、17種を例示している。それらについて、四万十市の「四万十川の伝統漁法」ウェブサイトや「四万十川景観計画」ウェブサイト、［中村淳子 2003］、［金田 2005］、［田辺 2002］などを参考に、以下に概観しておく。

○徒手採捕：手で捕る。
○竿（さお）漁：釣り竿、釣り糸、釣り針で捕る「竿釣漁」のこと。
○ずずぐり：鉤針を一切使わず、ミミズを糸に通して数珠状にしたものを竹の柄をつけた細長い鉄棒の先に縛り付け、流れの中に差し込んでウナギを釣る漁法。かつて全国でおこなわれていた「数珠（念珠）子釣

四万十川河口のシラスウナギ漁。
写真提供：PIXTA takataka。2012年1月22日（当地の新月大潮の前日）

り」に似る。「数珠子」とはジュズダマのことで、その呼び方は、じゅずこ、じゅずっこ、じゅずご、ずずこ、ずずご、など各地で異なる（コラム「六角川河口域でのウナギ地獄釣り」）。

○ひご釣り：竹ひごに針を付けミミズやドジョウを餌にして、昼間は潜んでいる隠れ家の穴の中に差し込んで釣る漁法。第5章、p.98右側写真の「穴釣り」参照。

○延縄：6.9節の「延べ縄」と同じ。

○漬け針：針に餌を漬けた仕掛けを一晩漬けて翌朝引き揚げる、p.122の置き釣りに類似。

○一本漬け：竿に綿糸をつけ、その先に釣り針・釣り糸・錘を付け、エビやハヤを餌にして岸に竿を立てておく。

○金突き：頑丈な柄に5〜9個の刃が付いた突き刺し具で捕る。

○うなぎ筒：6.7節の竹筒漁に類似。

○もじ、うえ：ウナギ用の筌を指し、a 板で作る箱状の筌、b 竹筒状の筌、c 竹ひごを編んだ竹筒状の筌、の3種類がある。高知県西部の四万十川流域では「コロバシ」や「ジゴク」とも呼び、竹ひご編みや木製、竹の輪切りなどの筒の片側に罠を取り付け、残りの片側に取り出し口を設けた漁具で、餌は生きたミミズ、ドジョウ、ハヤ、エビなどを入れて一昼夜、川底に仕掛けておく［中村淳子 2003］。

○かご漬：餌を入れた籠を漬けておき翌朝引き揚げる。

○石ぐろ：川底を30cmほど浅く掘り、栗石を積み上げてウナギの棲み処を築き、それに潜り込んだウナギを捕える。この漁法の名前は、有明海での「ウナギ塚」に相当する「石倉」がなまったものだが、いったん作ると1シーズンは使い続ける「ウナギ塚」に対し、「石ぐろ」には、川の流れなどの様子を考慮し、河底を浅く掘って片手で持てる小さな石を使って素早く即製し、1日で10か所以上作るものもある。

○うばし：「ウナギ鋏」を指す、p.99参照。

○柴漬：5.2節参照。

○は具：磯ノミや磯金（岩に貼り付いたアワビなどを剥がす、先に鉤のついた金具）、熊手、がん爪（鋤簾や鍬の形の道具）などの「は具」を使う漁法。

○すくい網：3.3節の『摂津国漁法図解』の紹介でも触れたように、「たも網」や「さで網」と呼ばれる小型の漁具一般を指す。「さで網」は地域によっては手箕形の網を指す場合もある。また「たも網」は、袋状の網地を結びつける枠が円形や半円形の場合には「玉網（たま、たまあみ）」とも呼ばれる。

○待ち網：Y字形などの枠に付けた袋状や柵状の網を仕掛けて、潮流や川の流れに乗ってくる獲物が入るのを待つ受動的な漁。6.5節の「甲手待ち網」に類似。

以上の17種のなかには、第6章で紹介する有明海のウナギ漁法に似るが呼称の異なるものもある。また現在では、資源保護のため、各地域の漁業協同組合が個別にその使用を禁止している漁具や漁法も含まれる。

高知県でもやはり漁獲量は減っていて、高知県漁業振興課による「内水面漁業統計調査」や四万十町役場の資料によれば、高知県で最大の産地である四万十川では、1976年には約100t、1994年まではおおむね90t前後あった漁獲量が1995年以降急減して40t以下、2009年以降は10t以下に落ち、2020年は3tであった。

高知県高岡郡四万十町には、四万十川河口で捕れたシラスウナギを四万十川の伏流水で育てて「四万十うなぎ」ブランドで販売している店もある。

シラスウナギ漁は、秋から春にかけての時期、遊泳力があまり備わっていないシラスウナギが河口の表層に接岸してきたところを、光に集まる性質を利用し集魚灯でおこなう。新月前後は余計な月明かりがなく集魚に好都合なうえに大潮にあたるので、上げ潮の夜間に、多くの小船が出動する。集魚灯で照らす水中に大きな光球が生じ、その上に船が浮かんで見える幻想的な漁の風景は、四万十川や吉野川の河口における冬の風物詩として知られる（左頁の写真参照）。

愛媛県は都道府県別天然ウナギ漁獲量トップ5の常連だが（p.39の表「直近15年間の都道府県別天然ウナギ生産量ベストテン」）、県の漁獲統計資料によると、漁獲量は1965年に111tと最高値を示したが1970年前半に大きく減少、1980年以降はピーク時の半分以下の約30t前後に減少、2015年以降は10t台を下回っている。県内では河川の上流域から沿岸域までさまざまな環境でウナギが見られるが、分布や生息状況の詳細は明らかではない。しかし、ダムや砂防堰堤などにより分布域が縮小したほか、護岸によって身を隠す場所が減少するなど、生息環境は悪化しており、資源量は減少傾向にある（『愛媛県レッドデータブック2014』）。

愛媛県農林水産研究所水産研究センターは、水産庁「鰻供給安定化事業のうち河川及び海域での鰻来遊・生息調査事業」の一部を受託して、瀬戸内海側及び宇和海側の河口と内湾における「海ウナギ」(p.21)出現の実態調査、瀬戸内海における海ウナギ水揚量調査を進めている。後者については、2010年を境に海ウナギでも資源量減少が見られるという(『平成28年度愛媛県農林水産研究所水産研究センター事業報告書』)。

愛媛県北宇和郡を流れる四万十川の支流、広見川や目黒川は清流で知られ、天然ウナギも良く捕れるが、主に地元や近隣で消費される。先述のように、四万十川の高知県側で「コロバシ」漁と呼ばれる筌を使う漁を、愛媛県側の支流域では「地獄」漁と呼び、地元の松野町はグリーンツーリズムの一環として「ジゴク漁体験」を実施している。

四国では、ほかにも吉野川が大きな産地だが、やはり2003年の年間16tが2017年1tと減っていて、徳島県全体でも、2004年15tが2016年2tと漸減し、2020年は0tであった。

3.6. 九州地域

九州に目を転じると、大分川を擁する大分県の漁獲量は、2012年の31tと2014年の21tはともに1位など、都道府県別天然ウナギ漁獲量トップ5の常連である。九州大学の望岡典隆氏によれば、養殖の多い鹿児島県、宮崎県はシラスウナギの保護のために親ウナギの捕獲を禁じているのに大分県は自粛に止めている(8.1節)、漁の後継者がいる、ウナギ生息環境が良い、などが理由だろうという(2016年1月4日付『毎日新聞』)。

ほかに、宮崎県の大淀川や熊本県の球磨川が主なウナギ産地であるが、前者は、2003年は年間9t、2012年5t、2016年3t、後者は、2003年15t、2004年14t、その後激減し2015年2t、そして2020年には両河川とも0tと、減少が目立つ。

球磨川については、ダム撤去がウナギと関わる。中流の八代市坂本町荒瀬に1955年に竣工した発電用県営「荒瀬ダム」のダム湖に貯まった汚泥による環境悪化などから、地元の要望を受けて当時の潮谷義子・熊本県知事が2002年に撤去を決定、その後これに待ったをかけた次の県知事、蒲島郁夫氏も最終的に撤去を決定し、2012年から撤去工事が始まった。それに伴い、川の本流の復活とともに下流域や河口の干潟でも生態系が再生しはじめ、貝類やウナギが捕れるようになったという。

2018年3月には撤去が完了し式典が開かれ、国内初の本格的なダム撤去事例として話題となった。荒瀬ダム直下の「道の駅坂本」では、住民が運営する食堂や地元産品の販売などとともに、観光客誘致の弾みにするため川遊び機能を加えるなど、「日本で最初にダムを撤去した町」を掲げて、さまざまな観点からの河川資源の復活を新たな地域おこしとする取り組みも始まった。

熊本県企業局工務課は、荒瀬ダム撤去の影響を多様な角度からモニタしている(「荒瀬ダム撤去」ウェブサイト)。魚類についても荒瀬ダム上下流の10地点で2011年以降調査をおこなっていて、荒瀬ダム上流部では、荒瀬ダム撤去事業により止水環境から流水環境に変化し、回遊魚や流水性種の確認割合が増加しており、ウナギも荒瀬ダム上流部での生息が視認されるようにはなったようだ。

しかしウナギのような移動性の高い魚については、荒瀬ダム下流にある頭首工(p.173)の遙拝堰が、1973年の改築時に魚道は造られたが、登り口に洗掘(急流で河床が削られること)によって段差ができた現在は機能不全となっていて遡上を阻んでいる。そのうえ、環境省のデータによれば、球磨川の護岸率は全国一高く生息環境は十全ではない、などの理由で大幅な増加は見込めないだろうと、「豊かな球磨川をとりもどす会」事務局長の靍詳子氏は語る。

第1章でも述べたように、ダムや堰は、山と海のつながりを分断してきた象徴的存在であり、その撤去が生態系の改善につながる可能性を秘めていることに、あらためて気付かされる。これについては、8.4節でもう一度考える。

球磨川水系のダムについては、2020年の球磨川水害を受けて、上流の川辺川で1966年に計画されたものの長年凍結されてきた「川辺川ダム」を、「流水型ダム」の形で復活させようとする動きがある。これについては、註8「日本のダム建設史と凍結ダム復活の動き」のなかで、やや詳しく触れる。

以上、駆け足で国内を巡ってきたが、次章からは、大潮の干潮時には日本の干潟全面積の4割の広大な干潟が出現する有明海に焦点をあてていこう。

コラム

ウナギ食のタブー

岐阜県郡上市美並町の粥川地区は、ウナギを食べないことで有名で、マスコミでも良く紹介される（「かゆがわ」と紹介する報道が多く、後述の天然記念物一覧でも「かゆがわ」と読んでいるが、現地での発音「かいがわ」を本書では尊重する）。

同地区の伝承に；

「千年以上前、ここには邪鬼が出没して住民を悩ませていた。そこで、都の帝に邪鬼退治を嘆願したところ、それに応えて、従五位上・右近衛少将で三十六歌仙のひとりでもある藤原高光卿が、大勢の部下とともに派遣された。高光卿は、早速邪鬼退治に出かけるが、相手は変幻自在、さまざまな姿に変身して高光卿を翻弄するので、なかなか退治できなかった。

そこで高光卿は、かねて信心する虚空蔵菩薩に、七日七晩、斎戒沐浴、断食して祈願を続けた。それが通じて夢に虚空蔵菩薩が現れ、そのお告げのとおり、枕元を見ると2本の矢が置かれていた。

早速、お告げに従って山中分け入ると、一匹の大ウナギが藪の陰から進み出て、先導するように山道を這い登り始め、邪鬼のいる岩屋の前で姿を消した。

そこに、お告げどおり、大鳥に化けた邪鬼が現れたので、賜った矢を放って邪鬼を退治することができた高光卿は、住民に、神仏の使いであるウナギを捕らえたり食すことなかれ、と戒めた」

とある。

岐阜県郡上市粥川地区入口の告知板。撮影：久保正敏。2017年

高光卿が邪鬼を射殺した弓を納めた宮を星宮粥川寺と称して虚空蔵菩薩をお祀りし、明治時代初期に、廃仏毀釈の影響で星宮神社と改称した［古川 1988：14－20］。

一方、粥川地区の西隣にある岐阜県関市洞戸高賀地区では、高光卿が退治したのは、頭が猿、胴体が虎、尾が蛇の魔物、「さるとらへび」であったとされているなど、近辺には、20数説ともいわれるほど、多くのバージョンが伝承されている。

以来、粥川地区は高光卿の戒めを守り、1885（明治18）年には住民63名、星宮神社氏子35名がその旨の連判状をしたためている。そのため同地区にはウナギが大量に棲みつき、1924（大正13）年に国の天然記念物「粥川のウナギ生息地」に指定され、昼間、川で洗い物をする村人のそばで、本来夜行性のウナギが遊泳する写真が残る。

しかし洪水でウナギの棲み処の淵などが壊れ、今では姿が少ないが、現在もこのタブーは生きていて、古老のおひとりは、「私の一家は親子三代ウナギを一切食べたことがない。ただし最近の若い者のなかには、地区外でこっそり食べる者もいるようだ」と話しておられた。

水産講習所（東京水産大学を経て現在は東京海洋大学）が第二次世界大戦前におこなった調査では、ウナギ食タブーは全国に45か所ほどあった［古川 1988：27］。

民俗学でも、ウナギ食タブーと虚空蔵菩薩信仰との結びつきが指摘されており［佐野 1991］、同論文には、ウナギ食タブー地域が東日本を中心に47か所図示されていて、奄美、沖縄、鹿児島を除き、いずれも虚空蔵菩薩を祀る寺院との結びつきがあるとしている。ただし、虚空蔵菩薩信仰があると必ずウナギを食べない、というわけではなく、虚空蔵菩薩信仰はウナギ食タブーが存在するための十分条件ではない。

粥川地区星宮神社前に立つウナギ保護のお願い告知。撮影：久保正敏。2017年

何者かが鎌倉～室町期に、その生態の不思議と畏怖から水神またはその使徒であり洪水を予言・招来するとされるウナギと、無量無辺の福徳をそなえていて（だから虚空蔵）人びとに智恵を授け災害消除や雨乞いにも霊験があるという虚空蔵菩薩とを、結びつけたのでは、と推測している。

また、虚空蔵菩薩を鉱山神と同一視し、各地の鬼退治伝説と鉱山開発を結びつける説もある［若尾 1988］。粥川の場合も、高光卿がわざわざ都から派遣されたのは、時の朝廷にとってメリットの大きい鉱山開発の調査のためではないか、というわけである。さらに進んで、ウナギが鉱床の道案内をしたと見なして、ウナギと鉱山を結びつける論があってもよさそうだ。

虚空蔵菩薩信仰のある地域では虚空蔵菩薩像と一緒にその神使とされるウナギが描かれることが多い（仏教に登場する諸仏が活躍するゲーム・アニメの『なむあみだ仏っ！蓮台UTENA』でも虚空蔵菩薩はウナギと一緒に活躍）。

また、虚空蔵菩薩は丑年、寅年生まれの守護本尊であるとされるところから、こうした人びとの一部にもウナギ食タブーがあるという。

そのほか、台湾、フィリピンや、ポリネシア、ミクロネシア、メラネシアなど太平洋沿岸の一部地域でも、祖先崇拝とからめたウナギ食タブーがある［黒木ほか 2011：275］。

第4章

有明海の現況
――資源の回復は？

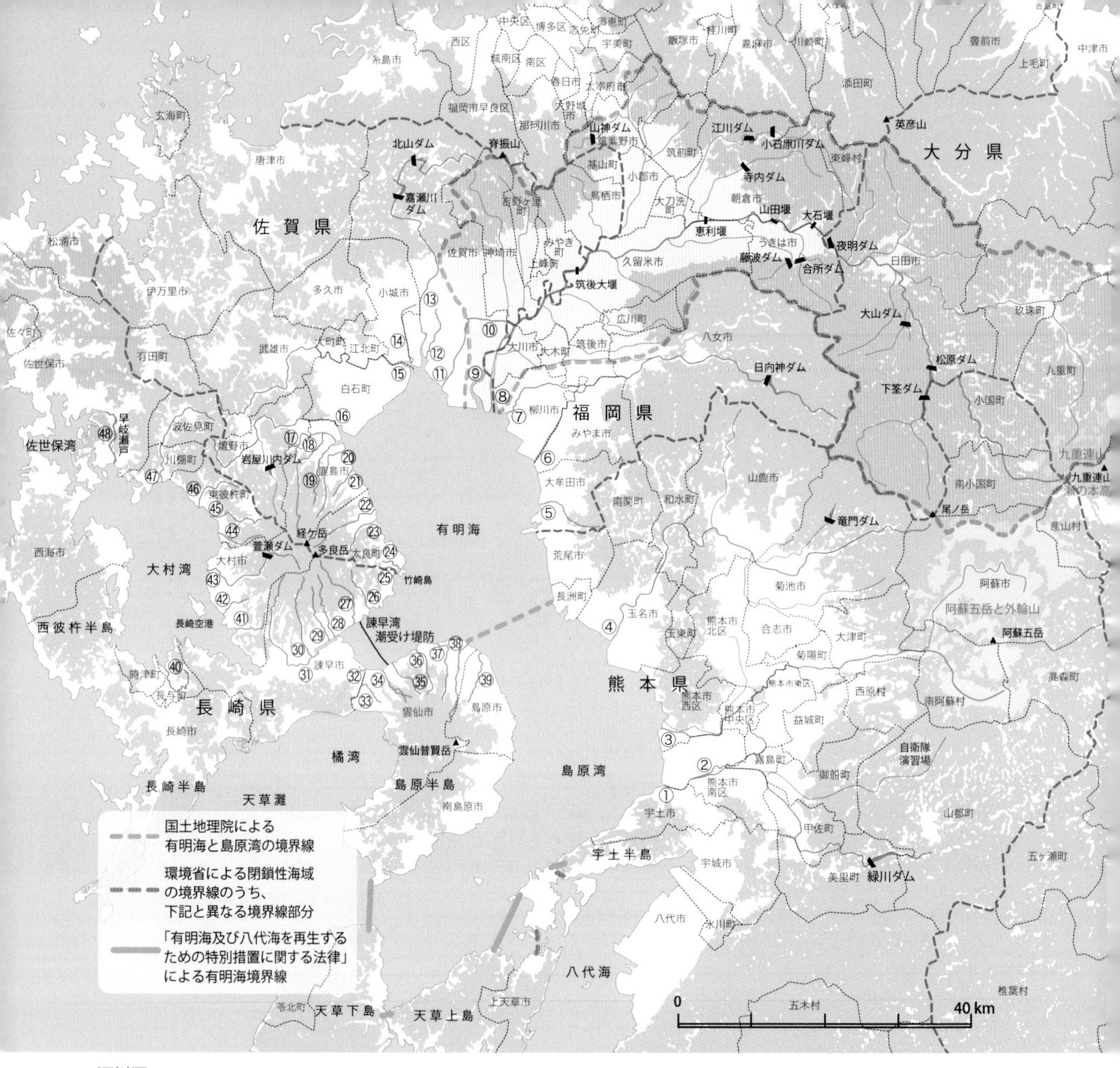

河川図

有明海に流入する主な河川、及び、筑後川水系の流域（薄紫色の破線で囲まれた部分）内の主な支流、ダム、堰。下の表に示す河川名の「読み」は、［日外アソシエーツ 1991］などによる。有明海は、筑後川などを介して阿蘇山や九重連山と深く結びついている。

① 緑川（みどりかわ）	⑬ 嘉瀬川（かせがわ）	㉕ 今里川（いまざとがわ）	㊲ 神代川（こうじろがわ）
② 加勢川（かせがわ）	⑭ 福所江（ふくしょえ）	㉖ 長里川（ながさとがわ）	㊳ 土黒川（ひじくろがわ）
③ 白川（しらかわ）	⑮ 六角川（ろっかくがわ）	㉗ 境川（さかいがわ）	㊴ 湯江川（ゆえがわ）
④ 菊池川（きくちがわ）	⑯ 塩田川（しおたがわ）	㉘ 小江川（おえがわ）	㊵ 長与川（ながよがわ）
⑤ 大牟田川（おおむたがわ）	⑰ 鹿島川（かしまがわ）	㉙ 深海川（ふかのうみがわ）	㊶ 鈴田川（すずたがわ）
⑥ 矢部川（やべがわ）	⑱ 中川（なかがわ）	㉚ 長田川（ながたがわ）	㊷ 大上戸川（だいじょうごがわ）
⑦ 沖端川（おきのはたがわ）	⑲ 石木津川（いしきづがわ）	㉛ 本明川（ほんみょうがわ）	㊸ 郡川（こおりがわ）
⑧ 筑後川（ちくごがわ）	⑳ 浜川（はまがわ）	㉜ 有明川（ありあけがわ）	㊹ 江の串川（えのくしがわ）
⑨ 早津江川（はやつえがわ）	㉑ 音成川（おとなりがわ）	㉝ 千鳥川（ちどりがわ）	㊺ 千綿川（ちわたがわ）
⑩ 佐賀江川（さがえがわ）	㉒ 糸岐川（いときがわ）	㉞ 山田川（やまだがわ）	㊻ 彼杵川（そのぎがわ）
⑪ 八田江（はったえ）	㉓ 多良川（たらがわ）	㉟ 田内川（たないがわ）	㊼ 川棚川（かわたながわ）
⑫ 本庄江（ほんじょうえ）	㉔ 田古里川（たごりがわ）	㊱ 西郷川（さいごうがわ）	㊽ 早岐瀬戸（はいきせと）

佐賀県鹿島市七浦（ななうら）沖上空から見た広大な干潟。中央下に逆Z字状に見える仕掛けは筌羽瀬（うけはぜ）（6.6節）。これは竹羽瀬（p.68）のミニ版で、水深のより浅いところに仕掛ける。筌羽瀬を取り囲んでいるカラフルなものは、海苔の胞子を付着させる色とりどりの「海苔ひび（海苔を付着させ育成する、海苔網）」を水平に30枚ほど重ねたものと、それを支える支柱。干潮時に撮影したので網が水面上に出ている。この種付け作業は10月中旬以降におこなわれる。写真奥の方、畑の区画のように見える黒いものは、牡蠣が自ら積み重なり岩礁のような塊になった「牡蠣礁（かきしょう）」。牡蠣は生きているので海水を浄化してくれるし、多くの隙間は魚礁の役目もする。有明海の牡蠣礁の広がりは全国最大規模である。2007年

4.1. 有明海の多様な生物相

2002年11月に公布、施行された「有明海及び八代海等を再生するための特別措置に関する法律」（p.63）が示す有明海の定義域は、宇土半島と天草諸島を結ぶ線、及び、島原半島と天草下島を結ぶ線で区切られる海域である。本書ではこれを広義の有明海とみなす。平均水深20m、奥行きは約90km、面積は約1,700km²、東京湾より広く伊勢湾とほぼ同じである。しかし、国土地理院は、北半分の浅水域を有明海、南半分を島原湾と呼び、環境省は、「閉鎖性海域 有明海および島原湾」と呼ぶなど、少し異なる。

その最奥部に注ぐ大河、筑後川（筑紫次郎、筑紫二郎、河川図⑧）は、九州中央に位置する阿蘇山（阿蘇五岳と外輪山）と九重連山にその源流があるため、約30万年前から始まったとされる火山活動に伴い、長い年月をかけて有明海に微細な火山灰と砂を運んできた。その結果、広大な泥質干潟、砂泥質干潟、砂質干潟が形成され、湾奥部はほとんどが水深5m以下の浅水域である。また、砂や泥が作る「浮泥」によって黄褐色に濁っている点も有明海の特徴である（p.62）。なお、筑後地方（久留米市、大牟田市、柳川市など福岡県の南部地域）では、筑後川を「ちっご川」と呼ぶという［角田 1975］。

有明海は干満の潮差が日本最大だが、それは、閉鎖性海域の形で決まる固有周期の値と、島原半島と天草下島を結ぶ湾口部の潮汐周期の値とが近いと、「共振現象」が起きるため、と考えられていて、湾奥部、六角川(ろっかくがわ)(河川図⑮)河口の住之江では、最大潮差が6.8mにもなる。そこで、大潮の干潮時には、日本の干潟全面積の4割を占める、1996年現在約200km²(「第5回環境省自然環境保全基礎調査」)の広大な干潟が出現する。

干潟は、広い汽水域を作り出し、微生物から魚介類に至るまで多様な生物相に満ちており、生態系のバランスを保つうえでも極めて重要な場所である。有明海は、1980年頃までは沿岸や後背地で目立った開発はなく、「宝の海」と呼ばれるほどに魚介類の恵みは豊かだった。

たとえば、エツ(主に汽水域に生息するカタクチイワシ科の遡河回遊魚で夏の珍味)、ハゼクチ(全長40cmに達するハゼ科最大の海水魚)、ムツゴロウ(ふだん干潟の上で暮らすハゼ科の魚、ムツとも呼ぶ)、ワラスボ(干潟の泥の中に棲むハゼ科の魚、映画「エイリアン」シリーズの異星生物に似た風貌を売りにする佐賀市の広報動画の中では未知の生物WaRaSuBo騒動が起きる)、ヤマノカミ(カジカ科の降河回遊魚)、など魚類8種をはじめ、カニ類、二枚貝類、腹足類(巻き貝の類)、腕足類(オオシャミセンガイなど二枚貝に似るがそれらが属する軟体動物門とは異なる腕足動物門)、カイアシ類(微小な甲殻類)、多毛類(ゴカイの類)、を合わせると、有明海及び隣接する八代海の一部には、日本ではこの海域だけに分布記録のある「特産種」が23種も見られる。その多くは、同一種またはごく近縁種が朝鮮半島西岸域や中国大陸沿岸域に広く分布しているので、「大陸沿岸性遺存

区分	名称
魚類	エツ(EN)、アリアケシラウオ(CR)、ヤマノカミ(EN)、ワラスボ(VU)、ムツゴロウ(EN)、ハゼクチ(VU)、タビラクチ(VU)、デンベエシタビラメ、アリアケヒメシラウオ(CR)
甲殻類	チクゴエビ、アリアケヤワラガニ(DD)、ハラグクレチゴガニ、アリアケガニ、ヒメモクズガニ
貝類	ハイガイ(VU)、クマサルボウ、アゲマキ(CR+EN)、ウミタケ(VU)、スミノエガキ(VU)、シカメガキ(NT)、シマヘナタリ、クロヘナタリ、ゴマフダマ、センベイアワモチ(CR+EN)、アズキカワザンショウ(VU)、ウミマイマイ(VU)、ヤベガワモチ(CR+EN)
その他無脊椎動物	オオシャミセンガイ、ミドリシャミセンガイ、アリアケカンムリ、ヤツデシロガネゴカイ

上の表で、( )内は、以下に示す、環境省レッドリスト掲載種のカテゴリー区分を示す。下線部は、国内において有明海や八代海などにのみ分布する種を示す。

○絶滅(EX、Extinct):日本ではすでに絶滅したと考えられる種。
○野生絶滅(EW、Extinct in the Wild):飼育・栽培下または自然分布域の明らかに外側で野生化した状態でのみ存続している種。
○絶滅危惧I類(CR+EN):絶滅の危機に瀕している種。
○絶滅危惧IA類(CR、Critically Endangered):ごく近い将来における野生での絶滅の危険性が極めて高いもの、近絶滅種。
○絶滅危惧IB類(EN、Endangered):IA類ほどではないが、近い将来に野生での絶滅の危険性が高いもの、絶滅危惧種。
○絶滅危惧II類(VU、Vulnerable):絶滅の危険が増大している種、危急種。
○準絶滅危惧(NT、Near Threatened):現時点での絶滅危険度は小さいが、生息条件の変化によっては「絶滅危惧」に移行する可能性のある種。近危急種。
○低懸念(LC、Least Concern):低危険種。本カテゴリーは、IUCNレッドリストにはあるが、環境省レッドリストにはない。
○情報不足種(DD、Data Deficient):評価するだけの情報が不足している種。
○絶滅のおそれのある地域個体群(LP、 Local Population):地域的に孤立している個体群で、絶滅のおそれが高いもの。

有明海や八代海などに特有の稀少生物の一覧。環境省『有明海・八代海等総合調査評価委員会報告・まとめ集(2017年3月)』(https://www.env.go.jp/council/20ari-yatsu/report20170331/index.html)より。

種」（大陸系遺留種とも）と呼ばれている。

新生代・第四紀の後期更新世（12万6千年前～1万1,700年前）のうち、1万8千年前～1万5千年前頃は氷期の最寒冷期とされ、東アジアでは海面が現在より150m前後低く、対馬海峡が大陸と地続きになっていたと推測されている（異説もある）。その時期には、中国、朝鮮半島、日本の九州地方や中国地方の周辺は内陸に位置して干潟はなく、現在の東シナ海の水深150mあたりが当時の海岸線で、その先に大規模な干潟が広がっていた。その後、徐々に進んだ温暖化に伴う約1万年前頃からの海面の上昇により、日本列島が海によって大陸と隔てられるとともに干潟も内陸側に移動しつつ分離し、その干潟に分布していた種も分断されていった。

こうして有明海に残ったものが、「大陸沿岸性遺存種」と考えられている［佐藤正典 2000：12、37］。現地では有明海を「前海（まえうみ）」、有明海特有の海産物を「前海もん」と呼ぶ。

4.2. 有明海干拓の知恵 ―― 地先（ちさき）干拓と掘割

干満の潮差が日本最大である有明海の奥部では、満潮位は有明海の平均海水面プラス3m余にも達する。もし各所に堤防がなければ、満潮時には、筑後川右岸の佐賀平野と、筑後川の左岸、筑後平野のうち福岡県久留米市より南側部分である南筑平野の1/3は海に浸かる、つまり、かつて少なくともそのあたりまでが干潟だった（なお、佐賀平野と筑後平野を合わせて筑紫平野と呼ぶ）。現在のこれら平野の大部分は、主に農民たちが、「一世代に一干拓」あるいは「50年に一干拓」、と言われるほどに長い年月をかけ、次のような方法で低湿地を少しずつ干拓してできたものである。

有明海に注ぐ河川が毎年145億m^3も運んでくる土砂は、徐々に溜まっていくので、干潟は沖の方へと成長するとともに、ある地点の干潟の標高（有明海の平均海水面からの高さ）は高くなっていく。そうした干潟を区切り、松の丸太を打ち込み、その隙間に竹、藁、粗朶（そだ）（伐り取った木の枝）を敷き詰めて堤防を築いて干潟を囲い込み、その一部を開けておいて水の出入りを少なくして数～10数年の間泥を堆積させる。その後、干潮時に堤防を締め切り、泥を乾燥させ、さらに土を運んできて盛り上げ、最後に松の丸太を数段築いて潮を止め、土俵で盛り土をする。こうした工程で造られた小規模な干拓地が鱗状に重なって形成されていくのと同時並行して、堤防の海側には干潟が成長していく。このように、地先（ちさき）（その土地の先の方

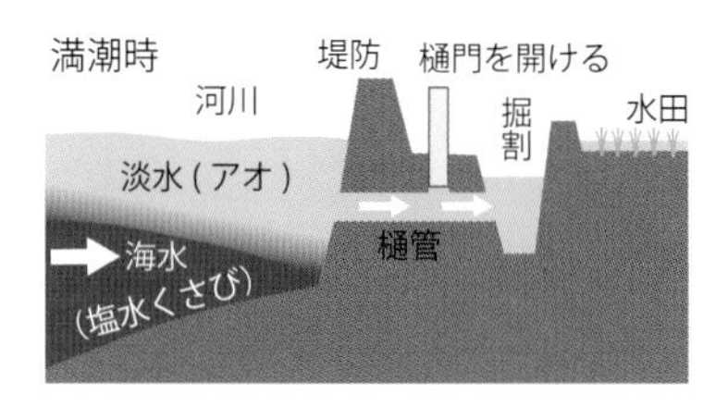

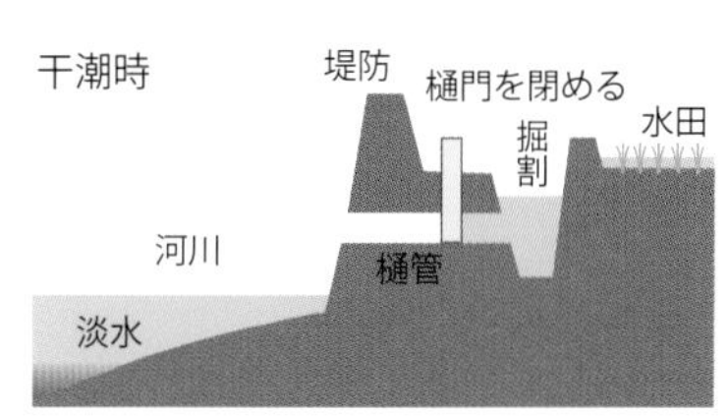

アオ取水の仕組み。
上：満潮時、下：干潮時。
国土交通省九州地方整備局武雄河川事務所のウェブサイトを基に作成。

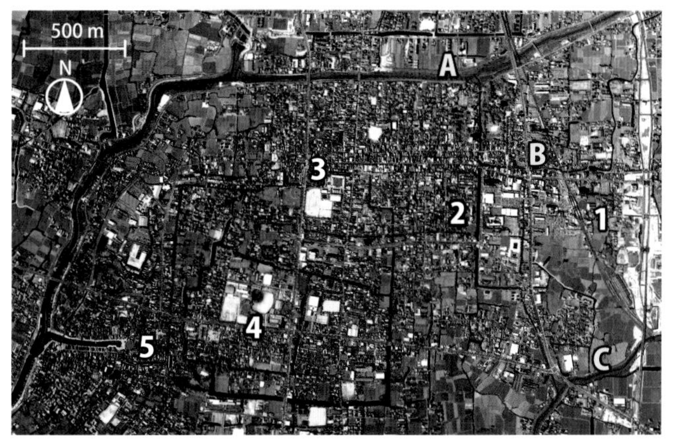

福岡県柳川城址周囲に広がる掘割網。1：西鉄柳川駅、2：城堀水門、3：福岡県立伝習館高等学校、4：柳川城址、5：二丁井樋。沖端川（A）、二ツ川（B）、塩塚川（C）からの水が城堀水門を主な入口として柳川掘割網に入り、二丁井樋を主な出口として沖端川に出て行く、p.212参照。右端を南北に走るのは当時建設中の「有明海沿岸道路」（註13）。国土地理院提供 2008年5月3日撮影の空中写真複数枚を、Microsoft社製ICEを用いて合成。

につながっている海水面）に小規模な干拓地を少しずつ延ばしていく方法を、「地先干拓」と呼ぶ。これは、干拓地と干潟が同時に成長する、言い換えれば、地先には常に干潟が存在し、干拓地の農業と干潟の漁業が共存する方法といえる。

こうしてできた干拓地の北側に東西に連なる脊振山地の標高は、最高峰の脊振山でも1,055mと低いので、水の供給源としては弱い。また干拓地は勾配がほとんどないので、水の分配や、川が氾濫して洪水になった際の排水が難しい。淡水が少なく、降水量が少ないと旱魃、降水量が多いと洪水、という農業にとっては厳しい環境で、利水と治水の両方を満たす方法として、人びとは淡水をできるだけ現場に残すための「掘割」（堀割とも表記）を造った。

有明海沿岸では、干潟に残る澪筋、または海底に残る河道を「江湖」と呼ぶが、江湖は干満が繰り返されるたびに深くなっていく。これを人がさらに掘り下げ、その水面が田より低くなるようにした水路が掘割である。掘割の水面は田の水面より低いので、投げつるべや踏車（ふみぐるま。足踏み水車）を使って田へ水を汲み上げる「揚水灌漑」が必須だった。

雨水や川水などの淡水を掘割に貯め、灌漑に利用し、また戻して再利用することで、淡水をできるだけ無駄なく使う、という利水。かたや洪水の時には、溢れる雨水を掘割や遊水池（遊水地とも表記）に貯めて田を守り後で利用する、という治水。掘割とは、淡水を可能な限りその現場に留め置く、「水をもたせる」工夫の詰まった貯水池なのだ。そのために、掘割に架かる橋の橋台部を正面から見てV字型に狭めた隘路、「もたせ」で水流を緩くし、洪水時には上流側の水位に応じて流量を変える（p.202の「田んぼダム」でも活用されている）。これは、利用者から遠く離れた場所に造ったダムに留めた水を長い距離運んで分配する利水、河道を直線化して溢れた水を速やかにその場からできるだけ遠方へと追いやる治水、という、利水と治水を分離して自然を力ずくで制御しようとする近代システムとは、根本的に異なる発想である［宮崎ほか 1987］（註9）。

河川にたやすく海水が上ってくる筑後川の本支流や沖端川（河川図⑦）下流の感潮域（潮の干満の影響を受ける場所）では、環境はより厳しく、淡水を得るのは難しい。そこで、干満の潮差と、淡水と海水の比重差とを利用する、巧妙な仕組みが開発されてきた（前頁の図参照）。すなわち、満潮時には、掘割の要所に築いた、現地では井樋と呼ぶ樋門（堤防を横切る通水路である樋管に設けた水門。P.174に示す頭首工の取水口に相当）を開き、河川から上がってくる比重の大きい海水部分（その断面の形から「塩水くさび」と呼ぶ）の上部に乗って運ばれてくる比重の小さい淡水部分、古来、シオまたはアオと呼ぶ部分だけを掘割に取り込む。干潮時には、樋門を閉じて掘割から淡水が漏れ出ないようにする。東京湾では昭和初めまで、木曽三川、岡山県や熊本県の緑川（河川図①）では最近まで、アオを巧みに利用していたという［富山 1999］。

こうした仕組みを佐賀平野全体にまたがるシステムとして整備し、網の目状の水路を張り巡らし、さらに、各所に設置した溜め池を結び合わせて遊水池を造ったのが、江戸初期に佐賀領（藩という呼称は当時使われなかったとのことなのでこう表現しておく）鍋島氏の家臣となった成富兵庫茂安である。彼は、土木技術の天才、加藤清正から学んだ工事手法に独自の工夫を加えて佐賀領で実践した。なかでも、嘉瀬川（河川図⑬）の洪水時に水勢を緩和する緩衝地帯を組み込んだ傑作石井樋は、日本最古の取水施設とされ、p.197であらためて紹介する。

また南筑平野でも、同じく江戸最初期に初代柳川城主として一帯を治めた田中吉政が、柳川城を中心に掘割のネットワークを整備し、さらに、現在の福岡県大川市新田（現・大川市清掃センター付近）から柳川城址の西端付近を経て、みやま市渡瀬（現・JR鹿児島本線渡瀬駅付近）に至る32kmに及ぶ防潮堤「慶長本土居」（当時の海岸線にあたる）の建設も進めた。

彼らの偉業は、いくつかの遺構として今に伝わる。このようにして、筑後川の両側、佐賀城跡や柳川城址を中心とする地域に、貯水、利水、排水、そして水運に用いるための、川と掘割と溜め池を互いに結んだ不規則な碁盤目状の水路が広がる、独特の景観ができあがった（p.57の空中写真参照）。

ところが、昭和40年代に入ると柳川では掘割の荒廃が進み、掘割を埋めて下水路にする柳川市の計画が持ち上がった。その際、先人の知恵を残そうとした市職員、広松伝（つたえ）氏の熱意で、埋め立ては回避され掘割が蘇った（註9）。

江湖のなかには、干拓地に川として残ったものがあり、これは自然が造った掘割とみなせるので自然堀（江湖堀）と呼ばれることもある［富山1999］。佐賀平野に見られる佐賀江川（さがえがわ）（河川図⑩）、八田江（はったえ）（河川図⑪）、本庄江（ほんじょうえ）（河川図⑫）、福所江（ふくしょえ）（河川図⑭）などがその例だが、そのほとんどは、江戸時代に捷水路（しょうすいろ）を掘削して直線化されている（p.153参照）。これは、蛇行した江湖に水をもたせる「利水」よりは、直線化して溢水を早く海に流す「治水」に重点を移していく、という当時の河川行政のもうひとつの方向性を示したものである［野間 1987：74−76］。

ところで、掘割をクリークと呼ぶことが多いが、creekは英語で入江、米語で小川、ともに自然にできた水路を指すので、人工的に造られた掘割を表すには適さないが、柳川出身の北原白秋がこの誤用を広めた、との説がある［水の文化編集部 2009］。

4.3. 複式干拓による
国営諫早湾干拓事業

先述した伝統的な「地先干拓」の方法とは異なり、1989年に長崎県で始まった「国営諫早湾干拓事業」では、湾口をまず潮受け堤防で締め切って調整池すなわち人造湖を造り、その内陸側に内部堤防をめぐらして干拓地を造る、という大規模「複式干拓」法を採用した。堤防を二重に造るので複式干拓と呼ぶ。この用語は、高田雄之（たかたゆうし）・九州大学教授（当時）（1907〜1997）が、オランダで1920〜1986年にかけておこなわれた「ゾイデル海（Zuiderzee）干拓事業」や1958年から始まった「デルタ計画」（p.87）などで用いられてきた干拓方式、オランダでは全面（または完全）干拓（volledige drooglegging）と呼ぶ方式を日本に紹介する際に命名したものである［高田 1961］。これに対して、干拓地を守る堤防が一重で人造湖を造らない方式を氏は「単式干拓」と呼んだが、これは、堤防には砕石やコンクリートを、排水にはポンプをそれぞれ使うなどした、「地先干拓」の近代化版にほかならない。

現在の国営諫早湾干拓事業の規模は、締め切り面積35.42km^2、調整池約26km^2、干拓面積約8.16km^2、うち畑作用地は6.72km^2、総事業費2,530億円（長崎県諫早市公式ウェブサイトより）だが、その発端は、1952年、当時の西岡竹次郎・長崎県知事が、農地の少ない長崎県にとって敗戦後の食糧増産に必要な農地拡大策として打ち出した「長崎大干拓構想」にある。それは、佐賀県藤津郡（ふじつぐん）の竹崎島と土黒川（ひじくろがわ）（河川図㊳）河口とを結ぶ直線によって諫早湾のほとんど全部（！）、約100km^{2}を締め切るもので、高田氏の示唆を受けた複式干拓計画だった。

1953年7月、敗戦後の食糧難に対処するため、時の吉田茂首相は干拓事業の推進を指示した。それを受けて、農林省（現・農林水産省）がオランダから招聘した専門家が、デルフト工科大学教授で、後に始まる「デルタ計画」では指導者を務めたピーター・フィリップス・ヤンセン（Pieter Philips Jansen）氏と、「ゾイデル海干拓事業」の主任技師アドリアン・フォルカー（Adriaan Volker）氏である。1954年3月18日に来日した両氏は、約1か月間、精力的に日本各地を視察し、7月に『日本の干拓についての所見』（通称『ヤンセンレポート』）を政府に提出した（註10）。長崎大干拓構想も視察の対象であり、この所見を参考にしながら計画の具体化が進み、1964年、国予算によるその翌年からの着工が認められて、当初の構想とほぼ同規模の「国営長崎干拓事業」が確定した。

しかし皮肉なことに、その頃から、日本国内の米消費量は1962年にピークを示した後に下降に転じ、米余りが常態化するようになって、米の生産調整が1969年から始まる（本格的調整は1970年以降）。加えて漁業者たちからの反対もあり、1970年1月には大蔵省（当時）が事業打ち切りの方針を示した。1958年に始まった秋田県の「八郎潟干拓事業」において入植開始直後の1973年に入植募集が打ち切られたのも、米増産目的の干拓事業が成立し難くなった証である。

そこで、大蔵省の打ち切り表明直後の長崎県知事選で前任を破った久保勘一・新知事は、「国営長崎干拓事業」の代わりに、締め切りの規模は同じだが、目的を工業開発向け水資源（みずしげん）開発に衣替えした「長崎南部地域総合開発計画（南総計画）」を1970年4月に提案した。1969年5月に国が策定した「新全国総合開発計画（新全総）」の長崎版を狙ったのである。県は諫早湾内の12の漁協との間で、漁業権放棄の代償としての補償金の増額交渉を積み重ね、ついに1976年9月に仮調印に持ち込んだ［西尾 1985：59］。そこで農林省は1977年に県の計画を「長崎南部総合開発事業計画」として予算化した［高須賀 1978］。

しかしこれも、有明海四県漁業者たちの猛反対があるなか、1982年11月に農林水産大臣（農林省は1978年に農林水産省と改称）に就いた長崎県選出の金子岩三氏は、無理押しは避けようと就任直後は中止の断を下した。しかし農林水産省事務方の猛烈な巻き返しに負けて［山下弘文 1998：48−49］、締め切り規模を1/3の約30km²に縮小し防災機能を重点とするならやむなし、と「諫早湾防災総合干拓事業」計画に練り直し、1983年4月に提案した。

その背景には、1957年7月、諫早市を貫く本明川（ほんみょうがわ）（河川図㉛）が集中豪雨で氾濫したことを主因とし長崎県内の死者及び行方不明者が782名に上った「諫早大水害（諫早豪雨）」、1982年7月、集中豪雨により長崎市内各河川の氾濫や土石流が生じ、長崎県内の死者及び行方不明者が299名を数えた「長崎大水害」など、悲惨な経験がある。

防災対策には誰もが異論をはさみにくいので、農林水産省が1983年5月に専門家を集めて発足した「諫早湾防災対策検討委員会」がこの干拓事業提案について検討を始めた。しかし、11月に出された中間報告では（最終報告を出さないまま委員会は解散）、締め切り面積が39km²以上もあれば周辺地域の高潮と洪水対策に一定の効果はあるが、それでも数kmも上流の諫早市街地の洪水対策にはつながらない、市街地の防災は河道改修などで対応すべきであり、干拓事業を防災で説明するのは無理がある、と指摘していたという（1997年1月31日付『熊本日日新聞』朝刊、3月17日付『朝日新聞』西部朝刊）。

にもかかわらず農林水産省は、同委員会のお墨付きを得たものとみなし、福岡、佐賀、熊本の三県の漁業協同組合連合会との間での調停や補償交渉などを経て1986年12月に「国営諫早湾干拓事業」として正式に採択、長崎県知事に公有水面埋立願書を提出した。「公有水面」とは国が所有する公共水面を指し、その埋め立て免許の権限は都道府県知事にあり、陸地化した者がその所有権を得る。諫早湾干拓地の場合、干拓完了後の2007年度に、長崎県が100％出資する「長崎県農業振興公社」が、国から約53億円で買い取り、所有権を得た。

農林水産省の計画では、農地造成に加えて、複式干拓によって高潮と洪水の防災機能を果たすことが謳われた。すなわち、（1）高潮の際には潮受け堤防でそれを阻止する、（2）大雨の際には本明川などの水を調整池に貯めて川の周辺に氾濫するのを防ぐ、（3）調整池の水位を平均海水面からマイナスに保つことで流域旧干拓地のゼロメートル地帯の排水を改善する、というものである。とくに（3）は、調整池を設ける複式干拓方式を採用する主な理由とされた。この干拓事業の主目的が防災であるのは、会計検査院が2002年に公表した投資効率の分析結果において防災機能が全体の69％を占めることでもわかる（会計検査院「平成14年度決算検査報告・第5　国営諫早湾干拓事業の実施について」による）。

長崎県は、諫早湾内の各漁協から同意を得た後、農林水産省から提出された公有水面埋立願書に対して、この間の経緯からして当然ながら、1988年3月に免許を与えた。こうして法的な手続きが終了したので、1989年11月に起工式がおこなわれた。工事が進むにつれ、4.5節で述べるように二枚貝タイラギの不漁が起き、反対運動が広まっていくなか、調整池を造るため、1997年4月14日、用意された鉄板、いわゆるギロチン293枚が海底に打ち込まれて延長約7kmの潮受け堤防が建設され、諫早湾の1/3強が締め切られた。鉄板がドミノ倒しのように次々と打ち込まれる衝撃的なニュース映像は、記憶に新しい。潮受け堤防の内陸側に取り込まれた干潟の面積は29km^2、これは1978年当時の有明海の干潟総面積約220km^2（「環境省自然環境保全基礎調査」による）の約13％にあたる。つまりこの事業により、有明海の干潟の少なからぬ部分を失ったのである［木下 2018］。

防災目的のために、巨額国費を投じるこの事業が果たして必要だったのか、との疑念は、これまで数多く語られてきたが、そのひとつ［宇野木ほか 2008］を要約する。

前出の（1）については、諫早湾干拓事業では、干潟に近い軟弱地盤の上に長大な潮受け堤防を建設するために工事費が巨額となった。しかるに、諫早湾沿岸と同様に高潮被災を受けやすい佐賀県や福岡県の沿岸では、これまで既設堤防の嵩上げ措置によって高潮を防ぐ一定の効果が得られていた。であるならば、潮受け堤防を造らず、建設費が数分の一で済むと見積もられる、干拓地に接する堤防の嵩上げ工事でも良かったのではなかったか。

（2）については、本明川など周辺河川の堤防から市街地へと水が溢れ出す「外水氾濫」を防ぐには、河川から流出する水を受け止めるために膨大な容量の調整池が必要となる。その結果、調整池が陸地面積に比べて大きな割合を占め、農地造成の効率が著しく低くなる。本来、周辺河川の外水氾濫を防ぐには、まず、河道の整備が検討されるべきではなかったか。

ちなみに「堤防」の起源は、集落が堤防に囲まれた「輪中（わじゅう）」なので、河川側を堤の外側「堤外」、集落や耕地を堤の内側「堤内」と呼ぶ。堤外の水、「外水」が堤防を越えて溢れ出すことを「外水氾濫」と呼ぶ。他方、短時間の強雨に雨水排水能力が追いつかない、排水先の河川水位が高く排水できないなどにより、堤内に貯まった水「内水」が溢れることを「内水氾濫」と呼ぶ。

（3）について、調整池の容量を超えるような河川の洪水を想定した場合、調整池水位を平均海水面からマイナスに保てなければ、ゼロメートル地帯である干拓低平地の排水路や下水管から調整池への自然排水ができなくなって内水氾濫を起こす可能性がある。低平地の内水氾濫を防ぐには調整池への強制排水が必須だが、もしその時点で海面潮位が高いと調整池も自然排水できないので、調整池についても海へと排水する施設が必要となる。であるならば、沖合に建設した潮受け堤防で区切られた調整池に、大量の水をわざわざ貯め込むのは得策ではない。潮受け堤防ではなく、干拓地に接する堤防での排水施設、干拓地内での排水施設、の両者を徹底的に整備して、発生した大量の水をうまく海に逃がしてやることが基本であろう。調整池を造ることが果たして賢明な策だったのか。

そしてもうひとつ大きな問題は、4.4節で述べるように、調整池の水質悪化が周辺の環境にも大きな影響を与える点である。実は、潮受け堤防の締め切り以前から、周辺河川水やさまざまな排水が流入する調整池の水質悪化や富栄養化は危惧されており、長崎県は潮受け堤防の締め切り直後の1998年2月に「諫早湾干拓調整池水質保全計画」を策定し、生活排水や農業排水、肥料利用の規制、下水道工事促進などの水質保全策を進めてはきたが、現在でもなかなか改善は見られず、調整池の水質は環境基準値を超過したままである（2018年12月9日付『長崎新聞』）。調整池を設ける目的のひとつに謳われていたのは農業用水の確保だったが、水質が悪い調整池の水を農業に利用するのをためらう営農者もある［山下博美 2016］。調整池を農業用水源として安心して使える状況にはないうえ、その浄化対策は干拓事業本体ではないため国が出費することはなく、長崎県が今後も継続して出費していく責任を負っている。

このように総括してみると、防災目的の観点での評価に限ったとしても、調整池を造る複式干拓方式が適切な選択であったか、極めて疑わしいと言わざるを得ない、と［宇野木ほか 2008］は結論付けている。

4.4. 開発に伴う干潟環境の変化

かつては「宝の海」と呼ばれた有明海だが、第二次世界大戦後から魚介類漁業に悪影響を及ぼすさまざまな出来事が起きた。佐賀県の嘉瀬川（かせがわ）（河川図⑬）の上流に、当時佐賀県最大の北山（ほくざん）ダムが1956年に完成、嘉瀬川河口沖に広がっていたアサリ床は数年後に全滅した。1979年に着工された筑後大堰が1985年から稼働を始め（p.146）、1984年に水産庁は海苔養殖における酸処理（活性処理）（註11）を許可し、さらに同年から始まった熊本港の建設に伴う航路の掘削により、帆打瀬網漁（ほうたせあみ）（帆を上げて船を移動しつつ底引き網を引く漁法）や流し網漁（帯状の網を自由に流す漁法）に影響が出てきた。

そこに出現したのが国営諫早湾干拓事業である。これについては、調整池の水質悪化、堤防外の有明海漁業への影響、のふたつの点で考えるが、その前に、有明海特有の「浮泥（ふでい）」の働きについて見ておこう［日本海洋学会 2005：14−15］。

先述のとおり有明海には周辺河川から微細な土砂や火山灰が流れ込んで海底に堆積し干潟を形成してきた。それと同時に有明海は、土砂などから作られる浮泥と早い潮流によって、見かけは透明度が低い黄褐色の海だが、実は浄化力に優れた海域であり、「赤潮の発生しない海」として知られていた。

河川から流れ込んだ土砂の微細粒子は、一般に表面がマイナスに帯電しており、互いの反発力によってバラバラに離れて分散している。しかし海水中では、そこに存在しているナトリウム、マグネシウム、カルシウムなどの金属原子が電離したプラス・イオンによって、微細粒子は電気的に中和される。すると、電気的に中性の分子の間に働く「ファンデルワールスの力」（オランダのJohannes Diderik van der Waalsにより19世紀末に定式化された力、接着剤の働く原理のひとつでもあって我々にも身近な力）によって、粒子同士が互いに引き合って凝集する。その際に、窒素、リンなどの栄養塩や有機物、植物プランクトンをも吸着し、綿毛状の大きな塊となる。これが「浮泥」である。通常、浮泥は底に沈んで底泥となるが、比重が小さいので潮流が激しいと巻き上げられて絶えず水中を漂うため、有明海は、特有の黄褐色に濁った海となる。

浮泥は有機物を吸着しているので、動物プランクトンや、水底に棲む底生生物、すなわち、動物であれば、貝類、昆虫類、甲殻類（カニ、エビ、アミなど）、棘皮（きょくひ）動物（ウニ、ヒトデ、ナマコなど）、軟体動物（イカ、タコなど）、環形動物（ミミズ、ゴカイなど）といった多くの動物群の餌となる。彼らは浮泥を取り込んで栄養分だけを吸収し粘土粒子を排泄する。また浮泥に棲みついたバクテリアは、有機物を自分の栄養として吸収、分解し、硅酸塩、リン酸塩、亜硝酸塩などの栄養塩を水中に溶出する。それらは珪藻など植物プランクトンや海苔の栄養源となる。かくして浮泥は、汚水処理の役割を果たし、底質の浄化にも寄与している。さらに浮泥は、植物プランクトンを凝集、沈着させ、また光を遮るので、植物プランクトンの増殖を抑え、それらを主体とする赤潮の発生を抑制する、と考えられてきた。

こうした浮泥の働きを踏まえたうえで、長崎県も当初から危惧していた、調整池の水質悪化について見てみよう。潮受け堤防で締め切られ海と分離された調整池は、本明川はじめ周辺河川からの生活排水、農業集落やゼロメートル地帯にある干拓地からの排水などが流入して徐々に淡水化する。海水中なら存在する先述の金属イオンが淡水中には存在しないので浮泥は形成されない。調整池はまた、陸から流入する窒素、リン、ケイ素などを成分とする栄養塩で富栄養化する。その結果、赤潮の淡水版とでも呼べるアオコが、しばしば発生するようになったと考えられる。

アオコの原因種は、藍藻や緑藻などの淡水性の植物プランクトンのうち、細胞内にガス胞を持つものであり、浮いて水面を独占するので、それを捕食する微生物との間のバランスが崩れると大増殖する。アオコは、昼間は光合成をおこなって酸素を生産するが、透明度の低い水中や夜間には呼吸で消費する酸素量が生産量を上回るため、貧酸素状態を作り出す。さらに、一部の種は有毒物質を作り出す懸念もある。

次に、諫早湾干拓事業が、潮受け堤防外側の有明海での漁業に及ぼす影響を見よう。その頃から顕著となったのは、養殖海苔の色落ち、二枚貝タイラギの激減、赤潮の発生などである。これを受けて、2002年11月29日、議員提案による「有明海及び八代海等を再生するための特別措置に関する法律」が施行され、生息環境調査、種苗量産化など増養殖対策、アサリやタイラギなどの資源回復に向けた技術開発、などを支援する「有明海再生事業」が始まった。しかし、干拓事業自体が見直されないままのためか、現在でも環境改善はめざましい進展を見せていないという。

件の潮受け堤防には、6連で幅が合計200mの北部排水門と、2連で幅が合計50mの南部排水門があり、現在のところ、調整池の水位が諫早湾の平均海水面からマイナス1.0mになるように調節されていて、干潮時に調整池に貯めた淡水を湾に向かって「一方向」に排水する。梅雨や台風などで大雨が降ると、干潮時の短時間に数百万tもの汚水が放流される。富栄養で貧酸素の淡水が諫早湾に排出されると、4.2節の「アオ」と同様、その近辺では比重の小さい淡水層が比重の大きい塩分層の上に乗り、成層化する。諫早湾に出て塩分で死滅した淡水性のアオコは、海底に有機汚泥（ヘドロ）として貯まり、それを細菌類が分解する際に酸素を消費するので、海底も貧酸素状態となる。

潮流が速ければ上下に攪拌する動きが生じるが、潮受け堤防が壁となり潮流が遅くなっているため、上下方向での攪拌が生じず成層化したままなので、周辺海域の貧酸素状態は解消されない。潮受け堤防外側の諫早湾海域で魚介類が死滅したのは、これが理由だと推測されている［鬼頭 2018］。調整池に貯まった汚水が潮受け堤防内外の生物圏に悪影響を及ぼすと考えられるので、「有害水説」と呼ぶ研究者もある（2021年2月18日付『朝日新聞』朝刊 木谷浩三「私の視点」、p.65の図参照）。

1989年の干拓工事着工以降、顕著となった先述の漁業被害を見て、環境保護団体や漁業協同組合などが干拓事業への反対運動を強めていく。調整池と干拓地を仕切る内部堤防工事の差し止め、潮受け堤防自体の撤去、潮受け堤防排水門の開門調査請求など、次々に形を変えながら、法的対抗運動が市民も巻き込む形で展開された。しかし工事は進み、2007年11月に干拓事業は完成、2008年4月から本格的な営農が始まり、今度は営農者たちが、潮受け堤防排水門の開門調査に反対する運動を起こすようになった。

福潮受け堤防内陸側の諫早湾調整池にはアオコが大発生している。調整池の左側奥に新しい干拓地が見える。対岸の山並みは多良岳山系。
雲仙市吾妻町上空より、2007年

開門派、開門反対派、双方からの訴訟が相次ぐようになったその当時から、「宝の海」有明海は、「諍(いさか)いの海」と呼ばれるようになってしまった。

それら訴訟の経緯の解説は4.6節に譲るが、20年に及ぶ訴訟の過程で、佐賀県と漁業者たちは開門派、長崎県、諫早市と新旧干拓地農民たちは開門反対派、という色分けで報道や議論がなされ、両県の地方紙も旗幟(きし)鮮明とするようになって、分断が一層助長されてきた感がある。

このようにして、漁業者と農業者が対話不能な対立関係にあるかのような、両者にとってまことに不幸な構図が作り上げられてきた。それを止揚する方向性については、第9章で考えたい。

ここで、注意しておくべきは、開門派漁業者たちの求める潮受け堤防排水門の開門とは、現状のような淡水(汚水)の「一方向の排水」ではなく、海水を調整池に入れる「常時双方向の開門」を指すことである。こうすることで、調整池は汽水域に戻り、潮汐に応じて調整池底面と潮流の摩擦によって乱流が生じ、浮泥が形成されて浄化力が高まるので、底面を干潟として再生させることも可能であるし、調整池から諫早湾に出る水も浄化される、と漁業者を支援する研究者たちは考えている(右頁の図参照)。

しかし、国は一貫して、干拓事業による漁業への影響を認めようとせず、開門によって調整池が汽水域になると干拓地農業に塩害が及ぶおそれがあることや防災に影響があることを理由に、開門に消極的な態度をとり続けてきた。

さらに2016年からは、開門しないことを前提に、漁場環境改善のための「有明海振興基金」を用意することで開門派漁業者と和解する、と

いう方針を明確化した。司法もその方向に舵を切ったように見える。

その一方で、陸側の干拓地では、急激な温度変化を抑えてくれていた海面の喪失により、冬には氷点下に下がる低温化で作物が育たない、夏には調整池が高温化して湯のようになり農業に悪影響が出る、冬場に調整池を目指して渡ってくるカモに作物を食われる、干拓地は干潟を干しあげた粘土層の「潟土（がたど）」なので水はけが悪くジャガイモなどは育たない、など、困っている営農者が出現し、入植を勧誘されたものの結局は営農に失敗し大きな借金を抱えて廃業する農業者も多い［松尾 2018］。営農者にとっては、干拓農地の欠陥のほか、土地所有者である長崎県農業振興公社が5年ごとに更新するリース契約の下でしか営農できないことから生じる、農業経営上の問題も顕在化している［馬奈木 2018］。リース料は周辺地域より高いうえに賃貸面積が大きい分、営農者の負担が大きい［羽島 2021］。長崎県農業振興公社は、農業振興ではなく不動産業に徹しているの

現状の一方向の排水の仕組み

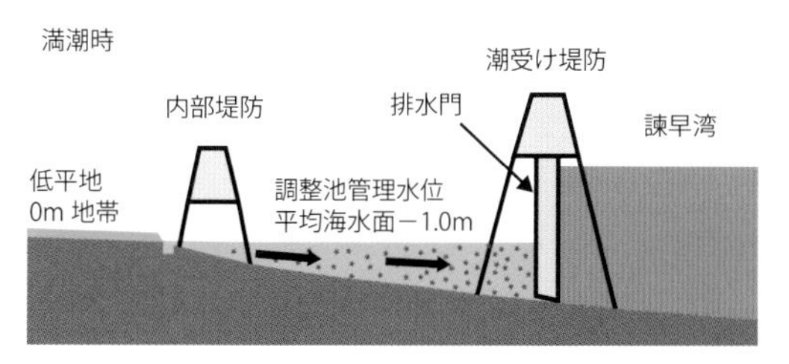

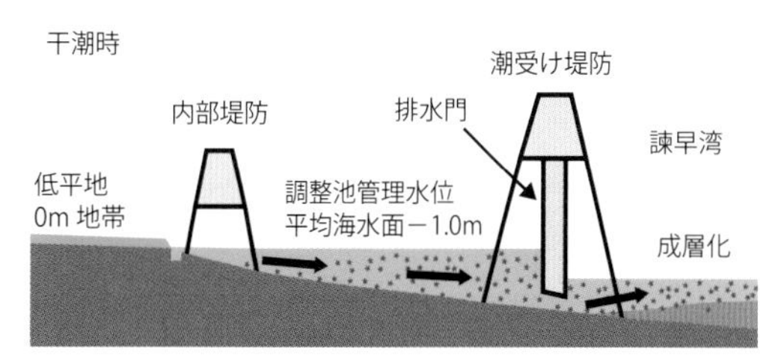

現状は、低平地からの排水を第一義に考えたもの。左は満潮時、右は干潮時。調整池に流入する汚水や富栄養水は淡水なので、諫早湾に排出されると、海水上に乗って層を作る「成層化」が生じ、赤潮や貧酸素の原因となる可能性がある。［諫早湾開門研究者会議 2016：9］掲載図を基に作成。

漁業者たちの求める常時開門の仕組み

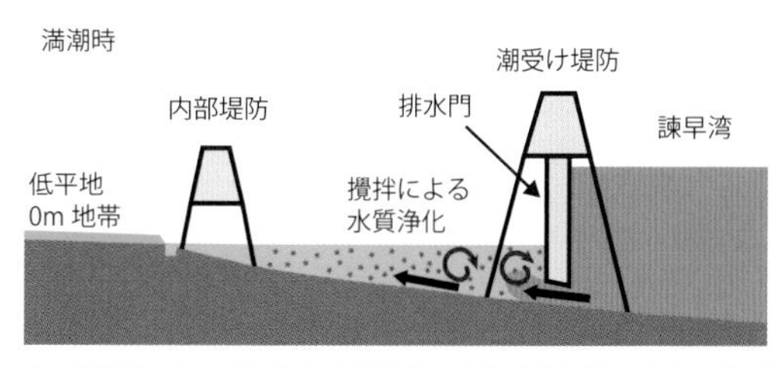

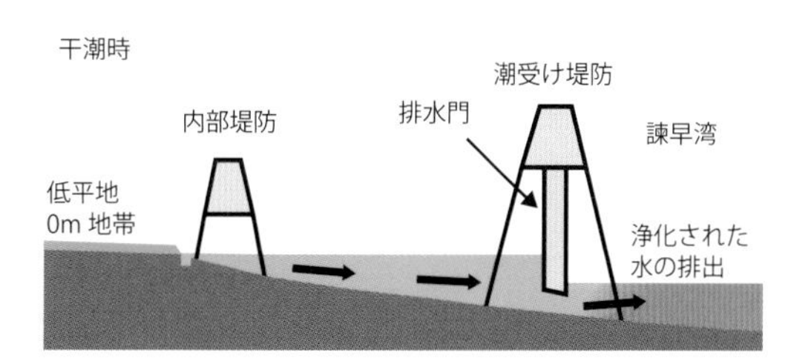

左は満潮時、右は干潮時。満潮時に海水が調整池に流れ込んで調整池の水は攪拌されて浄化され、塩分と混じり合うので、干潮時に排水されても成層化しにくい。上記の掲載図を基に作成。

か、との疑念も沸くが、筆者らの手に余るので、これ以上、農業問題への深入りは避けておく。

一連の訴訟において開門派漁業者側が主張しているもうひとつの説は、有明海での漁業被害の根本的な原因は、諫早湾の奥を締め切ったため、有明海全体の潮流が減衰し、流れの方向が変わるなどの異変が起きたためではないか、というものである。潮受け堤防が締め切られた際の光景から「ギロチン説」とも呼ばれるという（2021年2月18日付『朝日新聞』朝刊 木谷浩三「私の視点」）。実際、潮受け堤防締め切り後の1995年以降、有明海奥部でも赤潮が頻発し、その海底に貧酸素水塊が出現するようになった［日本海洋学会 2005：109］［環境省 2017：148］。その結果、赤潮の原因となる植物プランクトンが、養殖海苔が必要とする栄養塩を先に奪うために、海苔が色落ちし、海底の貧酸素水塊がタイラギを死滅させた、と漁業者側は推測している。海洋生態学などの研究者たちも、締め切り前の調査データはあまり多くないという制約のなか、諫早湾の締め切り前後における有明海の潮流変化と生態変化を長年にわたって調査、研究してきた。

そうした研究成果のひとつに、西ノ首英之（ひでゆき）・長崎大学名誉教授、東幹夫（あずまみきお）・長崎大学名誉教授、小松利光（としみつ）・九州大学特命教授、堤裕昭（つつみひろあき）・熊本県立大学教授らの研究者グループが示す、次のような説がある［堤ほか 2016］。

一般的な内湾においては、河川の供給する豊富な栄養塩で海域は富栄養化する。そのほかの諸条件も重なって、赤潮の原因となる、主に海水性の植物プランクトン類の異常な増殖と、それを捕食し浄化作用をおこなう底生生物の減少とが同時に進行した場合には、赤潮が発生する。すると、その周辺で夜間、植物プランクトンの呼吸により海水中の酸素が大量に消費されて貧酸素状態となり、直下の海底でも、沈降した植物プランクトンの死骸を細菌類が分解する際に酸素を消費するので、貧酸素水塊が発生する。その結果、魚介類、とくに底生生物の大量死につながり、浄化作用が失われる、という負のスパイラルが発生するリスクがある。先述の潮受け堤防外側、諫早湾での現象と同様の仕組みである。

しかし、有明海の場合は、干満の潮差が大きいので潮流が速い。さらに諫早湾干拓事業の始まる前、1960年頃には、上げ潮の際に有明海の西側に入る潮流は、諫早湾に回り込む分だけ有明海奥部に向かう潮流が遅くなり、速度が相対的に大きい東側の潮流は、最奥部沿岸に沿って西側に移流し、有明海奥部で「海北部湾内水」と呼ばれる反時計回りの渦を作っていた。この渦が生じることで、海水がうまく混じり合って浮泥の浄化作用が働き、こうした富栄養と貧酸素状態が回避されてきたと考えられる（左下の図）。

ところが、国営諫早湾干拓事業により潮受け堤防が築かれたため、諫早湾に流入できなくなった分だけ、西側の上げ潮の潮流が速くなる。すると東側の上げ潮の潮流との相対的な速度差が小さくなり、渦が生じなくなるとともに、東側の潮流も遅くなる。渦が失せ潮流が減速すると、浮泥の巻き上げが減少し、透明度が高まって海中の光条件が好転して赤潮の発生、その結果としての底層の貧酸素化を招いた、という説である。浮泥、透明度、赤潮発生の間に強い相関があることを示す研究結果も、この説を補強している［清本ほか 2008］。

4.2節で紹介したような、人と自然の関係性、生物多様性との関係性が維持される地先干拓とは異なり、漁業者と農業者がともに被害を受ける

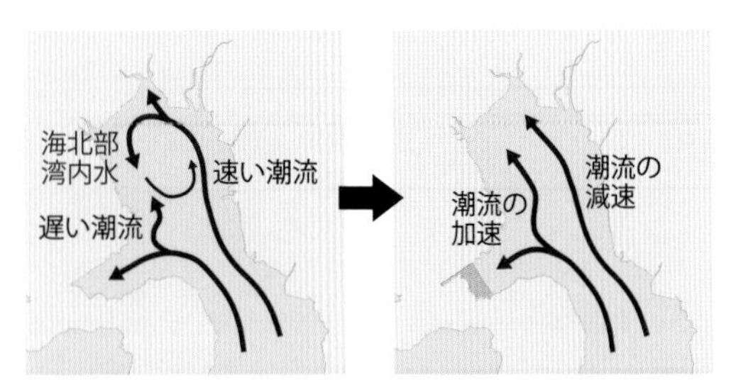

1960年頃（左）、諫早湾潮受け堤防締め切り後（右）の潮流の変化。［堤 2018］の図16「上げ潮の潮流速の東西方向の配分が劇的に変わった？」を基に作成。

可能性の大きい諫早湾干拓事業は、特定非営利活動法人「失敗学会」が選び、科学技術振興機構がまとめた、明治以降の世界の「失敗百選」のひとつにも選ばれるに至った。あらためて、冷却期間を置いてでも再考しなければ、失敗の評価のまま終わりかねない。面子を捨てて失敗を認める潔さ、それを活かして政策を転換する柔軟さ、関係するセクターが対等に協議しつつ合意形成が得られるまで時間をかける辛抱強さ、それらこそは、4.7節で触れるように、干拓技術のみならず、今や水管理や水資源、さらには生態系保全に関する先進国、オランダに学ぶべき点だと思うのだが……。

4.5. 干潟が賑わっていた頃

タイラギの激減

もちろん、先述したメカニズムだけではなく、ほかの要因もからんだ複合的な現象であろうが、潮受け堤防締め切り前後から生じた現象のひとつが、諫早湾干拓事業への反対運動のきっかけともなったタイラギ（玉珧）の激減である。

タイラギは、タイラガイ、タチガイ、現地ではチャーラギとも呼ばれ、貝殻の尖った方を下にして砂泥質や砂質の海底に潜り、貝殻後端を海底から1cmほど頭のように出して生活し、貝殻の長さが30cmに達する、食用では国内最大級の二枚貝である。干潟での生息数が少なくなり、主な生息域が水深8〜40mの場所に移ったため、大正時代初め、現・大韓民国麗水市でおこなわれていた潜水器によるタイラギ漁が日本に移入され、佐賀県藤津郡太良町（たらちょう）を中心に広まった［佐賀県教育庁社会教育課 1962：79］。タイラギは高級食材であり、とくに美味な貝柱は寿司ネタとして有名で、有明海産は全国に知られていた。

しかし、諫早湾干拓事業着工後の1990年代以降に資源量が急減し、1996年以来湾内の「ヘルメット式潜水器タイラギ漁」は休漁となり、2009〜2010年の一時的な豊漁をはさんで低迷、2012年からは休漁が続く［環境省 2017］。周辺では、日本一といわれた潜水技術までが途絶えるとの危機感が高まった。

そこで長崎市の国立研究開発法人 水産研究・教育機構西海区水産研究所（2020年7月からは同機構水産技術研究所）は、大量死をもたらす貧酸素水塊のある海底を避けるために、真珠養殖で用いられている、筏などから海水中に垂らした籠、金網、ネットなどの中で養殖する「垂下式養殖（すいかしきようしょく）」技術を応用することにした。海水中に吊るす籠や、ほかの生物の付着しにくいネットの開発などの技術開発を2006年度から進め、実証試験でそのめどを付けた（水産庁2013年2月19日プレスリリース「有明海の二枚貝垂下養殖技術等の実証試験の実施検討会の結果について」）。そして、2016年には完成していた、成貝からの採卵、人工授精、幼生から稚貝への飼育、の一連の人工種苗の量産技術を基に、2018年度から有明海沿岸の各県に垂下式養殖の技術移転を始めた。しかし、同年の西

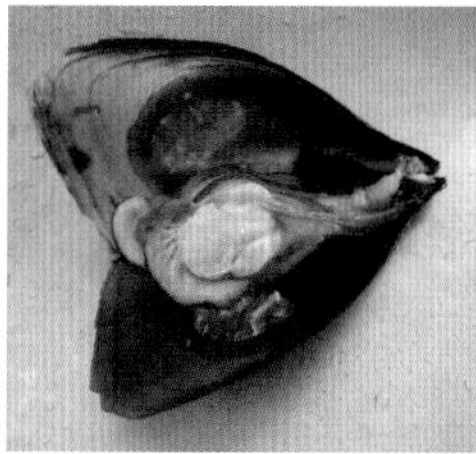

タイラギ。横にある包丁は刃渡り15cm、全長25cm。貝柱の大きさにも注目。撮影：久保正敏。2019年

ヘルメット式潜水器タイラギ漁。2009年の一時的豊漁の際に撮影。佐賀県藤津郡太良町多良沖。

日本豪雨の影響で塩分濃度が下がったため、諫早市で養殖した成貝が全滅するなど、有明海再生事業は一筋縄では行かず苦戦している（2018年7月14日付『西日本新聞』）。

竹羽瀬の不漁

また、有明海最大規模の定置網、竹羽瀬（たけはぜ）の不漁がある。この網は、一辺200mに竹杭を千本以上立て、V字状、N字状、W字状などの仕掛けを作り、すぼまったところに袋網を2段にセットするもので、少なくとも300年以上の歴史があるが、その竹羽瀬に獲物が入らなくなった。最近まで竹羽瀬漁を続けていた恵崎俊郎氏と崎元秀幸氏によると、1996年までは網をセットすれば獲物が必ず入り、対岸の大牟田魚市場まで直接漁船を走らせ、エビや魚をトロ箱何10箱も出して競りにかけるとたいてい10万円以上にはなったという。

第二次世界大戦後間もない1950年頃には、佐賀県と福岡県の地先には、竹羽瀬が大小百か所ほど設置されていたというが、1985年頃には、20数か所にまで減少した。ひとつには1965年頃から海苔養殖が本格的に始まって漁場が海苔養殖と競合するようになり、海苔養殖に切り替えた漁業者もいたからか。その後諫早湾が締め切られ、年々漁獲量は減り続け、ミズクラゲの異常発生なども重なり、竹を補充するために必要な年間50万円から150万円以上の投資に見合う水揚げがないため次々に撤退し、最後まで操業していた佐賀市東与賀（ひがしよか）に在住の吉田幸男氏親子も、2020年10月で竹羽瀬漁から撤退した。

消えたアゲマキガイ

1990年代以降も海況は悪化するばかりで、対症療法的な対策も、効果が上がっているものは少ないという。干潟に掘った穴に潜む細長い貝で、誰にでも捕れて家計の足しになるので「お助

竹羽瀬の竹立ての日。もう網がセットしてあった。満潮時にはほとんど水没する。水深は6〜7mか。一辺が200m、約千本の孟宗竹を立ててあり、V字状であれば2千本以上必要。毎年5百〜千本補充しなければならない。この竹羽瀬を管理していた吉田幸男氏は2020年10月末でこの漁から撤退した。大牟田沖、2017年5月

「お助け貝」とも呼ばれるアゲマキガイ。長さは 90cm 前後。1994 年以降は有明海から姿を消したが、最近、有明海再生事業による復活が期待されている。1993年

け貝」と呼ばれていたアゲマキガイは、1994年以降有明海から姿を消した。そこで佐賀県は、1996年から、資源回復のため国の補助を受けて、佐賀県有明水産振興センターが中心になり10年間で数億円をかけて稚貝放流や母貝団地の造成など再生事業を進め、2018年6月には22年ぶりに漁獲、販売を一部再開するまでにこぎ着けたが、楽観はできない（2018年5月18日付『佐賀新聞』）。アサリも年々水揚げが減少傾向にあり、今では中国など海外から稚貝や成貝を移入しなければアサリ養殖は成り立たない。このように、採貝漁業も漁船漁業も約10年前から危機的な状況になり、後継者も育たない。

10数年前の諫早湾干拓に関するシンポジウムで、参加者のひとりが講師に「漁師もこんままじゃ絶滅危惧種になりますよ。先生、登録ば申請してくれんですか」と半ば自虐的に質問していたのが、筆者・中尾の耳に残っている。

今は潮受け堤防の内側

諫早湾潮受け堤防の内陸側は、淡水の調整池となり、干潟も消滅したので、当然ながら有明海で漁業が最も大きな影響を受けた地域である。かつて、長崎県諫早市高来町湯江（ゆえ）の境川（河川図㉗）河口の地先にある干潟は、まさに干潟漁の見本市のような場所だったのだが…。地元の人たちは、農業のかたわら干潟に出れば一年中何かが捕れるので、家計の足しにしていた。冬は牡蠣打ちや牡蠣捕り、タイラギ押し、春先はアサリ掘り、4月に入ると潮が引いた干潟で、アカニシ（巻き貝）やテナガダコ獲り、5月に入り、潮が満ちてくれば、「待ち網」や「押し網」、「ちょっとすき」で魚やエビを捕り（p.72の写真キャプション参照）、沖には「手押し網」（p.112）の船が並ぶようになる。

ここでいうタイラギ押しは、11月頃から翌年3〜4月まで、諫早市高来町や雲仙市吾妻町や瑞穂町のあまり潟泥が堆積していない地先の、海水が残っている潟の上でおこなわれていた漁法で、2法ある。ひとつは、高来町の境川の河口部の干潟でおこなわれていた、ハンギー（押し桶。竹製で浅い平底で干潟を滑り易い）を押して回り、砂泥質や砂質の海底に潜っているタイラギの頭がガサッと桶の底に当たると手鉤で抜き取る。もうひとつは、吾妻町から瑞穂町にかけておこなわれていた

タイラギ押しの道具。雲仙市吾妻町地先、1990年頃

もので、五寸釘を数cm間隔に20本ほど打ち込んだ板を、釘先が下を向くようにY字状の枠の先端に取り付け、潟でその枠を押して回り、手応えがあると確かめてから手鉤で引き抜く漁法。現在そのあたりは以前より潟泥が堆積しており、しかも諫早湾調整池から汚水が放出されるので、そこで捕れる貝類はあまり食べない。

他方で、潮が引いた軟泥の干潟では、「押し板」(コラム「潟スキー考」)にハンギーや籠を載せ、2〜3kmも沖に出て、アゲマキガイやハイガイ(二枚貝、現在は環境省レッドリストの絶滅危惧IB類に掲載)を捕り、長さ約5mの釣り竿に付けた長さ約4mの釣り糸の先に鋭い鉤針を数本取り付けて、干潟上にいるムツゴロウを巧みに引っかける「ムツ掛け」と呼ぶ漁法でムツゴロウを釣り、「スボ掻き」と呼ぶ独特の漁具(p.111右上写真キャプション参照)で干潟の浅い生息孔に潜むワラスボを掻き捕っていた。

このようにして秋口まで、大潮の干潮時には人影が絶えなかった。捕れた獲物は日銭を稼ぐだけではなく、夕餉のおかずや酒の肴にもなった。気の置けない客人が来ると、潮の具合が良ければ「ちょっと半時間ばかい待っとかんね」と言って、潟に入ってアゲマキガイやムツゴロウを捕ってきた、という話も聞いた。

そのほか、200か所以上のウナギ塚(6.2節)もあって賑わっていた境川河口の干潟は、ほとんどが諫早湾干拓の潮受け堤防の内陸側になり、元の干潟の一部は草原と化し、往年の面影はない。

待ち網(手前)と押し網(沖の方)。待ち網は佐賀県藤津郡太良町から鹿島市にかけておこなわれる。満ちてくる潮に向けてY字状の枠に付けた網幅3m足らずの小さな網を下ろし、エビや魚が入ってきたら持ち上げて「たも網」で掬いとり、魚籠や袋網に入れる。潮が満ちるにつれて後ろへ下がりながら、同じ動作を繰り返し、岸や堤防に近づくと枠を分解して網を畳む。長崎県諫早市高来町地先、1983年

押し網漁に出るふたり。押し網は地元では「すきとう」や「クツゾコ押し」と呼ばれ、潟泥があまり堆積していない砂質のところでおこなわれる。待ち網同様の小型の網を押して回り、立ち止まっては網を持ち上げて中に入った獲物を「たも網」で掬って腰に結わえたハンギー（桶）や魚籠に入れる。この動作を繰り返すが、潮が満ちてくると仕掛けを分解し網を畳んで戻って来る。枠の竹さおの先が潟に突き刺さらないように、スプーンのようなものを装着して滑るようにしてある。多良川（河川図㉓）河口、1990年

待ち網。沿岸の太良町から鹿島市にかけておこなわれる。満ち潮にのってくる魚（メナダ、ハゼクチ、シラタエビなど）をすくい捕る。鹿島市東塩屋の岩壁近く、2015年

佐賀市東与賀（ひがしよか）海岸でタカッポ漁に出る田中安夫氏は1931年生まれ。左奥は島原半島、右奥は佐賀県藤津郡太良町。タカッポ（ポンポン、ポン、カッポンとも）は大正年間に考案されたムツゴロウを捕るための罠で、竹筒を利用するものと塩ビ製パイプを使うものがある。生息孔に、入ったら出られないような仕掛け（弁）が付いた筒を差し込む。筒の上端に開けた小穴から漏れる光につられてムツゴロウが干潟に飛び出そうと筒に突っ込むが出られない。この筒を百〜2百本仕掛けて一回りしたら、また最初の筒のところに戻り、入っているかどうか確かめる。その作業を数回繰り返す。運が良ければ2百尾前後は捕れる。1995年頃

左：「ちょっとすき」は、地元で「狙い」「浮きいお（魚のこと）掬い」とも呼ばれ、小船などでやや水の深いところまで行って、Y字状の枠に網目が大きい網をつけたやや幅が狭い仕掛けで潮に乗って泳いでくるヤスミ（大形のメナダ）を掬い捕る漁法。姿勢を低くしないと気付かれて脇に逃げられるので熟練が必要。ベテランになれば2、3時間で30匹前後は捕る。本明川の江湖、1986年

右：久野官一氏のスボ掻き。ワラスボ（円内）を掻き捕った瞬間。嘉瀬川河口部の干潟、2018年

「潟往来の図」。幕末頃の漁法を紹介した『有明海漁業実況図』(註12)より。所蔵:竹下八十、写真提供:佐賀県立博物館。

諫早湾の干潟。現・長崎県諫早市森山町地先。対岸は多良岳山系。手前は跳ね板(諫早湾では押し板を、こう呼ぶ)に乗って漁に出る人たち。1987年

5〜6月、長崎県諫早市高来町境川河口脇の干潟でアカニシやテナガダコを捕る女性たち。1985年

ウナギ漁の変化

有明海のウナギ漁に関しても、とくに諫早湾内と湾口部は諫早湾干拓事業の影響が大きく、今まで湾内で延べ縄（6.9節）や手押し網などでウナギを捕っていた船はほとんどいなくなった。湾外でも海況が年々悪化して、延べ縄に従事していた人たちは、高齢化もあって次々に撤退した。現在でも細々と延べ縄漁を続けているのは、筑後川河口域に5、6名、早津江川（はやつえがわ）（河川図⑨）河口と嘉瀬川、六角川、塩田川（河川図⑯）河口域で数名が出漁しているに過ぎない。

現在のウナギ漁の主流は、竹筒漁、折り畳み式の網籠（p.145右上の写真）や、竹で編んだ筌で捕る籠漁、甲手待ち網（6.5節）くらいだろう。ウナギ掻き（6.3節）に出ることもあるが、あまり期待できない。

潟泥が堆積していない河口部では、ウナギ塚が築かれていたが、高齢化とウナギ資源の減少のためか、最近は放置されている塚が目立つ。境川河口部でもウナギ塚が200前後築かれていて、春から秋まで潮に合わせて塚を開ける人が絶えなかったが、そのほとんどは、諫早湾干拓の潮受け堤防の内陸側になってしまった。潮受け堤防の排水門を常時開いておいて調整池の水質を改善し、湾内外への影響を最小限にすれば、干潟の復活につながると思われるのだが…。

実際に、常時開門することで漁業資源を保全している河口堰がある。それが、有明海の最奥部に位置し干満の潮位差が大きいため感潮域が29kmと非常に長い六角川の河口堰だ。水利目的の河口堰が完成した1982年には、既に米の生産調整が1969年に始まっていて水田にそれほど水が必要ではなくなっていた。有明海で海苔養殖をしている漁業協同組合が、河口堰を締めることに猛反対したこともあり、結局当初から高潮や台風などの非常時以外は開けたままである。そのおかげでウナギ資源も豊かで、エツも繁殖している。そのほか、さまざまな魚や甲殻類などの幼生や稚魚も、ある期間長い感潮域で過ごしているという。現在、高知大学の木下泉教授らが調査中である［木下 2018］。

4.6. 国営諫早湾干拓事業をめぐる訴訟の経緯

ここで、輻輳する複数の訴訟の経緯について、新聞記事データベースを筆者・久保の判断で検索、抽出したもの、及び、法学雑誌の特集記事（2018年11月『法学セミナー』63巻11号）などを参考に、概略を示しておこう。ただし、関連する訴訟すべてを網羅しているのではないこと（たとえば干拓地営農者、営農地からの撤退者が長崎県農業振興公社に対しそれぞれに起こした「損害賠償請求訴訟」には触れていない）、そして、本書の趣旨からして漁業者側に寄った視点での記述になるきらいのあることを、あらかじめご了解いただきたい。本節は、記述が微細にわたるので、4.7節まで読み飛ばしていただいても構わない。

ムツゴロウ訴訟

潮受け堤防が締め切られる9か月前の1996年7月16日、地元住民6名が、ムツゴロウなど干潟の生物の代弁者兼原告となり、国に対して干潟を消滅させる干拓事業の差し止めを求めて、長崎地方裁判所（以後、地裁と略記）に「諫早湾自然の権利訴訟」、通称「ムツゴロウ訴訟」を起こした。2000年5月には原告側証人のひとりとして鹿児島大学助教授（当時）の佐藤正典氏も出廷し生態系保全を訴えたが、2005年3月、自然物は原告になれない、と棄却された。当時は、環境権などの議論が未成熟だったからだろうか。

一時開門

1997年4月の潮受け堤防締め切り以降、漁業への影響、とくに養殖海苔の「色落ち」が深刻化した。これを受けて、農林水産省は2001年2月26日に「有明海ノリ不作等対策関係調査検討委員会（ノリ第三者委）」を設置、3月13日に農水相は工事中断と潮受け堤防の排水門解放を決定した。8月24日には農林水産省九州農政局の「事業再評価第三者委員会」が、「環境への真摯かつ一層の配慮を求める」答申を出したが、4.3節で紹介した複式干拓の骨格を維持し、事業継続を容認するという玉虫色の答申であった。12月19日には「ノリ第三者委」が、2か月程度の短期、半年程度の中期、数年にわたる長期、の開門調査を順次実施するよう提言した。

が、国は、「事業と調査は別」との立場で、2002年4月24日～5月20日のごく短期間の開門調査をおこなった。これは、調整池の水位を諫早湾の平均海水面マイナス1.0～1.2mに保ったままの「制限開門」、すなわち干満に合わせて一日に2回、調整池水位より潮位が高い時は海水を入れ、逆の時は排水する、門は海底から30～90cmだけ開ける、という制限付きである。これには長崎県が当初強く反対、沿岸漁民のなかにも、調整池の汚水が排出されるだけで漁場に悪影響を及ぼすと反対する者、いや長期間の開門につながるのではと期待する者、さまざまな意見が交錯するなかでおこなわれた。調査の結果、国は、漁業への影響は検証できないとの結論を出し、それを基に2004年5月11日に中・長期開門調査の見送りを表明した。2003年3月末に解散した「ノリ第三者委」の専門家のひとりは、「中・長期の開門でないと海水攪拌効果が出てこない。この短期間の開門調査はガス抜きセレモニーに過ぎなかった」と批判する。

こうした漁業被害を認めようとしない国姿勢に対して、漁業者たちはさまざまな法的対抗活動を進めてきた。

福岡県有明海漁業協同組合連合会の抗議活動

2002年9月24日、福岡県有明海漁業協同組合連合会（以後、漁連と略記）が前面堤防工事の差し止めを求める仮処分を福岡地裁に申し立てた。有明海の漁連として法的手段を採ったのは初めてのことである。前面堤防とは、調整池と干拓地を仕切る内部堤防の一部を指す。干拓地はかつて国内第一級とされた諫早干潟の中心部であるが、前面堤防が完成すれば、潮受け堤防の開門調査をいくら実施しても海水が入りにくいため、湾奥部の干潟の再生は不可能となる、と漁連は考えたのである。

これに対し福岡地裁は2004年1月8日に申し立てを却下、さらに先述のように、国は2004年5月に中長期開門調査をおこなわないと表明した。そこで福岡県有明海漁連は、潮受け堤防自体の撤去も視野に入れたが、結局は2006年1月31日に、潮受け堤防の水門を開けて1年以上の中・長期開門調査を求める行政訴訟と民事訴訟を福岡地裁に起こした。その前年2005年9月には佐賀、熊本両県の漁連に共同提訴を持ちかけたが断られ、単独での提訴となった。2006年12月19日、福岡地裁は行政訴訟を却下した。最終的に福岡県有明海漁連は、翌2007年6月26日に民事訴訟も取り下げた。漁連としては、国と敵対することを躊躇する支部があることなど、一枚岩として動く難しさに配慮したのだろうか。

「よみがえれ!有明」訴訟 — 開門調査の確定判決まで

他方で、個々の漁業者が市民と連携する動きも生まれた。2002年11月26日、佐賀、福岡、熊本の漁業者85名と有明海沿岸の市民団体など計416

年	月	日	
2002	11	26	漁業者たち計416名、佐賀地裁に、「前面堤防工事差し止め」を求め国を提訴、同時に、漁業者106名が「前面堤防工事差し止め仮処分」を申請。
2004	8	26	佐賀地裁、「工事差し止め仮処分」につき、因果関係を認め、本訴一審判決が出るまで、工事差し止めを命令。
2004	8	26	九州農政局諫早湾干拓事務所、干拓工事を一時、中断。同時に佐賀地裁に異議申し立て。
2005	1	12	佐賀地裁、国の異議申し立てを棄却。
2005	1	26	国、佐賀地裁の棄却を不服として福岡高裁に抗告。
2005	5	16	福岡高裁、「工事差し止め仮処分」決定を取り消し。ただし、国に開門調査を促す。
2005	5	18	九州農政局諫早湾干拓事務所、干拓工事を再開。
2005	6	27	福岡高裁、漁業者たちによる「工事差し止め仮処分」取り消しについての、最高裁への抗告を認める。
2005	9	30	最高裁、漁業者たちの抗告を棄却。2005年5月の福岡高裁による「工事差し止め仮処分」取り消し決定が確定。
2006	11	24	原告側、本訴の内容を「潮受け堤防の撤去か開門」に変更、佐賀地裁で。
2007	11	20	干拓事業完工式。
2008	4	1	営農開始。
2008	6	27	佐賀地裁、調査目的で排水門の5年間常時開放、3年間の猶予付き、を命じる判決。
2008	7	10	国、控訴。
2008	7	11	開門派の漁業者たち、国が判決を守らないとして控訴。
2009	9	16	民主党政権発足。
2010	12	6	福岡高裁、一審佐賀地裁判決を支持、閉め切りと漁業被害の因果関係を認めて「開門判決」。
2010	12	15	民主党政権・菅直人首相が上告断念を表明。
2010	12	20	福岡高裁による、3年以内に5年間開門して調査すべしとの「開門判決」確定。

年表1　開門調査の確定判決まで

名が原告となり、「前面堤防工事差し止め」を請求して国を相手に佐賀地裁に提訴、同時に漁業者のみで「前面堤防工事差し止めの仮処分」も佐賀地裁に申請した。原告側は、これ以降の一連の裁判を、「よみがえれ！有明」訴訟と呼ぶ。

後者の仮処分申請には長崎の漁業者たちも加わって106名となったが、2004年8月26日、佐賀地裁は、漁業不振の唯一の原因とは言えぬが少なくとも因果関係が推察されるとし、本訴の一審判断が出るまでの差し止めを命じた。これに対し国は、干拓工事を一時中断するとともに佐賀地裁に異議を申し立てた。しかし、佐賀地裁は2005年1月12日にこれを棄却、国はそれを不服として福岡高等裁判所（以後、高裁）に抗告、5月16日に福岡高裁は、佐賀地裁の出した工事差し止め仮処分を取り消した。翌々日、農林水産省九州農政局諫早湾干拓事務所は工事を再開した。それに対する漁業者側の最高裁への抗告も2005年9月30日に最高裁第三小法廷が棄却したため差し止め仮処分命令は無効となった。

前者の「前面堤防工事差し止め」請求については、原告団の人数が2002年末には約610名、沿岸各地を含め全国にも「支援する会」が結成されるなど支援の輪は広がっていった。しかし先述のとおり工事が再開されたのを受け、漁業者たちは2006年11月24日に、訴えの内容を、工事差し止めから「潮受け堤防自体の撤去、その予備的な請求として、撤去できない場合には潮受け堤防排水門の常時開放」へと変更し（p.65の図）、その時点での原告団の人数は2,503名であった。これは、農業者に被害が出ないような対策も含めて、漁業と農業の両者が成り立つ方策としての常時開門を要求する訴えである。そして原告団の旗印として、スローガン「沿岸漁業、地元農業、どちらも大事」が掲げられるようになった。

この裁判進行中の2007年11月20日、干拓事業完工式が開かれ、翌2008年4月から営農が始まった。

2008年6月27日、佐賀地裁は、諫早湾の漁業被害と閉め切りとの因果関係を認め、国に対して、3年間の猶予後に南北排水門の5年間常時開放を命令するとともに、「中・長期の開門調査が実施されて、適切な施策が講じられることを願ってやまない」と、異例の付言をおこなった。潮受け堤防の撤去については棄却した。この地裁判決に対して、佐賀県議会は国に控訴断念を求める決議をおこない、福岡、熊本、長崎の3県にも同調を求めたが、熊本県は同調、福岡県は静観、長崎県議会は開門反対の意見書を可決するなど対応が分かれた。国は7月10日に福岡高裁に控訴、それを見た漁業者側も翌日控訴した。

福岡高裁は2010年12月6日、佐賀地裁を支持し、事業と諫早湾周辺海域の漁業被害を認定した。判決では「諫早湾閉め切り後に漁獲量は減った。潮流速などが減少し、貧酸素水塊や赤潮が促進されている可能性が高い。漁業行使権は高度に侵害されているが、堤防の防災機能は限定的で、営農に必要不可欠と言えない。防災上やむを得ない場合に閉じることで相当程度確保できる」との理由で、国に対して「3年以内に、防災上やむを得ない場合を除き、5年間にわたっての開門」を命じた。

佐賀地裁、福岡高裁の判決において、3年以内としたのは、開門によって諫早湾干拓事業の目的のひとつであった高潮や洪水など防災効果を減じないための対策工事には3年の工期が必要、という農林水産省の主張を受けたものであり、5年間の期限が設けられたのは、因果関係の解明のためには一定期間の開門調査が必要であると認めたためである。

この判決に対して当時の民主党政権の菅直人首相は、上告しないとの政治判断を2010年12月15日に表明したために、12月20日に、この福岡高裁判決は確定した。ここに、国は開門する義務を負うことになった。

長崎訴訟

主に諫早湾近傍の漁業者たちが常時開門を求める「長崎訴訟」と呼ばれる別の訴訟があり、これも「よみがえれ！有明」訴訟の一環として捉えられている。2008年4月30日、諫早湾内の小長井（こながい）町漁協（長崎県諫早市）の9名と、佐賀県有明海漁協大浦支所（佐賀県藤津郡太良町）の32名、計41名が、損害賠償と潮受け堤防の開門を求めて長崎地裁に提訴した。これまでに漁業補償や補助金などを受けていたこともあり、堤防閉め切りから11年にわたり沈黙してきたが、「もう耐えられない」と声を上げたのだ。これは第一次訴訟と呼ばれる。

その後、長崎県雲仙市の瑞穂漁協と国見漁協から開門賛成に転換した漁業者24名が2010年3月11日に提訴（第二次訴訟）、さらに2011年3月29日には瑞穂漁協と小長井町漁協からも14名が追加提訴した（第三次訴訟）。第二次、第三次は併合して長崎地裁で審理されることになった。

第一次訴訟に対して長崎地裁は、2011年6月27日に、漁獲量減少との因果関係を認めず、漁業者たちからの開門を求める請求を棄却したが、一部の損害賠償については認める判断を示した。これに対し、7月8日、国は損害賠償を不服として、漁業者たち（この時点では53名）も判断を不服として、それぞれが福岡高裁に控訴した。

その後、2012年10月以降、第一次訴訟原告の漁業者たちは何度か和解協議を福岡高裁に提案したが、国及び途中から補助参加人として加わった営農者たちが、開門前提の和解には応じられないと拒否したため、和解は成立しなかった。

2015年9月7日、福岡高裁は、漁業不振と干拓事業の間に高度の蓋然性（高い確率）が立証されたとは言えないとして、第一次訴訟原告たちの損害賠償と開門請求を棄却した。福岡高裁は2010年12月の開門確定判決と逆の判断を示したことになる。しかし「この判決は、確定判決による開門義務を打ち消す効力がないものである」と付言で触れ、和解協議による紛争解決を模索したことを明かし、国と長崎側がそれに応じなかった点を「極めて遺憾」と批判した。これに対して、この時点で23名の第一次訴訟の漁業者たちが2015年9月18日に最高裁に上告した。しかし2019年6月26日、最高裁第二小法廷はこの

年	月	日	
2008	4	30	長崎県諫早市・小長井町漁協、佐賀県藤津郡太良町・有明海漁協大浦支所の漁業者計41名、損害賠償と潮受け堤防の開門を求めて長崎地裁に提訴（長崎第一次訴訟）。
2010	3	11	長崎県雲仙市の瑞穂漁協と国見漁協の計24名が、開門を求めて長崎地裁に提訴（長崎第二次訴訟）。諫早湾内の3漁協からの漁民が出そろう。
2011	3	29	雲仙市・瑞穂漁協（5名）と諫早市・小長井町漁協（9名）も追加提訴（長崎第三次訴訟）。第二次、第三次は併合して長崎地裁で審理される。
2011	6	27	第一次訴訟について、長崎地裁、因果関係を認め、損害賠償の一部を認めるが、開門請求を棄却。
2011	7	8	第一次訴訟の漁業者ら、国、両者ともに福岡高裁に控訴。
2012	10	15	第一次訴訟原告の漁業者ら、控訴審で和解協議を提案。
2013	2	19	福岡高裁、国と営農者が開門前提の和解協議を拒否したため、和解の進行協議打ち切り。
2015	9	7	福岡高裁、第一次訴訟原告からの損害賠償、開門請求をともに棄却。
2015	9	18	第一次訴訟原告の漁業者ら、最高裁に上告。
2019	6	26	最高裁第二小法廷、第一次訴訟原告からの上告を棄却。2015年9月7日の福岡高裁判決が確定。
2020	3	10	第二次、第三次を併合した訴訟について、長崎地裁が開門請求を棄却。
2020	3	23	漁業者ら、福岡高裁に控訴。

年表2　長崎訴訟

上告を棄却して2015年9月の福岡高裁の判断を追認し、漁業者たちの敗訴が確定した。

他方、第二次、第三次を併合した訴訟について、2020年3月10日、長崎地裁が原告の開門請求を棄却した。「堤防閉め切りによって湾内の潮の流れが遅くなり、海中の貧酸素化が進み、調整池からの排水などにより海底に泥が堆積したことは認定する。しかし、漁獲量減少にはさまざまな要因があり、堤防閉め切り以外による可能性を否定できない。アサリやタイラギ、漁船漁業の漁獲量減少は、湾閉め切り以外の全国に共通する漁場環境の悪化が要因」と判断したのである。

漁業者たちはこの判決を不服として、3月23日に福岡高裁に控訴した。「よみがえれ！有明」弁護団は、福岡高裁で審理中の「請求異議訴訟差し戻し審」（年表5）と併合する形で、「調整池の水位を一定範囲内で維持する開門」による和解案での協議を求める方針である（請求異議訴訟の項参照）。後述するように、今後、福岡高裁は和解を促す可能性があり、漁業者側と国が歩み寄れるかどうかが焦点となる。

2020年4月1日、雲仙市の瑞穂漁協と国見漁協、諫早市の小長井町漁協の3漁協は合併し、諫早湾漁業協同組合が発足した（本所は小長井町漁協のあった場所）。漁業不振と高齢化によって組合員が減り、組織存続が不可能となった証である。新発足した諫早湾漁業協同組合は、組合員が開門派と非開門派の真っ二つに割れていて、相互の交流や親睦が途絶えたままの不幸な状況が続いているという。

「開門差し止め請求」訴訟（年表4参照）

2010年12月の福岡高裁確定判決に従って国が実際に開門するとなると、既に干拓地で営農が始まっているので、農業用水の代替水源確保や防災機能維持などの対策工事が必要になり、そのため長崎県や営農者側との間での事前調整が必要だと農林水産省は考えていた。しかし菅直人首相は、政治判断を表明する前に、それを長崎県や営農者側に伝えていなかったため、開門反対派の反発は一挙に高まってしまった。

そして、2011年4月19日、干拓地の地主である長崎県農業振興公社、営農者、漁業者、住民など約350名が原告となって長崎地裁に対して「開門差し止め」を請求した。営農者たちは、開門すれば農業用水向けの調整池に海水が入って農業用水が確保できなくなる、干拓農地だけでなく後背地の農地も潮風による塩害や地下水の塩分濃度が上がることで影響が出る、と恐れた。諫早湾の漁業者たちにしても、開門で調整池の汚水が流れ込み漁業に影響が出る、と考えた。これらを危惧し、開門に反対したのである。さらに半年後の11月14日には、審理が長引く間に、国が開門する危険があるとして、「開門差し止めを求める仮処分」を長崎地裁に申請した。

他方で国は、確定判決半年後の2011年6月10日、開門調査を実施する方法について、潮受け堤防のふたつの排水門を、(1) 当初から全開、(2) 段階的に開いていって最後は全開、(3) 部分的な開門、と想定し、さらに (3) を、調整池水位をマイナス0.5～同1.2mで管理する (3-1)、マイナス1～同1.2mとする (3-2)、のふたつに分けた計4方法について、環境影響評価（アセスメント）中間報告とともに、それぞれの対策工事費見積もりを公表した。全二者の工事費は1千億円強と巨額である。そして、2011年9月23日に農水相は、工事費が最も少ない (3-2) の「制限開門」を進める方針を示した。

「制限開門」は、2002年の一時開門調査に似た手法であって、本音では開門したくない農林水産省の意向が表れており、全開する方法については巨額に見積もることでそれが非現実的だとの印象を与えるものであった。これに対し、一部の研究者や漁業者たちは、全開工事費用を巨額に見積もり過ぎている、制限開門では干潟回復にはほど遠く、福岡高裁の確定判決履行にならない、と強く反発した。こうして国は、企図した「制限開門」が開門派、開門差し止め派、双方からの反発を招き、何ら手を打てないままに時間が過ぎていった。

「開門差し止め」の請求に対して長崎地裁は2013年11月12日、国に対し「開門差止め仮処分」決定を出した。これも2010年12月福岡高裁確定判決と矛盾する決定だ。これについて長崎地裁は、「確定判決の根拠となった漁業被害につき、今回は国が主張しなかったため考慮できなかった。その一方で確定判決では開門による農業被害を認定していない」と述べ、「開門しても漁業環境が改善する可能性は低いが、開門すれば営農者の被害は深刻だ」と判断したためと説明した。かくて司法から真逆の判断が出て、国は板挟みに陥った。

双方からの間接強制申し立て

長崎地裁による「開門差し止め仮処分」決定の1か月後、2013年12月20日は、福岡高裁確定判決が指定した開門期日であった。しかし、先述のように国は、長崎県や営農者たちを説得することに失敗し、開門に備えた対策工事もできないままこの日を迎えた。というより、国は初めから開門する気がなかった節がある。2010年12月の福岡高裁「開門確定判決」に従わねばならぬ国は、長崎地裁の仮処分決定に直ちに反対すべきところ、年表4で示すように2か月もたってから異議申し立てをおこなった点に、それが表れている。

期限を4日過ぎた2013年12月24日、福岡高裁

年	月	日	
2013	12	24	開門派の漁業者ら49名、開門期限の12月20日を過ぎたので、1日1億円の制裁金を裁判所が国に求める「間接強制」を、佐賀地裁に申し立て。
2014	1	9	国、2013年11月の長崎地裁「開門差し止め仮処分」決定への異議申し立てを、長崎地裁に。 同時に、間接強制の強制執行を免れるための手続き「請求異議」を、佐賀地裁に提訴。
2014	2	4	営農者ら開門反対派、開門すれば裁判所が国に2500億円支払わせるよう命じる「間接強制」を、長崎地裁に申し立て。
2014	3	14	国、開門反対派の「間接強制」申し立てを却下するよう求める意見書を、長崎地裁に提出。
2014	4	11	佐賀地裁、漁業者側の「間接強制」を認める決定。2か月後6月11日までに開門しないと、漁業者らにひとり1日1万円支払うべし。国、執行抗告を福岡高裁に申し立て。
2014	6	4	長崎地裁、営農者側の「間接強制」を認める決定、開門すれば営農者らにひとり1日1万円支払うべし。 国、執行抗告を福岡高裁に申し立て。
2014	6	6	福岡高裁、2014年4月の佐賀地裁決定に対する国の抗告を棄却。
2014	6	11	国、上記の福岡高裁決定に対する抗告を最高裁に。
2014	7	10	国、漁業者側に制裁金支払い開始。
2014	7	18	福岡高裁、2014年6月の長崎地裁決定に対する国の抗告を棄却。
2014	7	31	国、上記の福岡高裁決定に対する抗告を最高裁に。
2014	12	15	開門派の漁業者ら、国が漁業者側に支払っている制裁金の増額を佐賀地裁に申し立て。
2015	1	22	最高裁第二小法廷、「間接強制」に関するふたつの福岡高裁決定（2014年6月6日、2014年7月18日）に対する国の抗告を棄却。国が、開門の有無に関わらず制裁金支払いが必要となる状態が確定。
2015	3	24	佐賀地裁、制裁金を漁業者ひとり当たり1日1万円から2万円に増額決定。
2015	6	10	福岡高裁、一審佐賀地裁の増額決定を支持。
2015	7	3	開門反対派の営農者ら、制裁金増額を長崎地裁に申し立て。
2015	12	21	最高裁第一小法廷、 佐賀地裁の倍額増額判断は妥当として判決確定。

年表3　間接強制と制裁金

確定判決で勝訴した漁業者たち開門派原告の49名は、開門義務を守らない国に対して、開門するまで1日当たり1億円の制裁金を支払うよう求める「間接強制」を佐賀地裁に申し立てた。間接強制とは、判決に従わない相手に対し、金銭の支払いを命じて義務を履行するように圧力をかける、強制執行の手続きのひとつで、通常は民事訴訟で用いられる手法であり、国が債務者となるのは初めてである。

これに対抗して国は、翌2014年1月9日に佐賀地裁に「請求異議」を提訴した。請求異議訴訟とは、強制執行を認めない旨の宣言を求める訴訟である。長崎県や営農者たちの反対で開門に向けた準備対策工事に着手できず、開門差し止めを命じた2013年11月12日の長崎地裁の「開門差し止め仮処分」決定もあるため開門できなかった、という事情を考慮して、開門派からの間接強制を認めないで欲しい、言い換えれば、2010年12月の開門確定判決を無効化して欲しい、という訴えである。

国はそれと同時に、長崎地裁による2013年11月の「開門差し止め仮処分」決定に対しても、差し止めの理由とされた開門による営農被害について、「国としては、対策工事をしないままの開門はあり得ず、開門差し止めを命じられる必要性はない」と主張して、長崎地裁の仮処分決定に異議を申し立てた。

この、国による開門差し止め仮処分への異議申し立てに、営農者たちが反発し、2014年2月4日、国に対して、今度は逆に、開門した場合に制裁金2,500億円の支払いを求める間接強制を長崎地裁に申し立てた。国はこれに対応して、3月14日、長崎地裁に対して、この申し立てを却下するように意見書を提出した。

開門派からは佐賀地裁に、開門反対派からは長崎地裁に、申請されたふたつの間接強制。前者について佐賀地裁は、2014年4月11日、開門派からの間接強制を認める決定を出し、2か月後の6月11日までに開門しなければ漁業者49名に（同年9月には漁業行使権を失った等で4名を削除し45名に変更）ひとり1日1万円の制裁金を支払うことを国に命じた。後者について長崎地裁は、同年6月4日、開門すれば営農者49名にひとり1日1万円の制裁金を支払うことを国に命じた。どちらに転んでも制裁金支払いを命じられた国は、それぞれの地裁決定に対する抗告を福岡高裁におこなった。

前者について福岡高裁は同年6月6日に国の抗告を棄却した。そこで国は、最高裁の判断を仰ぐため最高裁への抗告を認めるよう福岡高裁に申し立て、6月11日に許可された。しかし開門期限の6月11日までに最高裁が判断できるわけもなく、国は6月12日分以降の制裁金を開門派弁護団の銀行口座に7月10日から振り込み始めた。国が間接強制の制裁金を支払う前代未聞の事態となった。後者の制裁金についても福岡高裁は7月18日に国の抗告を棄却したため、国は最高裁へ抗告する許可を福岡高裁に求め、7月31日に許可されたので、ふたつの間接強制が最高裁で審理されることになる。

しかし2015年1月22日、最高裁第二小法廷は、「福岡高裁の決定手続きに違法性はなく、最高裁は開門の是非を判断する立場にない」として、国からのふたつの抗告をともに棄却した。そして「そのような状態を解消し、全体的に紛争を解決するための十分な努力が期待される」と国の姿勢を批判した。板挟み状態を演じて自らの努力不足を司法に押しつける国を、強烈に批判したものだ、との論評が紙上に見られた。いずれにしろ、開門の有無にかかわらず制裁金を支払わねばならないという、異例な状態が確定した。この最高裁決定を受けた開門派は、漁業、農業、防災、のいずれもが可能な対策工事をおこなって開門することが最良の解決策であると訴えた。

一向に開門しない国に業を煮やした開門派は、最高裁による抗告棄却の直前、2014年12月15日に制裁金の金額増額を佐賀地裁に申し立てた。それに対し、2015年3月24日に佐賀地裁はひとり1日1万円から2万円に増額を決定、それは国からの反対により福岡高裁、最高裁第一小法廷で審理されたが12月21日に確定し、以後の制裁金に反映されている。

「開門差し止め請求」訴訟のその後
──「開門せずの和解協議」の流れ

先述したように、2014年1月9日に国がとったアクションはふたつ。ひとつは開門派からの間接強制に対抗する「請求異議」訴訟を佐賀地裁に起こしたこと、もうひとつは「開門差し止め仮処分」決定への異議申し立てを長崎地裁に起こしたこと、であった。

後者の、国が長崎地裁に申し立てた「開門差し止め仮処分」決定への異議申し立てについて、長崎地裁は、2015年11月10日に、農業者側の被害を重く見る反面、漁業状況が改善される可能性は低いと判断してそれを棄却した。

他方、後述するように、福岡高裁で審議中の「請求異議」訴訟において、福岡高裁が2015年10月5日に和解勧告を示したことに呼応して、長崎地裁はその直後から、営農者側が提訴した本丸である「開門差し止め請求」訴訟においても、和解協議に参加するか否かを、開門反対派と国、及び訴訟に補助参加人として加わっている開門派漁業者たちの三者に打診を始めた。福岡高裁と長崎地裁の間に、連携プレーがあったように思われる。

開門派弁護団の談によると[樫澤ほか 2018]、長崎地裁はまず開門派に対し、開門しない前提で、それがだめなら開門の前提で、という二段階

年	月	日	
2011	4	19	長崎県農業振興公社と干拓地の営農者個人・法人、湾内・後背地の漁業者や住民、計352の個人・法人が、「開門差し止め」を求めて長崎地裁に提訴。
2011	11	14	上記の原告、「開門差し止めの仮処分」を長崎地裁に申請。
2012	12	26	民主党政権終了。
2013	11	12	長崎地裁、「開門差し止め仮処分」を決定。
2014	1	9	国、長崎地裁の開門差し止め仮処分決定に対し異議申し立て。
2015	11	10	長崎地裁、開門差し止め仮処分への国の異議認めず。
2015	11	10	国、福岡高裁に抗告。
2016	1	18	長崎地裁、開門差し止め訴訟に関して、開門しない前提での和解勧告。
2016	5	23	国、和解協議において、開門に代わる漁業環境改善の「有明海振興基金（仮）」を提案。
2016	11	30	国、基金の金額100億円を長崎地裁に提出。
2016	12	末	「有明海振興基金（仮）」に対し、佐賀の漁業団体は反対、福岡、長崎、熊本の漁業団体は受入表明。
2017	1	13	佐賀県知事、和解案を受け入れずと表明。
2017	3	27	長崎地裁、和解協議を打ち切り。
2017	4	17	長崎地裁、開門差し止めの判決。
2017	4	17	開門派の漁業者ら、長崎地裁判決を不服として、独立当事者参加を長崎地裁に申し立て。
2017	4	25	国、控訴せず。開門せずに、基金による和解を表明。
2017	4	25	開門派の漁業者ら、長崎地裁判決を不服として、福岡高裁に控訴。
2018	3	19	福岡高裁、漁業者からの独立当事者参加申し立てを却下。
2018	3	28	開門派の漁業者ら、独立当事者参加を求めて最高裁に上告。
2019	6	26	最高裁第二小法廷、漁業者の独立当事者参加申し立てを却下。「開門差し止め」が確定。

年表4　開門差し止め請求訴訟

での協議を持ちかけた。開門派は前者に反対したので、開門を前提とした協議に入った。が、開門反対派側と国は直ちに反発を示したため、和解協議は開門しない前提で進むことになる。三者が和解協議の場に揃うのは、一連の訴訟で初めてのことであった。そして2016年1月18日、長崎地裁は三者に対して、開門しない前提での和解勧告をおこなった。

国はその方向で検討を進め、2016年5月23日には、開門に代わる漁場環境対策として「有明海振興基金」を創設すると提案した。その後11月30日に、その運営主体は各県と各県漁業団体で構成する一般社団法人、基金総額は100億円、支援対象は、密漁防止の監視活動、有害生物による食害防止や駆除、母貝団地造成、種苗放流、漁場環境整備向け試験研究や技術開発など（沿岸漁業者の求める大規模な漁場環境改善は含まれず）、と示した。

これに対し、2016年末までに、福岡、長崎、熊本、各県の漁業団体は苦渋の判断として受入を、佐賀県及び県の漁業団体は反対を、それぞれ表明した。かくして和解が成立しなかったので、2017年3月27日に長崎地裁は和解協議を打ち切り、翌4月17日に開門差し止めの判決を出した。その理由として、「国の想定する調整池の水位を維持したままの開門では、原告営農者（この時点で453の個人や法人）に塩害、潮風害、農業用水の水源の一部喪失など重大な損害を与える蓋然性が高いのに対し、漁業環境改善の可能性は低く漁獲量減少との関連性が解明される見込みが不明である」と述べた。

この判決に対して国は4月25日に、「控訴せず、基金による和解を目指す」と表明した。「開門差し止め仮処分」決定に続き、2010年12月の開門確定判決と矛盾する判決に対し、国が控訴しなかったのは、もともと開門する気がないから当然なのだろう。

この訴訟の当事者は国と営農者たちであり、開門派漁業者たちは補助参加人に過ぎないので国が控訴しなければ判決が確定する。そこで開門派漁業者たちは、長崎地裁判決の出た2017年4月17日に、長崎地裁に対して独立当事者参加を申し立てた。さらに、控訴しないと4月25日に表明した国に代わり、同じ日に、開門差し止め判決を不服として福岡高裁に控訴した。独立当事者参加の申し立ての有効性も福岡高裁が判断することとなった。

しかし翌2018年3月19日、福岡高裁は、「開門を求める漁業者側が今回の差し止め訴訟に参加する立場になく、申し立ては不適法」と却下した。そこで、開門派漁業者側は、3月28日に最高裁に上告した。

その少し前の2018年1月30日に、「開門差し止め請求」訴訟の原告団に加わっていた農業生産法人2社は、飛来する野鳥による食害対策や農地改良に無策だった長崎県農業振興公社に対する「損害賠償請求訴訟」を長崎地裁に起こすとともに、2月9日には「開門差し止め請求」訴訟原告団から脱退した。干拓事業によって農漁業の両者が被害を受けていることを訴え、今後は開門派との連携も視野に入れるという。営農者と漁業者の連携が広がる可能性が見えてきた［松尾2018］。さらに、2019年9月21日に、干拓農地から撤退した元営農者と法人も新たにこの訴訟に加わった。

2019年6月26日、最高裁第二小法廷は、先述の「長崎訴訟」における漁業者たちの上告棄却と同時に、この「開門差し止め請求」訴訟においても、漁業者たちからの独立当事者参加申し立てを却下した。「漁業者たちは新たな訴訟を起こすべきだ」との理由である。最高裁として初めて、2010年12月の福岡高裁で確定した「開門判決」と対立する「開門差し止め」を確定させたことになる。

そこで、「開門判決」の効力をめぐって国が漁業者たちと争っている「請求異議訴訟」の決着が次の焦点となった。

請求異議訴訟

2014年1月9日に国がとったもうひとつのアクション「請求異議」訴訟について、佐賀地裁は、2014年12月12日に、「2010年12月の福岡高裁確定判決は準備工事を条件としていない」として国の異議を棄却した。国は直ちに福岡高裁に控訴し、第二審（控訴審）が始まった。

2015年7月6日の第2回口頭弁論で、国は「10年間で失われる漁業者の共同漁業権は2013年8月末で消滅し、その時点での漁業権を前提とした開門請求権も消滅している」という新たな主張を展開した。これに対し「よみがえれ!有明」訴訟弁護団は、「共同漁業権は失効前に常に更新され継続性を保っており、ある時点での漁業権を前提に開門請求したわけではない。開門期限の2013年12月20日の4カ月前に失効する漁業権を持ち出すならその際に言うべきであり、今頃になって言い出すのはふざけている」と怒りの談話を発表した。

この控訴審の途上の2015年10月5日に、福岡高裁は「紛争を抜本的に解決するには、話し合い以外に最良の道はない」として、国と開門を求める漁業者たちの両者に対して和解勧告を出した。開門派は歓迎したが、国は、開門反対派が参加しない場での和解協議には応じられないと反対したため、和解は成立しなかった。その後、先述のように、「開門差し止め請求」訴訟の和解

年	月	日	
2014	1	9	国、開門派の漁業者らの間接強制を認めないように、制裁金の強制執行を免れるための手続き「請求異議」を佐賀地裁に提訴。
2014	12	12	佐賀地裁、国からの「請求異議訴訟」の訴えを棄却。
2014	12	12	国、即刻、「請求異議」棄却に対して控訴。「請求異議訴訟」の控訴審開始。
2015	7	6	国、控訴審第2回口頭弁論で、「漁業者の共同漁業権は2013年8月末日で消滅済み、それを前提とした開門請求権も消滅している」と新たな主張を展開。
2015	10	5	福岡高裁、「請求異議訴訟」控訴審で、「話し合い以外に最良の道はない」と和解勧告。
2018	3	5	福岡高裁、「請求異議訴訟」控訴審で、開門しないことを前提に国の基金で解決を図るよう和解勧告。
2018	3	19	唯一反対していた佐賀県漁業団体である有明海漁協が和解受入、佐賀県も受入。開門派の漁業者らは受入を拒否。
2018	5	28	福岡高裁における和解協議決裂。
2018	7	30	福岡高裁、制裁金支払いの停止を判決。国の主張を踏襲し、漁業者の共同漁業権が2013年8月末日で期限切れと判断、従って漁業者の開門請求権も消滅と判断。
2018	8	10	開門派の漁業者ら、福岡高裁「請求異議訴訟」控訴審判決を不服として最高裁に上告。
2019	5	22	最高裁第二小法廷、「請求異議訴訟」について、国と漁業者双方の意見を聞く弁論を2019年7月26日に指定。
2019	9	13	最高裁第二小法廷、2018年7月の福岡高裁の判決理由である共同漁業権の消滅は誤りだとして判決を破棄し、審理を福岡高裁に差し戻し。
2021	12	1	福岡高裁、漁業者側と国に求めてきた、開門・非開門の前提を設けぬ和解協議に国が応じないため、協議を断念。
2022	3	25	福岡高裁、国勝訴の判決。2010年の開門確定判決を事実上破棄。
2022	4	8	漁業者側、最高裁に上告。

年表5　請求異議訴訟

協議の場で2016年5月23日に国は「有明海振興基金」の創設を提案したが、これを受けて福岡高裁も、2018年3月5日に「開門しないことを前提に国の基金で解決を図るように」という新たな和解勧告を出した。

福岡高裁の和解勧告に対して、各県の漁協はさらなる苦渋の判断を迫られることになった。先述の「開門差し止め請求」訴訟の和解協議途上の2016年末には唯一反対していた佐賀県でも、有明海漁協は2018年3月19日に、「有明海再生事業（p.63）の継続、基金とは別枠での排水ポンプ増設」などの条件を付しての和解案受入を決め、これまで開門派に同調してきた佐賀県知事も、この重い決断を支持した。これに対して訴訟当事者である開門派漁業者たちの「よみがえれ！有明」訴訟弁護団は、「開門要求を強引に押さえつけようとする和解協議を拒否する」と高裁に伝えた。

こうして和解協議が決裂したので、福岡高裁は2018年7月30日、佐賀地裁の一審判決を取り消して国の請求異議を認めた。国の逆転勝訴といえる。2010年12月の福岡高裁確定判決に対する国の請求異議を認め、確定判決を無効化しようとするのは、異例のことである。福岡高裁はその理由として、漁業権が既に消滅しているので開門請求権も消滅している、という2015年7月の国の主張を追認した。さらに判決では、国が支払ってきた制裁金の執行停止も求めた。

開門の是非の判断を避けて漁業権という形式論で片付け、開門判決を自ら覆すという法的な不安定性をはらむこの判決に対しては、開門反対派も疑問を呈している。開門派漁業者たちは2018年8月10日に、最高裁に上告した。

2019年6月6日、開門派の「よみがえれ！有明」訴訟弁護団は、長年続く法廷闘争を終わらせるため、排水門の全開ではなく、調整池の水位を一定の範囲内で維持する開門方法（2002年に短期間実施された一時開門の水位を踏襲する）、という和解案を最高裁に提出し、このレベルなら干拓地の営農者たちが受ける被害は限定的だとし、想定外の被害が出た場合に備えた基金の創設も提案した。「開門してこそ農業も漁業も繁栄できる」と司法の場で農漁共存を求めていく考えである。

先述のとおり、最高裁第二小法廷は2019年6月26日に、「長崎訴訟（第一次）」と「開門差し止め請求」訴訟の両者において、漁業者たちの敗訴を確定させた。関連訴訟のうち最高裁に唯一残った「請求異議訴訟」について、2019年9月13日、最高裁第二小法廷は、下記の本文（概要）のとおり、2018年7月30日の福岡高裁判決を破棄して審理を差し戻した。

> 組合（漁業者ら）の共同漁業権（漁業権〈1〉）は2003年9月に認められ、存続期間は2013年8月までだった。同9月には、存続期間を2023年8月までとする共同漁業権（漁業権〈2〉）の免許を受けた。福岡高裁の原審は、漁業権〈1〉は2013年8月で消滅したから漁業行使権に基づき排水門の開放を求める請求権も消滅したと判断したが、是認できない。
>
> 2010年12月の福岡高裁による開門を命じた確定判決は、共同漁業権を特定するにあたって漁業権〈1〉を明示したものの、存続期間が過ぎた後については触れていない。明示的記載だけをみれば請求権は漁業権〈1〉から派生するものしかないと解しうるが、確定判決の主文は「確定から3年を過ぎる日までに開門し、以後5年間にわたって開門を続けよ」というものだから、漁業権〈1〉の期限である2013年8月を過ぎて開門が続くことをも命じていたことが明らかだ。
>
> 漁業権〈1〉から派生する漁業行使権に基づく開門請求権が消滅しただけでは、異議の事由にならない。福岡高裁の原審には判決に影響を及ぼすことが明らかな法令違反があり、破棄を免れない。
>
> そして確定判決があくまで将来予測に基づくもので、開門時期に3年の猶予をもうけて5年間に限り請求を認めるという特殊な主文を採ったことなどを踏まえ、その後の事情変動で（国に制裁金を支払わせる）強制執行が権利の乱用になるかなどをさらに審理させるため、審理を差し戻す。

「開門確定判決」を無効化した2018年7月30日の福岡高裁判決を否定したのだが、裁判長は、「紛争が長期化、混迷化していることに鑑み」て付した補足意見で、「開門確定判決の前提となっている、漁獲量の減少の程度、潮受け堤防の災害防止機能の必要性など諸事情は流動的であり、(1) 確定判決から現在までの長期間の経過によるそれら諸事情の変動、(2) 確定判決後に積み重ねられている司法判断の内容、も考慮して検討する余地がある」と述べた。

この最高裁からの補足意見に法的拘束力はないが、「2010年12月の開門確定判決は期間限定の特殊な判決であったとみなせば、その後諸事情が変化したかも知れない現在は、効力を失ったとみなせる可能性」を示唆した意見、もっといえば「開門しない方向での再審理」を福岡高裁に促した意見だとの見方もある。

上記の最高裁からの補足意見のうち、「開門確定判決の前提となった漁獲量の減少の程度は流動的であり…」に関しては、「有明海保全生態学研究グループ」(代表:東幹夫・長崎大学名誉教授)が、20年以上にわたり同一方法で一貫した精度で継続してきた次のような調査研究が、明快な反証を示している。

有明海奥部海域50定点で得た採泥試料中の底生動物の個体数は、2002年の短期開門直後の6月に、潮受け堤防外側の諫早湾海域で魚介類の食料となるヨコエビ類や多毛類などの大型底生動物の急激な増加が見られた後は、2004年から2020年に至るまで、明確な底生動物相の回復が見られないばかりか、2010年の確定判決以降も依然として減り続けていることが、データから明らかになったのである[佐藤慎一ほか 2019]。

この結果に基づき、「日本ベントス学会自然環境保全委員会」(委員長:佐藤慎一・静岡大学教授)は、2020年6月29日、福岡高裁に「諫早湾干拓事業の常時開門確定判決無効化の見直しを求める要望書」を提出した。なお、ベントス(Benthos)とは底生生物(p.62)を指す。

審理差し戻しから1年半、2021年4月28日、福岡高裁は、第6回口頭弁論後の進行協議の場で、双方に和解協議を始めることを提案した。開門の是非については示さず「抜本的解決に向け、互いの接点を見いだせるよう、双方が協議・調整・譲歩することが必要」と指摘。とりわけ国側に望む姿勢として「これまで以上の尽力が不可欠」と強い表現で踏み込んだ。

漁業者側の「非開門を前提とすべきではない」との意を酌んだような福岡高裁の対応を、弁護団は「極めて説得力のある回答で、裁判所がここまで踏み込んだことに感謝している」と歓迎した。一方、国側は、開門せずに有明海再生に向けた基金による解決が「ベスト」、それに沿って出口を探っていく考えを重ねて強調した。その後も福岡高裁は、開門、非開門の前提を設けない和解協議を進めようとした。漁業者側が応じようとしたのに対し、国側は開門の余地を残した協議には応じられない、と一貫して拒否したため、福岡高裁も2021年12月、ついに和解協議を断念した(2021年11月30日付『佐賀新聞』)。

2022年3月25日、福岡高裁は結局、国の訴えを認める判決を出した。その理由として、「シバエビなどの漁獲量は増加傾向にあり、漁業被害は回復したと言える」と述べ、今後も増加傾向が見込まれるとする一方で、常時開門の場合、近年の降水量増加で水害被害がより一層深刻となる可能性があり、営農への支障は大きいなどと指摘した。つまり、2010年の確定判決時に比べ、漁業への影響が軽減した一方で公共性が増した、と結論付けたのである。

さらに裁判長は以下の付言で、判決だけでは解決できない、と述べ、和解協議に応じない国を暗に批判した。

> 「有明海周辺に生じている社会的な諸問題は、今回の判断によって直ちに解決に導かれるものではない。裁判所としては、双方当事者とも求める有明海の再生に向けての施策の検討と、その調整のための協議を継続させ、加速させる必要があると考える。国民的資産であり、人類全体の資産でもある有明海周辺

に住み、あるいはこの地域と関連する全ての人々のために、双方当事者や関係者の全体的・統一的解決のための尽力が強く期待される。」

2010年の確定判決を再度無効とし、2019年の最高裁判決の補足意見に添うこの判決に対し、前向きの判決への期待が高かっただけに漁業者側の悲嘆は大きい。そして、漁獲量が増加傾向とは事実誤認も甚だしい、確定判決の無効化は民事訴訟の根幹が揺らぐ、として4月8日、再度、最高裁に上告するとともに「紛争解決には裁判所内外における和解協議を粘り強く求めるしかない、沿岸の人たちそれぞれの利害関係に配慮しながら話し合いに臨む」との声明を出した。最高裁が、門前払いも含めて、どのように判断するか、今後も行方に目が離せない。

4.7. オランダに学ぶべきは

（本節では、オランダ語を斜体文字で表記している）

裁判だけで解決できるのか

前節最後で見たとおり、2022年3月福岡高裁の判断は、2010年に自ら下した確定判決を覆すものである。こうした経緯を見て、もはや裁判では解決できないと考える法学者も多い。たとえばある法学者は；

「この20年にも及ぶ訴訟史を見ると、開門賛成派や反対派だけでなく市民も含む多様な利害関係者の存在、生き方や地域再生など社会的側面も含む多面性、科学的不確実性の存在など、極めて複雑な紛争であり、そもそも司法制度や司法判断だけでは処理が無理だったのではないか」

と総括し、

「紛争の長期化により対立が先鋭化し、司法制度への信頼も揺らぎつつある、という不幸な状況が生じている。今後も出現が予想されるこのような複雑な紛争解決のためには、司法制度だけに頼るのではなく、利害関係者の広範な参加と積極的な役割の分担を通じて、多様な争点の議題化と熟議による合意形成が必要ではないか」

と提言している［加藤 2018］。

この提言にある合意形成に関しては、明治初期以来、日本での治水や干拓事業のお手本だった（註13）オランダが、治水対策を根本としつつも、1960年代以降高まった市民の環境意識に対応して、政策を変更してきた事例も参考になると思われる。

オランダ「デルタ計画」の柔軟な軌道修正

オランダ南西部地域には、ライン川下流のワール（*Waal*）川、フランス北東部から流入するマース（*Maas*）川、それらから分岐したハーリングフリート（*Harlingvliet*）川、スヘルデ（*Schelde*）川などが相互につながった大三角州（デルタ）がある。1953年2月1日、北海で発達した低気圧が大潮の時期に重なったために起きた高潮により、この地域で1,835名の命を奪うオランダ未曾有の大水害が起きた。これを受けて1957年、政府の「公共事業水管理局（略称RWS、*Rijkswaterstaat*）」と各地域の「水管理委員会（*Waterschap*）」が中心となり、「デルタ計画（*Deltawerken*）」を提案した。高潮から地域を守るため、北海に注ぐ河口部をすべて塞ぎ、また、これら河川相互のつながりを切り離す、計14か所の堰堤やダムの建設が翌1958年から始まった。

1970年、最初に完成したのが、ハーリングフリート川と北海を仕切るハーリングフリート水門である。その建設中の時期は、世界的な異議申し立ての時代であり（註14）、生態系への関心が高まった時期でもあった。実際、水門締め切りの翌年から、ライン川上流のドイツなどから流下する汚染物質がハーリングフリート川にヘドロとして貯まるなどして水質悪化が進み、魚、貝、水鳥だけでなく汽水域の動植物への被害も明らかになった。そこで1971年にRWSのデルタ計画実行体制に環境部門が設けられ、その長には、オランダで「母なる自然は最高のエンジニア」をモットーに環境と水の複合的な管理を提唱してきた生態学者のヘンク・サイス（*Henk Saeijs*）氏（1935

〜2016）が就任した。それ以前の建設初期からも、彼の提言によって、ダムを造る当初の計画が17の水門から成るハーリングフリート水門の建設へと変更されている。

その後も、生態系の復元可能性についての議論が進み、1994年から1998年にかけて、（1）Storm Surge Barrier（高潮防潮堤）：異常な高潮時のみ水門を閉じる、（2）Control Tide：95%の時間、1/3の水門を開ける、（3）Broken Tide：不規則に水門を開ける、の3つの代替案について、安全確保、農業用水や飲料水確保、船舶航路確保、流域住民の利益、実現費用、被害への補償費用などの観点が数値化されて比較検討された。汽水域生態系の回復には（1）がベストだが、農業用水や飲料水用の淡水取水口を川上に設ける費用が大きくなるので、次善策（2）により、時間をかけて汽水に変えて生態系回復を図る案が2000年に採用された。魚が川と海を往来できるが水位に変化を及ぼさない範囲での開門である。

当初は2005年から実施予定だったが、工農業用水など淡水利用者側からの反対や、被害が出た場合の補償方法などの検討に時間がかかり実施は遅れていて、2005年以降、ハーリングフリート水門は、対象となる1/3の水門を半開きの状態で維持している。

他方で、東スヘルデダムについては、固定堰から高潮時だけ閉門する可動防潮水門へと、1974年に計画が変更された［長坂 2007］。1986年に完成した水門は常時開門している。ヘンク・サイス氏の助言によって、塩水が水質悪化を防ぐことにオランダ政府が気付いたことが、この決断の一因であるという。

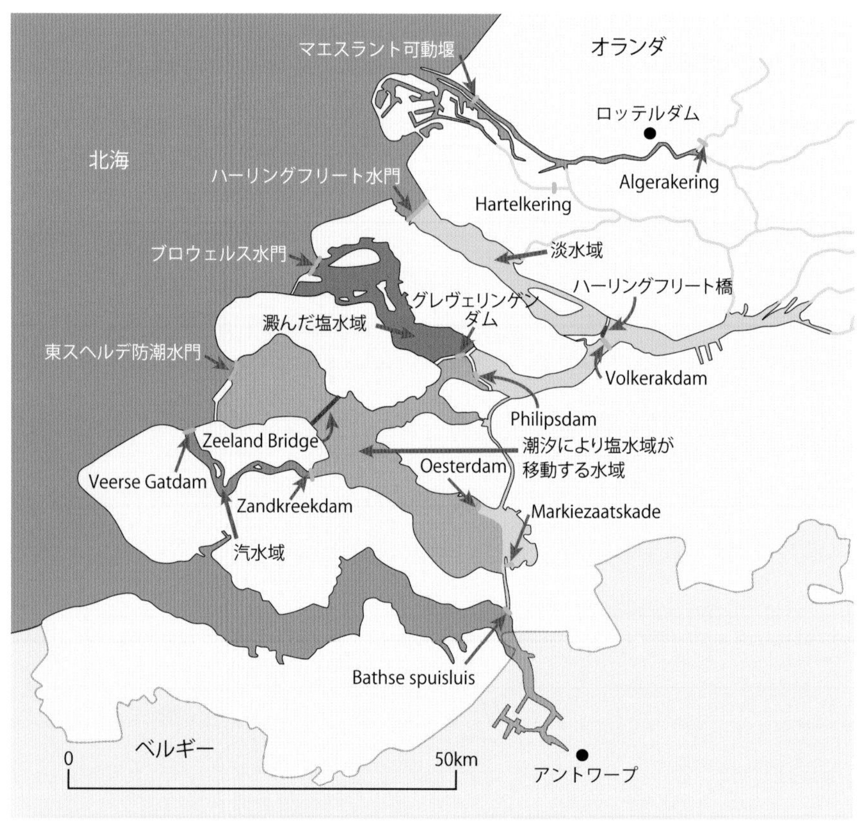

オランダのデルタ計画による堰・ダムの配置図。図中、〜*kering*は防潮堤、*Bathse spuisluis*は閘門、〜*dam*と*Markiezaatskade*はダム。http://www.deltawerken.com/Deltaworks/23.html、及び、『水の文化』19号、p.7の図を基に作成。

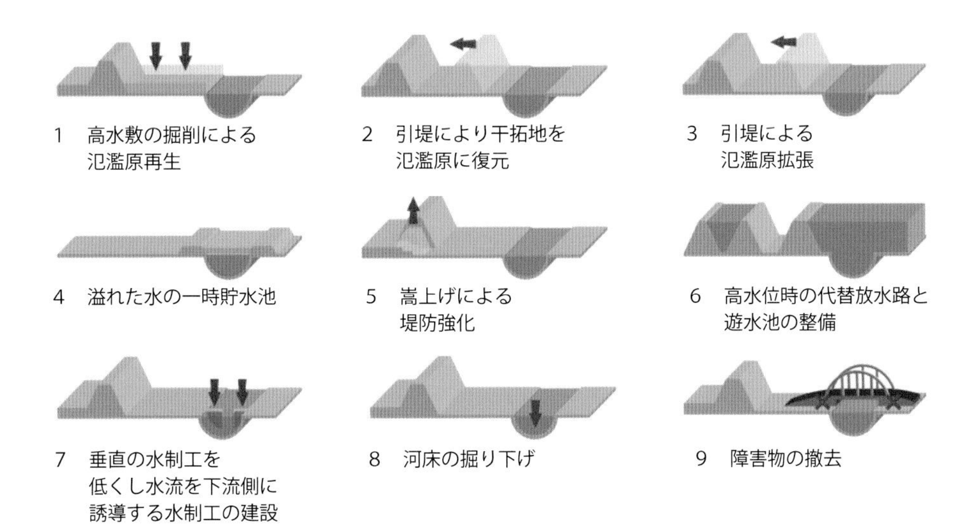

Room for the Riverプロジェクトの手法。
https://www.ruimtevoorderivier.nl/wp-content/uploads/2016/04/VV_Kaart-RvdR_450x297_APRIL16_HR300DPI_Engels.pdf を基に作成。

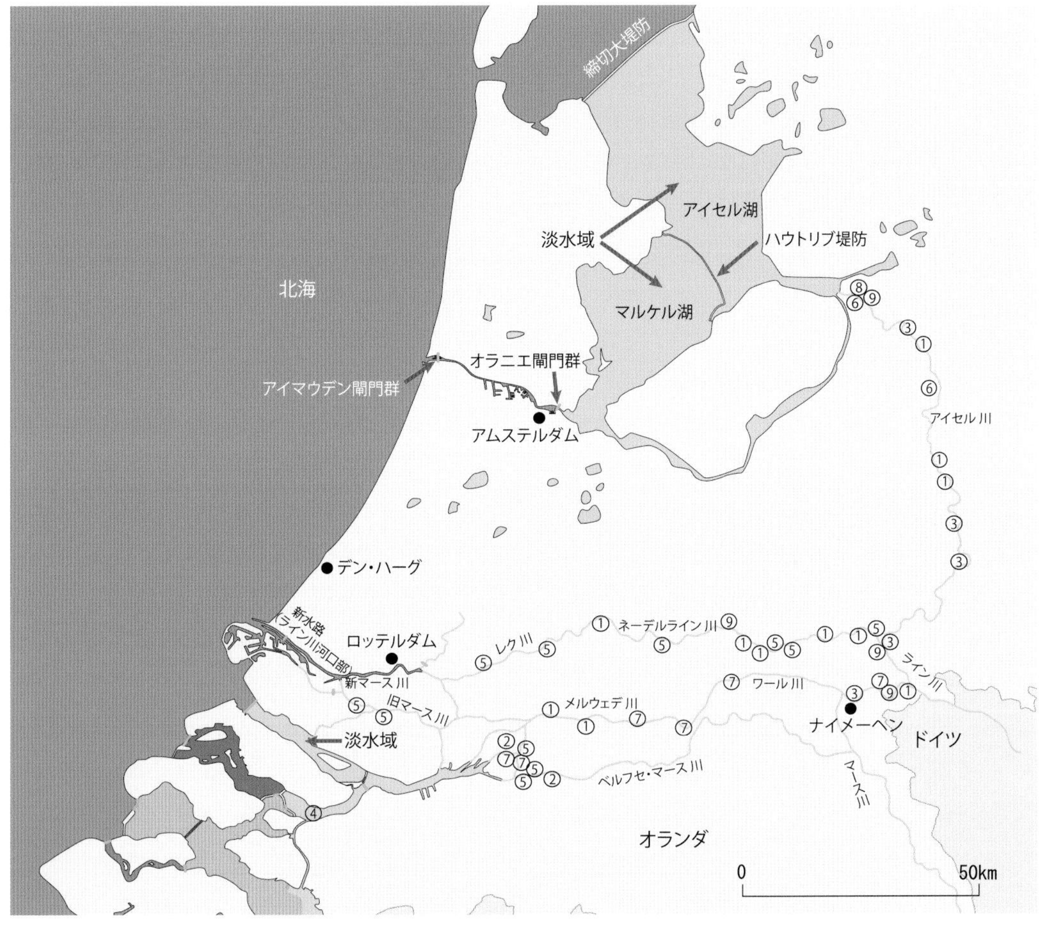

Room for the River プロジェクトの実施地域図。地図上の番号は、上の図に記載してある各手法の番号に対応する。
2018年1月現在で、整備はほぼ完了したという（国土交通省北海道開発局「2018年1月オランダ気候変動適応策調査団調査報告」より）。
https://www.ruimtevoorderivier.nl/wp-content/uploads/2016/04/VV_Kaart-RvdR_450x297_APRIL16_HR300DPI_Engels.pdf を基に作成。

「Room for the River：川にゆとりを」プロジェクト

1997年に、観音開きの可動式マエスラント防潮堰が完成したことをもって、デルタ計画は一応、完了したと宣言された。しかしその間、1993年と1995年に、流域住民数十万人規模の避難を強いたマース川やワール川の大洪水が起きた。これらの主因は、近年の地球温暖化による、アルプス氷河の溶融、降水量の増加、河川流量の増加、海水面上昇などであると認識され、それに対処するデルタ計画の修正案として1996年に発表されたのが、「Room for the River、*Ruimte voor de Rivier*：川にゆとりを」プロジェクトである。

なお、この邦訳は筆者・久保による独自訳であり、国土交通省の海外調査報告書などでは「河川空間拡張プロジェクト」と訳されている。

これは、従来の「Command and Control」、すなわち、北海からの高潮や川の氾濫に対抗する強固な堤防造りから、上流において川の氾濫と共存する余裕を持たせた川作りへ、という政策の大転換である。2007年から2020年までの間に、河口部から上流のナイメーヘン付近までのワール川やマース川、そして、ナイメーヘン付近から北上し、ゾイデル海干拓事業で締め切られて淡水となったアイセル湖に注ぐアイセル川の流域一帯での整備完了を目指す、という。

具体的な手法としては、高水敷（こうすいじき）（常に水が流れる低水路より一段高く、平常時は公園などに利用するが洪水時は浸水する敷地。こうした二段になった河川断面を「複断面」と呼ぶ）の掘削、堤防の陸側への移動（引堤（ひきてい）と呼ぶ）などによって氾濫原を再生したり広げたり、また既存の干拓地を放棄し浸水を許容したりして河川の水位上昇の緩衝地帯にする、高水位時に代替水路となる側方流路や一時貯水池を整備する、既存の水制工（すいせいこう）（河川の水中に設ける工作物を指す、p.173）を改築し水流を制御して堤防の破壊を防ぐ、河床を掘り下げて流量を確保する、流木が引っかかって河川をせき止めて氾濫を引き起こす橋脚のような障害物を取り除く、などがあり、その場所の状況に応じて採用する（前頁上の図）。

これら手法は、実施地域図（前頁下の図）からもわかるように、大三角州に流入する河川の上流部の各所に「ゆとり」を持たせ、水を一か所に集めるのではなく、水をその場で保全したり貯めたりして分散させる、どうしても維持できなくなった水だけを下流側に流す、そして河川の流域全体で対処する、など、近年顕著になった温暖化など地球の水環境の変動に対処する、持続可能な防災、減災の方法論といえる［武田史朗 2016：140−172］。

後に8.3節で触れるように、この方法論はまた、1970年代末にスイスで提唱された、生態系の復元を目的とする「近自然河川工法」、日本では「多自然川づくり」と名付けられた手法の一部を、防災に活かす手法だ、ともいえる。

さらにいうなら、4.2節で紹介した江戸期の掘割ネットワークの根本原理「可能な限り現場に水をもたせる」や、8.7節で紹介する日本の伝統的「氾濫受容型治水」、さらには、8.8節で紹介する近年の「流域治水」の方法論と、発想が驚くほど似通っている点にも着目したい。

「川にゆとりをプロジェクト」をそれぞれの対象箇所で実施する際には、関係住民との折衝、関係団体や市民との情報共有、綿密な費用対効果のシミュレーションなどをおこなうことになっている。

このプロジェクトも含め、オランダが立案するさまざまな総合的施策は、現今の世界規模の気候変動に対応した、生態系を活用する防災や減災の手法として、世界中の関係者から注目を集めており、オランダの手法にならった対策を立案する国や地域も多い（国土交通省『オランダ気候変動適応策調査団報告』2018など）。8.9節で紹介するEco-DRR（生態系を活用した防災や減災）も、全く同じ考えに基づいている。

オランダの合意形成モデル

デルタ計画に見られるように、オランダで政策や計画の柔軟な修正や方向転換が可能なのは、何事についても、政府機関、企業、地域コミュニティ、NGOが対等の立場で合意を形成する「合意形成モデル」があるからだ、と政策論や環境論などの分野で良く語られる。1990年代以降の経済改革により、労働者の雇用上の差別撤廃、ワークシェアリングや社会福祉の切り下げなど、政、労、使が痛みを分け合う経済政策は、一応成功した。「ポルダーモデル」と呼ばれるその政策決定過程の背景には、合意形成を重視する文化があるという。

ポルダー（*polder*）とは、12世紀以降、オランダの国土の1/3を創り出してきた「干拓地」を指す。堤防と水路で区切られた一区画の干拓地、ポルダーは、排水施設を持ち、地下水と地表水を管理する「水管理委員会」を置き、一種の自治組織へと発展する。ひとつのポルダーが水管理に失敗すると、全域がたちどころに海水に浸かるおそれがあるので、全域の水管理や排水のためには、各ポルダーの連携が必須となる。ポルダー間の協議を尊重する文化を生み出してきたのは、こうした治水と干拓の長い歴史なのである。日本で俗にいわれる「輪中（わじゅう）根性」とは逆の文化といえる。さらには、専制君主が不在だったこと、宗教的多様性に比較的寛容であったこと、などの歴史も、オランダの合意形成モデルが成立した背景にある［水の文化編集部 2005］。

加えて、伝統的に「列柱」から成る「柱状化社会」であることも、合意形成モデルが成立した鍵だ、ととらえる田中（斎藤）理恵子氏の論［田中理恵子 2005］を、ここで要約しよう。

政治的信条が似た集団を柱と見立て、複数の列柱が社会を支えるとみなすのが、政治学でいう「柱状化社会（*verzuiling*）」論である。19世紀以降のオランダでは、カトリック、プロテスタントの宗派別政治勢力、地主や金融資本家など保守派、新興ブルジョアジーの自由派、社会主義勢力、それらが順次、柱を形成していく。個々人はどれかの柱に帰属意識を持ち、各柱には、さまざまなサポート団体、教育機関、福祉団体、政治団体、文化団体、メディアが併置されている。

このように、各柱がそれぞれの差異を保ったまま連携を重視する政治システムを、政治学では「多極共存型デモクラシー」と呼ぶようだ。通例、個々人は複数の機能集団（コミュニティー）に重複して帰属するが、それら機能集団はひとつの柱内に留まっているので、機能集団の間に「交差圧力」（政治学でいうところの、個人を板挟みに追い込む圧力）は生じにくく、むしろ柱内での結束が高まる。その結果、柱内の結束力と、社会全体を複数の柱で支えようとする列柱間での合意形成を図る力とが、矛盾なくはたらき、政治的中央集権に偏らない合意形成が可能となる。

これに対して、欧米型の「多元主義型デモクラシー」では、個人は複数の機能集団に帰属しているものの、それらは互いに矛盾を内包しているために、機能集団の間で交差圧力が生じる。そこで、個々の機能集団を超えた多様な利害を調整する機能は、より大きな政治集団、たとえば二大政党に託さざるを得ず、政策の最終決定は多数決原理となり、常にどこかに不満が残り、合意形成は難しい。

こうしたオランダの合意形成の仕組みの根底には、自然の猛威も宗教的対立も完全には制御できない、という、歴史的に育まれてきた、現実的で冷静な、ある種の諦観がある。それは、差異や暗部を含みつつ存在する他者を認め合って連携するような、成熟した社会を指向し、麻薬に寛容で安楽死を認める政策にもつながる、と田中理恵子氏は論じている。

外国人を単なる労働力とみなさず「定住移民」として受け入れる問題、ジェンダー・バランスの問題など、今日の日本には、水との関わり方だけでなく、意思決定の方法についても、オランダに学ぶべき点が、多々あると思う。

コラム

潟スキー考

有明海沿岸の各地先で、押し板や素板（佐賀県、福岡県の沿岸）、跳ね板（諫早湾）、蹴り板（太良町）、ひゃあぼう板（鹿島市と北鹿島地区）などと呼んできた干潟の移動用の板（p.70）、今では潟スキーと呼ぶのが当たり前になった。20年ほど前までのメディアでは、「地元では『押し板』とか『す板』と呼ぶ潟スキー」と但し書き付きだったのが、いつの間にかそれもない。

当初は漁業関係者の間で、生業に使う道具の呼び方としては違和感を覚える、と反発があり、筆者・中尾も、諫早出身の先輩から

「中尾はまさか『跳ね板』のことば（「ば」は、動作対象を示す古文の「格助詞：を＋係助詞：ば」の格助詞を省略した形で九州に良く残っている）『潟スキー』ちゃ言いよらんじゃろな」

と釘を刺された。

命名のきっかけは、1985年に始まった「鹿島ガタリンピック」だと思われる。その前年1984年に発表された佐賀県の総合計画の中で、九州新幹線長崎ルート（現・西九州ルート）、高速道路の長崎自動車道は、いずれも多良岳山系の西側の長崎県大村湾東岸を通るルート、江戸時代の「長崎街道」とほぼ同じルートを通ることになり（コラム「嬉野川とシーボルト」）、JR在来線の長崎本線が通っている佐賀県の有明海西岸のルートを通らないことが明らかになった。

長崎本線の有明海西岸部分は、建設当初は有明線と呼ばれ、その後1934年、それまでは現・佐世保線、大村線のルートだった長崎本線の短絡路として長崎本線に編入されたもので、江戸時代初期に佐賀領が長崎街道の脇往還として［嬉野－浜宿（鹿島）－多良－諫早］に整備した「多良海道」の大部分と重なる。

新幹線も高速道路もやってこない、というこの事態に、「開発から見放された感のある我が鹿島市を行政に頼らず自分たちで盛り上げよう」と、当時の青年会議所理事長の桑原允彦氏（その後1990年5月から2010年5月まで鹿島市長）は、市内の農協、漁協、青年会議所や商工会青年部に呼びかけ、地域起こしグループ「フォーラム鹿島」を結成した。現在会員は千名を超える。

「どぎゃんすっとな、おいどんが鹿島ば（どうしようか、我々の鹿島を）」を合い言葉に、「全国的にも珍しいものを」と意見を出し合い、市民の関心も低く見栄えもしない目の前の泥の干潟を、観光資源へと転換させるべく、会議で「干潟の大運動会」開催を決定した。

会議後の懇親会の席で、その名前ではインパクトがないので「潟オリンピック」、酔ったひとりの呂律が回らず「ガタリンピック」、「よし、それだ！」、という伝説がある（『月刊 事業構想』2015年8月号 フォーラム鹿島の現世話人・坂本鉄也氏談）。

今では外国人の参加も当たり前となったガタリンピック。写真提供：鹿島市観光協会。2019年

次頁の児島湾漁撈回漕図の中央左、赤色破線枠部分の拡大図。時空を越えて、左のガタリンピック潟スキー競争に参加しているかのよう。

児島湾漁撈回漕図。人びとが干潟とともに暮らしていた時代を描いており、児島湾の干潟の状態や漁撈、廻船の様子、古地形などがわかる。縦105 cm、横210 cm。所蔵：御前神社、写真提供：岡山シティミュージアム、岡山県立博物館。

上に掲げる児島湾漁撈回漕図の中央右、白色破線枠部分の拡大図。右側に潟板を使う潟漁、左下には四手網（よつであみ、p.125）が見える。左上に杭が並んでいるのは、児島湾の西部を淡水湖化する事業（3.4節、p.45）が始まった1951年の、数年前までおこなわれていた、「樫木（かしき）網漁」──二本の樫木＝杭の間に袋網を張る一種の定置網漁──［湯浅 1970］のようだ。

干潟を活かす種目として、「押し板競争」では格好がつかないので「潟スキー競争」、干潟に敷いた狭い板上をブレーキのない自転車で走る「ガタチャリ」、干潟の中を泳ぐ「潟フライ」などのアイデアが出た（1989年4月11日付『読売新聞』夕刊）。

そして1985年5月3日、鹿島市七浦（ななうら）海浜スポーツ公園の「こけら落とし」として第1回目を開催、参加者３百人、観客6千人であった。

どの種目も必ず泥だらけになるように仕組まれた奇抜さに加えて、堂々とある種の禁を犯す、非日常的ときめきが受けて、年ごとに盛大になり、綱にぶら下がって干潟に飛び込む「ガターザン」なども追加されていく。

1988年からは、同じく干潟を持つ韓国全羅南道（チョルラナムド）の高興（コフン）郡と交流を始め（1997年から友好都市連携）、佐賀大学の留学生にも参加を呼びかけ、

2020年からのコロナ禍以前は、参加者千数百人、観客1万人に上り、在日米軍人や来日外国人観光客の参加も多かった。公園隣接地の整備も進み、1987年開設の干潟物産館は1994年に佐賀県最初の「道の駅」に登録された。

学術用語としては泥橇と呼ぶこの板は、韓国、中国、東南アジアの干潟に広く分布する［柴田惠司 2000］。韓国では「潟の船」と呼ぶらしい。

岡山県の児島湾では潟板、沖板、滑り板、素板、磯板と呼び［湯浅 1970］、前頁上部に掲げているような、現在日本で確認できる最初期の干潟漁絵図である「児島湾漁撈回漕図」（縦105cm、横210cm）にも見られる。

この絵図は、寛政10（1798）年、現在、岡山市南区妹尾にある御前神社に奉納されたもので、当時の干潟、漁撈、古地形、回船などを忠実に描写しており、岡山県指定の有形民俗文化財となっている。

ここで余談だが、長崎県と佐賀県の間にはある種の緊張関係があるように筆者・久保には見える。ガタリンピック発案のきっかけが多良岳山系をはさんだ大村湾東岸（長崎街道ルート、主に長崎県）と有明海西岸（多良海道ルート、主に佐賀県）の開発状況の差、4.6節で見た諫早湾干拓事業の訴訟史に見る両県対応の差、2018年に与党検討委がFGT（Free Gauge Train：フリーゲージトレイン）導入を断念した後の、九州新幹線西九州ルートの実現方法を巡る両県の対応差、などが久保の邪推の源である。

最後の件を補足しておこう。FGTとは、軌間の異なる路線を走行できるように、車軸に沿って車輪をスライドできる車両を用いる列車を指す和製英語で、日本では軌間1,067mmの狭軌と軌間1,435mmの標準軌、どちらの路線も走行できる電車列車を指すことが多い。

さて、整備新幹線とは、1973年に政府が整備計画を決定した、北海道、東北、北陸、九州（鹿児島ルート、長崎ルート）を指すが、二度の石油ショック後、国の財政悪化で1982年に着工が凍結された。が、政界から再開を求める声が高まり、国鉄の分割民営化直前の1987年初めに閣議で凍結が解除され、北陸新幹線、東北新幹線、九州新幹線鹿児島ルートの着工が決まった。

1989年の北陸新幹線着工時に、工事費の一部を都道府県が負担する案が法制化され、翌1990年には「整備新幹線着工等について政府・与党申合せ」の中で、整備新幹線に並行する在来線の経営をJRから分離することが原則とされた。その狙いはJRの経営安定化にあって、日常の足として在来線を利用してきた沿線住民、なかでも交通弱者である高齢者や通学生についての配慮は少ない。

法律ではなく申し合わせだけで事が進むこと自体も問題だが、これによって、沿線住民に、減便という日常的不便と、運賃値上げという経済的負担、両者を強いる可能性の大きい、「並行在来線問題」が発生する［堀 2012］［波床ほか 2012］。

そもそも整備新幹線という構想自体が、旧国鉄の破綻の原因のひとつとされる「我田引鉄」の発想の再来であり、建設・運営経費と必要性とのバランスを欠いた構想ではなかったか。

新幹線誘致に熱心な沿線自治体が多いなか、2004年に与党チームが長崎ルートの着工を決める以前から、博多に近い佐賀県では、建設費負担の割には速達性のメリットが少ないうえに、並行在来線問題も生じる点で、県内の自治体に反対の声が大きかった。しかし、さまざまな懐柔策が示され、最後まで抵抗してきた鹿島市も折れて、2007年末、佐賀県は、「九州新幹線西九州ルート（佐賀県に配慮して長崎ルートから改称）」の着工に合意した。

その内容は、［新鳥栖－佐賀－肥前山口（2022年9月23日の西九州新幹線開業時に江北と改称）－武雄温泉］は狭軌の在来線を用い、その先［武雄温泉－嬉野温泉－諫早－長崎］は狭軌のスーパー特急方式（路盤や軌道の強化、勾配や曲線の緩和、信号保安設備の改良などで最高200 km/hで走行可能な狭軌路線）で新設し、後者の区間開業後20年間（2016年の6者合意で23年間に変更）は、並行在来線となる多良海道側の長崎本線［肥前山口－肥前鹿島－諫早］に対し、車両運行や運営（上部）と鉄道

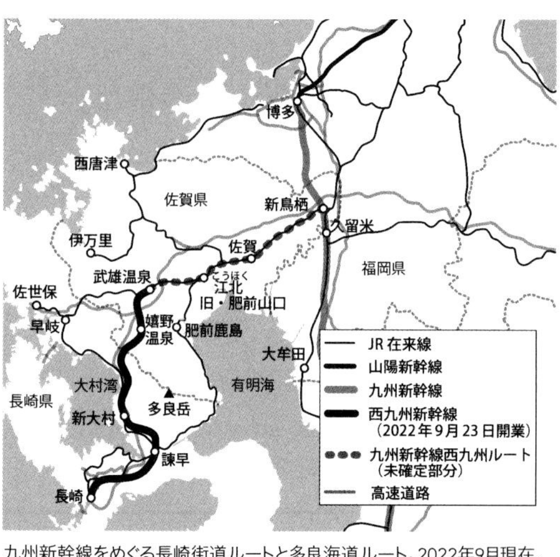

九州新幹線をめぐる長崎街道ルートと多良海道ルート。2022年9月現在。

の路盤や施設などのインフラ（下部）とを分離する「上下分離方式」を採用する、下部は佐賀と長崎の両県が受け持ち、その代わりにJR九州はその経営を分離せず上部の運営を継続する、という反対派に歩み寄った案である。これに沿って、2008年に［武雄温泉－嬉野温泉－諫早］で工事が始まった。

2011年には、政府・与党が、1990年代から開発が進められてきたFGTの基本技術が確立した、と評価した。そしてその実用化を前提に、［武雄温泉－嬉野温泉－諫早－長崎］のスーパー特急区間を標準軌のフル規格新幹線化し、長崎発の列車は、［長崎－諫早－嬉野温泉－武雄温泉］では標準軌で走り、［武雄温泉－佐賀－新鳥栖］では狭軌に変え、新鳥栖で再び標準軌に変えて、既に2011年に全線開業済みの標準軌九州新幹線に直通する、という案が2012年に提案された。

これに対し影響は少ないと見た佐賀県は是認、2016年には関係する6者が合意して、FGTの運行を前提に、［武雄温泉－嬉野温泉－長崎］をフル規格新幹線で建設する工事が進んでいった。

ところが、フル規格新幹線の高速走行に耐えるFGT実用化開発が予想外に難航し、開業予定に間に合わないことや、開発できても機構が複雑な車両の維持費が過大になる予想から、JR九州は2017年にFGT導入断念を表明、与党検討委も翌年に導入断念を正式に発表した。そしてその前後から、与党、JR九州、長崎県は、狭軌の在来線区間［新鳥栖－佐賀－武雄温泉］もフル規格新幹線化して、九州新幹線に直通する案を主張し始めた。

それに対し佐賀県が難色を示すのは、元来の合意事項がそれを含んでいないうえに、その区間でさらなる並行在来線問題が発生するからである。この佐賀県の言い分には十分、理がある［杉山 2019］、と久保も思う。

従来の並行在来線の例では、並行在来線の経営は沿線自治体群を主体に設立される第三セクターに委ねられるが、自治体による経費補填が必至となり、廃線し、バスや、専用レーンを走るバスBRT（Bus Rapid Transit）などへの転換を模索する動きも多い。

上下分離した下部を道路と同様公共財とみなし公費負担するのも一法で、本件も2021年4月の西九州新幹線への改称と同時に、上下分離される長崎本線［肥前山口－肥前鹿島－諫早］の上部はJR九州、下部は両県出資で設立の一般社団法人 佐賀・長崎鉄道管理センター、それぞれが担当すると決まった。

利用者の運賃収入で採算が見込める大幹線や大都会の通勤路線ならいざ知らず、採算の見込めない、あるいは維持に莫大な経費のかかる寒冷地などの地方路線について、交通弱者を見放すことなく、将来にわたって必要な輸送手段をどんな形で確保するのか、その公共性と財源をどう担保するのか、あくまで鉄道の独立採算制に固執するのか、関係者が集まり知恵をしぼるべき課題である。そもそも、利益の上がる部分が、上がらない部分をカバーできるのが、大所帯のスケールメリットだと思うのだが、分割民営化、さらに、こま切れの第三セクターに分割すればするほど、このスケールメリットが失せていくのは当然ではないだろうか。

西九州新幹線の営業が2022年9月に始まった今、あらためて原点に立ち戻り、長い目で見た整備新幹線のメリット、デメリットを洗い出す好機、と捉え直すべきかも知れない。

2022年、新橋－横浜間に鉄道が開業して150年を迎え、赤字ローカル線問題とともに、鉄道の可能性を活かす方向を考える議論が起きている。

ITを組み込んだ踏切のモニタシステムなどの技術導入による既存狭軌路線の高速化や、高速新幹線にこだわらずFGTの実用が可能となるような200km/hまでの中速鉄道も選択肢に入れるべきである［曽根 2022］、経費が膨大となる都市鉄道の地下化にこだわらず高架化も可能であれば考慮すべきだ［阿部 2022］、人口減少時代の旅客輸送や貨物輸送に対する公共サービスを鉄路、道路、空路、海路、どのような組み合わせで実現するべきかを国全体の交通政策として考える時だ［石井幸孝 2022］、また、註22で紹介している「カーボンニュートラル：CN」を実現する方策のひとつとしての、トラック貨物輸送を鉄道輸送や海上輸送に転換するという、いわゆる「モーダルシフト」の議論、なども含め、本来は商業主義になじまない公共性を持つ鉄道の復権を模索する、さまざまなアイデアが提起されている。

さて、久保の邪推に話を戻すと、もちろん佐賀、長崎両県民は、それぞれが一枚岩でも、互いに対立しているわけでもあるまいが、県民性分析によれば、佐賀県人は学問好き、勤勉、律儀だが、長崎県人は柔軟、個人主義的、寛容で開放的、とずいぶん異なるという［祖父江 1971］［武光 2009］。

また、リクルート社のSUUMOウェブサイト上での、各県民が「ライバルと思う県」「仲良くなれそうな県」のアンケートの2016年の結果では、長崎県民の場合、前者の1位は佐賀県、後者の2位も佐賀県、佐賀県民の場合、前者及び後者の2位は長崎県だった。

いずれも印象論の域を出るものではなさそうだが、隣同士だからこそアンビバレントな県民感情があるのか、と勘ぐるのは、関西在住の第三者、久保の大きなお世話に違いない。

コラム

鰻という姓

吉本興業所属の漫才コンビ「銀シャリ」ボケ担当の本名は鰻和弘氏。この姓のルーツは鹿児島県指宿(いぶすき)市、開聞岳の近くにある直径約1.3kmの鰻池。指宿市の広報ウェブサイトによれば、「昔々、池の水を田に引こうと池の畔で開削工事を始めたところ、池の底から大ウナギが現れ、開削した場所に横たわり水の流出を塞いだ。村人がこれを切り裂いたが、大ウナギは片身のまま池に逃げそのまま生き続けた」と語り継がれる。鰻池の名前の由来だ。

ちなみに、隣の池田湖には、ニホンウナギとは別種の「オオウナギ」(5.4節)がかつて生息していたので、指宿市から天然記念物「オオウナギ生息地」に指定されている。

しかし、指宿市にある鹿児島県水産技術開発センター研究員の山本伸一氏によれば、明治初年に掘削された海に通じる潅漑用水路からオオウナギが遡上したようだが、水路が壊れて以降の遡上はなく、現在は生息している様子はない(株式会社いらご研究所ウェブサイト「うなぎ雑学・鰻談放談-4」)。

なお、「いらご研究所」は、東洋水産、日清製粉などの出資により1995年に愛知県田原市江比間町(たはらしえひまちょう)に設立された、ウナギ、ハモ、アナゴなど「ウナギ目」魚類の民間研究機関で、立地が渥美半島先端にある伊良湖岬 —— ここに漂着した椰子の実を見て稲作民族が黒潮に乗って渡来したと『海上の道』で構想した柳田(やなぎた)國男から聞いた話から、島崎藤村の叙情詩『椰子の実』が生まれた岬 —— に近いのでこの名が付いた。

この鰻池周辺の地区名も鰻である。鰻温泉もある当地では、火山性水蒸気を使った「巣目(すめ)」と呼ばれる蒸気カマドが家屋の内外に設置されて、蒸し料理に使われる。

余談だが、鰻温泉には、「明治六年政変」で明治新政府内での主導権争いに敗れ、1873(明治6)年9月末に下野した西郷隆盛が、翌年2月13日から3月16日まで約1か月間逗留した。

その頃、新政府に反発する士族が、政変下野組のひとり、江藤新平などを押し立てて「佐賀の乱」を起こした。しかし、新政府軍の反撃に、勝機が失せたと見た江藤は戦線を離れ、3月1日に鰻温泉を訪れて西郷に決起を請うたが、断られた。

その約1か月後に江藤は捕縛され、急遽設置された佐賀裁判所における即決裁判で、死刑を宣告された。新政府側は、通常は士族の名誉を考慮して適用しない梟首(きょうしゅ)(さらし首)に処すため、わざわざ士族の地位を剥奪したうえで、刑を執行した。

そのちょうど3年後の1877(明治10)年2月中旬〜9月末が「西南の役」。薩摩軍、新政府軍の双方にそれぞれ6千人以上の戦死者を出し、敗軍の将、西郷は自刃した。そしてこれが一連の士族反乱の最後となり、それ以降、不平士族たちは自由民権運動に傾注していく。

話を元に戻すと、1875(明治8)年の太政官(だじょうかん)布告「平民苗字必称義務令」で姓の使用が義務化されたのに伴い、鰻地区の住民には地区名を姓にする、と申し出る者があり、既に1871(明治4)年に制度化されていた戸籍に記載された。

こうして誕生した鰻姓は、鹿児島県では指宿市のほか、いちき串木野市、鹿児島市に総計30名しかおられないという[高信 2017]。この家系にもウナギ食タブーがあったようだ(コラム「ウナギ食のタブー」)。

かつてはより多くの鰻家が居住しておられたようだが、姓を変えた家も多く、今では稀少な姓だ。

ここ鰻地区でも、地域外へ転出する子女が多くなった高度経済成長期の1960年頃から、子どもにせがまれて改姓する家が多くなり、2018年末の取材では、現在は1戸が残るのみであった。

他方、山梨県と茨城県に、姓が鰻池の方が総計70〜90名在住しておられるらしいが、そのルーツも鹿児島県かも知れない。

鰻池とその周辺。Google Earth提供、2015年12月31日撮影の衛星写真(© Landsat / Copernicus)を基に作成。

第5章

ウナギ漁の今昔

5.1. 梅雨時のウナギ登り

筆者・中尾が育ったのは、大村湾北端、長崎県佐世保市南風崎町（はえのさきちょう）（現・ハウステンボスから河川図㊽早岐（はいき）瀬戸をはさんだ東側）（註15）。以下は、第二次世界大戦終戦以前の中尾の思い出話である。

梅雨になると、ウナギが川から山間の田や池にも上がってくるのだ。大雨が降ると山道を這い登ることもあり、ある時、大きなウナギが斜度30度はある我が家の木戸口の坂道を這い登り（註5）、庭を横切り座敷の脇の池へ向かうのを見つけた。小学生だった筆者・中尾はあわてて祖父を呼び、座敷前で捕まえたのを昨日のことのように覚えている。

また、田植えが終わってしばらくすると、わが家の下の田に上がってきていたウナギは、夕方になると巣穴を出て、餌を求めて苗の間を泳ぎ回る。弟とふたりで追い回し、下図のような専用の鉾で突いて、多い時は3匹捕ったこともあった。父親がさばき、2匹捕れれば家族8人が蒲焼一切れずつ食べることができた。

夏休みには海や川で泳いだり魚を捕ったり、雨の後はウナギ釣りや穴釣り（差し釣り針）をしたが、なかなか捕ることはできなかった。国民学校高等科の先輩のなかには、ウナギが隠れている石垣の隙間に手を入れ、ウナギ鋏で捕る者もいたことを思い出す。

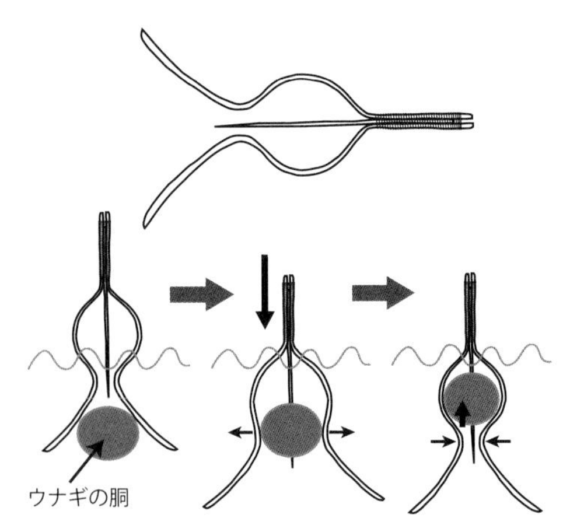

ウナギ突き専用の鉾。股の部分にウナギを挟んで強く突くと中央の針が刺さり、ウナギの胴で押し広げられた両脇の枠がすっぽりと挟み込む。第二次世界大戦後間もない頃までは地元の漁具店で入手できた。南風崎の漁具店では番線（焼きなまして比較的柔らかい鉄線のこと。番号が大きいほど細い）を打って作っていた。近年では佐賀県鹿島市や長崎県の漁具店に尋ねても見たことがない、と言う。

穴釣り（差し釣り針）漁。ミミズなどの餌をつけた釣り針を竹ひごや細い竹竿の先に直接括り付けて穴に差し入れ、中に潜むウナギを釣る。大村市池田ノ堤下の小川、2010年

穴釣り（差し釣り針）漁のもうひとつの方法の道具。1mあまりのテグスなどの紐にウナギ針を結わえて細い竹製の差し棒の先端に取り付けたものを手で穴に差し込み、ウナギが食いつくと竿は引き出して、あとは紐を引いて掛かったウナギを引き出す。餌のミミズを付けた釣り針を差し棒の先端部に引っかけ、紐を手元まで引いたところ。鹿島市重ノ木（じゅうのき）の伊東悟氏宅、2017年

鹿島市浜町（はままち）の平鍛冶屋（今は廃業）が作った、ウナギを捕まえるときに使う歯が付いた頑丈な作りのプロ用ウナギ鋏。四国では「うばし」と呼ぶ（p.49）。石垣の間に隠れているウナギを捕らえる際にも使いやすいように、全長30cm以上の細長い作りのものが多い。プロ用の鋏は全体に薄く鍛造してあり、一般用よりも軽い。胴回りが15〜20cmの大物も挟めるように、指を入れるところにも工夫がしてある。大物は力が強いので鋏がよじれて取り逃がすことがあるので、良く鍛造した鋏でないと役に立たない。高知県南国市の老舗鍛冶屋「トヨクニ」の手打ち削り出し「うばし」は、なんと6〜8万円もする。2017年

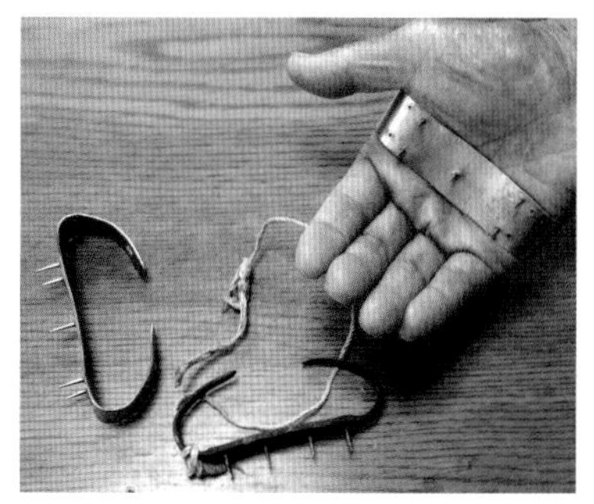

探り漁（6.8節）の時に使うウナギ握り。鉄製とステンレス製がある。しかし、ウナギ鋏やウナギ握り、ウナギ掻きなどを作る鍛冶屋は次々に廃業している。2017年

5.2. 柴漬漁

柴漬(しばづけ)漁（柴浸漁とも表記）は、木の枝や笹を束ねた「柴」に浮標を付けて水中に沈めて（漬けて）おいて魚の隠れ家を作り、集まった魚を捕る漁で、東南アジアから日本列島にかけての内水面や海面で広く見られる伝統漁法である。柴に使う雑木、対象の獲物、獲物の引き揚げ方などは、地域ごとに異なる。静岡県のように「柴揚(しばあげ)漁」と呼ぶ地域もある。柴漬漁は、里山で採れる雑木を漁で使う、つまり里山と里海をつなぎ森里海の連環を具現する漁法といえる。

大村湾に注ぐ鈴田川（河川図㊶）や川棚川（河川図㊼）の河口、早岐瀬戸でも、2000年代初め頃まで見られた。クロキ（ハイノキ科）やハマヒサカキ（モッコク科）などの常緑小高木の枝で作った柴を漬け、日に一度、浮標を引いて柴を引き揚げつつその下に直径約1mの「たも網」を差し込み、柴を揺すって潜んでいるエビや小魚、ウナギを掬い取る。これを10か所ほど仕掛け、6月頃から秋まで約半年間おこなっていた。第9章で紹介する畠山重篤(しげあつ)氏によれば、気仙沼の舞根(もうね)湾では、マンサク科の落葉小高木マンサクの枝を使っていたため、今では周辺にマンサクがほとんど残っていないという。

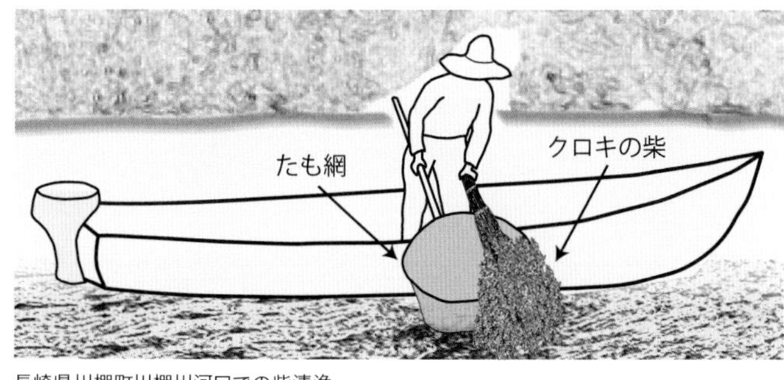

長崎県川棚町川棚川河口での柴漬漁。

長崎県大村市の鈴田川河口の浅場に仕掛けてあった柴漬。2010年頃

5.3. 天然ウナギから養殖ウナギへ
── 日本の養鰻略史

有明海沿岸の泥質干潟が発達している福岡県柳川市、大川市、佐賀県佐賀市、嬉野市、鹿島市、長崎県諫早市などは、昔から鰻料理店が多く、とくに柳川市には鰻専門の老舗が10数軒、鰻料理を出す店も30数軒ある。ここ数年で減ってはいるが、人口の割には店の数がずば抜けて多く、今も繁盛している。第二次世界大戦以前は、鰻料理店の多くは天然ウナギに頼っており、調理の直前までウナギを生かしておく必要から、湖、沼、川のほとりで営業する店が多かった。たとえば諫早市の老舗、北御門(きたみかど)は、諫早市街を貫く本明川(ほんみょうがわ)の岸辺に店を構え、毎朝、板前が川岸に作った生簀からウナギを取り出しさばいていたという。

しかし、1957年7月24〜26日、長崎県内の死者及び行方不明者が782名に達した「諫早大水害」（4.3節で触れたように、こうした豪雨災害に対する防災が国営諫早湾干拓事業の主目的に掲げられている）では、本明川の氾濫と土石流によって川沿いの家々は流された。川の流れも変わり、北御門も嵩上げされた堤防の陸側に移転したため生簀はなくなり、徐々に天然ウナギは使わなくなった。ちょうどその頃から、山間のまたは天然ウナギを売りにする超高級店以外のほとんどの鰻料理店は、養殖ウナギを使うようになったようだ。

現在では、天然ウナギを敬遠する鰻専門店も多いという。それは、3.3節で述べた大阪における状況と同様、養殖ウナギの方がむしろ扱いやすいうえに、天然ウナギは昔から供給量が安定しない弱みがあったからだろう。先日、筆者・中尾が柳川の川魚店で尋ねたら、若い当主は「天然ウナギを扱っていたのは親父の代までで、私にはわかりません」と返してきた。

静岡、三重、愛知の東海三県で養鰻業が始まる明治30年頃から、鰻料理店の営業も、それまでの地産地消から、供給地についての情報集積に長けた問屋を通す形態に変わり始め、養殖ウナギが5割を超えた1930年頃から、消費の中心は供給量の安定している養殖ウナギに移っていったのである（下のグラフ参照）。そこで、[増井 1999; 2013] などを参考に日本の養鰻史を振り返ろう。

東京深川で1879（明治12）年に養鰻を開始した服部倉治郎氏が、その後1897（明治30）年に、縁あって浜名湖沿岸の静岡県浜名郡舞阪町(まいさかちょう)（現・浜松市）が最適地と見定め、湖畔で養鰻業を本格化させた。相前後して、浜名郡（現・湖西市）、磐田(いわた)郡（現・磐田市）、三重県桑名地方、愛知県一色町（現・西尾市）でも養鰻が始まる。服部氏は、浜名湖でクロコにまで育った天然の稚魚を捕って養殖池で育てる、養殖池の水管理を工夫

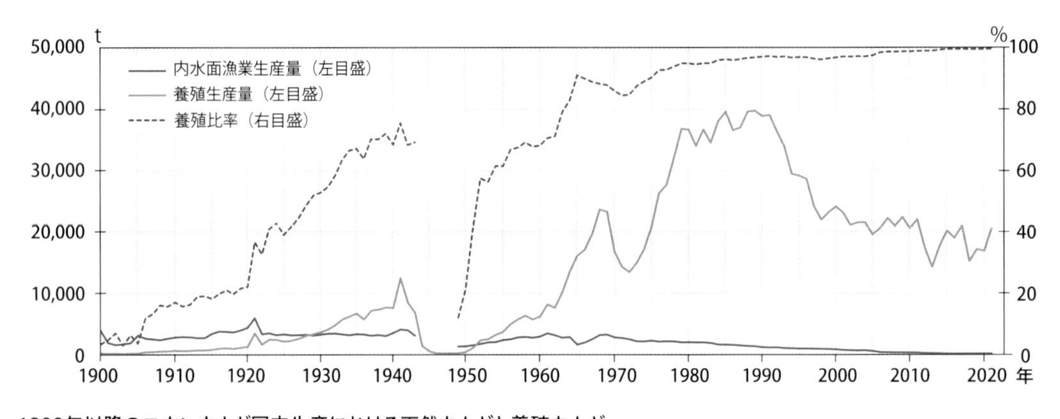

1900年以降のニホンウナギ国内生産における天然ウナギと養殖ウナギ

両者合計のうち養殖ウナギの比率の推移を示す。農林水産省電子化図書ウェブサイトから、1923年までは農商務統計表、1978年までは農林省統計表、以後は農林水産省統計表を基に作成。

する、当地で盛んな養蚕業の副産物、カイコガの繭を煮て絹糸を繰り取った後に残る蛹の死骸を飼料として再利用する、などによって養鰻業を成功させた。当時の養鰻はクロコから始まる点が、シラスウナギを起点とする現在と異なる。

その後、低湿地では養鰻業が米作よりも高収益が得られることが知られるようになり、第一次世界大戦後の1920（大正9）年以降に起きた長期にわたる経済不況下での米価の下落を受けて、水田を養殖池に転換する例が続出した。また、凶作で小作地が地主に返されて養殖池に転換される地域もあった。第二次世界大戦前には、長距離輸送に耐える、カイコガの蛹を乾燥した飼料が普及し（腐敗が進む蛹の死骸は悪臭が強いので、そのままでは長距離の輸送が難しい）、供給圏が広がるとともに養鰻地域も広がった。

人工池を使う「池中養殖」は、新しい水を常に供給する「流水式」と、水位を保つ以外は給水しない「止水式」に大別される。浜名湖周辺では湖水面などを利用する止水式を採用していたが、1934（昭和9）年に舞阪町に開設された静岡県水産試験場浜名湖分場が確立した、シラスウナギからクロコ（業界では養中（ようちゅう）と呼んでいる）までの養成技術を受け、酸欠を招くおそれの少ない粗放的な、シラスウナギを起点とする養鰻が発達した。その後、大正期に養鰻業が成立した静岡県大井川下流域では、大井川の伏流水を用いる（半）流水式などによる集約的な養鰻が可能だったので、浜名

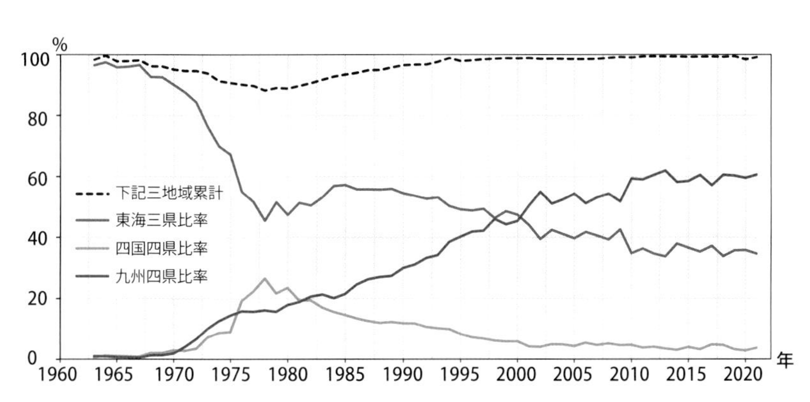

主な養鰻地域の変遷

農林省（1978年からは農林水産省）の『漁業・養殖業生産統計年報』から、各年の内水面養殖業のうちウナギ養殖業の国内総生産量に占める、東海三県、四国四県、九州四県の生産量の比率（%）を算出し作成。1970年頃から1990年頃にかけて、養鰻地域がこれら三地域だけでなく全国に広がったこと、それにつれて先達の東海三県が、まず四国地域にシェアを奪われ始め、1985年頃までに一部取り戻したが、その間に着実に成長してきた九州地域に、2000年頃からは首位を奪われたことがわかる。

1963		1970		1980		1990		2000		2010		2020	
静岡	6,679	静岡	9,402	静岡	9,984	愛知	12,476	愛知	8,317	鹿児島	8,199	鹿児島	7,057
愛知	2,448	愛知	4,742	愛知	6,111	鹿児島	7,052	鹿児島	7,637	愛知	5,002	愛知	4,315
三重	602	三重	934	高知	5,237	静岡	7,010	宮崎	2,836	宮崎	3,425	宮崎	2,856
徳島	71	徳島	347	鹿児島	4,114	宮崎	3,502	静岡	2,590	静岡	1,799	静岡	1,536
大分	55	岡山	244	徳島	2,598	高知	2,661	高知	756	高知	483	徳島	243
鹿児島	51	鹿児島	202	宮崎	1,987	徳島	1,737	徳島	595	徳島	431	三重	207
岡山	39	千葉	182	三重	1,265	三重	1,701	三重	531	熊本	389	高知	204
神奈川	36	大分	93	沖縄	1,005	大分	811	大分	296	三重	363	熊本	131
鳥取	22	高知	79	愛媛	482	沖縄	334	熊本	189	大分	191	愛媛	39
島根	22	神奈川	71	千葉	470	熊本	326	新潟	65	愛媛	44	大分	17

ほぼ10年ごとの都道府県別養鰻生産量ベストテン

色分けは、東海三県（静岡、愛知、三重）、四国四県（徳島、香川、愛媛、高知）、九州四県（熊本、大分、宮崎、鹿児島）に対応。単位はトン。農林省（1978年からは農林水産省）の『漁業・養殖業生産統計年報』に基づき作成。

湖周辺でシラスウナギからクロコにまで育てられた稚魚を入手し、それを起点として成品ウナギ（食用可の未成魚のこと、業界では養太（ようた）、または「よた」と呼んでいる）まで育てる養鰻に特化するようになった。こうして、シラスウナギからクロコまで、そして、クロコから成品まで、という分業体制が東海地方で成立した［増井 1999：56–59］。

第二次世界大戦で中断した養鰻業は、1950（昭和25）年頃以降、浜名湖周辺で復活し始める。1949年に浜名湖養魚漁業協同組合が設立され、養殖業復興資金の融資の窓口になったことも大きい。また、1952年頃から実用化、普及した曝気（ばっき）（水に空気を送り込んで酸素を供給すること、エアレーション）用の撹水車（かくすいしゃ）は、養殖池の酸素欠乏を防ぎ、ウナギ成育の効率を高めた。このようにして、昭和30年代には、東海三県で養鰻が盛んになる。また、1959年の「伊勢湾台風」で壊滅した低湿地の水田が養殖池に転換された例があり、養鰻が拡大した愛知県一色町も、その一例である。

第二次世界大戦後の東海地方では、養蚕業が衰退したため、蛹に代わる養鰻用の飼料開発が待たれていた。1958年から水産庁東海区水産研究所（現・国立研究開発法人 水産研究・教育機構）で研究開発の始まった、魚粉を主体とする配合飼料が実用化され、1964年に市販されて飼料の管理や輸送が容易となった。ただし、このことによって、飼料費が養鰻経費のうちの大きなウェイトを占めるようになり、また、飼料の過剰投与が過密養殖につながって、1969年頃にはウナギの病気（たとえば、排泄物のアンモニアを硝化菌が分解して生じた亜硝酸による亜硝酸中毒症）が広がるなど、問題を引き起こすようにもなった。

撹水車や配合飼料などの技術革新を追い風にして養鰻業が全国に広がり、1965年には、日本養鰻漁業協同組合連合会（略称：日鰻連）も設立された。米余りが常態化して1969年からは米の生産調整が始まり、稲作農家が水田を養殖池に転換する例も増えた。

当時は、高度経済成長期に入り消費者の所得も増えてウナギ需要が高まる一方で、シラスウナギ採捕量の変動が激しく不漁も続いていた。これに対処するため、1964年に台湾、韓国、中国からニホンウナギのシラスウナギが試験的に輸入され、さらに1969年には、当時は資源に余裕があると考えられていた、ヨーロッパウナギのシラスウナギがフランスから輸入された。ニホンウナギ以外の種苗が初めて導入されたことになる。以後、各国からシラスウナギの輸入が続く（p.13のグラフ「シラスウナギ国内採捕量と主な相手国からの輸入量の推移」、ヨーロッパウナギについては註1参照）。

また、シラスウナギが不足しがちだった当時、まずシラスウナギを確保し、それを最終品にまで仕上げる方が有利なので、シラスウナギから成品までの一貫養殖方式が主流となっていく。

2.1節で述べたように、天然ウナギは成熟に5年以上かかる。他方で、ウナギの消費は夏の土用丑の日前後に集中するので、12月～翌1月末までに仕入れたシラスウナギを養殖池に入れ（池入）、6～9月までの約半年間で200～300g前後まで育てねばならない（単年養殖と呼ぶ）。養鰻業界では、配合飼料を多く与えて成長を早めようとするが、低水温だと食欲が落ちる。そこで、養殖池をビニールハウスで覆い水を28℃前後に加温するとともに、飼料の過剰投与などで発生する魚病を防ぐために、循環濾過式の水量調節と水質管理も備えた「加温ハウス養鰻」が1971年に開発され、翌年からそれが主流となる。加温施設導入のきっかけは、ハウスによる野菜園芸が盛んな高知市での温室転用策だった（加温が有効なことは既に知られていて、昭和30年代には、鹿児島県指宿で温泉を利用した温流水養殖が始まっている）。

その頃1970～1973年には、20数社が参入した一時的な企業養鰻ブームも起きたが、養鰻のノウハウが企業的な経営に合わず、投資の回収に見合わなかったのか数年で業績不振に陥り、撤退していった［増井 2013：40］。

同じ頃、シラスウナギの採捕地域の徳島県、高知県など四国地域、そして、宮崎県、鹿児島県など九州地域でも養鰻業が盛んになっていく。それまでは、採捕したシラスウナギを、養鰻が盛んな東海三県に供給していた地域である。しかし、シラスウナギの価格が高騰してきたので、温暖な気候を生かし、自ら成品にまで養殖する方が経済的メリットがより大きい、と気付いたのである。新興の養鰻地域が広がるにつれて、先達の東海三県のシェアが下がっていく。主な養鰻地域の変遷、ほぼ10年ごとの都道府県別養鰻生産量ベストテンを、p.101に示しておく。

こうして、新興のウナギ養殖産地が急速に拡大し、養鰻経営体数は1973年に最多の3,250軒を記録したが（日本養鰻漁業協同組合連合会のサイト）、おりから、1973年、1979年の二度の石油ショックによる石油製品の高騰は、重油ボイラーを用いる加温ハウス養鰻業を直撃する。大きな設備投資と運営費が必要な加温ハウス養鰻に耐えられない経営体が退場し、いったんは拡大した養鰻産地も縮小していく。P.100に掲載のグラフ「1900年以降のニホンウナギ国内生産における天然ウナギと養殖ウナギ」に見える、養殖生産量の1970〜1975年頃の落ち込みは、これらの事情を反映していると思われる。

その後、第1章 p.12のグラフ「ウナギ供給量の推移」が示すように、1989年をピークとして、養殖生産量は下降線をたどっていく。シラスウナギの不漁と価格高騰、それに代わる台湾や中国からの輸入量の増加もあって、休業や廃業する養鰻業者も増え、養鰻経営体数は数を減らしていく。

それに続き、同じグラフが示すように、拡大を続けていたウナギ供給量も2000年以降に減少し始める。これは、輸入ウナギから合成抗菌剤が検出されるなど安全性に疑念が生じ、国内産という偽装表示も報道され、消費者が消費を手控えるようになったからだと考えられる（註1）。同時に、安全な国内産を求める消費者も増えていく。

これに応じて、日本の養鰻業界でも、安全性や品質を保証し、消費者の信頼を得ることで、養鰻産地の存続を図る動きが出てきた。たとえば、現在主流である加温ハウス養鰻による促成の肥満ウナギは、身質が柔らか過ぎて味も落ちる。そこで近年では、体の締まった天然ウナギに近い味にするため、2〜4月頃までの遅い時期に捕れたシラスウナギを池入し、10月〜翌年7月頃まで1年余かけて養殖する「周年養殖」が8割と大勢となっている。

さらに2018年2月には、慢性的なシラスウナギの不漁を見た日鰻連が、既に一部で広まっていた、期間をさらに半年延ばしてウナギを400g前後まで太くする「太化（ふとか）」の取り組みを推進強化すると決定した。こうすることで、1匹から取れる身の量が増えて必要となるシラスウナギの量を半分に削減でき、出荷するウナギのグラム当たり単価を3割前後安くできるので、乱獲や価格高騰への歯止めも期待できる、という。この取り組みは徐々に全国に広まりつつある。

安全で良質な養殖ウナギを生産するための生産管理指針を明確化し、それをブランド化する動きも生まれている。ただし、そうした動きを定着させるには、流通業者や消費者の側にも、その維持費用を分担するなどの協力が求められよう。

他方で、天然ウナギを捕る人たちや老舗料理店は、夏の土用にこだわらず、「旬は秋だ」と言う。しかしこれは、資源保護の点では問題だ。秋に捕れる天然ウナギのなかには、2.2節で述べたように、性成熟が始まって川を下り、産卵場を目指す「銀ウナギ」が混じっているからだ。せめてこれらをリリースしないと資源減少につながるおそれがある。8.1節で触れるように、下りウナギの時期にウナギの禁漁を実施している県もあるが、全国で歩調を合わせないと効果は薄い。

だがその一方で、この時期のウナギ禁漁は、銀ウナギ以外のウナギ漁をも封じてしまうことになり、漁業者の生活にも影響を及ぼしかねない（10.1節）。資源管理の難しく悩ましい点である。

5.4. オオウナギか

鹿島市浜町で甲手待ち網漁（6.5節）などをしている池田義孝氏によれば、有明海で良いウナギとされる、頭が細長い「長細」（口細と同義）が多いのは、太良町の地先から六角川の河口付近までの泥質干潟が発達しているところらしい。一方、河口部にいる頭の大きいウナギは「ガネ（カニ）噛み」と呼ばれ、不味いとして商人は買わない。手押し網漁（6.4節）をしている近所の織田利明氏は「腹ば割ればガネばようけ食うとるとのおるもんの。あんまい美味うなかもん」と話す。

福井県三方上中郡若狭町の観光ウェブサイトが説明している（p.46）のと同様、泥質干潟にいる長細は、泥に頭を突っ込んで柔らかい餌を食べるので、成長が早く脂の乗りが良いのだろう。こうした推測は、頭の大きい「広頭型」は淡水域に多くて大型魚類や甲殻類を摂り、頭が細長い「狭頭型」（細面の別嬪さん、と呼ぶ地域もある、p.139参照）は汽水域に多くて無脊椎動物など小型の餌を摂り、成長が早く全長が長いので相対的に頭が小さく見えるのではないか、という見解［黒木ほか 2011：73］とも符合する。

また、池田義孝氏が捕るウナギ10匹のうち2〜3匹には体表に斑紋がある。背側に黒褐色の斑紋があるものはニホンウナギとは別種の「オオウナギ」かも知れない（p.18の表「ウナギ属の分類」）。ただし、ウナギの体色は個体差が大きいうえに、黄ウナギ期の住環境に応じた色彩変異が生じるので（p.36のコラム「竹ん皮ウナギ」）、DNA鑑定をしないと同定は難しい。しかも、大型のニホンウナギを「大ウナギ」と呼ぶ地方もあるのでややこしい。

ニホンウナギは、体色からアオ、サジ（腹の白と黄色の部分の境界が明確なもの）、クロ、ゴマなど、体型からクチボソ（口細）、トビ（とびきり良い、の意でクチボソの一種か）、カニクイなどに類別されることが多いが、類別も味の番付も地方ごとに異なる。文化の多様性を歓迎すべきか悩ましいと言うべきか。

オオウナギは、最長2mに達し、アフリカ大陸東岸から東南アジア、中国大陸南部など太平洋やインド洋の熱帯や亜熱帯に分布する熱帯性のウナギで（コラム「世界のウナギ属」）、日本では利根川以西、とくに九州以南に多い。生態や食性はニホンウナギに似ていてカニなどを好み、徳島県海部郡牟岐町では「カニクイ」と呼ぶほか、高知県土佐清水市では「ゴマウナギ」と呼ぶ。大型のものは脂が少なくニホンウナギより不味いと言う人もいる点は「ガネ噛み」に似る。IUCNレッドリストで絶滅の危険が少ないLC（Least Concern：低危険種、p.56）とされるのも、不味いのであまり食べられないのが幸いするのだろうか。

その生息地は国から天然記念物に指定されていて、文化庁の「国指定文化財等データベース」によれば、長崎市野母町、徳島県海部郡海陽町、和歌山県西牟婁郡白浜町・上富田町・田辺市、の3件である。ほかにも、愛媛県宇和島市津島町の岩松川水系が生息地として県指定天然記念物であるなど、地元自治体指定の天然記念物が数か所ある。

オオウナギ。背景の白いバットの長辺は約40cm。撮影：日比野友亮。
宮崎県広渡川（ひろとがわ）、2017年

第6章

有明海のウナギ漁法さまざま

ウナギの漁法は、第5章で紹介した柴漬、穴釣り（差し釣り針）、のほかに、筌、籠、そして本章で順次紹介する、釣り、塚、掻き、手押し網、甲手待ち網、筌羽瀬、竹筒、探り、延べ縄（延縄と同じ）、p.122で紹介する置き釣り（漬け釣り針）、大がかりな簗、三叉網、など多彩である。

6.1. ウナギ釣り

有明海では、葦が芽吹く3月中旬頃からウナギは川の遡上を始めるようだ。それを狙って河口部や上流の感潮域の上端までの岸辺で、竿を出す人が増える。ひとりで5、6本の竿を出すが、10本以上出す人もいる。餌は5月頃まではゴカイ、梅雨の頃からはミミズに替える。1963年に制度化された圃場整備事業（区画整備、用排水路整備、農道整備、土壌改良など）がそれほど進んでいなかった1975年頃までは、ドジョウも使っていたようだ。ミミズが手に入らない際には、川エビやシラタエビなどを使う。

2016年6月に話を聞いたベテランは、「2015年は200本（匹）以上釣ったが、2016年は、6月初めまででまだ60本余、4月から5月初め頃までは型が良いのが釣れたが、その後は小さいウナギばかり、このままだと将来のウナギ資源がどうなるか気になる」と語っていた。

6.2. ウナギ塚（ウナギ石倉）

川の淀みや川の流れに、直径1m強、深さ50cm以上の穴を掘り、その中に大小さまざまな石を積み上げて隠れ場所を作り、数日そのままにしておくと、ウナギなど生きものが隠れ家として利用するので、頃合いを見て開け、ウナギを捕る仕掛け。有明海ではほとんどの地域で「塚」と呼ぶが、佐賀県のある町では「島」と呼ぶ（コラム「九州にある特殊なウナギ石倉」）。紀伊半島では「ウナギ石」、瀬戸内海沿岸では「ウナギ倉」「ウナギ石倉」、高知県の四万十川や仁淀川では「石ぐろ」（p.49）と呼んでいる。ほとんどは河口の感潮域に築かれているが、海岸や干潟の中に築かれているところもある。ウナギが川を本格的に上り始める5月頃から、下り始める8〜10月頃までが漁期である。

大村湾に注ぐ川で二番目に長い大村市の郡川（河川図㊸）では、江戸時代からウナギ塚漁が盛んで、河口部から1kmほど上流までの感潮域に200か所以上築かれていたという。現在も100か所以上のウナギ塚が受け継がれていて、毎年盆明けの8月16日の午後、大村市寿古町公民館で、ウナギ塚の場所の抽選会が開かれ、数十名の希望者が集まる。漁期は8月16日から12月31日までの4か月半。下りウナギが漁の対象であるが、下りウナギが禁漁になれば、漁ができなくなる。一か所の権利金は、昔は場所によっては数千円以上していたそうだが、近年は希望者が減ってきたため、一律に千5百円から2千円に抑えられている。

郡川の上流に萱瀬ダムが1962年に竣工

鹿島川（河川図⑰）と中川（河川図⑱）の合流点の下で釣りをするベテランの伊東悟氏。この日は3匹のみだった。2016年

長崎県大村市郡川河口部のウナギ塚群。写真中央部の奥には黒木渓谷、遠くに連なる山は多良岳山系、左側近景の山は郡岳。上流に萱瀬ダムができる前は200か所近くあったが、ここ数年は100～120か所で推移。2017年は103か所抽選した。2010年

大村市郡川のウナギ塚漁の様子。水量があるので箱眼鏡を使って泳ぎ出てくるウナギを手またはウナギ鋏で捕らえる。2007年

大村市郡川でのウナギ塚開け。100か所以上築かれている。2009年

箱眼鏡とウナギ鋏。2009年

大村湾郡川の下りウナギだけを捕るウナギ塚で捕れた1kgくらいの大きなウナギ。秋の下りウナギは黒褐色で、多分、銀ウナギも混じっている。2009年10月

大村湾に流入する彼杵川（そのぎがわ）（河川図㊻）のウナギ塚。この写真を撮った2016年には50か所ほど築いてあったが、2019年に訪れてみるとすべて流されてなくなっていた。豪雨で水嵩が増したのだろう。

したが、その後の台風による洪水被害と水需要の増加に対応するため、14.5m嵩上げして堤高を65.5mにする工事が2000年に完成した。そのため、郡川の夏の水量は激減し、ウナギもアユも以前ほど遡上しなくなって、10年ほど前に内水面の漁業協同組合は解散した。だから釣りも塚も自由にできるはずだが、昔からの慣習で今も地元寿古町の人たちが抽選会を開いて管理をしている。以前は地元の農家が主で、遠くは隣の東彼杵町の千綿地区からも10数人が入札会に参加していたらしいが、現在は大村市内の会社員や公務員、自営業の人たちもレクリエーションを兼ねて参加するようになった。以前はひとりで数か所の籤を引く人がいたが、数年前からひとり2か所以内に制限された。2017年には親子連れや女性グループも参加していた。

ほかにも、大村湾に注ぐ、大村市岩松地区の鈴田川（河川図㊶）、東彼杵町の江の串川（河川図㊹）、千綿川（河川図㊺）、彼杵川（河川図㊻）、川棚町の川棚川（河川図㊼）、などでは、今でもウナギ塚漁はおこなわれているが、郡川とは違い、下りウナギの秋に加えて春と夏の上りウナギの時期にも漁がおこなわれる。川棚川の塚は、感潮域の最上部にある堰の下に集中して築かれていて、水深が深いため塚のまわりに網を張り、箱眼鏡や水中眼鏡で探し、「たも網」やウナギ鋏を使ってウナギを捕まえる。千綿川のウナギ塚は、国道の橋の上流から橋の下流にわたって築かれているが、株主制をとっていて、まず株主が応募して数万円の株を買い、そのあと希望者に1か所いくらで分売する。最近はウナギが捕れなくなって応募者が少ないとか。彼杵川の塚も感潮域の最上部から国道の橋の下近辺までびっしりと50近く築かれていて、地区外の千綿地区の人も参加しているらしい。

コラム

九州にある特殊なウナギ石倉

日比野 友亮
いのちのたび博物館（北九州市立自然史・歴史博物館）

ウナギ石倉漁は、積み上げた石積みの中に隠れ入ったニホンウナギを漁獲する伝統漁法で、6.2節で述べられているように、有明海ではこの積み石のことを「塚」「ウナギ塚」「島」と呼んでいる。九州はこのウナギ石倉漁が全国で最も盛んな地域であり、この漁法に不向きな一部の地域を除いて、全域的にウナギ石倉漁が分布する。この漁法は石を積んで内部に入ったウナギを捕らえる、一見素朴で単純なものだが、一方で河川の特性の影響を大きく受け、河川によってさまざまな違いが見られる。そのなかには、石倉の内部に石以外の構造物を有するものもある。ここでは九州にみられる特殊な石倉のいくつかを紹介する。

箱入りの石倉

通常、ウナギ石倉は石の入手がたやすく、砂泥の少ない地域、すなわち、安山岩や玄武岩といった火山岩に恵まれた地域に分布している。その例外のひとつが、博多湾に流入する河川流域である。この地域には、内部に木箱を持つという構造上の特徴がある「うなぎだめ」と呼ばれる石倉が存在する。まずは川底を少しだけ掘って、浅いすり鉢状の地形を作り、その中心に木箱を据え置く。木箱は下流側にだけ口が開いていて、その内部にはこぶし大の石を詰める。次いで、木箱が完全に隠れるように木箱の上や周囲に石を置き、さらに上流側には大人ひとりでは抱え切れないほどの巨石を置く。ウナギは積み石を目指してやってきたのち、より暗い箱の中へと誘導される。捕獲する際には少しずつ石を取り除いて、最後に箱の中の石を取り出し、箱内部に入ったウナギをまとめて捕らえる。

箱を埋め込む石倉

鹿児島県錦江湾の奥でも、箱を使った石倉漁がおこなわれている。河床をよくよく掘って、深さ50cmほどの木箱を埋め込む。内部には隙間が空くように石を詰め、その上に葦簀、現在では布をかけ、完全に覆う。覆いの上にはいくらかの石を乗せ、さらに、その上流側にU字型に開くように大きめの石を数十個置く。こちらの漁はよりコストが低いものとなっている。

すなわち、捕獲する際には布の上に乗っている20〜30個程度の石を動かし、さらに箱の中の石を取り出し、中に入っているウナギを網で掬い取る。箱が小さいため最大でも5個体程度しか獲れないものの、誘導部である積み石と魚取部である木箱がほぼ完全に分離しており、石倉としては最も特殊なものである。

布の挟まった石倉

石倉は通常、正円形をなす。これは石を中心から積んでいくと、自ずと円形になるためである。しかし、なかには四角形をなす石倉も存在し、その例が国東（くにさき）半島に見られる。国東半島は豊富な石に恵まれ、それを利用した石倉は四角形、ほぼ正方形をなす。使われる石の数が350〜400個程度にもなる巨大なもので、内部にサンドイッチの具のように布あるいはブルーシートが挟まっている点に特徴がある。内部の布は、石倉の中をより暗くし、ウナギが留まりやすくなることを目的としている。

内部に布を持つ石倉は、ほかの地域にもある。ただし、布が四角形だからと、石倉そのものまで四角形にしている河川はあまりない。なぜなら、四角形にするためにはより多くの石を積む必要があるからである。

竹筒入りの石倉

7.2節、p.127でも紹介されているように、九州には有明海沿岸を含むいくつかの地域で内部に竹筒、ないしは塩ビ製パイプなどの筒状構造物を持つ石倉が存在する。竹筒入りの石倉には円形をなすものと四角形をなすものの2タイプがある。四角形のものはより効率良く竹筒を収納することができ、なかには20本を2層、合計40本も仕込んでいる石倉も存在するが、果たしてその効果のほどはどうだろうか。この竹筒は通常、石倉の外からは見えないよう、巧みに積み石で覆い隠されている。

一方で鹿児島県の石倉では、竹筒の両端が積み石から完全に露出しているものも存在する。この石倉では、積み石は単なる誘導部であって、捕獲されるのは竹筒に入り込んだものだけである。大村湾にある円形石倉では、内部の竹筒は漁獲の補助機能を持っているが、すべての個体が筒に入るわけではなく、実際には筒に入らない個体もウナギ鋏を使って捕らえる。

箱入りの石倉。福岡県室見川（むろみがわ）、2019年

箱を埋め込む石倉。鹿児島県網掛川（錦江湾の奥）、2019年

布の挟まった石倉。大分県安岐川（あきがわ）、国東半島、2019年

竹筒入りの石倉。手前に口を開けている4本の竹筒が中央に見える。鹿児島県八房川（やふさがわ）、2017年。以上4点の撮影：日比野友亮。

6.3. ウナギ掻き

先端に爪が2、3本付いた反りのある鉄製の掻き棒で、泥や砂の中に潜んでいるウナギを掻き捕る漁法。ウナギ資源が豊かだった半世紀ほど前までは各地で盛んにおこなわれていた。三重県揖斐川河口部の干潟や川岸では、大型の特殊な形をした掻き棒で大きなウナギを捕っていたらしい。有明海では船の上から長い柄のついた掻き棒で捕る「船掻き」が主流になっているが、以前は川や海に入る「入り掻き」や、とくに冬期に潟で掻く「潟掻き」で捕っていた。

1990年代後半から、温暖化の影響か、有明海の干潟域でアカエイが川にも上るようになり、漁師が尾の中ほどにある毒針に刺されるケースが増えてきて、水中に入って掻く人はめったに見かけなくなった。この毒は強烈なことで有名で、刺されると痛みが引くのに数週間はかかるうえに、アレルギー体質の人がアナフィラキシーショックで死亡する例も多々あるようだ。

潟掻き。長崎県諫早市高来町境川河口干潟、1985年

船掻きをする稲富一三氏。佐賀県鹿島川河口沖の江湖、2016年

「ウナギ掻き」。幕末頃の漁法を紹介した『有明海漁業実況図』(註12)より。「船掻き」と「潟掻き」が描かれている。
所蔵:竹下八十、写真提供:佐賀県立博物館。

川漁師の大橋亮一氏が手にするウナギ掻き。冬の間川底で眠っているウナギを、先端の細い溝に挟んで捕る道具だが、ふたりがかりでおこなう漁。ひとりが船の脇に掻き棒を持って固定し、もうひとりが陸から船ごと綱で引く。ウナギが捕れなくなった現在では、サツキマスの流し網漁の前に、川底のゴミを浚うのに使うのみである。
解説及び撮影：新村安雄。岐阜県羽島市の長良川、2017年

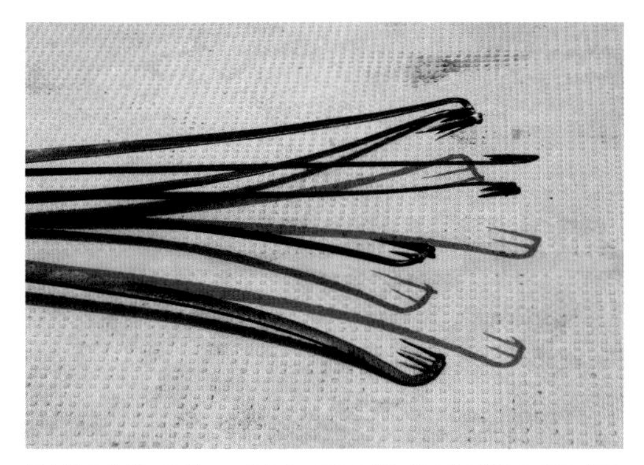

掻き棒の先端。爪が2〜3本ある。ワラスボを掻く「スボ掻き」用の棒は爪が1本。2015年

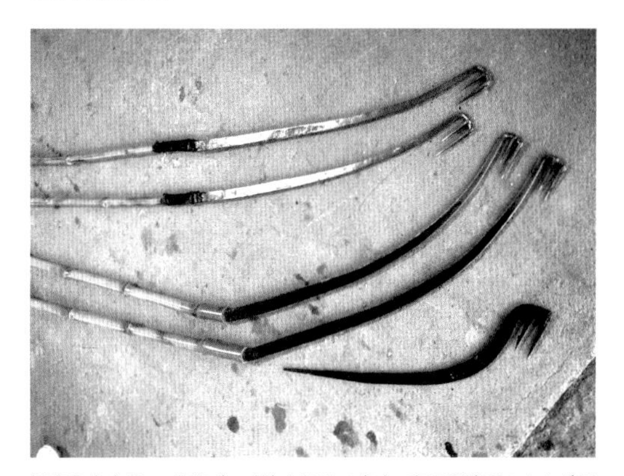

鹿島市在住で、探り（6.8節）と掻きの名人、森田利隆氏のウナギ掻き。上2本は船掻き用、下2本は潟掻き用。右下の太く重そうなウナギ掻きは、東彼杵町千綿地区の溜め池で秋に水を抜く際に使う頑丈なもの（彼杵にある森鍛冶屋製、3千5百円）。千綿地区の大野原の下には、17世紀前半に捕鯨で成した財を公共事業などに惜しげなく投じた深澤儀太夫（ぎだいゆう）勝清（コラム「嬉野川とシーボルト」）の造成した大きな溜め池があるが、池の底には礫が多いので、頑丈なウナギ掻きが必要なうえに掻くのは大変だという。2021年

大型のウナギを捕るための三連ウナギ掻き。船の舷側にウナギ掻きの柄を寄せて、漁師が支えて川底のウナギを掻きとる漁法。従来は、潮の流れを利用して掻いていたが、利根川河口堰の建設（p.39）に伴いこれが困難となったため、現在はエンジンをかけて船をゆっくり走らせながら掻いている。解説及び撮影：日比野友亮。利根川、2009年

ウナギ掻きは他地域でも見られるが、掻き棒の先端でウナギを引っかけるために、魚体を傷つてしまうことが多い。それに対し長良川の道具は、溝の部分にウナギを挟み込むので、魚体を傷つけない優れた方法である。もっとも、長良川でのウナギ漁の最盛期は昭和30年代だったが、徐々に数が減り、1994年に長良川河口堰が竣工して後は、まったく捕れなくなり、この漁法はとだえてしまったという［新村 2018：30−31］。

6.4. 手押し網

有明海の干満の大きな潮位差を利用した漁法である。河口部から沖へのびる江湖沿いに、樫木の棒を立てて船を固定し、先端の網幅が5m前後の大きな網を張った仕掛けを潮の流れに向けて下ろし、頃合いを見てときどき仕掛けの枠の長い丸太を押し下げ、梃子の原理で網を押し上げて、中に入った獲物を「たも網」（地元では「うっとり」と呼ぶ）で掬い捕る、のんびりした漁である。潮に乗って来る魚やエビが入るが、ときにはウナギも入る。

2017年の7月、筆者・中尾の近所に住む織田利明氏（当時85歳）が、鹿島川の江湖で網を仕掛けていたら、どうしたわけか次々にウナギが20数本入った。ところが、籠は大きかったがウナギが多すぎて酸欠になったのか、1/4は死んでいた。彼はあとで、「きゅう（「今日」の佐賀方言）は1年分のウナギば捕ったバイ」と嬉しそうに話していた。その翌月、8月上旬の潮で、隣の集落の山口賢一郎氏は、3日続けて手押し網漁に出たところ、毎日20～30本以上ウナギが入って、合わせて90本捕った、と話してくれた。7月5～6日の「平成29年7月九州北部豪雨」によって、雨水が大量に有明海に流れ込み、貧酸素水域が広がったため、それを避けて、ウナギが川に上ってきていたのかも知れない。

30年ほど前までは、諫早湾奥の雲仙市愛野町（あいのまち）の千鳥川（河川図㉝）の江湖では、手押し網に大きなウナギが良く入っていた。また、お盆過ぎに、山田川（河川図㉞）河口の江湖でも、待ち網をすると、大きなウナギが良く入ったそうだ。

手押し網漁。諫早湾が締め切られる直前まで、田口造船所社長の田口謙治氏は待ち網と手押し網で良くウナギを捕っていた。鹿島市浜町（はままち）の沖、1987年

田口造船所社長の田口謙治氏が、諫早湾が閉め切られた、まさにその日の午前中に、千鳥川の河口にて手押し網で捕ったウナギを、船の生簀から持って帰ってきたところ。1997年4月14日午後

6.5. 甲手待ち網

江湖沿いや広い干潟でもおこなわれる漁法で、20～30mの袖網を潮の流れに向けてV字状に張り、潮が引くにつれて魚やエビがすぼまったところへ集まってくるのを、船の横にセットしてある待ち網で掬い捕るのだが、昔は梅雨時から10月頃まではウナギが良く入ったらしい。最近でも多い日には10本あまり入ることがあるそうだ。甲手待ち網でウナギを狙っている人が鹿島市には数名はいるが、干潟と江湖の状況を熟知していないと確実に捕るのは難しい。

6.6. 筌羽瀬

筌羽瀬は、地元では「おきびゃあ」と呼ばれ、古くからおこなわれてきた漁法だが、2005年頃に、最後の筌羽瀬が操業を諦めて竹を補充しなくなり、有明海から消えた。理由はウナギなどの資源が減ってきたことと、海苔漁場との競合である。P.55の空撮写真でもわかるが、10月中旬になると筌羽瀬は「海苔ひび」に取り囲まれた状態になり、仕事がやりにくくなっていた。それに加え、その仕掛けは、N字状に長さ3m余の破竹を1千～1千5百本ほども立てるので、毎年5百本以上補充しなければならず、その作業にはふたりがかりでも数日はかかる。その構造は、有明海最大の定置網、竹羽瀬（4.5節）のミニ版である。30年ほど前までは、鹿島市の七浦から飯田地先に10統（漁の仕掛けの数え方）前後作られていて、ウナギが良く入り、半年はウナギで生計が立ったという話を聞いたことがある。

甲手待ち網をする津倉勝義氏。広い干潟や江湖の脇でおこなわれる漁。潮が満ちている間に袖網を立て、潮が引き始めると船べりに仕掛けた網で獲物を掬い捕る。捕った2、3日分をためておいて、捌いて素焼きにして販売していた。佐賀県藤津郡太良町糸岐地先、2006年

筌羽瀬。すぼまったところに船を横付けして待ち網を仕掛け、獲物を掬い捕る。鹿島市飯田沖、1993年

6.7. ウナギ竹筒漁

直径6、7〜10cmで長さ1〜1.5mの竹筒20〜30本を、長い幹縄に2〜3mの等間隔で取り付け、江湖や流れに沿って沈めておき、数日おきに引き揚げ、中にウナギが入っていれば筒を傾けて袋網に取り込む。塩田川、六角川、嘉瀬川の河口部や、筑後川、早津江川、岡山県児島湾の入り口付近でも、おこなわれている。

竹筒の代わりに塩ビ製の筒や折り畳み式の籠を使う人もいる。四国の四万十川や紀伊半島の川でも、餌を入れる方式の木製の箱や竹筒、竹で編んだ細長い籠を使う。以前は竹で編んだ筌も使われていたが、最近は作る人がいなくなって廃れてきた。荒物屋や漁具店で売られているが、千円以上の値が付く。

6.8. 探り

諫早市森山町の潟坊（潟に這いつくばって漁をする潟専門の漁師）のベテランで1985年当時70代後半の兼松不可止（ふかし）氏は、干拓地のクリークでもウナギを手でさぐってつかみ、素早くハンギーに放り込んでいた。ウナギの腹部や首の部分にある急所を強くつかむと、一瞬気絶するらしく、そのときすかさずテボ（竹を編んだ、魚籠（びく）や細長い筌）またはハンギーに放り込む。慣れない人はウナギ鋏やウナギ握り（p.99）を使わないととり逃す。

彼は潟に入れば俄然元気が出て、若い者には負けないほどアゲマキガイやウミタケ（浅海の砂泥に棲む二枚貝、タケノコのように長い水管を主に食べる）をたくさん捕っていた。彼の口癖は「板（跳ね板、す板）ば覚えろ！そいぎんた（それなら）土方仕事に行くよいかよかぞ」だった。当時1985年頃、土木作業の日当は5千円前後だったが、アゲマキガイを50kg捕れば1万5千円から2万円にはなった。潟や泥のない川岸の石垣の隙間、石を積み上げた場所でも漁ができる。

大村市大上戸川（河川図㊷）のウナギ竹筒漁。2009年

鹿島市鹿島川の河口上流で竹筒漁をする山崎雅義氏は2014年の撮影時には84歳、1か月のうち20日以上水中にいるので足の具合が悪くなり、2015年以降漁はやめた。

小柳信夫氏は鹿島市浜川（河川図⑳）河口部で20本ほど竹筒を仕掛けている。この日はウナギ2匹とハゼクチ数匹。2017年

ウナギ探り漁。干潟の中に潜むウナギの生息孔を見つけて探りつかみ取る。稲富一三氏。鹿島川江湖、2016年

6.9. ウナギ延べ縄（延縄）

直径は40～60cm、昔から使われてきたのは竹籠、木桶、甑と呼ばれる土器製鉢、陶磁器製の鉢、近年多いのは塩ビ製の円形容器。そうした鉢の縁に、釣り針を引っかけられるように藁、スポンジ、布を巻き付ける。釣り針を結わえた枝縄を百～2百本付けた幹縄を鉢に入れ、釣り針は整然と縁に掛けておく。これを10～20鉢ほど用意する。これが延べ縄の仕掛けである。

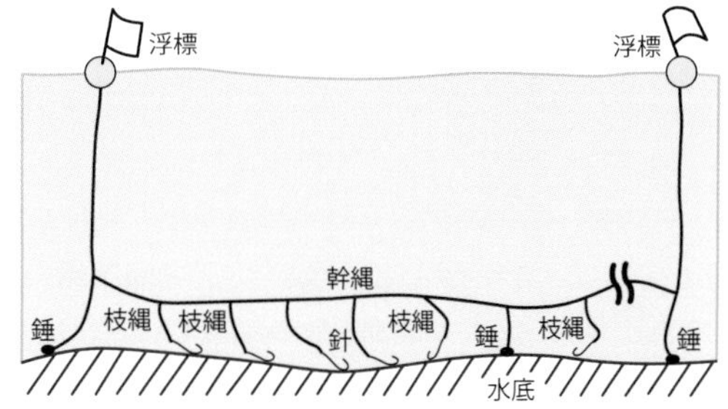

延縄（はえなわ、延べ縄）の図解。[金田 2005:538] などを基に作成。

家で餌を付けることもあるが、季節によっては船の上で、釣り針にミミズやエビ、貝の剥き身などの餌を付けてから沖の漁場へ向かう。近年はミミズが手に入りにくいので、1匹を2つや3つに切り分けて釣り針に付ける作業を、家の広い土間で一家総出でおこなう（右の写真参照）。

延べ縄の仕掛けに餌のミミズを付ける作業。まな板の上で切り分けたミミズに枝縄の釣り針を通し、鉢の縁に掛けていく。ミミズが鉢の縁から並んでぶら下がっているのが見える。
柳川市稲荷町（いなりまち）の江口兄弟は、近年までウナギ延べ縄をおこなっていた。夏は主にミミズを餌にしていて、一家総出でミミズを仕掛けの針に付けてから、夕方出漁する。5、6鉢準備していたようだ。兄が他界されて廃業。2007年

ウナギ延べ縄の縄繰り。柳川市稲荷町、1993年

漁場に着くと、縄が流されないよう約10mおきに、手ごろな丸細い石を紐でしばった「手石」と呼ぶ錘を手早く取り付けながら、枝縄が付いた幹縄を次々に投げ込む。すべての縄を投入し終わると、縄を最初に投入した目印の浮標のところへ戻り、やや時間をおいてから縄をたぐり上げてゆくが、これには結構時間がかかる。

たぐり上げた縄がもつれないように鉢に入れ、家に戻ってから縄をさばいて釣り針を縁に引っかけ、次回餌が付けられるように準備しなければならない。「縄繰り（なわく）り」と呼ばれるこの作業は（左の写真参照）、手間がかかるので、昭和の終わり頃までは主に女性の仕事だった。家の軒先や神社の境内の木陰などで、お年寄りが縄を繰っているのを良く見かけたものだ。延べ縄の対象は、ウナギに限らず、アナゴ、ハゼクチ、スズキ、ヒラメ、ア

筑後川河口部（大川）での延べ縄漁。餌はシバエビやシラタエビ、手に入ればミミズを使うことも。道具は、針20本付き、60本付き、100本付きの3種類用意してある。大川市でボートなどマリンスポーツ用品を扱う株式会社キハラの社長、木原克実氏は、家業のかたわら延べ縄漁を40数年続けているが、本業ではないので道具は少ない。ウナギを釣り上げたのは、佐賀大学大学院修了後入社した中国人従業員の譚政（たんせい）氏。2017年

カエイなどだったので、大きな漁業集落では縄繰りは風物詩になっていた。

福岡県柳川市、福岡県大川市、佐賀市諸富(もろどみ)町(ちょう)、佐賀市川副町(かわそえまち)、佐賀県小城(おぎ)市芦刈(あしかり)、佐賀県杵島(きしま)郡白石町(しろいしちょう)の福富(ふくどみ)、白石、有明の各地区には、少なくなったとはいえ、今でも延べ縄を専門にしている漁業者はいる。

白石町の井崎勝盛氏は、若い頃父親と一緒に船に乗って漁のやり方を覚え、30歳で独立してから諫早湾で延べ縄を始めた。現在の長崎県諫早市小長井町の井崎(いざき)漁港を拠点に、10日間ほど船に寝泊まりして漁を続けると、大きなウナギがたくさん掛かり、なかには「ぼくと」(註16)も捕れた。1日に10〜20kgは普通、30kg以上捕れたこともあり、獲物は竹崎から大牟田へ通う鮮魚運搬船に託して、大牟田魚市場へ出していた。餌のミミズは知り合いに頼んで港まで届けてもらっていた。1989年4月の諫早湾干拓事業の着工に伴って小長井沖で砂の採取が始まると、徐々に捕れなくなってきたので諫早湾から撤退、今の漁獲量は以前の1/5以下ではあるが、地元の海で延べ縄とハゼ籠を細々と続けている。

延べ縄は、以前は周年可能だった。しかし、海苔養殖が盛んになった1965年頃からは、海苔漁場の拡大とともに延べ縄漁場が狭まった。さらに、海苔の摘み取りがおこなわれる初冬から3月末までは、切れて流れた海苔が網に引っかかるので網漁全般に影響が出る。延べ縄も同様で、海苔が幹縄や釣り針に引っかかり、縄を手繰るとき面倒なことになる。そこで延べ縄漁の時期は、海苔養殖が終わる4月頃から「海苔ひび」(海苔網、p.55の写真)を張る10月前半までの半年間に短

ハゼクチ延べ縄の仕掛けにシバエビの餌を付けるのは、柳川市の延べ縄漁ベテラン、鶴田護氏。沖端川（河川図⑦）の船着き場、2006年

延べ縄を投入する鶴田護氏。下の箱に入っている石ころは錘として使う「手石」。筑後川河口沖、2006年

縮された。

延べ縄は網漁のように漁業区域の制限はないから、島原半島沿岸、天草灘、橘湾、長崎半島近くまで出漁しても良いので、30年ほど前までは、泊りがけで1か月以上家に戻らず漁をする人がいた。しかし、燃料の高騰もあって最近は泊まりがけで遠くまで行くことはまれになった。かつては、五島や平戸、壱岐や対馬、東シナ海までも出漁していたこともあったのだが。

大村湾では餌にミミズやエビを使う延べ縄漁がおこなわれ、梅雨前から夏まで鈴田川河口沖や長与川（河川図㊵）河口沖へ夕方に出漁していたが、2010年頃までは1隻だけだった。

かつて柳川の稲荷町と沖端町には、ウナギ延べ縄の専業漁家が10数軒あったそうだが、高齢化もあいまって次々と撤退、数年前に最後の延べ縄漁師も撤退したらしい。今は餌の必要がないウナギ竹筒漁で細々と漁を続けている。現在、有明海の海育ちの海ウナギが人気となっているが、ウナギ延べ縄漁は、柳川ではすっかり廃れてしまったかに見える。

上：梅崎国夫氏のウナギ延べ縄の鉢には330本の釣り針をつけた幹縄が約1,000m収納してあり、釣り針をつける間隔は二尋（約3m）。その針は容器の縁に整然と掛けてあり、餌のヤマトオサガニ（円内）をひとつずつ付けながら投入する。

下：同時に、縄が流されないように、30m間隔で10針ごとに、錘「手石」を取り付けて投げ込む。餌をつけながらの投入だから終わるのに1時間程かかる。その後しばらく待って引き揚げるが、掛かっていると結構時間がかかる。早津江川河口、2019年

ところが2020年の秋、筆者・中尾のもとに、鮮魚販売部と食堂部から成る「夜明茶屋」を柳川で経営する、元網元の金子英典社長から、「柳川の漁師たちは何にも捕れなくなって大変なことになっている」と情報が入った。

今のところ海苔だけは酸処理や施肥で持ち堪えているが、アサリもサルボウも2020年は全く捕れない。市場にも欲しい魚介類が極端に少ない。採貝漁業も漁船漁業も立ち行かなくなってきている。そこで、比較的高値で取引されるウナギに目をつけて、ウナギ延べ縄（ある程度の道具や経験が必要）やタカッポ（ウナギ竹筒漁、p.72の写真）、ウナギ釣り（6.1節）、潟や石垣の隙間でのウナギ探り漁（6.8節）などで、日銭を稼ごうとしている、ということのようだ。

佐賀市川副町犬井道に住む梅崎国夫氏は、ウ

この日の梅崎親子の延べ縄漁は不漁で、6本だけだったが、そのなかに、けっこう大きいのが掛かっていた。800gはあっただろうか。柳川の筑後中部魚市場に出せば、1万円にはなるに相違ない。2020年9月は海苔漁の準備で忙しく、5回ほどしか延べ縄漁に出なかったが、毎回50〜60本掛かったそうで、けっこうな収入になったとか。佐賀市川副町の早津江川沿いにある戸ケ里(とがり)漁港、2019年

ナギ延べ縄のレジェンドと呼ばれているが、彼のところにも、2019年の暮れあたりから、何人かが延べ縄のことを尋ねに来たそうである。

筆者・中尾も、2019年にレジェンド梅崎国夫氏(当時73歳)親子に延べ縄の仕掛けを見せてもらったことがある(左頁の写真)。それは実に大規模で、ひとつの鉢に330本の釣り針が付いていて、長さ約1,000mの幹縄に3m間隔で枝縄が付き、それが整然と纏められた様子は芸術的でさえあった。かつての最盛期には3鉢も用意していたので、総延長は4kmほどにもなったという。

筑後大堰が1985年に稼働するまでは、ウナギが100本から200本、150kg以上捕ったこともあった。餌は干潟にいるヤマトオサガニ、潮が満ち始める頃に船を出し、川に縄を投入し、最初に縄を投入したところへ戻り縄をたぐり寄せる。満ち潮の時に雨が降ると、淡水に刺激されてウナギの活動が活発になるので、大漁となる。2019年夏も、雨が降った時に70本もかかったらしい。

梅崎氏が漁に出るのは盆過ぎから9月終わりま

で、下りウナギの採捕制限（8.1節）が始まる10月初めまでには漁を終える理想的な方法だ。しかし、氏が柳川市の筑後中部魚市場で、50〜60本を競りに出した際、ほかにウナギを競りに出したのは延べ縄の人が3名、釣りや竹筒漁の人が10数名いたが、彼ら新参に見えるウナギ漁師たちは下りウナギ採捕制限に無頓着のようで、資源保護の面からも問題だ、と梅崎氏は語る。

大川市でボートなどマリンスポーツ用品を扱う株式会社キハラの社長、木原克実氏も、資源保護の意識が高く、針を飲み込んだ場合以外の銀ウナギはリリースしているが、氏によれば、「銀ウナギは脂んのってうまかもんのう」と、手放さない新参漁師も多いという。20〜30年前は200kg以上、10年前は100kg、2019年は50kg前後捕ったが、近年の新参の漁師たちによる乱獲もあってか、ここ数年、筑後川のウナギ延べ縄漁は芳しくないらしい。

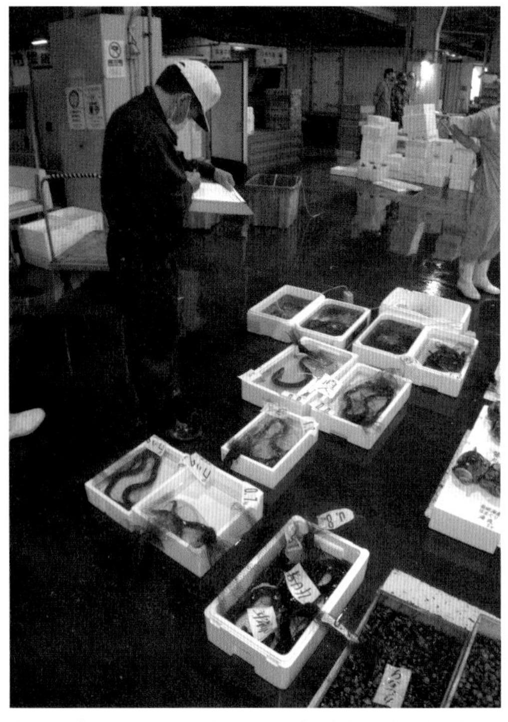

競りの直前、朝4時50分頃の柳川の筑後中部魚市場。有明海沿岸に水揚げされた魚介類を担当する白谷（しろたに）課長が事前にチェックしているところ。0.8kg、1.3kgなど重さを書いた札が入れてある。コロナ禍の影響か、競りの値は前年の半額くらいだという。海ウナギ（アオ）でキロ1万円前後。2021年

筑後中部魚市場でのウナギ競り。この日は入荷が少なく、5時から参加している仲買人は数人、持ち込んだ人は5人。ひとり平均2kgあまり。本番の競りで聞こえてきた値は、6千円とか8千円。2021年

第7章

有明海各地域のウナギ漁

前章では漁法の数々を紹介したが、本章では、地域ごとの漁の状況を見ていこう。

7.1. 島原半島、諫早湾と周辺河川

諫早湾締め切りの前夜

島原市の湯江川（河川図㊴）や、雲仙市の土黒川（河川図㊳）、神代川（河川図㊲）西郷川（河川図㊱）、田内川（河川図㉟）、など、雲仙山系から流れ出す清流の河口部とその沖の潟地には、今でもウナギ塚が築かれている。

諫早は昔から鰻料理店が多く、今も老舗が数軒あるのは、かつては諫早湾でウナギが良く捕れたからだ。多良岳山系を水源とする本明川、長田川（河川図㉚）、深海川（河川図㉙）、小江川（河川図㉘）、境川（河川図㉗）、長里川（河川図㉖）の清流には、ウナギ、アユ、モクズガニなどが多かった。ウナギやモクズガニが川を下る秋になると、各川の中流や河口部に仕掛けた簗や大きな筌でたくさん捕れた。河口部の潟ではウナギ掻きやウナギ探りでウナギを捕っていた。また、河口部や干潟の江湖でウナギ掻きをしたり、探ってウナギを捕らえる人もいた。

長田川の河口、本明川との合流点の少し上流にはウナギ塚もあり、秋の下りウナギの時期には、梁にウナギとモクズガニがたくさん入った。IWAPRO（註17）代表の岩永勝敏氏は、小学生の頃タニシやドジョウ、カエルを餌に置き釣り（漬け釣り針）漁や、ミミズを餌に穴釣りもしていたそうだ。

長崎県諫早市高来町の境川河口の干潟でも、ウナギ塚漁が盛んだった。境川は水量豊かな名水で、中流から下流にかけ広い扇状地が発達し、周辺には何か所も伏流水が湧き出ている。湧水や淡水が流れ込む場所にウナギは集まる習性があるようで、そうした場所に築いたウナギ塚にはウナギが良く入るという。干潟も扇状地の延長上にあるので、干潟に穴を掘るといたる所で水が滲み出す。

また扇状地の地先は潟泥の堆積も少なく、20cmも掘ると下は砂礫質でウナギ塚を築くのに都合が良かった。直径約1.5m、深さ50cmから1mほどの穴を掘り、大小の石を積み上げウナギが隠れる場所を作り、潮の具合を見ながら開ける。水がたくさん残ればバケツで汲み出し、石の隙間から出てきたウナギを、「たも網」かウナギ鋏で捕らえる。

高来町湯江に在住の村山末次郎氏夫妻は、ウナギ塚を40数か所管理し、岸に近い所と遠い所のウナギ塚は、干満差が最大の大潮の時に開け、中間地帯の塚は、小潮や中潮の時に開ける。しかし、ふたりで頑張ってもせいぜい5～6か所、毎日開けに出ても、一潮の15日間でようやく一回りできれば良い方だった。

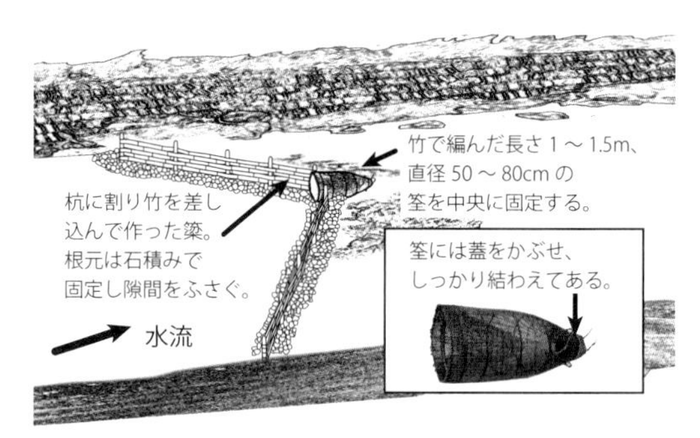
竹で編んだ長さ 1 ～ 1.5m、
直径 50 ～ 80cm の
筌を中央に固定する。
杭に割り竹を差し
込んで作った簗。
根元は石積みで
固定し隙間をふさぐ。
筌には蓋をかぶせ、
しっかり結わえてある。
水流

本明川中流や長田川下流に設置してあった簗と筌。諫早湾が潮受け堤防で締め切られる数年前の1990年頃まで使われていた。

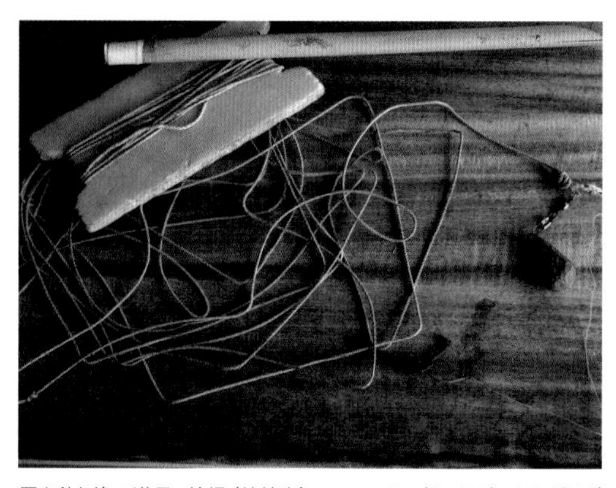

置き釣り漁の道具。幹縄（紡績糸）10～15mに、餌のドジョウやザリガニをつけた枝針10数本と錘をつけた仕掛けを、夕方、岸から川の中央めがけ思いきり投げ入れ、竹や木の棒に手元の糸を結びつけた目印を岸に差し込み、翌早朝引き揚げる。この道具を見せてくれた太良町の西田辰巳氏によれば、2017年頃から外道のナマズやライギョばかりでウナギがかからなくなって漁をやめたそうだ。2018年

村山末次郎氏は田も1町歩ほど作っていたので、農繁期にはウナギ塚を毎日開けるのは難しい。夜は夜で、ウナギ塚を投網塚(とあみつか)、すなわち魚礁に見立て、目印の杭を立てておき、夫婦で小船を出してその周辺で投網(とあみ)を打ち、スズキやチヌ（クロダイの別名）などを捕っていた。「子どもたちを育て、田の面積を増やし、家を建て替えたのも、泉水海(せんすいかい)（諫早湾の別称）のお蔭です」と話してくれた。彼のウナギ塚は、諫早湾干拓の潮受け堤防の内陸側にあったので今はないが、痕跡は残っているかも知れない。

諫早湾奥の長崎県雲仙市愛野町(あいのまち)の千鳥川は、現在では有明川（河川図㉜）に流れ込むが、第二次世界大戦後に千鳥川の地先で始まった旧諫早干拓事業が1964年に完了するまでは、現在の有明川の河口部約2kmは千鳥川の江湖だった。そこでは手押し網にウナギが入ることがあったが、今では潮受け堤防内陸側の調整池になっていて、干満がなく水没したままなので江湖は見えない。

また、福岡県柳川市や大川市、佐賀市諸富町(もろどみちょう)、佐賀県杵島郡(きしま)白石町(しろいしちょう)有明地区、鹿島市浜町(はままち)、佐賀県藤津郡太良町大浦地区からもウナギ延べ縄漁の船が、湾の一番奥にあった三ツ島（大島、中ノ島、沖ノ島、ただし前2島は旧諫早干拓事業で1960年代中頃に地続きとなり沖ノ島のみ現存）付近まで来ていた。

しかし諫早湾は、1997年4月14日、潮受け堤防で締め切られた。雨が降れば潮受け堤防内陸側の調整池に溜まった水を外側の諫早湾に排出するが、内陸側には海水を入れない。その結果、調整池の内陸側に流入する、山田川、千鳥川、有明川、本明川、長田川、深海川、小江川、境川には、シラスウナギはじめウナギ、アユ、モクズガニ、稀少種のヤマノカミも遡上できず姿を消した。海水中で産卵する何種類ものカニも調整池の沿岸から姿を消した。

古老たちは「泉水海は宝の海じゃった。勿体ないことをした」と口々に言う。「ウナギでん、スズキでん、フグでん、グチ（ニベ科の魚シログチの別名）でんおったもんのう」と。今にして考えると、河川のバイパスを造って堤防外側の諫早湾と直接結ぶべきだった。いや、そうしなくても、p.64で紹介したように、排水門を常時開いて海水が調整池に入るようにすれば、すぐに解決する問題なのだ。

村山末次郎氏夫妻が長崎県諫早市高来町境川河口脇のウナギ塚を開けている。この日は3匹入っていた。1987年

ウナギ塚には目印の杭が立ててある。諫早湾潮受け堤防の内陸側になった今では、草原になっている。長崎県諫早市高来町境川河口地先の干潟、1985年

長崎県諫早市高来町と小長井町の境界、JR長崎本線長里駅付近の上空から撮影。写真の中央下にある楕円形の石積みがスクイ。奥に見える小さい島は三ツ島の沖ノ島。現在では画面上方を諫早湾潮受け堤防が横切る。1987年

諫早湾潮受け堤防北排水門の外側の諫早湾側にある、ほとんど使われなくなったウナギ塚。2007年

唯一残る石干見

一方、潮受け堤防外側、諫早湾に面した長里川河口南西の長崎県諫早市高来町金崎や水ノ浦には、今も10数か所ウナギ塚が残る。また水ノ浦には有明海でただ1か所、「スクイ」(石干見(いしひみ)、「いしひび」とも)漁場が残り、諫早市指定の有形民俗文化財となっている。石干見は、干満の差が大きい海辺に、高いもので3m前後、石を積み上げ半円形や円形のバリアーを築き、そこに満潮時に入り引き潮で取り残された魚やエビを捕まえる、最古の漁法ともされる原始的な漁法である。島原半島の有明海側、天草、宇土半島、諫早湾、佐賀県の太良町、鹿島市の沿岸に築かれていたが、維持管理が大変なので次々に放棄された。記録では明治期には島原半島沿岸だけで215か所あったという[田和 2019]。

石干見は、奄美、沖縄、先島、台湾、韓国などのほか、フィリピン、インドネシア、タイなどの東南アジアや、メラネシア、ミクロネシア、ポリネシアの太平洋島嶼にあったし、オーストラリア先住民アボリジニも使っていた。近年、石干見を、コモンズ（共有財産）とその再生、という文脈で捉え直す研究もおこなわれている［田和 2019］。

長崎県諫早市高来町水ノ浦のスクイの外に放置してあるウナギ塚で小型のアカニシなどを捕っているところ。第二次世界大戦後まもなくスクイの権利を買い取り長年維持してきた中島安伊氏が高齢で引退し、現在スクイを管理しているのは、中島安伊氏の長男、愿（すなお）氏の夫人さよ子氏。このあたりは礫が多いので潟泥は少ない。2010年

7.2. 佐賀県のニホンウナギ漁

四手網

佐賀県と長崎県の県境の東端にある今里川（河川図㉕）の河口にもいくつかウナギ塚があり、40年ほど前までは四手網も見られた。

四手網は、四角形の平面状の網で、中に置いた餌に寄る魚介を引き揚げたり、餌を使わずに単に網のように引き上げてたまたま居合わせた魚介を捕る、江戸時代からの伝統漁法である。東南アジア各地の河川や海でも良く見られる。大潮の上げ潮時に良く獲物が入り、ウナギや大型のスズキが入ることもあった。

有明海では四手網を「じぶ」と呼ぶが、これは、四手網を吊り下げる腕を、クレーンの突き出た腕「jib：ジブ」に見立てたのが由来のようである。単語ジブは、何かを吊り下げる腕木の意で、絞首台の横木gibbetが語源だとの説がある。

鹿島市七浦には、海に建てた小屋から四手網を操る「棚じぶ」漁があった。下に掲げる『有明海漁業実況図』（註12）に描かれているように、幕末の「棚じぶ」は3、4名も入ると身動きできない小屋だったが、今では、最大10名ほどまで入る大型の小屋を使った、観光向けと環境教育向けの伝統漁法体験コースとして生き残っている（次頁上の写真）。

「棚じぶ漁」。幕末頃の漁法を紹介した『有明海漁業実況図』（註12）より。所蔵：竹下八十、写真提供：佐賀県立博物館。

「道の駅鹿島」に併設されている「棚じぶ漁体験」の小屋。左に見える狭い橋を渡って小屋に入る。写真提供：鹿島市観光協会。

生物多様性の見本市

佐賀県藤津郡太良町の竹崎島と対岸との間の入り江には、田古里川（たごりがわ）（河川図㉔）の河口部を干拓しようと築いた堤防の一部が台風で壊れて以来、放棄されたままになっている。今ではその堤防の内外は生物多様性の見本市会場のようになっていて、海外の研究者も注目している。

米国東部ワシントンD.C.の東にある閉鎖性の強いチェサピーク湾は、流域の開発に伴って1970年代以降急速に環境が劣化し、魚介類、野生生物、水中植物などが減少した。これに危機感を持った漁民や地域住民が立ち上がり、環境保護庁のおこなった調査結果を基に、チェサピーク湾の環境復元計画が2000年に発足、環境復元が進められている。その参考にするため、同湾の研究者も田古里川河口部を訪れ、千葉大学の研究者や、故・山下博由・貝類多様性研究所所長の案内で、さまざまな生物を調査した。

また、堤防海側の河口右岸側にある干潟では、平方宣清（ひらかたのぶきよ）氏が、1984年からアサリ養殖を進めている。諫早湾潮受け堤防の締め切り以後にタイラギが急減したため、氏は、元来おこなっていた潜水器タイラギ漁を休業せざるを得なくなった。しかしそのアサリ養殖も、諫早湾干拓事業が始まって以来、赤潮や貧酸素水塊の出現に悩んでいる。氏は、「よみがえれ！有明」訴訟では当初からの原告団メンバーでもある（p.76）。さらに2011年以来、この場所で干潟再生実験も進め、市民をまじえたワークショップも開催している（p.211）。

田古里川河口。画面上方が南。画面中央に見えるのが堤防の壊れた部分で、堤防の左側が田古里川、右側の干潟には赤潮が発生している。右下の堤防の外側が平方宣清氏のアサリ養殖場。2007年

太良町のウナギ塚

田古里川の河口と佐賀県藤津郡太良町の大浦中学の裏の入り江の岸辺に数か所、里の入り江の周辺に10数か所、波瀬ノ浦（はぜうら）周辺にも10数か所ほどウナギ塚があるが、この数年で放棄されたものが目立つ。ウナギが入らなくなり、また、維持してきた人たちの高齢化が理由だろう。

このあたりのウナギ塚には、掘った穴の底に長さ1〜1.5mの竹の筒を20〜30本並べ、その上に押さえの石を並べるスタイルと、穴のまわりに石を積み、中に長さ1m前後の竹筒を20〜30本2段に重ねて上に石を載せるスタイルがある。竹筒は入れず石だけを積み上げるウナギ塚もあり、それを「ウナギ釜」と呼んでいる。ほかに、餌のアナジャコを入れた塩ビ製の筌を置いて石でバリアーを築く方法もある。

太良町の多良川（河川図㉓）と糸岐川（河川図㉒）の感潮域には、それぞれ20か所ほどウナギ塚があり、多い人は10か所ほど管理していたが、今はだれもやっていない。ウナギが入っているか開けてみるまでわからないが、ときどき開けて中に溜まったゴミや泥を掃除しておかないとウナギが入らない。以前と異なり、最近はたいていの人が中に竹筒を入れる。竹筒の一方に手をあてて傾け、手ごたえで入っているのはわかるから、袋網を下に差し込み獲物を滑り込ませる。海岸の堤防の下にウナギ塚が点々と築かれている場所には、たいてい水が流れ込んでいる。湧水や淡水が流れ込む場所を好むウナギの習性を活かしている。

佐賀県藤津郡太良町波瀬ノ浦のウナギ塚。竹で作った棚は竹筒を並べるためのもの。下2枚も含む写真の伊東信之氏は引退している。2013年

佐賀県藤津郡太良町糸岐川でウナギ塚を開けているのは、鍛冶屋を営む陣香政昭氏。2005年

佐賀県藤津郡太良町波瀬ノ浦から少し北、多良寄りの海岸に築かれていたウナギ塚。竹筒を30本ほど入れてある。2015年

ウナギ筌。餌はアナジャコ。太良町波瀬ノ浦、2009年

鹿島市のウナギ塚

鹿島市の浜川（河川図⑳）と石木津川（いしきづがわ）（河川図⑲）の河口部に10数か所あるウナギ塚は、中に竹筒を入れない。浜川のJR長崎本線鉄橋下のウナギ塚は水が深く、潜って石を除き隠れているウナギを探って捕まえる技が必要だ。

筆者・中尾は、2016年に99歳で他界したベテラン中島正好氏に話を聞くことができた。ウナギ塚のほか、川岸の石垣や干潟の江湖沿いの潟に潜むウナギを探ってつかみ取るのが上手だった。手探りだとウナギが逃げるので、ウナギが作っている抜け穴（本人は「抜き穴」と呼んだ）を、あらかじめ手指の先で穴の方向を探り当て足で踏みつけ退路を断って捕まえる。まさに神業！　慣れない人が失敗しても「どりゃー退（ど）けてみろ。俺（おい）が捕まゆっけん」と、ウナギがいるあたりを探って捕まえる技は語り草だった。

中川（河川図⑱）と鹿島川（河川図⑰）の合流点近辺に、いくつかウナギ塚が築かれていたが、最近は開けているところをあまり見かけない。2、3か所ウナギ塚を築き、竹筒漁もしていた山崎雅義氏が高齢のため漁をやめたからか。竹筒漁は石木津川の下流、鹿島川、中川や掘割でも見られ、竹筒が数百本は漬けられていた。もうひとりは、鹿島川と中川の合流点の少し上から数か所ウナギ塚を築いており、今でもときどき開けている。

ウナギ塚を環境教育に

最近、鹿島市七浦（ななうら）地区の音成川（おとなりがわ）（河川図㉑）河口では、以前築かれたが放置されていたウナギ塚を、七浦地区振興会の増田好人氏が地元有志に働きかけて復活させ、オーナー制をとってレクリエーションと環境教育に利用している。「まえうみ市民の会」（2014年設立の「明るい有明海」を未来へ伝える市民団体、「まえうみ」は有明海の別称）の樋口作二・元会長が中心になって管理している。

毎年春から秋にかけて、地元の小学生の生きもの観察会、まえうみ市民の会、佐賀大学が企画

ウナギ塚を探ってウナギを捕らえた瞬間。ベテラン中島正好氏の長男、中島康夫氏。2017年

中島康夫氏のウナギ塚。5つ連なっている。佐賀県鹿島市石木津川河口、2017年

中島康夫氏のウナギ塚。この日は2つ開けて4匹、1匹は1kg以上の大もの。2017年

鹿島川河口近くでの潟掻き。ウナギは尾の先が塩ビ製の桶の縁に掛かると、それを尾（?）がかりにして簡単に逃げ出すので、桶の縁にビニールのネットを被せてそれを防ぐ。桶の中には既に1匹。2022年

佐賀県鹿島市浜川のJR長崎本線の鉄橋下のウナギ塚で、ウナギ鋏で捕まえる。中島正好氏の次男、幸春氏（手前）と三男の達也氏（奥）。2017年

するイベントに、ウナギ塚体験が組み込まれている。年に2、3匹だが、胴回りが20cm前後、長さ1mを超す巨大ウナギが入ったことがある。ほかにもエビの仲間やハゼの仲間、カニ類、秋にはモクズガニなど20種類前後が入る。川底に石を積み上げるウナギ塚には、川の生物多様性を豊かにする漁礁の役目も期待されているわけだ。

佐賀県鹿島市七浦の音成川河口のウナギ塚は2013年に復元され、環境教育とレクリエーションに使われている。鹿島市立七浦小学校5年生による生きもの調査の様子。近くには、ミニガタリンピック場、干潟体験ゾーン、p.126の棚じぶ漁体験小屋（奥に2棟見える）がある。2015年

塩田川河口から約9km、中流の前郷橋（まえごうばし）の80m下流に何年も前から仕掛けてあるW字状の羽瀬。モクズガニを捕る時は上流側が開き下流側に金網を張った木製の四角柱状の筒を、ウナギを捕る時は「流し網」を、それぞれ取り付ける。向こうの堤防を越えた左側にある江戸中期に造られた遊水施設「鳥の羽重ね（とりのはがさね、p.193）の遺構は、現在は嬉野市西部公園グラウンドである。画面右側が川の上流。2018年

嬉野市の塩田川で30年ほど前までおこなわれていた「流し網」用の手作りの袋網。羽瀬の杭に結わえる網の口は、幅150cm高さ50cm前後で長さはおよそ5m。河川管理者から許可をもらって堰の下に仕掛けていて、最盛期には20か所以上あった。写真の金田哲郎氏は祖父の代から2か所設置、1961年9月、一晩でウナギが100kg余り入っていて語り草になったそうだ。2018年

塩田川の感潮域の最上端にあった河川港、塩田津（しおたつ）の杉光陶器店（建物は文化庁の登録有形文化財に指定）の先代が、20年以上も前に塩田川で使っていたウナギ筌。中に大きなミミズや藁くずなどを入れて川床にセットしていたらしい。

塩田川と周辺

鹿島市と佐賀県杵島郡白石町の境界から有明海に注ぐ塩田川ではウナギ塚を見かけない。地元の人は、昔から竹で編んだ筌に餌を入れて川底に置く方法は盛んだったが、ウナギ塚は築いていなかったという。内水面漁業協同組合の申し合わせでウナギ塚を禁止したのかも知れない。その内水面漁業協同組合は10年ほど前に解散した。アユやウナギの漁獲量が減った、あるいは組合員の高齢化が原因だろうか。

小城市芦刈、杵島郡白石町福富、有明や、鹿島市、太良町など、佐賀県の人たちは、梅雨明けや秋から冬にかけて、地元の干潟で、船掻きや潟掻きでウナギを捕る。それに加えて、良いウナギが多いからか、諫早湾にも出かけてウナギ掻きをおこなっていた。

六角川は29km上流まで潮が上がるので、潟泥が堆積していてウナギ塚は築けない。嘉瀬川下流域も潟泥が堆積していて塚は見かけない。

六角川のウナギ探り

鹿島市浜に在住の、ムツゴロウを捕る「ムツ掛け」レジェンド、原田弘道氏から、六角川での「ウナギ探り漁」の話を聞く機会があった。あらゆる漁で名人技を誇っていて数年前に80歳前後で他界した中島満利氏に、18歳頃から弟子入りして、ムツ掛けなどの技も学んだが、ウナギ探りはとても真似できなかったという。

ウナギの習性と川の状況を判断する神業のような技術を中島氏は持っていて、堤防から川を観察しただけで、「もうウナギはここにはおらん。もう少し上流に上がらんば…」と即断していた。六角川での「ウナギ探り漁」は梅雨が明けてからお盆までの二潮の間、約1か月間だけだったが、その間に10日あまりは通った。河口から20kmほど上がった、武雄市の高橋や北方（きたがた）の支流が漁の場だった。石垣の外の葦原から流れに入り、その脇の潟泥に手を突っ込んで、ウナギの穴を探り、見つかると潜って、穴を探って最後はウナギ鋏で尻尾を挟んで捕らえる。一度潜っただけでは息が続かず、呼吸を整えて再度潜る時は、原田氏が師匠の中島氏の背中を押さえることもあったらしい。そうやって中島氏は、多い日には20数本のウナギを捕らえていたが、原田氏の方は2、3本止まりだったとか。中島氏の探りの技が如何に凄かったかがわかる。秋の下りウナギの漁は、塩田川の江湖と鹿島川の江湖が交わる地点近くの潟、あるいは、沖の牡蠣礁（かきしょう）の周辺の潟を探ってウナギを捕っていたそうだ。原田氏は9月に入ると海苔養殖の準備で忙しくなるので、ムツ掛けにもウナギ探りにも出かけていなかった。

中島氏は、体調を崩してから、40年ほど使っていたウナギテボ（ウナギ筌）を原田氏に譲り、原田氏は師匠の形見として大切に保管している。

鹿島市浜の原田弘道氏（75歳）はムツ掛け名人のひとり。数年前に亡くなった師匠の中島満利氏から譲り受けた、形見の大型のウナギテボにウナギ鋏をかざしているところ。このウナギ鋏は、特製のプロ用。2020年

六角川のウナギ引っ掛け漁

杵島郡大町町（おおまちちょう）生まれの下田代（しもたしろ）満氏（70代前半）が、中学二年生の時に考案したウナギ漁法がある。六角川は感潮域が29kmと長く、しかも1982年に完成した河口堰も緊急時以外は開いたままで、海水が行き来していてエツも繁殖している、豊かな川である。今から60年ほど前、ウナギ資源はもちろん豊かで、川岸の潟、荒籠（あらこ）（石積み水制工（すいせいこう）、p.137）、石積み護岸の隙間にウナギが隠れている。梅雨が明けると子どもたちはウナギを求めて川に入り、差し釣り針漁（p.98）をしたり、つかみ取ったり、釣ったりしていたが、満少年はもっぱら石積みの間に手を入れて潜んでいるウナギを捕っていた。しかし、つかんで捕るのはなかなか難しかったので、独自に編み出したのが「ウナギ引っ掛け」だ。

隙間に潜むウナギは、いきなり手でつかもうとすると逃げるが、左手をしばらく水にひたし水温に馴染ませてからそっとウナギの腹部に触ると

動かないことを知り、引っ掛ける道具を考案した。蝙蝠傘の傘を支える親骨の1本を、差し釣り針漁に使う長さ4～5cmの釣り針の元（チモト、糸を結ぶ部分）の部分に継ぎ足した、長さ20～30cmの長い「引っ掛け棒」である。

昔の傘の親骨は断面がV字形の鉄製だったので、そこに釣り針のチモトを差し込んでペンチなどで圧着し、「引っ掛け棒」を作るのである。

ウナギが隠れていそうな石垣の隙間に左手を差し込み、はやる心を抑えて左手を水温と同じにしてから、奥へ左手を差し入れてウナギが触れると、右手に持った引っ掛け棒をウナギに触れないように腹部まで動かし、すかさず右手を手前に引いてウナギの腹に引っ掛け棒の針を引っ掛け、ウナギを引き出す。二つ折りの状態で石垣の外へ引っ張り出したウナギを、すかさず網袋に入れる。

潮の具合などで釣果は異なるが、多い時には20数本捕ったこともあった。ある時は石積みのひとつの隙間に7本入っていたこともあったとか…。捕ったウナギはほとんど全部自家用だった。

近所の子どもたちも引っ掛け棒を真似て作り、ウナギ引っ掛けに挑戦したが、左手が水温になるまで待つ極意を教えなかったのでうまく捕れず、諦めたらしい。

差し釣り針漁に使う長い釣り針は、近年は売られていないようだ。河川の護岸を間知石（けんちいし）（四角錐の石材で錘の底面が表に出るように積む）やコンクリートブロック、コンクリートで固めたりして、ウナギの隠れ場所の隙間がなくなり、ウナギ差し釣り針漁ができなくなったためか。

中学卒業後、満少年は大阪の工場に集団就職し、29歳で故郷に戻り武雄市北方で釣り具店を開くまでは、釣りやウナギ探りとは縁がなかった。その後は店のお客と一緒に釣り三昧の生活を送ったが、引っ掛け漁はしなかったようだ。

しばらく後に、彼は渡船「まんぼう丸」を建造、平戸や五島などへ釣り客を運ぶ瀬渡しをしていたが、船の老朽化で、10年ほど前からは青少年向けの自然体験や環境教育を展開している。

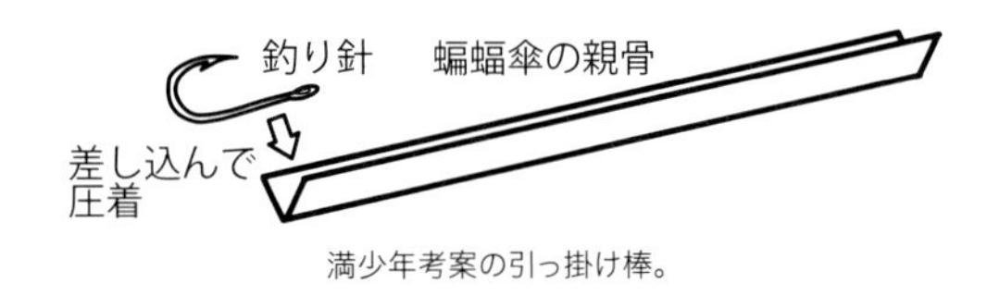

満少年考案の引っ掛け棒。

コラム

六角川河口域でのウナギ地獄釣り

大潮で潮が満ちてくる夏の夕方から夜半、川岸の葦原で、太いミミズ10数匹を絹糸でぐるぐる巻きにしたミミズ団子を水中に垂らす。すぐにウナギが食いつくが、糸の間に頭を突っ込み絡まってしまう。そこで、しばらく待てば針がなくてもウナギを釣り上げることができる。夏の葦原は蚊の巣窟、露出した顔や手は蚊に刺され続ける。それを我慢しての釣りなので「地獄釣り」と称したのだ。

1955（昭和30）年頃の六角川での地獄釣りの様子を、筆者・中尾に語ってくれた前田純二氏は、1949年生まれ。卒業後に就職した佐賀市の上下水道局で、活性汚泥を用いた下水処理やバイオマス事業など水環境づくりに一貫して関わり、定年退職後は佐賀市を本拠とするNPO法人「循環型 環境・農業の会」で理事を務めている。

当時、純二少年が住んでいたのは、六角川河口から10kmほど遡った、現・佐賀県杵島（きしま）郡白石町深川、父親の正敏氏は石炭運搬用80tの機帆船（エンジン付きの木造の帆船）を2隻所有していた。隣接する現・杵島郡大町町には、明治末から操業を開始し、佐賀県最大級にまで拡大された杵島炭鉱があり、採掘された石炭を大町町から六角川河口の住ノ江港、さらに八代、水俣へと運搬していたのである。機帆船は、接岸できない岸との間で荷役や連絡をするための小型の伝馬船（てんません）、今でいうカッターボートを搭載していて、これは釣りにも便利だった。深川に常時10隻ほど係留されていた機帆船の船主たちは、大潮の頃はほとんど毎晩、この伝馬船を使って河岸の葦原に繰り出し、地獄釣りをおこなっていた。

父親に連れて行ってくれとせがんでも、蚊に刺され続けて酷い目に会うから、と現場に行かせてもらえなかった純二少年の役割は、団子の材料、ミミズを集めること。下校して帰宅するとすぐにミミズ探しに出かけ、ミミズの集まる場所を知っているので20〜30匹集めてくる。

父親は、針や竹串などを使って1匹のミミズの頭から尾までを細い絹糸で貫き通し、10数匹に次々と糸を通して、直径60〜70cmのミミズの輪を作る。それを八の字に捩じり、それをさらに捩じる。これを繰り返すと、最後には野球のボール大の団子ができる。それをまた絹糸でぐるぐる巻きにしたものが「数珠子」だ。数珠玉の固まりのように見えるのでこの名がある。

毎回、これを2個ほど紐につけて伝馬船の船べりから水中に垂らすのだ。そこで「地獄釣り」はまた、「数珠子釣り」とも呼ばれていた。

葦原に棲むヤマトオサガニ、アリアケガニ、ケフサイソガニなどを狙ってやってくるウナギは嗅覚が鋭いので、好物のミミズの匂いに誘われて次々と団子に食いつく。何本も食いついたことを確認してから紐を引き揚げると、2、3本がそのまま水から揚がってくる。これを1時間ほど繰り返すうちに潮が引き始めるので、地獄釣りを終えた伝馬船は葦原を後にする。

梅雨明けからお盆の頃まで、一潮に4、5日出たとして計10日ほどの地獄釣り、捕れたウナギを井戸のそばに置いた大きな木桶に入れ、水をかけ流して生かしておき、鰻料理店や仲買人に売っていた。しかし、石炭から石油へのエネルギー革命が進行して1969年に杵島炭鉱は閉山、石炭運搬業者は次々と転業、石炭運搬船組合も解散し、六角川に約30隻あった機帆船はいなくなり、当地での地獄釣りも姿を消したという。

地獄釣りの経験はないものの、純二少年はウナギ捕りに長けていて、石垣の隙間や潟に潜むウナギを手探りで捕り、握力が弱いので逃げないように口に咥えることもあった。差し釣り針や釣りもしており、夏休みには結構な小遣い稼ぎになったようだ。こうした経験は、筆者・中尾の思い出とも重なる（5.1節）。

ウナギの数珠子釣りは、ほかの地域でもおこなわれており、北九州市の豊前海に注ぐ河川の河口域でも、大きなミミズを糸で巻いた団子をウナギの通り道に船から垂らして釣っていた。また、最近まで四国の四万十川や仁淀川でも、大きなミミズを何匹もタコ糸に通してまとめて括った「ずずぐり」や「数珠子」と呼ばれる仕掛けで、下りウナギを釣っていた（p.48）。針を使わない点が大きな特徴である「数珠子釣り」は、昔はウナギに限らず、たとえば宮城県松島湾では、ハゼ釣りでもおこなわれていたようだ。

数珠子釣りは、ウナギ釣りに関わる昔のエッセイにも、面白い釣り方としてしばしば紹介されている。たとえば、釣り好きだった幸田露伴のエッセイを木島佐一が現代語訳した『幸田露伴 江戸前釣りの世界』には、露伴が「考証 鉤の談」の章で、『嬉遊笑覧』の「巻12 漁猟」中の「数珠子釣り」の項を紹介している［幸田ほか 2002:202］。『嬉遊笑覧』は喜多村信節が1830（文政13）年に刊行した随筆集で、現在、国立国会図書館デジタルコレクションで読むことができる。露伴の訳によると、

> 「数珠子とは、糸の長さ四五尺ばかりの間ふとき蚯蚓を貫き（糸の先に竹串を付て通す）、これを綰（輪のように曲げて丸くし）て一糸にて結固め、五尺計の竹の先に結付、同じ長さに柄を付たるサデ（丸きあみ玉）とを持て日暮より出て、夜中釣餌をくへばサデの内へ釣こみて、取手も濡れぬわざなれど蚊の刺す故に、袷をき手覆もも引き足袋はきて出、闇夜を行、夜中八ツ時に至れば魚も食を求めず、七ツ時よりは釣るるとなり。穴を尋ねて釣る故夜はならず、これも陸をありきて汐入の小堀をのみ釣たるに、近ころは釣人舟に乗り橋台の石垣の透間、又汐のそこり（干潮）には河底の穴をみて舟の上より釣るなり。」

とある。文中「サデ」は3.3節の「さで網」と同じ、また、夜中八ツ時はおおよそ午前1〜3時、七ツ時はおおよそ午前3〜5時に相当する。昔から数珠子釣りは、夜行性のウナギを狙って夜中に蚊に刺されないよう重装備での苦行だったのは、「地獄釣り」とまったく同様なのが面白い。

また、石井研堂（民司）編著『釣遊秘術釣師気質』（博文堂、1906年刊）の730頁、鰻釣法の項に「‥‥品川海の藻鼻にて、大風浪の為に濁りたる時、念珠子釣すべし‥‥」とある（「水産研究・教育機構 図書資料デジタルアーカイブ」より）。

ほかにも、榛葉英治『続 釣魚礼賛』では、江戸時代に達磨屋活東子が編集した随筆集『続燕石十種』第一に含まれる『釣客伝』（下）から、

> 「数珠子のうなぎ釣り。八十八夜（現在の太陽暦で5月初め）からで、以前は麻を使ったが、今は木綿糸を使う。この釣りは竿を上げるでなく、また合わせるでなく、前へ引き込んで、玉（手網）のなかにうなぎを移し込む心得である。」

を引用している［榛葉 1980:207］。水面から引き揚げるとウナギが離れてしまうおそれがあるので、そっと竿を引き揚げながら差し出した「玉」すなわち「玉網」で捕らえる、という極意を説いている。「玉網」は「たも網」と同じ（p.49）。

7.3. 筑後川の流域

筑後川の概要

筑後川は、阿蘇外輪山、九重連山に発する源流群が互いに合流し、次々と名前を変えながら（主流では、田の原川、杖立川、大山川、三隈川など）、熊本、大分、福岡、佐賀の4県を流れて有明海に至る九州一の大河である。河川法に基づく政令で指定された一級河川・筑後川の始点は瀬の本高原、そこから河口までの主流路延長は約143km。筑後川水系の流域面積2,860km^{2}は、有明海に流入する全河川の流域面積の約35%を占め、年平均45億tの水を有明海に注ぎ、有明海に大きな影響を与え続けてきた。筑後川については、次の3つの流域に分けて語られることが多い（国土交通省九州地方整備局筑後川河川事務所『筑後川水系河川整備基本方針』）。

上流域は、広大な源流域から、1954年に完成した発電専用の夜明ダムがある夜明渓谷までを指し、ほとんどが熊本県と大分県に属する。「日田美林」として知られる、スギ、ヒノキに恵まれた山間渓谷を形成し、川が貫流する日田盆地は、「水郷日田」（地元では「すいきょうひた」と濁らずに読む。水も人情も清らかで濁りがないから、という）として昔から川との関わりが深く、また、九州北部における水運と陸運の要衝として、江戸幕府の直轄地（天領）だった地域である。幕府は山林保護政策を採り、日田郡代がスギの挿し木を奨励し全国でも珍しく私有林を認めたので［大分県日田市 2017］、日田杉は、鹿児島県屋久島の屋久杉、宮崎県日南地方の飫肥杉とともに、九州三大美林のひとつとして有名になった。筑後川は、上流域の面積が広く、頭でっかちである。

それに続く中流域は、感潮域の最上端、河口から29kmの小森野近辺までを指していたが、1985年に河口から23km地点に筑後大堰が稼働して感潮域がそこで断ち切られたので、現在では、夜明渓谷から筑後大堰までを指す。筑後川の中流域は、九州を代表する穀倉地帯を蛇行しながら、瀬や淵（p.35の図のキャプション参照）、湾処（川につながっているが周囲が水制工などで囲まれ入り江のように水流が穏やかな場所、淡水生物にとって良い棲み処となる、p.173）、河原など多様な環境を作り出している。久留米がその中心都市である。

下流域は、筑後大堰から河口まで、日本最大の干満差を受けた長い汽水域の周辺領域を指す。左岸の筑後平野、右岸の佐賀平野、合わせて筑紫平野と呼ばれる極めて平坦な田園と干拓地を蛇行する筑後川下流域の河岸には干潟が形成される。縦横無尽に掘割や水路が張り巡らされているのは、4.2節で見たように、取水と排水がともに困難だったことを物語る。

筑紫二郎（次郎）と呼ばれる筑後川はまた暴れ川であり、「坂東太郎」の利根川、「四国三郎」の吉野川とともに「日本三大暴れ川」を成す、いわば「暴れ三兄弟」の次男である。その歴史は洪水と治水に彩られていて、最古の洪水記録は806（大同元）年とされる。筑後川が「一夜川」とも呼ばれてきたのは、洪水により一夜にして豊穣な土地が荒廃する、の意だ。筑後川が洪水を起こしやすい原因は、上流域が降水の浸透しにくい地質であること、上流域の河床が急勾配なのに中下流域の勾配が極めて緩く筑紫平野に氾濫する傾向にあること、などが挙げられる（上流の流速は20km/hだが下流は4km/h強とアンバランス、筑後川河川事務所の資料より）。

明治以前の316年間に183回の洪水記録があり、2年弱に1回起きている計算となる。明治以降は近代的改修が進められたが、依然、洪水は頻繁に起きており、1885（明治18）年、1889（明治22）年、1914（大正3）年、1921（大正10）年、1928（昭和3）年、1935（昭和10）年、1941（昭和16）年、1953（昭和28）年などが良く知られている。

これらはいずれも梅雨時に起きていて、とくに1889年、1921年、1953年の洪水は、「筑後川三大洪水」と呼ばれる。このうち1953年は、筑後川

筑後川水系の流域（紫色の破線で囲まれた領域）及び、熊本県の主な支川とダムや堰

赤色の破線枠はp.147に掲載の「筑後大堰湛水域」の範囲、青色の破線枠はp.153に掲載の「筑後川下流の捷水路」の範囲。そのほか、7.6節や8.7節で紹介する地域や堰などの位置も示してある。

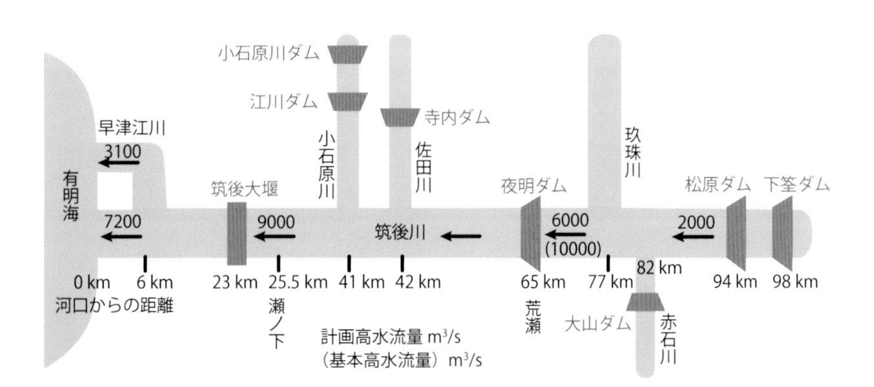

筑後川の計画高水流量と基本高水流量

これらの用語については註18を、ダムや堰の地図上の位置については上掲の流域地図を、それぞれ参照されたい。独立行政法人 水資源機構 筑後川局 筑後大堰管理室発行のパンフレット『筑後大堰』に掲載の図を基に作成。

に限らない広範囲が災害に見舞われた年で、5月下旬から7月20日頃まで梅雨の長雨が続き、平年の4～5倍の降水量を記録した。そして、6月25日から30日にかけ、停滞した梅雨前線がもたらす集中豪雨によって、福岡、佐賀、熊本、大分の各県のほぼすべての河川での氾濫、随所で生じた土石流や崩落により、死者及び行方不明者千名余、被災者は、筑後川流域で約54万人、北九州全域では約100万人を数え、「昭和28年西日本水害」、別名「二十八水（にじゅうはっすい）」と呼ばれる大災害となった（アーカイブズ化された悲惨な記録映像多数）。筑後川河口から65km地点に建設中の発電専用夜明ダムの両岸部と水門の一部が決壊し、以後のダム事業に影響を与えるとともに、九州北部の河川に対する治水対策の抜本的な見直しの契機ともなった。

筑後川の治水対策については、1957（昭和32）年、それまでの「計画高水流量」（p.180）を見直し、河口から25.5km地点の瀬ノ下（せのした）において6,500m³/sに増強する「筑後川水系治水基本計画」が策定された。

そのためには多目的ダムによる治水が必要とされ、松原ダム、下筌（しもうけ）ダムが建設されることになる（その後数回の改定を経て、1995年現在の計画高水流量は瀬ノ下において9,000m³/sである。筑後川河川事務所『筑後川水系河川整備基本方針』、前頁の図、註18参照）。

一方で、周辺の都市化に伴う水道用水、工業団地向けの工業用水、農業用水といった利水の需要に応じるために、流域の降水が梅雨時に集中するので水量が変化しやすい欠点を補完するような、取水位の安定化が求められた。註8で触れているように、第二次世界大戦後の経済復興で高まったこのような水需要に応えるため、総合的な水資源（みずしげん）開発を一元的におこなう法整備の一環として、1961年に「水資源開発促進法」が公布された。1962年4月にまず利根川と淀川が、1964年10月には筑後川が水資源開発水系に指定され、以後、木曽川水系、吉野川水系と指定が続く。1962年5月には、同法に基づいて事業をおこなう政府特殊法人「水資源開発公団」が設立された（2001年からは独立行政法人 水資源機構）。

筑後川については、1966年に「筑後川水系水資源開発基本計画」が策定され、河口から23km地点に、堤防高さが13.8mと、15mに満たないのでダムとは呼ばれない（註8）ものの、治水、利水の両者に応える多目的ダムの性格を持った「筑後大堰」が計画された。この筑後大堰については、筑後川の治水と利水の文脈で後述するが、その前に、筑後大堰が建設される以前の、水運を基にした流域間相互の諸活動を紹介しよう。

水運がつなぐ流域

舟運が主要な交通インフラであった明治以前、筑後川は流域間のヒト・モノ・金・情報の交流に欠かせない存在であった。筑後川では、江戸初期には竹筏で竹や雑木を流していたが、前述のように幕府の植林奨励により人工林が育った明治末以降、上流域の日田美林の木材が筏に組まれて下流域の現・福岡県大川市まで運ばれるようになる。それを基に大川では木造船向けの造船業が発達したが、第一次世界大戦後の経済不況により大川の河川港である若津（わかつ）港の地位が低下したため、職人たちは造船業に代わり家具や建具などの木工業に就き、大川市の基幹産業「大川家具」へと発展した。これが筑後川水運

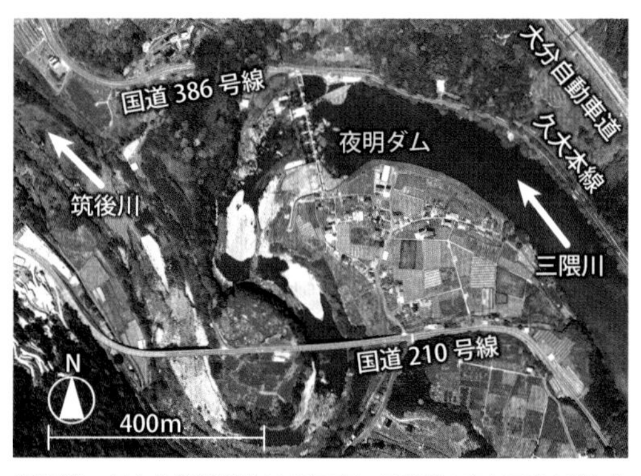

夜明ダム。国土地理院提供2017年5月14日撮影の空中写真を基に作成。おおむね、夜明地区から上流が三隈川と呼ばれる。

の代表例である。筏流しの様子は、たとえば『筑後川を道として：日田の木流し、筏流し』［渡辺音吉ほか 2007］で、明治生まれの渡辺音吉翁の語りで知れる。

翁は若い頃から、農夫であるとともに筏師でもあった。玖珠川や大山川の両岸から伐り出したスギやヒノキを川まで運び、「堰流し」（木流しの方法のひとつで、水の少ないところでは堰を作って水を貯めて流すこと）で大きな川まで流して、そのあとは1本ずつ流し、三隈川で網を張って待ち受けた。その木材が日田の親方の居る川岸に着くと、木を岸に担ぎ揚げて筏を組んだ。そこから、最初は1列の筏で夜明渓谷の急流を抜け、川幅が広くなったところで2列に組み替えて下る。そして山田堰の船通し（p.199の写真）などを抜けて久留米にさしかかる。そのあたりからは感潮域になるので、旧暦の知識を使って干満を予測しないと、大川の若津港近くにある榎津地区までたどり着くことはできない。というのも、川を下るには、引き潮の流れに筏を乗せねばならないからである。そのため潮待ちをすることもあった。日田を発ってから、途中で筏宿（筏師の世話をする事業所兼宿屋）に泊まる、3日はかかる行程だったようだ。

しかし1952（昭和27）年、夜明ダムの建設が始まり（完成は1954年）、1952年12月、江戸時代から続く長い歴史があった筑後川の筏流しに終止符が打たれ、陸上輸送に切り替わった。現在は榎津地区が、大川市の木工産業の一大中心地となっている。夜明ダム建設はまた、アユやウナギの遡上を遮断するものであった。

江戸時代の舟運

江戸時代、筑後川中流域から下流域にかけては、久留米（有馬家）、福岡（黒田家）、佐賀（鍋島家）、柳河（立花家）の4領（当時は藩と呼ばれなかったという）が境界を接し、境界争いや水争いなどが頻発し、互いの仲はかなり悪かったという。江戸幕府は、軍事的要因と技術的要因から、主要河川への架橋を禁止しており、徒渉、渡船についても、その場所を指定していた（国土交通省「道の歴史」ウェブサイト）。筑後川でも、領の防衛を第一義に、幕府は筑後川への架橋を厳禁したので、日田から早津江川と筑後川の河口部までは、川を渡るのに渡し船を利用した。最盛期には「渡し」は総計62か所あった（筑後川河川事務所「筑後川歴史点描」ウェブサイト）。明治以降、道路橋の整備とともに「渡し」の数は減り、1994年の下田大橋の完成により、現在の久留米市城島町にあった「下田の渡し」を最後に、すべて役目を終えた（筑後川河川事務所『筑後川水系河川整備基本方針』）。

渡し場には、船を着けやすい石積みの「荒籠」が利用された。荒籠とは、p.173で触れる「幹部水制工」、すなわち流れに直角方向に突き出して流水を制御する石積み構造物である。同じよう

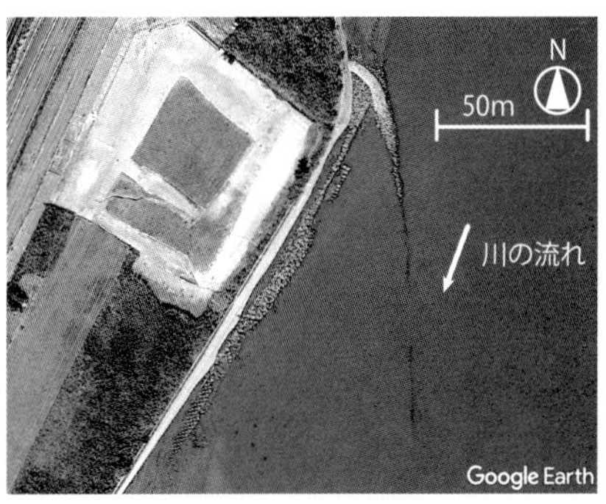

全長約60m、幅約5mと、現存する荒籠のなかでは最大級の百間（ひゃっけん）荒籠。大川市道海島（どうかいじま）の筑後川右岸、鐘ケ江（かねがえ）大橋の下流400mにあり、満潮時には隠れる。左：国土交通省の「日本の川 九州の一級河川 筑後川」ウェブサイトより。 右：Google Earth提供2014年10月19日撮影の衛星写真（© Landsat / Copernicus）を基に作成。

に、流水を刎ね飛ばすので「水刎（みずはね）」と呼ばれるさまざまな形態の構造物が全国に見られた。筑後川とその支流にはこれらが数多く築かれ、江戸中期には、小森野から若津までの間に290か所近くも荒籠が築かれたという［筑後川まるごと博物館運営委員会 2019：54］。大きな荒籠は川の流れに大きく影響し、対岸を削るなどの副作用があるので、向かい同士の、たとえば佐賀領と久留米領との間で紛争を引き起こしたこともある（筑後川河川事務所『筑後川歴史散策パンフレット』）。

荒籠は、渡し場として使われたほか、後述のように明治期に入り若津港が海運で賑やかになると、接岸できない大型船を筑後川の中央に係留し、小型の船が岸の荒籠との間を往復して人と物資を運ぶ、という桟橋の役目も果たした。現在でも、釣りなどの際、川に突き出した足場としても利用されている。また荒籠は、砂や潟泥で埋まらない限り、石と石との間に隙間ができるので、ウナギをはじめ生きものたちの棲み処、隠れ家、避難所になる。

久留米市の神代橋（くましろばし）近くに、「神代浮橋之跡」の石碑がある。文永11（1274）年の元寇の際、この地域の有力者、神代良忠が九州一の難所、筑後川神代に「浮橋」を作り、戦いに向かう肥後や薩摩勢などの大軍を渡したと言われていて、これが筑後川最古の橋だとされる（久留米市サイト「広報くるめ」ページ）。「浮橋（舟橋とも）」は、舳先（へさき）を川上に向けて錨を降ろした船を川幅いっぱいに並べ、綱や鎖でつないで固定し、船上に横板を並べて通路を作るもので、戦地での急拵えだけでなく、江戸期には各領（藩）により全国の大河で運営されていた。

明治に入り1878（明治11）年、現在の小森野地区に私設の浮橋「千歳橋」が架けられた（現在は宝満川に架かる国道3号線の橋だが、p.153の図「捷水路」に示す「小森野捷水路」完成前はこの宝満川が筑後川本流だった）。1888（明治21）年には、現・国道208号線にあたる道路「大川鹿島線」の工事にともなって、「諸富橋（もろどみ）」「大川橋」のふたつの道路渡船場が作られ［遠藤ほか 2021：15］、1955（昭和30）年の国道橋完成まで使われていた。1911（明治44）年、「千歳橋」は浮橋から木製道路橋に架け替えられた［久留米市史編さん委員会 1985：1023−1024］。

他方、「宮の陣中学校S35卒同窓生の広場」ウェブサイトによれば、それ以前1903（明治36）年に、木橋としては筑後川最初の「宮の陣橋」が少し上流側に架かったという。この橋は、1924（大正13）年に鉄筋コンクリート製「新宮の陣橋」（三井電気軌道、後の西日本鉄道甘木線の線路を併設、1948（昭和23）年同線は休止）に切替わった（二十八水で一部倒壊）。

鉄道橋は、これら道路橋より早く、1890（明治23）年、当時の九州鉄道が現・JR鹿児島本線の鉄製鉄道橋を架けて久留米に達している。

江戸時代のウナギ

福岡県大川市の筑後川対岸にある佐賀市諸富地区、2005年まで佐賀県佐賀郡諸富町は、都市化で変化が激しくなった1980年に町史の編纂を企画し、4年をかけて1,380頁に上る大部の『諸富町史』を刊行した。佐賀市のウェブサイト上で、全頁がダウンロード可能な形で公開されていて、そのなかの近世五「漁民のくらし」に、江戸時代の筑後川河口域の漁業の一端が紹介されている。その299〜303頁を少し要約してみよう。

佐賀領は米とともにいろいろな産物を幕府に献上しており、ウナギも含まれていた。初代領主鍋島直茂が、文禄（1592年）の頃から寛永の初め（1624年）にかけて国家老の重職にあった鍋島道虎に宛てた書状では、すずき三掛、名よし六懸、うなぎ十六、はり魚一鉢、ししめかい三升を「網を打たせて」江戸へ送れ、と命じている。そのほか、江戸屋敷への送付依頼や佐賀領から幕府への献上品にも、塩漬アワビ、クラゲ、アゲマキガイの粕漬け、ウミタケ、干メカジャなどが見え、これら有明海の産物が江戸で珍重されていたことがわかる。

佐賀領内でウナギがたくさん生息していたのは、大野島や大詫間周辺の葦原であり、農業のかたわらウナギ漁をする者が多かったと言われている。なお、p.153の図「筑後川下流の捷水路」からわかるように、筑後川河口部、早津江川との間に挟まれた大三角州のうち北半分は大野島、南半分は大詫間と呼ばれる。かつてはふたつの三角州に分かれていて、柳河（柳川）領と佐賀領が所有を争っていたが、幕府が調停して北側は柳河領、南側は佐賀領の所有となった。その後土砂がふたつの島をつないだが、廃藩置県の後も所有はそのまま引き継がれ、現在の県境に至っている。

佐賀領は、ウナギについては「旅出」、すなわち領外移出を厳しく管理していて、ウナギが捕れる川や江湖の周辺では「国産方鰻方」所属の小頭（役人）が目を光らせていた。また、大詫間村など、ウナギがたくさん水揚げされる場所には、鰻請元（ウナギ漁師中の責任者）が置かれていた。大詫間や周辺のウナギは諸富津（現・佐賀市諸富町）に集められ、そこで鰻請元や国産方鰻方小頭の承認を受けて他国の商人に売りさばかれた。なかでも大坂の商人たちは、筑後川河口部だけでなく、佐賀や柳河、肥後にまでウナギを求めて出没していた。

「旅出」とは、そもそも佐賀領が領外へ出しても良いと認証した産物の呼び方だったわけで、筆頭は米だったが、海産物も認証されていた。とくにウナギは、江戸や大坂へ送る米と同様、旅出目録の記録が残っている元治元（1864）年よりも前から認証されていたようだ。また、天保4（1833）年6月、白石南郷深浦村（現・佐賀県杵島郡白石町深浦）で、漁師が勝手に抜け売りをして領外の商人に渡すという不祥事が起きた、との記録も残る。

以上が『諸富町史』の要約だが、大詫間をはじめ城原川、佐賀江川、八田江、嘉瀬川、本庄江、六角川、福所江、塩田川など、汽水域が長い川には、ウナギが多かったと考えられる。大川の若津港から大坂へウナギを送っていたとの伝承もあり、柳河で大坂の商人からウナギの取引を持ちかけられたとの記録もある。また、ウナギが豊富だった大詫間周辺には、近年でも佐賀県杵島郡白石町福富のウナギ延べ縄漁師が移住して漁を始め、多くの弟子たちの面倒を見たそうである。6.9節で紹介した佐賀市川副町犬井道の延べ縄のレジェンド梅崎国夫氏親子も、その漁師の弟子である。

汽水域のウナギは見かけも味も良く江戸時代から人気があった、と現在の「大川市観光ナビ」は説く。それによると、大川近辺の汽水域で捕れたウナギは、アオや口細と呼ばれるほか、上流で捕れるウナギはエラが張り、頭が三角形なのに対し、下流汽水域のウナギは細面できれいな顔立ちなので「別嬪さん」とも呼ばれていたようだ。これは、3.4節、5.4節で触れたのとまったく同じ趣向である。現在でも大川市の観光課は、筑後川河口部の天然ウナギを「大川・旅出しうなぎ」ブランドで売り出しており、提供している店も何軒かある。

流域連携の復活

明治に入り、鉄道、道路など交通インフラが整備されるにつれて、水運の重要性が低下していくとともに人びとの川への関心が薄れ、上流、下流の流域間の結びつきも薄れていった。本書のテーマでもある河川環境の悪化の原因のひとつには、こうした川の水運機能の低下がもたらす意識の変化も関わると考えられる。しかし、8.3節、8.8節で触れるように、1980年代以降、河川環境が重要視されるようになり、1997年の河川法の大幅改正（平成の河川法）では、流域住民の意見を聞く回路が開かれ、流域委員会が開かれるようになる。こうして流域連携の動きが各地で活発化するようになった。

もっとも筑後川流域では、その10年前から流域連携の芽生えがあった。それが、家具の街、福岡県大川市の大川青年会議所のグループ（2004年に現NPO法人「大川未来塾」を創設）が中心になって1987年に始めた「筑後川フェスティバル」である。これは、前述のように、上流の大分県日田産の木材と下流の大川の木工業とを結びつけた水運の歴史を踏まえ、大川市の再活性化のためにも、上下流域の交流を復活させようと企画したものである。第2回目は筑後川上流域の熊本県阿蘇郡小国町（おぐにまち）、その後は、流域各市町村が持ち回りで毎年開催する恒例イベントへと発展している。

同じ1987年、筑後川中流域、福岡県久留米市にある久留米大学経済社会研究所では、所長の駄田井（だたい）正教授（2014年から名誉教授）を中心に「筑後川プロジェクト」と呼ばれる筑後川流域圏の総合的研究が始まった。筑後川流域は水循環を基盤とする自立的な生態系を形成しているので、上流の過疎と下流の過密という社会的不均衡を解消するうえでも、河川という資源を活用した経済や文化も含む持続可能な自立的地域形成の可能性がある。この視点で流域を捉えることが研究の主眼である。自立的な生態系を活用する視点は、第9章で紹介する「森里海連関学」とも相通じ、持続可能な社会形成のモデルが河川流域で生まれる可能性を感じさせる。これは本書で指摘したいポイントのひとつだ。

こうした研究成果を公開講座として発表するなかで、「筑後川フェスティバル」関係者との交流が生まれたのをきっかけに、地域連携と交流を恒常化させる機運が双方の関係者の間に生じた。それは、駄田井教授が中心となって1998年から本格的に活動を開始し、1999年に特定NPO法人の認可を得た「筑後川流域連携倶楽部」に結実する。同倶楽部は、その主要事業としてエコミュージアム「筑後川まるごと博物館」の構想を立て、2001年から、公開講座「筑後川流域講座」を久留米大学で始めた。現在も年2回春と秋に開いていて、学生だけでなく一般市民も受講できる。この講座受講者のなかから一定の資格を得た者が学芸員になる仕組みに基づき、流域全体を博物館と見立てた市民団体「筑後川まるごと博物館運営委員会」が、2003年に正式に組織化された。この学芸員は、ボランティアの筑後川全流域の案内人、解説者である［筑後川まるごと博物館運営委員会 2019：27−31］。「筑後川まるごと博物館」は、各地で水に関わるさまざまな活動に取り組む団体や個人を顕彰する国土交通省主催2006年「第8回日本水大賞」で、厚生労働大臣賞を受賞した。

さらに、県境を越えた同倶楽部の活動には「情報を共有するメディアが必要」、と1999年に創刊されたのが『筑後川新聞』である。流域は筑後川の南部を流れる矢部川も含むので、「筑後川・矢部川まるごと情報」のサブタイトルが付く。同新聞は隔月刊、熊本県、大分県にある源流部から、河口部の佐賀県（佐賀市、神埼市、みやき町など）まで含めた流域全域の情報を提供しており、なかほどの見開き「スケッチ143km」流域絵図は、最新情報が満載の楽しい頁である。2021年10月現在では紙版133号を2万5千部発行、また現在は、ブログでの発信にも注力している。

連携倶楽部は、流域連携の必要性から、筑後川流域各地で活動する約50の団体をネットワーク化した、いわば「メタ・ネットワーク」組織であることが大きな特徴である。また、三大暴れ川とも交流会を開いていて、2016年6月の「第30回記念筑後川フェスティバルin大川」では、記念シンポジウム「兄弟3河川が集い、互いを称え、自慢する～治水と利水そして舟運の歴史を語る～」を開いた。その基調講演は三兄弟からの講演で構成され、筑後川からは、佐賀市在住でNPO法人「大川未来塾」「みなくるSAGA」両者の理事を務める本間雄治氏が、「筑後川水運の自慢話」

と題して、筑後川の水運と大川周辺の文化や歴史を詳しく紹介した。なかでも興味深かったのは、デ・レーケ導流堤建造と、大川を拠点とした深川財閥の盛衰についてである。ここで、「九州河川災害ネットワーク交流会議」が2016年7月にウェブに公開したシンポジウム報告書や［本間2019］など、本間雄治氏の調査研究を要約して紹介しよう。

大川市にある筑後川の河川港、若津港は、江戸末期から明治・大正期頃まで、九州最大の取扱高を誇る有力港だった。若津港には、造船業、回漕店が数多く店を構え、米、紙、小麦、木蝋（ハゼノキやウルシの実から抽出した脂肪）、茶、綿などの物資を輸送しており、江戸後期には米積出港としては九州一であった。航路は、有明海を渡って島原半島を回り、長崎、伊万里、唐津、博多、下関、そして瀬戸内海に入って、天下の台所、大坂に至るもので、「九州西回り航路」と呼ばれていた。

明治40年当時でも、若津港は、年間出荷量が約650万円に達する米を中心とする物流拠点だったのに対し、榎津を核とした木工生産額は約50万円と、それほど大きくはなかった（三潴郡大川町実業団編『大川町案内』明治41年刊）。若津港が筑紫平野で生産された物資を集めて消費地に届ける重要なハブ港湾だったからこそ、明治新政府は、御雇オランダ人土木技師、デ・レーケの知恵を借り、筑後川左岸側に堆積して水運を邪魔する土砂を有明海に流すための導流堤（後に「デ・レーケ導流提」と呼ばれることになる）を建造し、左岸側にある若津港の大型船航路を確保したのである［本間 2019］。

この導流堤は、筑後川から早津江川が分岐する地点から河口近くまで、筑後川の中心線部に約6.5kmにわたり築かれた石積みの堤で、干潮時の数時間のみ姿を現す。デ・レーケについては、註13でやや詳しく紹介している。「デ・レイケ」と表記する書籍や資料も数多いが、本書では上記で統一しておく。

画面中央のデ・レーケ導流堤と、それを踏み台に完成したばかりの有明筑後川大橋（註13）。干潮時に筑後川下流から上流を望む。画面左は大野島、導流堤の先端の右側対岸に若津港、中央奥の橋は筑後川昇開橋（p.151の写真も参照）。昇開橋は、佐賀市の佐賀駅と福岡県みやま市（廃線時には山門郡 やまとぐん 瀬高町）の瀬高駅を結ぶ旧国鉄佐賀線の鉄道橋として1935年に架けられ、舟運を妨げないように中央部が23m 昇降する構造だった。しかし佐賀線は、国鉄分割民営化の直前1987年3月28日に駆け込み廃止された。昇開橋は、その後1996年、画面左手の佐賀市諸富町と右手の福岡県大川市とを結ぶ遊歩道として整備され、2003年に国の重要文化財に指定、2007年に機械遺産に認定された。この写真は、「国土交通省九州地方整備局有明海沿岸国道事務所ー事業紹介」ウェブサイトに掲載のもの。2021年6月

明治政府は、地元からの筑後川河川改修の陳情に応じ、1883（明治16）年内務省技師、長崎桂とデ・レーケが流域を調査し、翌1884年には内務省直轄河川に決定し石黒五十二技師が筑後川改修の設計に着手、デ・レーケも再度、監修者として視察した。先述した1885（明治18）年の洪水の翌1886（明治19）年に、第一次工事計画を立て、1887（明治20）年から改修工事に着手した。註13で紹介する「粗朶沈床」を用いる工法に必要な、小長井（現・長崎県諫早市）の石材、日田の木材、肥後の石工（同名の児童文学で知られる。採石や石の加工に携わる専門職人）、三拍子揃った当地の利を活かし、わずか4年弱、1890（明治23）年に導流堤を完成させた。明治新政府は、その工事費全額、当時の佐賀県予算33万円余の2年分にあたる64万円余を直接負担した。

試みにこの工事費用を現在の貨幣価値に換算してみよう。消費者物価、米の価格、警察官の初任給、小学校教諭の初任給、などを基準にして昔の貨幣価値を換算することが多いようだが、まずは「日本銀行金融研究所」の「歴史統計－物価統計」ウェブサイトに掲載されている、東京の卸売物価指数の統計を使ってみる。総務省統計局「2020年基準消費者物価指数の解説」ウェブサイト第6「新・旧指数の接続」に倣い、時代ごとに複数の統計表にまたがる卸売物価指数を接続すると、1887（明治20）年を1.0とすれば2010年の卸売物価指数は4,965、約5千倍となる。当時の64万円は2010年の約32億円に相当する、といえそうだが、現代の金銭感覚では、工事費用はもう少し高額だったと思われる。

そこで、東京における巡査の初任給、及び、小学校教諭の初任給で比較してみる。［週刊朝日1988］によれば、1891（明治24）年では、両者ともに8円（諸手当含まず）である。他方、総務省がおこなっている調査『地方公務員給与の実態』平成31（2019）年版によると、東京の2019年の巡査初任給は17万円余、短大卒の小学校教諭初任給は18万円余、である。両初任給の間をとって比較すれば、2019年は明治24年の約22,000倍となり、工事費用64万円は140億円に相当する。もっとも、貨幣価値には多くの要素が関わるので、単純に換算してもそれほど意味はなかろう。

本題に戻ると、その後、高水防御を主とする第二次改修工事が進められ、1898（明治31）年にはすべての改修工事が竣工した。改修工事の結果、大阪商船（後の大阪商船三井船舶）、深川汽船、嶋谷汽船などが、千t程度の船舶を若津と大阪間に就航させた。このように、若津港の近代化を支えたのが、デ・レーケ導流堤だったのである［本間 2019］。

それに恩恵を受けたのが佐賀の深川家である。佐賀領御用達の酒造業だった古賀家から分家した深川家は、明治初め、佐賀領が保有していた藩船を借入や払い下げで入手し、若津港を拠点に海運業に乗り出して、長崎経由で大阪に至る航路を確立して成功する。1891年には大川運輸株式会社を設立して法人化し、運輸部門を深川汽船部、自社船舶の修理部門を深川造船所と呼んだ。後者は数々の技術開発を進めて鉄道用の蒸気機関車も製造するようになった。

第一次世界大戦の海運好況は深川汽船と深川造船所に恩恵をもたらし、前者は大連、上海、香港など大陸航路を開拓し、後者は若津に1,300t級のドライドック（水抜き可能なドック）や数々の工場から成る「株式会社深川造船所」として独立、船舶や機関車も含む鉄道車両（北九州で独自に発展し、1930年代早々、台頭するバスに負けてほとんど廃業または改軌した、軌間3ft＝914mmの鉄軌道群［芝川 2021］の一部の車両も含む）の一大生産拠点となった。

しかし、第一次世界大戦の終了とその後の反動経済不況により一転、急速に衰退し、1925年には工場が競売に付されるなどして、地方財閥深川家の名前は、その勃興から60年間ほどで消えていった。同じ頃、大正年間には若津港の重要性も減じていく。というのは、日清、日露戦争を経て、日本の大陸進出が活発になるとともに、九州の経済軸が有明海から玄界灘へと移って行ったからである［本間 2019］。

話を現代に戻すと、筑後川流域連携倶楽部は、河川管理者（国土交通省、県土木部など）と連携してイベント開催の支援を受けている。国土交通省筑後川河川事務所と久留米市が、先述の「二十八水」の際に当時の久留米市の80%を泥海にした堤防の決壊場所付近に、大水害50周年を記念し治水の大切さを伝えるため、2003年に「筑後川防災施設くるめウス」を建てた。筑後川流域連携倶楽部は、その管理運営も受託していてスタッフが常駐、見学者への講義、併設の淡水魚水族館の管理などをおこなっている。

ちなみにこの施設名は、淡水魚バラタナゴの日本固有の亜種、ニッポンバラタナゴの学名が由来である。1900年に久留米の筑後川で採捕された個体を「タイプ標本」（コラム「嬉野川とシーボルト」）として亜種が認定された。「タイプ産地」が久留米なので、1914年に*Rhodeus ocellatus kurumeus*と命名された。亜種についてはコラム「世界のウナギ属」参照。この亜種小名*kurumeus*はラテン語で“久留米の”の意とのこと［北村ほか 2020］。地名から種小名や亜種小名を作るには、原則、ラテン語文法に則り、主格単数形名詞である属名の性に一致させた形容詞の形にせねばならないそうだが、筆者・久保のような、全くのラテン語門外漢にはお手上げなので、ここでは十分に説明できないことをお詫びする。

日本固有亜種のニッポンバラタナゴは、繁殖力が強く飼いやすくて慣れやすいので普及した外来種タイリクバラタナゴ（実はこれが、本家たる「名義タイプ亜種」の*Rhodeus ocellatus ocellatus*である）との交雑などで、遺伝学的に純粋な種の生息数が減少している。現在では、大阪府の淀川水系、奈良県の大和川水系、兵庫県、岡山県、香川県、九州北部などに生息するのみであり、環境省のレッドリストでは最も危険性の高い絶滅危惧種IA類（CR）に位置づけられている。外来種の導入により純粋種が絶滅危機に陥る典型例であり、琵琶湖以西の各地で保護活動が精力的に進められている。交雑を避けるための、安易な採集、飼育、移植、放流、販売を戒める保護活動だけでなく、環境変動に極めて脆弱な種なので、環境保全活動のシンボルのひとつにもなっている。

さて、筑後川流域連携倶楽部は、長年にわたる活動に対して、2016年「第18回日本水大賞」のグランプリを受賞した。

筑後大堰稼働前の漁風景

筑後川中流域にある田主丸町（たぬしまるまち）（2005年に久留米市へ編入合併）は、土蔵などに眠っていた古文書を紐解き、聞き取り調査を重ね、準備に9年半をかけて、1996〜1997年、全3巻、総2,640頁の『田主丸町誌』を刊行した。編入前の田主丸町を筑後川流域という広い観点で捉えた第1巻『川の記憶』、風土とそれに育まれた歴史と個人を結び付ける「ムラ」の視点を通して古代から現代までの同町を記した『ムラとムラびと』（第2、3巻）には、筑後川の自然と暮らしを撮り続けてきたフォトジャーナリスト、日野文彦氏の写真が掲載されている。

全3巻は1997年毎日出版文化賞企画部門と1997年西日本文化賞を受賞した。『川の記憶』のなかには、川でおこなわれていたさまざまな漁の解説、漁具の図と写真があり、ウナギを捕る筌やテボなども掲載されていて、筑後川中流域でウナギ漁が盛んだったことがわかる。

また、江戸時代から、筑後川上流域の、三隈川、玖珠川、大山川などでも、アユのほかにウナギやツガネ（モクズガニ）がたくさんいて、川漁が盛んだったようだ。その証拠に、日田にも江戸時代から続く「いた屋本家」など老舗鰻料理店が数軒あるほか、中流域の久留米にも、「田中鰻屋」など、江戸時代創業の老舗店が残る。

筑後川で盛んだった舟運は漁にも関わる。先述の『筑後川を道として』にも、筑後川中流域の上端付近の荒瀬（夜明ダムの数km下流）の人たちが、夫婦でやや大型の川船に鍋釜や箪笥などを載せて大川近くまで出かけ、シジミやアサリの貝堀りなどをしていた、とある。10数日かけて、貝堀りのほか、ウナギやコイなども捕っていたのではなかろうか。おそらく城原川や花宗川(はなむねがわ)などにも入っていたと思われる。

下流域の感潮域では、漁に潮の干満を利用することも多かったようだ。筑後大堰が稼働する以前は、潮は久留米の町のすぐそばまで上がってきていたわけだから、中流域の久留米や城島(現・久留米市城島町)周辺の漁師たちは、ほとんどが細長い川船を駆って、ウナギの多い城原川や佐賀江川を目指し、午後の下げ潮に乗って、城原川の入り口の巨大な荒籠のところまで川を下る。そこに船を停めて上げ潮が差してくるまで潮待ちし、城原川を遡り佐賀江川に入る船もいたことだろう。夕方から夜にかけて漁をして夜明けに引き潮に乗って本流との合流点まで城原川を下り、そこで潮待ちする。上げ潮が差してきたら、本流を遡って久留米の水天宮(全国にある水の神様、水天宮の総本山)下の船着場や城島の船着場に戻るわけだ。6時間ごとに潮の流れの方向が変わるから、エンジンがなかった頃は、漁の往復に18時間以上はかかることを覚悟しておかねばならなかっただろう。大善寺の黒田(現・久留米市大善寺町(だいぜんじまち)黒田)は、江戸時代からウナギを買い取り販売する店があるなど福岡屈指のウナギ処だったそうで、その周辺には、現在でも「富松(とみまつ)うなぎ屋黒田本店」など老舗の鰻料理店があり繁盛している。

筑後川の下流域では、数珠子釣り(コラム「六角川河口域でのウナギ地獄釣り」)も含むウナギ釣りや延べ縄漁、筌漁が盛んだったようだ。筑後大堰から河口までの、筑後川下流域の共同漁業権(註19)を持つ「下筑後川漁業協同組合」(事務所は筑後大堰のすぐ下流、福岡県久留米市安武町(やすたけまち)にある)の塚本辰巳氏の話によると、氏が住んでいる30戸前後の集落では、1975年頃までは、ウナギ漁をおこなっている家が20戸はあったが、今では数戸に減った。筑後大堰ができる以前は、数珠子釣りをすれば5kg、10kgは当たり前、運がよければ20kg捕れることもあったほどウナギが豊富で、集落の大半がウナギ漁に携わっていたが、現在はウナギ掻きを申請している組合員が数名、ウナギ筌の人は10名前後いるだけだという。

また、下筑後川漁業協同組合の組合員のなかには、現在でも筑後大堰の上流側にも船を置いている人がいて、上流側では、ウナギやツガネ、アユなどを捕り(筑後大堰には魚道が設けられている)、河口から遡上してきたエツを狙うエツ漁のときは、堰の下流側に置いている船で漁をする。保証金をもらって辞めた人もあるが、今でも10名余いるらしい。

後述するように、筑後川の下流域では、5月に入ると稀少なエツ漁が解禁になり7月20日まで続く。エツ漁の船が何艘も刺し網を流し、観光船では珍味のエツ料理も出す。その頃にはウナギも上がってくるので、ウナギ籠(折り畳み式の網籠や竹で編んだ筌)やウナギ延べ縄漁をする人もいて、岸沿いやデ・レーケ導流提沿いに仕掛けを入れる。先述のように、導流提の石垣の隙間がウナギの棲み処なのだ。

以前は福岡県大川市や佐賀市諸富にウナギ延べ縄漁をする人たちがいて、その一部の人は諫早湾まで出かけたらしい。少なくとも1970年代まではウナギの資源は豊かだったようだ。大川にある株式会社キハラの社長木原克実氏は、2021年秋に会った際、「10年ごとに、延べ縄で捕れるウナギの本数が半減している」と話してくれた。10年前は200本前後捕れていたが、2021年は100本も捕れなかった、天候が良くなかったせいかも知れないが。

筑後川下流域の筑紫平野では、1960年代まで、川岸や水路で、p.122で紹介した置き釣り(漬け釣り針)漁が盛んだった。佐賀市の佐嘉(さが)神社前のこだわりの雑貨店の店主も、「大野島生まれの私も小学生の頃から筑後川で置き釣りをしていた」という。

春休みに、置き釣り漁の仕掛けをひとりで10〜20か所仕掛けると3、4匹は掛かり、佐賀市諸富の魚屋に持ちこめば、2百〜数百円にはなった。店主は1952年生まれなので、1965年頃、公務員の初任給が1万数千円の頃のこと、春休みだけで千円以上稼いだわけだ。また彼は中学に上がると、福岡県大川市から、筑後川を挟んだ対岸の佐賀市川副町の掘割にも自転車で遠征し、置き釣り漁の仕掛けを百本前後仕掛けていたそうだ。

佐賀県神埼市千代田町（ちよだちょう）でも置き釣り漁が盛んだったと、同地の「下村湖人生家」の島英彰・館長から聞いたこともある。佐賀平野は掘割と江湖が発達しているから、置き釣り漁やウナギ筌は盛んだったと考えられる。

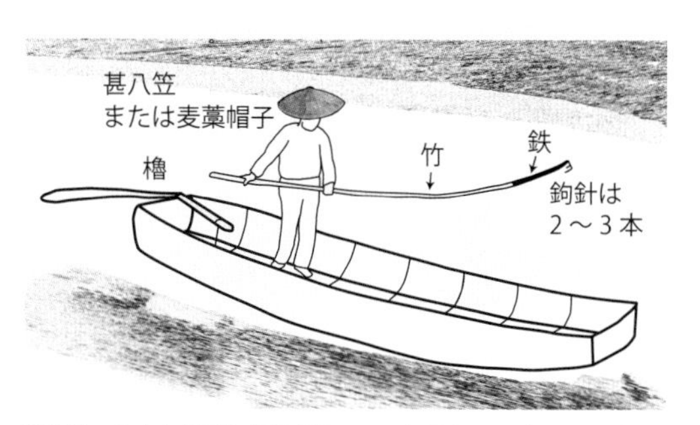

筑後川でのウナギ掻き（船掻き）。2010年頃までは、幅1m、長さ4〜5mの細長い川船をときどき見かけた。ほかに、ウナギ筌漁、投網、エツ流し刺し網、シジミ捕りもこの小船でおこなっていた。

場所は筑後川下流域とは異なるが、折り畳み式網籠を示す。佐賀県鹿島市新籠（しんごもり）の掘割で30個ほど漬けていたものを引き揚げる諸岡捷一郎氏。2016年

エンジン付きの平底川船でウナギ掻き（船掻き）をする下筑後川漁業協同組合の塚本辰巳氏。筑後川と広川の合流点付近、2018年

ウナギ掻き（船掻き）の掻き棒。諫早湾で使われる掻き棒の先端部が弓なりなのに対し、筑後川ではあまり曲がっておらず直線状で細身。

筑後大堰の建設

筑後川下流域の漁業を語るには、筑後大堰に触れないわけにはいかない。そこで、水資源開発公団に在職中、筑後大堰建設の用地買収と補償交渉に長年携わり、その間に収集した河川に関する書籍1万数千冊を退職後に私設図書館で公開した後、2020年11月に久留米大学御井図書館に寄贈され、「ミツカン水の文化センター」のアドバイザーでもある、古賀邦雄氏のエッセイ［古賀邦雄 2012］や、［柴田榮治 1988］を参照しながら、建設の経緯を振り返る。

1974年、筑後大堰の建設のための調査所が現地に開設された。しかしこの事業計画に対して、海苔養殖の漁業者が所属する福岡県有明海漁業協同組合、佐賀県有明海漁業協同組合が激しい反対運動を展開した。従来から、筑後川から流下する栄養塩が少なくなると海苔の色落ちが発生するので、大堰の完成により流下量が減るのを恐れたのである。結局、漁業者との交渉の最大の争点は、海苔養殖に必要な不特定用水の確保と開発基準水量の決定に絞られた。

ところが、1979年4月18日、交渉がまとまらないうちに水資源開発公団は工事を始めようとしたため、即刻、漁民たちは杭打ち作業を実力で阻止する行動に出た。当日はその後も、大堰建設所長、水資源開発公団筑後川開発局長、佐賀県副知事にも激しく抗議したので、同日夕刻、副知事は水資源開発公団へ工事中止を申し入れることになった。そこで工事は中断されたが、漁民たちは一週間ほど現地に泊まり込み、交替で監視を強めた。

その後も流量問題の協議が続けられ、最終的には、福岡県、佐賀県選出の国会議員二名の斡旋によって、

> 「海苔期における利水用の貯水及び取水は、大堰直下の流量が40m^3/s 以下の時はおこなわない、海苔期の操作運用による流量は、瀬ノ下地点で月平均45m^3/s とする、松原ダムと下筌ダム再開発により得られる2,500万m^3 の水量は大堰直下水量が40m^3/s 以下になった場合に充当するものとし、その操作運用は、この水量を最も効果的に使用するものとする。また、今後さらに不特定容量を確保するよう努める」

などを内容とする「基本協定書」が1980年末に締結されて工事が再開、引き続く漁業補償交渉も1984年にはすべて解決し、1985年3月に大堰は完成した［古賀邦雄 2012］。この流量数値40m^3/sは、河口から25.5km上流、瀬ノ下地点における流量の1955〜1964年観測値の最小値に基づく値である。この協定書に基づいて流量40m^3/sを確保するため、建設省は、筑後川上流に既に1973年に竣工していた松原ダム、下筌ダムに対して流水機能維持のための再開発事業を進め、1986年に完了させている（p.135の図「筑後川の計画高水流量と基本高水流量」参照）。

先述のように、松原ダム、下筌ダムは、「二十八水」を契機に1957年に策定された「筑後川水系治水基本計画」の一環として建設省が建設を計画したものだが、1958年から調査を始めた当初は、水没する地域の住民への補償を語ることすらなかったため、住民が反発、室原知幸氏を中心とする、日本のダム史上最大の反対運動「蜂の巣城紛争」を招来したことで有名である。

しかし、法廷闘争も含む長い紛争の間に、補償による早期解決を望む住民が離れていくなどダム反対派も分裂していくなか、1970年に室原氏は逝去、遺族と建設省との間で和解が成立して反対運動は終焉、両ダムは1973年に完成した。しかしこの反対運動は、強権的なダム建設に対する世間の批判を浴び、「関係住民の生活の安定と福祉の向上を図り、もってダム及び湖沼水位調節施設の建設を促進すること」などを目的とする「水源地域対策特別措置法（水特法、1973年施行）」成立の契機となった（註8）。

利水をめぐる疑念
――「ミクロ－マクロ往還」のすすめ

ここで、筑後大堰の利水機能を見ておこう。河口から23km地点に建造された大堰は総延長500mのスライドゲート式可動堰（p.175）だが、その上流側、河口から29km地点にある小森野床固（固定堰）と、宝満川の下野堰（固定堰）までの間が湛水域、一種のダム湖となる。

この湛水域（貯水池）は、上流にある松原ダム、下筌ダムなどと連携しながら、最低水位がT.P.+2.44mを保つようにゲートが制御されていて、満水状態とされるT.P.+3.15mの際の総貯水量は約550万m^3である。つまり、T.P.+2.44mよりも水位が高ければ、満水との水位差71cm分の93万m^3を水道用水や農業用水などに使えることになり、筑後川から離れた福岡県、佐賀県の都市部へも水道用水を供給できるようになった。

ちなみにT.P.とは、「東京湾平均海面：Tokyo Peil」の略で、日本国における標高の基準面である。Peil（ペイル）は「水準面」を表すオランダ語であり、明治最初期に来日した御雇オランダ人土木技術者集団（註13）が日本に導入した技術用語をルーツとする［箱岩 2002］。

水道用水について見ると、福岡導水揚水機場から取水された水は福岡地区水道企業団を介し福岡市を含む9市7町の約240万人に、福岡県南広域水道企業団取水口からの水は同企業団を介し8市3町の約71万人に、佐賀東部水道企業団取水口

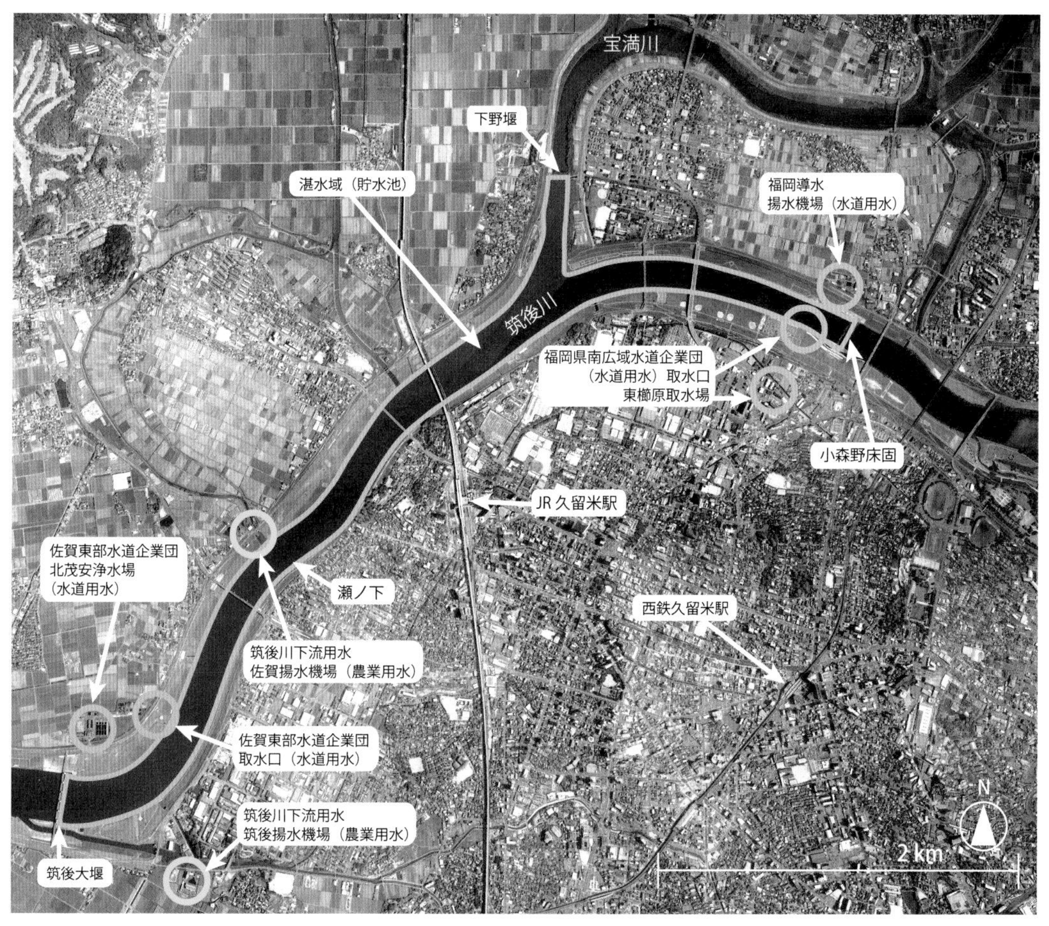

筑後大堰の利水機能を作り出す湛水域（貯水池）。独立行政法人 水資源機構 筑後川局 筑後大堰管理室発行のパンフレット『筑後大堰』に掲載の図を基に、国土地理院提供2010年5月14日撮影の空中写真30枚をMicrosoft社製ICEを用いて合成して作成。P.153に掲載の図「筑後川下流の捷水路（しょうすいろ）」に示されている旧河道を確認できる。

からの水は同企業団を介し2市4町の約30万人に、割り当てて供給されている。筑後川の瀬ノ下地点での総流量は1973〜2014年の年平均で約36.6億m³［環境省 2017：24］、一方で、最大の取水先である水資源機構筑後川下流総合管理所福岡導水事業所ウェブサイトの取水実績のページ
https://www.water.go.jp/chikugo/fukudou/html/info00.html
によれば、取水量は年に約7,500万m³なので、脊振山地を超えて流域外に供給される水は約2.0%となる。ただしこの総流量はあくまでも42年間の平均値であり、たとえば筑後川の総流量が16.5億m³と最少だった1994年では、総取水量は5,203万m³と、約3.2%が流域外に出たことになる。しかしこれも1年間の平均値に過ぎず、日々の現場では、一時的であっても水量の減少が生きものの生死を制することも、忘れてはなるまい。過去の渇水時には、福岡導水分は確保される一方、有明海に供給される水量が一時的に減少したのではないか、と疑う声もあるのだ。

筆者・久保に言わせれば、これはマクロ視点とミクロな視点の接合が必要な問題のひとつである。マクロな視点での解釈は、しばしばひとつの現象のミクロな振る舞いを捨象してしまう。たとえば、文化人類学や民族学は、個別のヒトの振る舞いを見ることでその背後にある文化を探ろうとするのに対し、社会学や経済学は人間をマスとして捉え、個々人の事情に拘泥しない。前者のミクロと後者のマクロという学問のスタイルの差異は、しばしば両者の間に対立を生む。しかし、久保から見れば、事象を知るのにすべての側面を考慮するのは当たり前で、両者を接合し、必要に応じミクロな視点とマクロな視点を行き来する手法によって、より深い解釈や洞察が可能になる、と思うのである。以前から久保は、「ミクロ—マクロ往還」「木を見て森も見る」姿勢が重要だと訴えてきたが、この利水問題においても、漁民と水資源機構の双方が、この姿勢に立つことによって、相互理解が深まることを期待したい。

さて、そのほかの筑後大堰の機能として塩害の防除がある。従来は、4.2節で見てきたように、淡水アオを取水する工夫により農業用水を得てきた。佐賀県と福岡県にはアオ取水口が192か所もあったそうだが、取水の安定化、水利用の合理化、維持管理費の節減などのために「合口取水」、すなわち取水口を一本化する「筑後川下流用水事業」が計画され、取水口が佐賀揚水機場に一本化されて1998年度から運用が始まった。塩水が上流側に遡上するのを大堰が遮断するので、農業者は真水を取水できる恩恵を受けるようになった一方で、後述のように、感潮域が大堰までに短縮されたことがエツ漁の不漁に大きく影響したと考えられるほか、湛水域では流れがほとんどなく河川水の滞留時間が長くなるので藻類が増え、汚濁の指標とされるクロロフィル（葉緑素）が湛水域で増える、などの影響が出ているという［董(Dong) ほか 2008］。

河口域の泥化とその影響

筑後大堰が1985年に稼働する前後から、大堰より下流での漁の様子が徐々に変わってきた。その原因のひとつには、筑後川の河床の変化がある。［環境省 2017］によれば、1950年代に比べるとその後の50年間で河口から50kmあたりまでの河床が3,400m³低下しているが、その7割を占めているのは、大堰建設前、高度経済成長期の1960〜1975年におこなわれた、大量の砂利採取である（1966年から砂利採取規制が始まってはいる）。1970年までに約2千万m³、1980年までに約2,500万m³、2000年までに約3千万m³が採取された。筆者・中尾が大川や柳川、筑後川に通い始めた1980年頃には、大野島の北端の川岸に砂置き場があって砂を運ぶ機帆船がいつも数隻、係留されていたのを覚えている。

その結果、河口から30km付近までの下流部の勾配が緩やかになって流速が落ちたために、筑後川の土砂流出能力が低下した。とくに1990

年中頃から、下流部では細砂や粗砂が減少し、シルト（silt：粘土より粗く砂より細かい粒）や粘土が増加、すなわち泥化し、上流部では逆に礫の増加を招いている［環境省 2017：26］。

また、干潟に堆積している有明海特有の「潟土」と呼ばれる微細な粘土は、本来は上流から運搬されて干潟に堆積したものだが、流速が落ちたために運搬途中で河道にも堆積するうえに、汽水域では有明海から粘土が上げ潮に乗って逆流してきて河道内に堆積する。このように、河道の勾配が緩やかになり流速が減ったことが原因で河口域が泥化したという。

筑後川の年間総流量は降水量に応じて変化しているが、1973年以降2014年までの流量自体の変化には、単調な増減傾向は認められないと、［環境省 2017：25］は報告している。

もしそうであるならば、筑後川河口域での漁が変化してきた原因のひとつには、筑後川下流の汽水域が泥化したことがあるようだ。シジミ漁の不漁もそのひとつで、2000年頃までは、ウナギ掻きの平底船やシジミ鋤簾（長い柄のついた熊手状の道具で、泥や砂地を掻いて魚介を捕る）漁の船をときどき見かけたが、年々少なくなっている。かつて盛んだったウナギ筌漁も、筌に潟泥が入りウナギも捕れなくなったためだろうか、1985年頃には、竹製や塩ビ製の筌が岸辺に引き揚げられ放置されているのが目立つようになった。エツ漁と海苔養殖を営む古賀善太氏も、泥化に関して次のように今昔を語る。

「大堰が稼働する前は、福岡県大川市の若津港周辺や佐賀市諸富町付近にも、上流から供給される砂が堆積していて、干潮時に漁船は動けず、潮が満ち始めてから出漁、帰漁していた。大きな機帆船は満潮まで潮待ちをしなければならなかった。潟泥が堆積していなかったので、砂の上を歩いて楽に船に乗降できた。シジミは至るところにいて、砂地に入ると足の裏に当たるので、子どもでも小さいバケツ一杯はすぐに捕れた。エツ漁に出て網に掛かった小魚などを川に捨てると、ウナギが何匹もそれを食べに来るほど、ウナギの魚影も濃かった。ところが近年は、ヘドロ状の潟泥が堆積しているからか、魚の餌になるゴカイもほとんど見かけない。ここ30年で筑後川下流部の環境は最悪の状態になっているようだ。」

また、諫早湾締め切り後の2000年頃、柳川市の沖端の漁師で、田中克氏たち研究グループの調査（第9章）に協力してきた古賀定義氏に、諫早湾干拓の影響を尋ねた際にも、「筑後大堰の影響の方が大きく、アリアケシラウオが、半分どころか1/10も捕れんごつなった」と語った。「殿様が食べる魚」の意味で「とんさんいお」と呼ばれ、美味で珍重されるアリアケシラウオは、塩分濃度が低い浅海域に生息し、10月から11月にかけて産卵のために河川の感潮域の上限付近まで遡上する。しかし、筑後大堰によって感潮域が短縮され、川底が泥化して産卵場所が失われ、さらに後述する塩分濃度上昇のせいか2000年頃以降激減し、2013年には環境省のレッドリストに絶滅危惧IA類（CR）として記載されるに至った。

かつてアリアケシラウオは、筑後川の河口付近で「しげ網（手押し網）」や「提灯もじ網（小型の袋網）」などで採捕されて、高値で取引されていた。昭和30年代までは、化学繊維製の網はまだ普及していなかったので、漁家では一潮ごとに網を揚げて洗って干して、柿渋などに浸けて防腐処理を

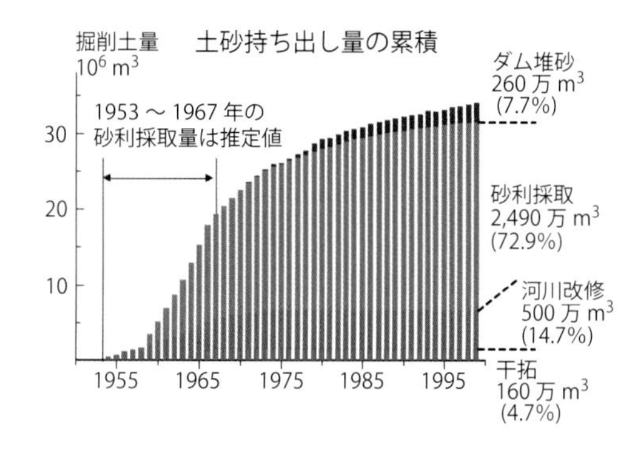

筑後川からの土砂持ち出し量の累積値。環境省（2017）『有明海・八代海等総合調査評価委員会報告・まとめ集』p.26に掲載の、福岡捷二（2005）「第13回有明海・八代海総合調査評価委員会 資料3 有明海・八代海における河川の影響について」より引用、の図を基に作成。「ダム堆砂」については註8参照。

していた。沖端で網を干す光景を撮った写真が観光パンフなどに掲載されていたが、壮観であった。おそらく百人以上の漁師がそうした漁に携わっていたに違いない。

かつては網元で鮮魚仲買業を営み、現在は鮮魚販売部と食堂部から成る「夜明茶屋」を柳川で経営している平野屋の金子英典社長に話を聞いたことがあるが、当時の沖端の船着き場の午前中は、早朝の漁から戻って水揚げされた、アサリ、ミロクガイ（サルボウガイ）、シラエビ（シラタエビ）、アリアケシラウオなどで賑わっていたそうだ。ウナギやアナゴ、グチ、クツゾコ、シャッパ（シャコ）、アカエイ、ヤスミ（メナダ）、秋から冬にかけてはハゼクチなども…。

沖端川沿いの集落には、アカガイ（サルボウガイ）を長柄鋤簾で捕る人が何人かいたが、アカガイも育たなくなって今ではほとんど漁に出ていない。1980年頃までは漁船がびっしりと係留されていた沖端の船溜まりは、筑後大堰が稼働し始めてから漁獲量が減り始め、漁から撤退したり海苔養殖に切り換えて漁船の係留場所を沖端川の方に変えたりして、漁船は年々減っていった。そのため柳川市は、船溜まりの狭い通路を拡幅して遊歩道を整備したが、往年の面影はなくなり、漁船は一隻も係留してないので、風情は全く感じられない。

下流域の塩分の増加

筑後大堰の下流、河口から7.7km地点の「諸富橋」、14.7km地点の「六五郎橋」には、潮位、塩分、比重などの観測施設が設けられている。その観測データによれば、1999年以降、長期的な塩水化の傾向が見られる。そして、河川水量が少なくなる季節には、六五郎橋まで海水遡上の影響が強くなる。感潮域の塩分増加は、有明海の海面上昇と利水形態の変化のためではないか、と［董（Dong） ほか 2008］では推測している（右頁のグラフ）。そのメカニズムを探ろうと多くの研究がおこなわれてきたが、そのなかでひとつ明らかにされてきたのは、筑後川の特徴のひとつとして、河口部での平均水流量に比べて、とくに大潮時の逆流の流量が大きくて支配的であるため、海からの塩分遡上の影響が大きいことである［古賀憲一ほか 2011］。さらに、近年の有明海の海面上昇傾向も、塩分遡上に拍車をかけているようだ。

国土地理院、海上保安庁、気象庁により、全国各地に潮位を観測する施設が設置されているが、気象庁が設置した、有明海西岸中央部の佐賀県藤津郡太良町大字大浦にある「大浦検潮所」、及び、有明海南端に近い長崎県南島原市口之津町（くちのつちょう）にある「口之津検潮所」の年平均潮位データを見るだけでも、近年の海面上昇は明らかだ（右頁のグラフ）。しかもこれらは年平均データなので、日々の実際の現場における季節変動や干満の変動は、塩分遡上にかなり大きな影響を与えていると思われる。

海からの塩水の浸入と筑後川上流からの流量変化の両者の動きを見るために、砂利採取のため勾配が緩くなった点も含めて、筑後川下流域の河道を三次元空間モデルで再現し、シミュレートする研究もおこなわれている。しかし、筑後川河口部では大三角州をはさんで早津江川が流れ、デ・レーケ導流堤もあるなど流路が複雑なうえ、河床の微細な構造の把握も難しく、塩分の水平分布、垂直分布の動態解明は一筋縄ではいかないようだ。

有明海特有の干満差の影響も大きいようである。一般に、河口部での塩分遡上現象は、塩水と淡水が完全に混じり合う「強混合型」と、比重の大きな塩水がくさびの形、「塩水くさび」となって淡水の下に潜り込んで遡上する、アオ取水時（p.58）のような「弱混合型」に大別される。筑後川は河口部の潮位差が大きいので強混合型が支配的であり、感潮域上流部の塩分濃度はほぼ一定であるが、小潮の数日後に塩分濃度が急上昇することが観測される。これは、潮位差の少ない「小潮」時、その後の「長潮」期、その後少しずつ

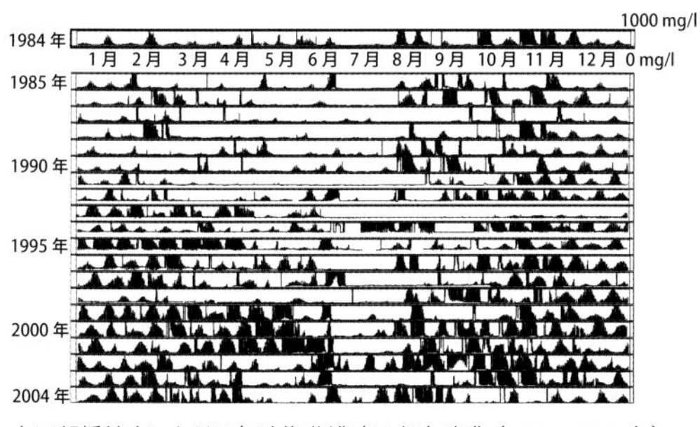

六五郎橋地点における毎時塩分濃度の経年変化（1984〜2004年）。［董ほか 2008］より。

大浦検潮所と口之津検潮所の年平均潮位の推移。気象庁が公表している「年平均潮位表」を基に作成。

大川市の若津で開かれた「エツ祭り」の際に、木原克実氏所有のエツ観光船「千歳丸」から撮った「エツ流し網漁」。奥に見えるのは筑後川昇開橋。2021年7月21日

潮位差が大きくなっていく「若潮」期と、潮位差の少ない期間が長く続くと、強混合型から弱混合型へと推移し、塩水の遡上距離が伸びていって感潮域上流部での塩分濃度が上昇するため、と推測されている［横山ほか 2011］［古賀憲一ほか 2011］。

筆者・中尾が、大川市にある株式会社キハラの社長、木原克実氏に聞いたところでも、塩分濃度が上がったために、海の生きものが筑後川上流まで生息域を広げていて、牡蠣、フジツボ、チヌ（クロダイ）がかなり増えてきたのが目立つという。

エツの不漁

2019年、筆者・中尾は下筑後川漁業協同組合の塚本辰巳氏にインタビューした。中尾が塚本辰巳氏と知り合ったのは、その前年、柳川の掘割にニホンウナギを放流して調査するバイオロギング向けに、検体を運んできた塚本氏と出会ったのが縁だ（9.6節）。

塚本辰巳氏は、筑後大堰が感潮域を短くしたことの影響の大きさ、漁獲量が激減したエツの資源回復のために組合が取り組んでいる人工種苗開発の苦労など、以下の話を熱く語った。

4.1節で触れたように、エツは、漢字で斉魚、刀魚、銀刀魚などと書く、有明海の稀少種で、環境省レッドリストでは絶滅危惧IB類に指定されている。ふだんは湾奥部の海水域でくらしているが、5〜8月の産卵期には筑後川や六角川を遡上して塩分濃度0.2〜1%の汽水域で産卵する。かつては、筑後川河口から29km上流の「小森野床固」付近までエツが遡上し産卵していた。孵化した稚魚は10月頃まで河川にとどまり、その後海水域に移動する。産卵のため遡上してきたエツ成魚を

塚本辰巳氏が引き揚げたガネ籠に入っていた大型のモクズガニ。筑後大堰の下流、2〜3kmの地点。2019年

ガネ籠を引き揚げる塚本辰巳氏。2019年

塚本辰巳氏が使っている漁の道具。竹製のウナギ筌とガネ籠（モクズガニ用）。2021年

狙うエツ漁の漁期は、筑後川では5月1日〜7月20日である。

昭和50年代には福岡県、佐賀県でエツの漁獲量は100t以上あったが、先述のように筑後大堰が汽水域を河口から23km地点で断ち切って産卵域や成育域を狭めたため、そして、おそらくは乱獲のせいもあって、漁獲量が1985年以降急減し、2004年までは40t、2007年以降はその半数の低水準で推移している。

そこで、当時、下筑後川漁業協同組合の「中間育成センター長」を務めていた塚本辰巳氏は、資源回復を目指し、1998年以降、「福岡県水産海洋技術センター内水面研究所」と共同で、人工種苗の技術開発を始めた。刺し網で採捕した親魚を用いて、船上で人工受精させた卵を漁業者が自宅で孵化させ、中間育成センターに持ち込んで約1か月間飼育した後に「種苗放流」（註7）するのである。当初は、孵化後に起きる大量斃死に対応するため、飼料の栄養を強化するなど苦労が多かったが［松本昌大ほか 2018］、近年は数十万匹を放流し、その甲斐あってか2007年以降は20t前後の漁獲量を維持している、という。

下筑後川漁業協同組合は、2013年11月に熊本県熊本市、水俣市、天草市で開かれた「第33回全国豊かな海づくり大会」において、こうした長年にわたるエツの生態解明や増殖手法の開発実績に対して農林水産大臣賞を受賞した。また、同組合は、子どもたちの環境教育に役立ててもらおうと、社会科見学で種苗の生産現場を見てもらったり、種苗放流に参加してもらったりしている。将来の筑後川漁業を担う人材の育成につなげたい、と塚本辰巳氏は語る。

7月20日にエツ漁期が終わってからは、ウナギ漁、手長エビ漁、秋になるとモクズガニ漁が始まるので、塚本辰巳氏はその準備中だと言って、壁にかけてある漁具を手に取って説明してくれる（左頁の写真）。とくに興味深かったのは、このあたりで「ろうけ」と呼ぶ竹製のウナギ筌である。これは、竹だけで編んだものではなく、竹材の合間にカラフルなビニールの紐を編みこんであり、見た目が綺麗だ。結構手間がかかるので完成品を購入すると4、5千円はするだろう。

筑後川の流路改修

塚本辰巳氏によれば、福岡県久留米市に本籍のある下筑後川漁業協同組合の約1/3の組合員は佐賀県在住であり、2県にまたがって組合員がいるのは全国でも珍しいことらしい。その理由は、久留米から河口部の大川までの間の筑後川が、1960年代までにおこなわれてきた大規模な河川改修、すなわち、蛇行していた流路を人工水路、「捷水路（しょうすいろ）」の掘削により直線化したことにある。下に掲げた図「筑後川下流の捷水路」でわかるように、県境は江戸時代の蛇行した流路の位置のままなので、佐賀県側に住んでいても筑後川で漁をする権利があるのだ。対岸の佐賀県側にも漁業協同組合を作れば良かったのだろうが、人数の問題もあったのだろう。

先述のように、筑後大堰建設の目的のひとつは周辺地域の上水確保であり、1978年5月から翌年にかけて「福岡砂漠10か月」と呼ばれる水不足に見舞われた福岡市にとって、筑後大堰の完成は大きな福音だった。しかし現在の福岡市民は、筑後大堰に付属する取水口のひとつ、福岡導水揚水機場

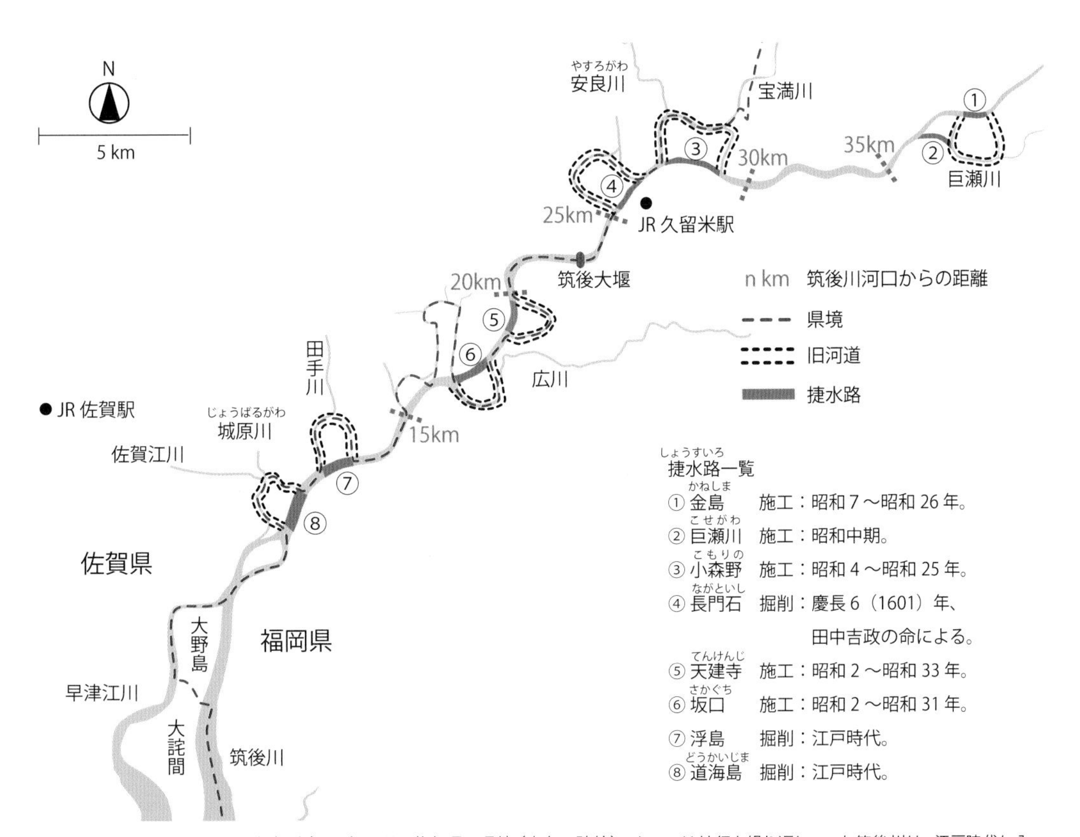

筑後川下流の捷水路。現在の流路（水色）と、福岡県と佐賀県の県境（赤色の破線）。かつては蛇行を繰り返していた筑後川は、江戸時代に入ってから初代柳川城主の田中吉政（p.58）が最初に捷水路を掘削、以後、昭和30年代初めまで直線化改修が進められてきた。しかし、県境は蛇行していた江戸時代に確定したままである。現在、確認されている8つの捷水路を示す。国土交通省九州地方整備局筑後川河川事務所のウェブサイト掲載図を基に作成。

（p.147の写真参照）から始まる、延長約24.7km、高低差約84mの「福岡導水」を介して、有明海へ注ぐ水から、自分たちの水道水の1/3を分けてもらっている、ということを知らないのではないか、と塚本辰巳氏は訝る。事実、［水資源機構筑後川局福岡導水管理室 2014］によれば、筑後大堰の上流にあるいくつかのダムや調整池からの取水も含め、福岡導水は最大2.767m^3/sを供給可能で、これは、佐賀県三養基郡基山町全域と福岡都市圏の計9市7町の約240万人の水道水の1/3に相当するのである。

塚本辰巳氏はまた、6月の田植えの時期には農業用水にも吸い上げられるので、大堰から下流の水量は極端に少なくなり、有明海の環境に影響を与えているのでは、とも語る。環境省の報告［環境省 2017］では、取水された農業用水の行き先は流域内に限られるので、結局は有明海に戻るとしているし、先述のように、大堰直下の水量を維持する協定書がある。

しかし、塚本辰巳氏は日々の現場で、筑後大堰が、海と陸の住民の間で利益が相反する場面を、時には作り出すことを実感しているのであろう。これは、諫早湾干拓事業の場合とも重なって見えるし、先述した「ミクロ－マクロ往還」の姿勢が、すべての関係者に必要な場面かも知れない。

塚本辰巳氏が船を係留している場所は、元は筑後川の本流だったが今では支流になっているためか、往年の面影はない。かつてはエツ、ウナギ、手長エビ、モクズガニ、フナ、コイなどの宝庫だったそうだ。「ウナギ数珠子釣り」をする際に、ミミズ団子を船べりから降ろすと、ウナギがこつこつと団子を突つくのが手元でわかる。1回突くと1匹、と数えて、5匹目が食いつくや力ずくで甲板に引き揚げる。10回ほど繰り返すと40～50本は捕れた。平均300g前後なら10～15kgにはなったわけだ。針を使わないこの漁法は、事前にミミズの数珠子を作るのは面倒だが、針から獲物を取り外したり餌を付け直す手間がかからず、非常に効率が良かったのである。

筑後大堰近辺でのシラスウナギ漁

筆者・中尾は、シラスウナギ漁に以前から関心があったが、実際に採捕の現場に出かけたことはなかった。毎年12月下旬になると、テレビが冬の風物詩と銘打ち、鹿児島県志布志湾で、寒風のなか波飛沫を浴びながら「たも網」でシラスウナギを掬い取る映像を放映する。四国の吉野川や四万十川の河口でのシラスウナギ漁は、3.5節で紹介したとおりまことに幻想的だ。諫早湾が締め切られる前までは、諫早湾でも本明川の江湖に大きな「もじ網」を仕掛けて捕っていたようで、網が堤防の上に放置されているのを見たことがある。

塚本辰巳氏は筑後川でシラスウナギ漁をおこなっている。以前から取材したいと考えていたので2019年1月に氏に問い合わせたが、「今年は最悪！出ても1匹とか5匹とかでゼロのこともあっとですよ。画にならんですよ」と断られた。そのときは1匹が百円以上の値がついたようだが、10匹でも千円あまりだから、発電機の燃料代にもならない。

2020年1月にも電話したところ、福岡県は2月1日が解禁と決まったので、天候の具合も勘案し、大潮となる新月の2020年2月24日の前日、23日（日）に見学させてもらうことになった。夕方5時頃、日沈前に塚本辰巳氏の車で現場へ向かう。筑後川の元の本流、広川に沿って筑後大堰まで行き、橋をわたって左岸堤防沿いの道路を1kmほど下って河川敷に入り、発電機や道具を下ろす。対岸にも車が次々とやってきて、集魚灯の灯りが点く。

土嚢で作った足場を降り、集魚灯を準備する。潮がかなり満ちてきたので（当日、当地の満潮は21:20頃）、21時頃から掬いはじめるが、なかなかシラスウナギは現れない。そのうち1、2匹、明かりが届くところに現れ始め、ときどき掬い上げて容器の中へ入れる。

遅れてやってきた北九州市立自然史・歴史博物館学芸員の日比野友亮氏と半時間ほど観察、撮影し、22時頃にふたりは帰宅した。この日の

対岸に見える集魚灯は、下流側にもあるので10か所あまり。こちら側にも10名ほどが灯りを点している。土嚢で作った足場を降りた右手の集魚灯の下で、塚本辰巳氏が「たも網」でシラスウナギを掬う。2020年2月23日

シラスウナギ漁は、そのあと1時間ほど続き、ひとり100匹あまり捕れたようだ。大漁の日は500〜600匹捕れることもあるという。

2020年はほかの県でも例年になく捕れたので（p.12のグラフ「ニホンウナギ内水面漁業生産量とシラスウナギ国内採捕量の推移」）、最初はkg当たり40万円前後だったが、台湾や中国でもシラスウナギが豊漁だったため、安い外国産が香港経由で入ってくるようになって値崩れし、最後は1kg10万円になり、4月に入ると業者が買わなくなったらしい。高値時には1kgが60〜50万円だったそうで、1匹の値段は、kg当たりの量が8千匹なら70数円、7千匹なら80数円、6千匹なら百円見当というわけだ。

コラム

筑後川の大ウナギ退治の話

永禄年間（1558〜1570年）の話。筆者・中尾の先祖のひとり、中尾勘兵衛前次が、大村領主の命で柳河領主への使いとして出かける途中、筑後川の渡し場で住民たちが騒いでいるので仔細を尋ねると「ここには大ウナギがいて、ときどき渡し船を転覆させようとするので困る」とのこと。

そこで、「柳河での用件を済ませて戻るときに退治してやる」と約束、大村への帰途、約束どおり渡し船の上から餌で大ウナギを誘い出し、刀で退治した、という。第二次世界大戦中に青年団が芝居に仕立てたと母親から聞いた。

元禄（1688〜1704年）から宝暦（1751〜1764年）にかけて作成された大村領家臣団の系図集、全65巻の『新撰士系録』（原本は大村市立史料館所蔵）の第四十八巻に、「筑後川で妖怪を討ち、領主から田地三段を賜る」とある。その田地は、当時の大村領と佐賀領との境界付近で、現在でも佐賀県との県境に近い、長崎県東彼杵郡東彼杵町菅無田郷（すがむたごう）にある小字恵比寿丸に、「うなぎ田」の地名として今に残る。我が家の直系の先祖、恵比寿丸中尾家はこの地の出身である。我が家に残る古文書『先祖由緒書写』にも「大うなぎ退治」とあり、切った大ウナギは川下の川岸に打ち上げられていて、長さは壱丈、すなわち約3mあったと書かれている。

真偽のほどは怪しいが、筑後川に、「ぼくと」や「杭」のような巨大ニホンウナギ、あるいはオオウナギがいたのかも知れない。想像が膨らんでくる！

7.4. 熊本県菊池川周辺

ウナギ筌を作る竹細工師

菊池川は阿蘇外輪山の尾ノ岳（標高1,041m）の南麓に発し、迫間川、合志川、岩野川などを合わせて菊鹿盆地を貫流、山間部を流下し、玉名市の南部をかすめて有明海に注ぐ一級河川である。流域は菊池市、山鹿市、和水町、玉名市に跨がり、かなり広い。菊池川とその支流には、2001年完成の多目的ダム竜門ダムや、第1から第5までの発電用ダムが設置されている。

竜門ダムは迫間川の水量だけでは満水になりにくいので、筑後川水系の津江川と菊池川本流から、それぞれに穿った津江導水路、立門導水路を通じて水を補給してもらう。逆に菊池川の水量が不足している場合には竜門ダムから菊池川に向けて設けた迫間導水路を通じて放流する。こうした全国的に珍しい「広域導水」を担う竜門ダムの管理は複雑である。竜門ダムは、荒尾、大牟田の工業団地や福岡県の農地にも配水しているので、下流での夏の水量が激減する場合があり、ダム完成以前のようには、アユ漁やカヌー遊びができないこともあるという。

2018年秋、筆者・中尾が菊池川漁業協同組合を取材すると、現在、菊池川周辺にはウナギ専門の漁師はおらず、ほとんどが竹筒らしい。以前は、竹でウナギ筌を作る名人が菊池川中流の山鹿にいたので、ウナギ筌も使っていたようだ。下りウナギ時期のウナギ禁漁については、ポスターとチラシが配られているが、鹿児島県、宮崎県、高知県ほどには、規制は厳しくない様子だ。

ここで7.4～7.6節で紹介する熊本県の三河川でのウナギテボ（ウナギ筌）漁のひとり当たり入漁料を示すと、菊池川漁業協同組合は組合員も一般人も2千円、白川漁業協同組合はひとり千円、緑川漁業協同組合は組合員が5千円で一般人は6千円。この多寡が、各河川のウナギ資源の豊かさに対応する。

御舟町の永木誠也氏とウナギ筌3本。2019年

2019年1月、菊池川漁業協同組合の増本龍雄理事に、増本氏の幼なじみで、ウナギ筌を作る竹細工師、永木誠也氏（当時70歳）を紹介してもらった。緑川の支流、御船川のある熊本県上益城郡御船町で農業のかたわら竹製ウナギテボ（ウナギ筌）も作る永木氏は、定年退職後、熊本市川尻地区にある「熊本市くまもと工芸会館」の竹工芸教室で基礎を学び、注文があれば籠や笊などを作る。最近、ウナギテボ専門職人が引退したためか、ときどきテボの注文も受ける。撤去された球磨川の荒瀬ダム（p.50）の下でウナギ漁をしている人から注文があって作ったところだ、と、なかなか良くできたテボを見せてくれた。入り口の仕掛けのところが難しく、そこの出来不出来でウナギの入り具合が決まる。増本氏に値段は如何ほどか尋ねると「以前は3千円だったが、今は4、5千円はする」との返事。インテリアとして求める人もいるので、店によっては仕上げの良いものには1万円前後の値がつくこともあるという。

瀬張り網漁

寿命が1年のアユは、秋に河川の下流域で孵化して翌朝には河口域に流れ下り、それ以後半年近くを海の沿岸部で育ち、春になると川を遡上し、夏の間は川の上流で藻類を食べて成長し、性成熟すると川を下って河口域で産卵して生涯を終える、「両側回遊魚」である（p.22）。

長良川で秋の風物詩として有名な「瀬張り網（せはあみ）漁」は、川の水量が少なくなった秋、河口域での産卵のために川を下る「落ちアユ」を獲る漁法である。瀬の上流側を横断して打ち込んだ鉄筋棒にロープをたわませてくくりつけ、水中にワイヤーロープを張ってポリ袋を並べ帯状に隙間なく通す。下ってくるアユは、水面のロープの動きと水中の白い帯に驚いて向きを変え、水中の白い帯に沿って浅瀬に向かう。この群れに投網を打って捕獲する。元々は水中に葉の裏が白い柳や笹を敷く方法だった［新村 2018：19］。

愛媛県大洲（おおず）市の肱川（ひじかわ）でも同じような漁法を使う。他方、徳島県那賀川（なかがわ）下流域では、川を横断して張り渡した網の底部に取り付けた筌（もじ、うえと呼ぶ、p.49）に、アユを追い込んで捕らえる。那賀川の隣の勝浦川でも見られる。

増本氏から、菊池川周辺でおこなわれる「瀬張り網漁」についての情報を得た。ここでの漁は、筒状の袋網（直径10～20cm、長さ80cm～1m）を5～10数本取り付けた高さ1m前後、長さ3～40mの網を、瀬を横断して打った杭に結わえておく。上流から下ってきて網にかかりそのまま袋網に入って身動きがとれなくなった獲物を、朝早く取り出す。ただし、瀬張り網漁や刺し網漁で川を横断して網を張る場合、「熊本県 漁業調整規則」第47条に則って、遡上してくる魚類のために河川流幅の1/5を開けておかねばならない。

感潮域では遡上してくるボラやスズキなども入るので、結構な収入になる。上流部や中流部では、アユやモクズガニが中心だが、ウナギも混獲されている。8.1節で述べるように、熊本県では10月から翌年3月までの下りウナギの時期にはウナギ禁漁にしているので、その期間はモクズガニだけを捕っている。そのため、網目は2寸5分目（5節）と大き目に決められた網（註20）を使うので、胴回りが15cm、ちょうど5寸ほどの大きなウナギ

川を40m横断する瀬張り網漁。袋網を10数本取り付けてある。玉名郡和水町（なごみまち）付近の菊池川にて、2020年

袋網「ガネ網」を示す増本龍雄理事。2019年

でも網を通り抜けることができるはずだ。ほかに刺し網漁もおこなわれ、落ちアユを捕っている。

増本理事は、自宅に保管していた袋網「ガネ網」を見せてくれた(前頁右下の写真)。直径40cm前後、長さ2mほどで、ガネとはカニのこと、その名のとおりモクズガニを捕るものである。柿の葉が色づく9月頃からは「瀬張り網」にも数本取り付けて使う。川幅の狭い場所では1本だけ取り付ける。ウナギも良く入ったようだ。

菊池川では、瀬張り網漁と刺し網漁の入札会が8月初めにあり、例年70～80名が参加するようで、場所によって落札価格は違うが、3千円から始めて人気がある場所では数万円になることもあると聞く。河口部の新大浜橋から上流側の本流と支流には、321か所の網場があり、入札で漁の権利を得ると、11月30日までは瀬張り網漁と刺し網漁をしても良い。2020年は120名余が参加したそうだ。しかし近年は、下りウナギの時期の採捕禁止によるためか漁獲量が減ったこと、高齢化で引退する人が次々に出てきたこと、などによって入札参加者は年々減少傾向にあるらしい。

7.5. 熊本県白川・坪井川河口部

白川(しらかわ)は、阿蘇カルデラの南側の水を集めて立野(たての)で黒川と合流し、熊本市の中心部を流れて有明海に注ぐ一級河川である。二級河川の坪井川は熊本城の内堀の役目を果たしていて、途中で白川と合流していたのを、1588(天正16)年に熊本城主になった加藤清正が新たに河道を開削して白川とは別の川とし、水運に利用した。

白川漁業協同組合が管理している範囲は、河口から23km上流にある小蹟橋(おぜきばし)から上流側で、河口に近い小島橋から下流は、沖新(おきしん)漁業協同組合と小島漁業協同組合の地先になっている。河口部から小蹟橋までの23kmの区間は、国土交通省と熊本県水産振興課が管理しているが、その区間でどのような漁がおこなわれているかについては、白川漁業協同組合では詳しくは把握していないようだ。

小蹟橋から上流では、ウナギ釣り、ウナギ筌(ウナギテボ)漁はおこなわれているが、組合員と一般の人を合わせても20数名ほどらしい。入漁漁は先述どおり一律ひとり千円である。

阿蘇連山が噴火するたびに流れてくるヨナ(主に熊本県北東部や大分県西部で使われる、火山灰土の別称。漱石の『二百十日』にも出てくる)には硫化物が含まれているので、川の生きものはほとんど死滅するという。2016年4月の熊本地震の際は、土砂とヨナが混じって有明海まで流れてきて、有明海の貝類が死滅した。さらに2019年4月から2020年6月までは、阿蘇中岳が噴火を繰り返していたため、白川は火山灰を大量に含んだ白濁した流れになり、やはり有明海の貝類に影響を与えた。

白川漁業協同組合では、毎年3月下旬から4月にかけての大潮の時期、県漁業振興課に申請して白川の最下端の堰の下でアユの稚魚を採捕している。しかし近年捕れなくなり、2020年はほとんどゼロだった。有明海の海況が年々悪くなってきているのではないかと組合長は言う。同じように、今年は佐賀県鹿島市の浜川でも、稚アユをほとんど見かけなかったと言う人がいた。

白川と坪井川の河口部の沖新漁業協同組合、小島漁業協同組合、松尾漁業協同組合に、ウナギ漁をしている組合員はいないか尋ねてみたが、どの漁業協同組合の事務方も「聞いたことがない」と言う。熊本県では、軟弱地盤と大きな干満差のため熊本都市圏に港がなかったが、1993年に人工島を造成して熊本港が開港した頃から、壷網(定置網の一種)や帆打たせ漁ができなくなって、ほとんどが海苔養殖へ転向した。かくて組合員の9割以上が海苔養殖に携わっているため、一年中忙しいわけだ。

しかも熊本県は、水深の深い沖合で、「浮き」と「いかり」で固定したロープの枠に海苔網(海苔ひび)を張り、海苔網が常に水面に浮くようにした「浮き流し式」(ベタ流し式)で海苔を養殖してい

緑川の河口、白木氏手作りの掻き棒の先端部。佐賀県などのものより爪が長い。2019年

るため、一戸当たりの海苔網の枚数が他県よりも多い。有明海上の長崎県との県境まで海苔網が張られている状態だから、10月から4月まではとても漁船漁業はできない。

シラスウナギ漁は、12月から始まるが、年によっては1月や2月に解禁することがある。沿岸各地の河川の河口部の感潮域で、養鰻組合から許可証を得た人たちが、集魚灯を点けて泳いでくるシラスウナギを「たも網」で掬い取る。

7.6. 熊本県緑川周辺

河口部では最後のウナギ漁師

2019年11月、熊本県緑川（みどりかわ）（河川図①）河口部、熊本市南区川口のウナギ漁師、白木氏を取材した。氏は約40年前から緑川河口でウナギ掻きを始めた。30年ほど前まではウナギがたくさん捕れて、先輩のベテランは50～60kg、白木氏も20～30kg捕ったこともあったが、その後年々漁師が減り、10数年前には先輩とふたりだけになり、その先輩も10年前に亡くなって白木氏ただひとりになったという。2013年から熊本県が始めた、10月～翌年3月のウナギ採捕禁止の時期が、ウナギ漁の最盛期にあたるので仕事にならず、4～5年前の最後の頃は多くて5kg、ゼロのこともあったので、ウナギ掻きも竹筒漁もやめてしまった。緑川河口部でのウナギ漁は白木氏が最後だったのだ。

40年ほど前には、ウナギ掻きの掻き棒の先端部は宇土市の鍛冶屋「手打ち刃物おやま」（現在は海外からも包丁など注文がある）に作ってもらったが、その後は自分で見様見真似で4号鉄筋（直径ほぼ4mm）を焼いて叩いて作っていたという。緑川河口部でのウナギ掻きは、佐賀県などでの方法とは異なり、船を潮の流れに乗せ、下流側の船べりに掻き棒の竹竿をあてがい、船のバランスをとりながら、ウナギが掛かると、梃子の原理で押し上げてウナギを捕る。

当地の掻き棒の爪は、佐賀県などのものの倍ほども長く、7～8cmはある。大きなウナギも掛かるので爪を長くしていたようだ。白木氏も最大2.4kgの大ウナギを捕ったことがあり、2kg前後も数本捕ったそうだ。また、掻き棒の竹竿についても、佐賀県などのものとは異なり、中が詰まっていて力がかかっても割れない小孟宗竹（もうそうちく）が大物を捕るのに最適なのだが、それを探すのが一苦労だったという。

川尻の加勢川開発研究会

熊本市中心部から南方8kmにある川尻（かわしり）地区は、緑川に合流する加勢川に面し、中世から明やルソン島など海外との交易港として開けた。加藤清正が熊本城主だった時期、肥後領の物流拠点として整備されていく。加勢川下流に清正が造った六間石樋（ろっけんいしび）は、満潮時に「アオ」（p.58）を取り込むのに使われていた。御船手（おふなて）と呼ばれる水軍基地も、彼が造らせたものである。

江戸時代、川尻地区には肥後領の米蔵が建ちならび、米を納入した船が、帰りに鉄物、木製品、反物などの物品を買い入れる、物資の集散地として栄えた。「御蔵前（おくらんまえ）」は、熊本に残る最後の河川港跡で、今も残る13段、長さ150mの船着場の石段は、荷の積み降ろしで当時最も賑わった場所である。同地区では現在でも、桶や刃物づくり、染物などの伝統工芸が盛んだ。

1938年の大改修で六間石樋は六間堰に拡張整備され、加勢川の航路がふさがれるので、六間堰上流の地点で航路は緑川に切り替わることになった。緑川は干満で水位が変動するが、農業水路でもある加勢川の水位は、アオを取り入れる満潮時以外は緑川の水位より高いので、水位差のある緑川と加勢川をスムースに船が航行できるよう、1942年に「中無田閘門（なかむたこうもん）」が新築された。ふたつの木製ゲートにより水位を調整する我が国で唯一の木製閘門で、現在も漁船などが利用する現役だ。太平洋と大西洋を連結する閘門式のパナマ運河と同じ仕組みであり、熊本市天明地区にあるので「天明ミニパナマ運河」の愛称で親しまれている（東京都江東区にある扇橋（おうぎばし）閘門もミニパナマ運河を名乗る）。

加勢川沿いの川尻に加藤清正が築いた船着場跡。JR鹿児島本線の赤い鉄橋のあたりが荷揚げ場の跡。外城蔵跡（とじょうぐらあと）や渡し場と合わせて、「熊本藩川尻米蔵跡」として2012年に国から史跡名勝天然記念物に指定された。赤い鉄橋の奥に見えるのは九州新幹線の鉄橋。2018年

奥の加勢川と手前の緑川を結ぶ水運のために造られた中無田閘門の加勢川側の木製ゲート。閘門は最初1942年に建設されたが、老朽化のためその後2回改修されている。2018年

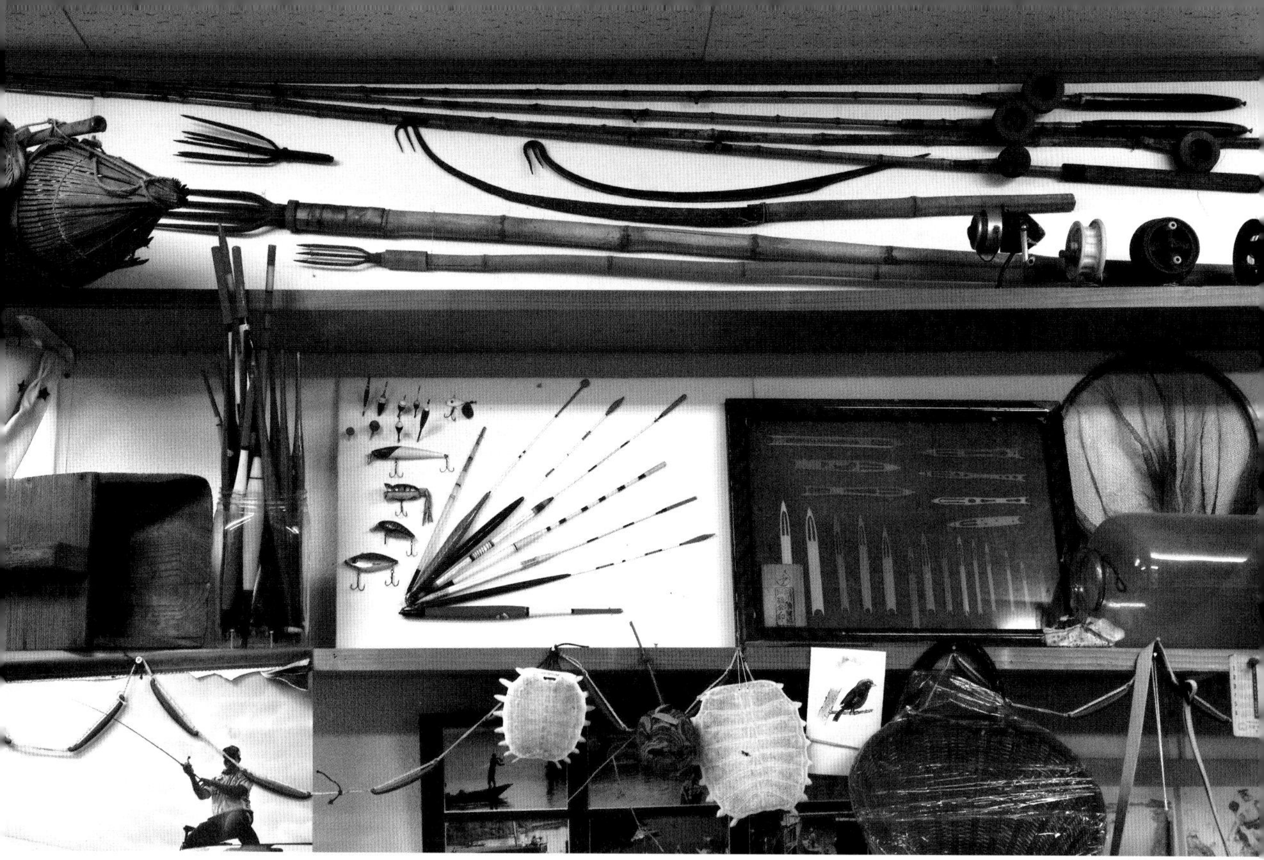

加勢川開発研究会の会長・井村紘氏が建てた「川の博物館」には、さまざまな釣り道具や漁具が展示されている。2018年

2018年11月、筆者・中尾は、川尻で、定年退職後の1988年に、「子どもに夢を」「お年寄りにはいきがいを」「会員にはやりがいを」をモットーに「加勢川開発研究会」を立ち上げた、1943年生まれの井村紘氏を取材した。

現在の会員数40名の同研究会は、中無田閘門周辺を「中無田閘門プレイパーク」と銘打ち、親子カヌー教室、川下りなど、子どもからお年寄りまで幅広く参加できるイベントを企画し、子どもたちに、お年寄りや先輩の経験とともに川遊びの面白さや川の大切さを伝えている。子どもの頃から自然に触れ合うことで、自然環境の大切さや、阿蘇山塊由来の巨大な地下水盆を持つ熊本特有の恵まれた水資源や水環境の大切さを知り、将来にわたって水環境、自然環境の保全に努めてくれる、と期待しているのだ。

同時に、地域のお年寄り、会員、子どもたち同士の交流を深めることで、地域内での連携が強い「住みやすい地域」作りも狙う同研究会は、2019年度国土交通大臣表彰「手づくり郷土賞」を受賞した。長年の活動を見た国土交通省から委託を受ける形で、氏は中無田閘門の操作人も務めている。

また氏は、自宅裏手に20坪あまりの「川の博物館」を建て、ウナギ漁の仕掛けや漁具を展示している。そこは青少年たちの合宿所でもあり、複数の船がいっせいに投網を打つ伝統的な「合わせ打」の打ち方、櫓の漕ぎ方を学ぶ道場も開いている。

当地の打ち方は「肥後流」だが、江戸末期に肥後細川家の家臣が江戸に出向いた際に伝えて関東の「細川流」となった。ほかに、四国の「土佐流」、鹿児島の「薩摩流」がある。

また、氏によれば、「ちちがに」と呼ばれる脱皮した直後のカニはウナギの大好物なので、竿の先に10cm前後の紐に釣り針をつけ、それにカニを紐で括りつけて川岸に垂らしてウナギをたくさん釣っていた。夏休みになると子どもたちは早朝から川岸の芦原の近くで「ちちがに」を捕まえて、ウナギ釣りの人に渡すと小遣いがもらえたらしい。同じようなことは各地の河川や海岸でおこなわれていたようだ。

コラム

東アジア鰻学会

2016年11月28日、ウナギの学会としては世界初、東アジアの研究者が集う「東アジア鰻学会」(East Asia Eel Society：EASEC)が発足した。シラスウナギ漁をおこなう、日本、台湾、韓国、中国の研究者や業界関係者が、1997年に設立した「東アジア鰻資源協議会」(The East Asia Eel Resource Consortium：EASEC)を発展させたもので、ニホンウナギ産卵場特定で著名な塚本勝巳・日本大学教授(当時)が会長に就任した。謎の多いウナギの生態を解明し資源保全の方策を探るために、各国の生態や水産の研究者約100名でスタート、社会学、経済学からの参加も募り、流通や食文化研究も視野に入れる。同学会は、2017年夏の土用丑の日の直前に、東京大学で公開シンポジウムを開催した。

この公開シンポジウム「うな丼の未来」シリーズは、ニホンウナギが環境省レッドリストに掲載した2013年以来、東アジア鰻資源協議会の主催で毎年夏の土用丑の日前後に東京大学で開かれる恒例事業で、毎回、最新研究成果や資源保全活動の最前線を紹介する。2019年の第7回では、「パルシステム生活協同組合連合会」による消費者も巻き込んだ資源回復の取り組み(9.3節)や、福岡県立伝習館高等学校自然科学部生物部門の「柳川の掘割をニホンウナギのサンクチュアリにする研究」(9.5節)も報告された。2020年は新型コロナ禍のため開催中止、2021年もオンライン開催となった。

余談だが、このシンポジウムで恒例のチラシ表面背景の図柄は、鰻料理店御用達の「うなぎ団扇(うちわ)」である。江戸時代からの団扇名産地のひとつ埼玉県越生(おごせ)の団扇屋は、幅広で上部が丸みを帯びたものを「うなぎ型」と呼んでいる。

ウナギを焼く際に団扇であおぐのは、炭火の熱を対流させてウナギ全体に万遍なく熱が行き渡るように、身から落ちる脂で燃え上がる炎がウナギを黒焦げにしないように、などの目的からだという。越生団扇は、柄に対し横一文字に肩骨を入れる「一文字(いちもんじ)団扇」なので、強度があり強い風を送ることができ、表面に塗った柿渋により火、水、虫に耐性がある。このように越生に代表される「うなぎ団扇」はその目的に適うので、江戸時代以降、鰻料理店のインテリア、POP広告、客への土産、として使われてきた。

また、「うなぎ団扇」に良く描かれる「う」は、夏の土用丑の日には、ウナギ、うどん、梅干し、瓜類、ウサギ、馬、牛など「う」の付く食べ物が体に良い、という俗説に基づくが、ウナギを略して「う」と呼ぶのは上方風であり、江戸では「うな」と呼んでいたという[三田村 1975：182–183]。

なお、このチラシ裏面の背景にある、ウナギの体型とeelの頭文字を表す「eとピリオド」は、同学会のロゴマークである。

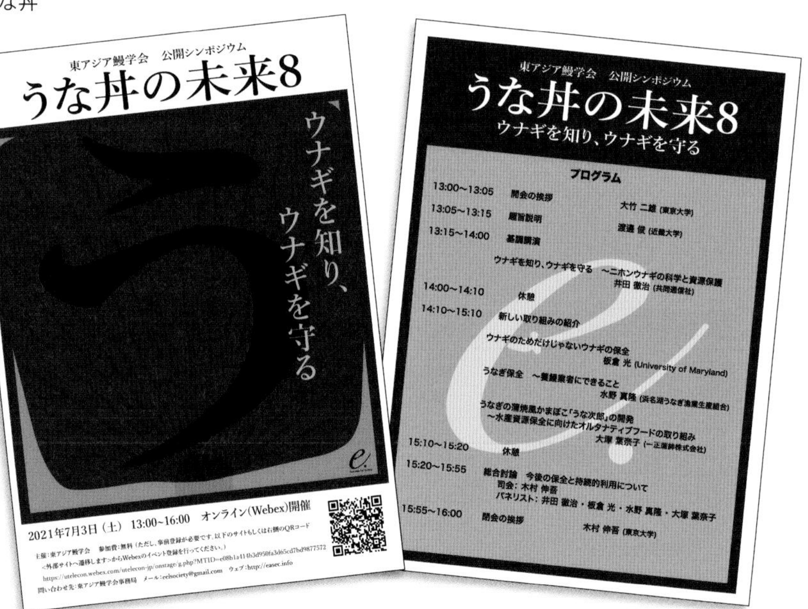

2021年開催の公開シンポジウム「うな丼の未来8：ウナギを知り、ウナギを守る」のチラシの表(左)と裏(右)。本来は、2020年に開催予定だったが、新型コロナ禍で中止。順延された2021年もオンライン開催となった。

第8章

ウナギの資源回復を考える

資源量が減少したヨーロッパウナギは、2007年にワシントン条約の附属書I「絶滅のおそれのある種で取引による影響を受けている、または受けるおそれのあるもの」に掲載され、2009年にはより厳しい附属書II「国際取引を規制しないと絶滅のおそれがあるもの」に掲載されて貿易取引が制限されている。2008年には国際自然保護連合（IUCN）がレッドリストのCritically Endangered（CR）カテゴリーに位置づけた（1.4節、p.56、註1）。ニホンウナギも、2013年に環境省が「環境省レッドリスト」の絶滅危惧IB類に、翌2014年にはIUCNもレッドリストのEndangered（EN）カテゴリー（環境省の絶滅危惧IB類のモデル）に、それぞれニホンウナギを掲載した。だが、まだワシントン条約の対象ではないので、厳しい資源管理はおこなわれていない。しかし、2020年は一時的に好調だったものの、2010年以降のシラスウナギ漁が低調なのは、p.12のグラフ「ニホンウナギ内水面漁業生産量とシラスウナギ国内採捕量の推移」が示すとおりである。

日本に渡来するシラスウナギが減少している原因としては下記が考えられる；（a）海洋環境の変動（註2）により、産卵場所の西マリアナ海嶺近辺から日本近海へ渡来する個体が減少、（b）ニホンウナギ種の個体数自体が減少。

（a）は人智では如何ともしがたいが、（b）に対処するひとつの方法は、日本に渡来したシラスウナギに対して、産卵による再生産を促すことだろう。稚魚が成育し、性成熟して産卵回遊する、というウナギのライフサイクルから見ると；（1）陸水や沿岸域でのシラスウナギの採捕を抑制、つまり養殖量を抑制して資源量に応じて最終消費量を適正化し、「夏の土用丑の日」のような消費ピークを作らずに持続可能なウナギ食文化の仕組みを作ることで川を遡上するウナギ個体数を増やす、（2）ウナギの成育環境を保全し性成熟するまで成長を促す、（3）性成熟が始まって産卵のため川を下る下りウナギ（銀ウナギ）の採捕を抑制し産卵に回る個体数を増やす、の3点を進めねばなるまい。まず、漁業に関わる抑制（1）と（3）について考えよう。

8.1. 漁業制限の動き

（1）については、シラスウナギ採捕量や養殖池への池入量の制限が考えられる。本来、シラスウナギの採捕は、個人であっても各都道府県から特別採捕許可を得なければならず、採捕期間や場所、漁法にも制限があり、採捕量の報告義務も伴う。しかし、小さなシラスウナギを人目につかずに採捕や運搬することはたやすいので、個々の採捕を把握し採捕量を制限するのは極めて難しい。採捕されたシラスウナギは、多段階の流通過程を経て養鰻業者が池入するが、［水産庁 2022：15］によれば、例年、池入報告数量は、国内採捕報告数量と輸入数量の合計より多い。2021年漁期では、国内採捕報告が7.0t、輸入が7.0tで合計14.0tに対し、池入報告は18.3tと、4.3t多かったが、その原因には、密漁や違法取引も含まれると推測され、そこに反社会勢力も見え隠れすると言う。

かように流通過程の把握は難しいので、最終段の池入量制限が現実的である。1.2節で触れたように、「内水面漁業振興法」により、2014年11月から個々の養鰻業者は農林水産大臣への届け出が必要な「届出養殖業」に、さらに翌2015年6月からは農林水産大臣の許可が必要な「指定養殖業」に移行し、2016年漁期（2015年11月1日から2016年10月31日）から養鰻業者ごとに池入数量の上限が定められた。しかしその総量は現実の資源量に比べ過大であり、現行の数値では抑制効果が少ないと言う［海部 2016：103］。生産や流通過程を透明化してニホンウナギのトレーサビリティを高める仕組み作りも模索されてはいるが（コラム「魚類の耳石と標識」、8.2節）、行政や業者が本腰を入れない限りその実現は難しい［鈴木 2018：280−292］。しかし、流通に関わる行政の議論などは筆者らの手に余るので、深入りはしないでおく。

次に、下りウナギ（銀ウナギ）の採捕制限（3）の動きを見てみよう。2010年の漁期、すなわち2009年11月以降のシラスウナギ不漁に危機感をいだいた養鰻組合や内水面漁業協同組合、九州大学の望岡典隆氏らの研究者グループは、地元行政に、産卵のため川を下る時期（おおむね10月～翌年3月）のウナギ成魚と、採捕許可期間が12月～翌年4月末であるシラスウナギ、それぞれの採捕制限を働きかけた。その結果、宮崎県で2012年10月～12月のウナギ採捕禁止、鹿児島県で2013年10月～12月のウナギ採捕禁止（奄美市及び大島群島を除く内水面と海面）とシラスウナギ採捕期間の短縮、熊本県でも同年10月～翌年3月のウナギ採捕禁止（内水面と海面）とシラスウナギ採捕期間の短縮など、各県の内水面漁場管理委員会と関係海区漁業調整委員会などの指示による規制が実現した。禁止期間は年ごとの状況により変動するが、おおむね延びていく傾向にある。

その後も研究者グループは水産庁の担当者と一緒に各県を説得にまわっている。ウナギ漁が盛んな高知県でも2014年に半年間のウナギ禁漁（内水面と海面）を決め、河川で暮らすウナギと下りウナギの見分け方のチラシを配布するなど対策を実施している。2015年以降も愛媛県（内水面及び海面）、青森県、2016年以降は徳島県（内水面及び海面）、2017年以降は、静岡県、広島県、岐阜県、島根県でも（いずれも内水面）、下りウナギの時期（県ごとに異なる）の禁漁を実施している。また、愛知県、福岡県、東京都、三重県、奈良県、佐賀県、大分県、山口県、群馬県、和歌山県、岩手県、山形県、滋賀県、大阪府では、下りウナギ採捕の自粛や再放流を呼びかけるなど、この動きは徐々に広がっている。

ところで、東京大学のニホンウナギ研究チームが沿岸の銀ウナギを600匹捕獲して耳石（コラム

鹿児島県ウナギ資源増殖対策協議会などによるウナギ禁漁ポスター、2018年版。写真提供：鹿児島県ウナギ資源増殖対策協議会。

高知県内水面漁場管理委員会によるウナギ禁漁チラシ表面、2018年版。写真提供：高知県水産振興部漁業管理課。

「魚類の耳石と標識」)を調べたところ[塚本 2012:64]、川育ちは2割にすぎず、川を遡上せず汽水域と淡水域を何度も行き来する「河口ウナギ」や、一生海で育つ「海ウナギ」が8割だった。ウナギは必ず淡水の川を遡るという説が覆されたのだ。これは、汽水域と浅海、とくに干潟がニホンウナギの成育に欠かせない場所である証、逆に言えば、河川環境の悪化と乱獲により川を遡上する個体が相対的に減った証かも知れない。さらに言えば、下りウナギの採捕制限は川だけでなく河口や海面でも必要なことを示している。

鹿児島大学の佐藤正典教授と大学院博士課程の菅孔太朗(かんこうたろう)氏(肩書はいずれも当時)らは、2010年以降、海と干潟周辺のウナギの食性調査に着手した[KAN et al. 2016]。筆者・中尾も鹿島市周辺のウナギ漁師に頼んで、河口域と干潟周辺で捕れた検体を提供した。予想どおり、食べ物が多岐にわたり、河口の汽水域と干潟がウナギの生息に適していることが証明された。佐藤正典教授らは「日本一の汽水域環境を持つ有明海の保全は、天然ウナギの重要な餌である底生生物の種多様性を維持するうえで極めて重要だ」と同論文で述べている。

そのせいだろうか、数年前から河口ウナギや海ウナギが美味いと人気が出てきた。福岡県柳川市の筑後中部魚市場では、以前は見向きもされなかった「ぼくと」(註16)に高値が付くようになった。しかし、故・近藤潤三・筑後中部魚市場会長は、「この状況が資源の枯渇に繋がらなければ良いが…」と心配されていた。近藤氏は、有明海の行く末を深く案じておられ、有明海再生に向けたさまざまな活動を進めた方であった(註21)。

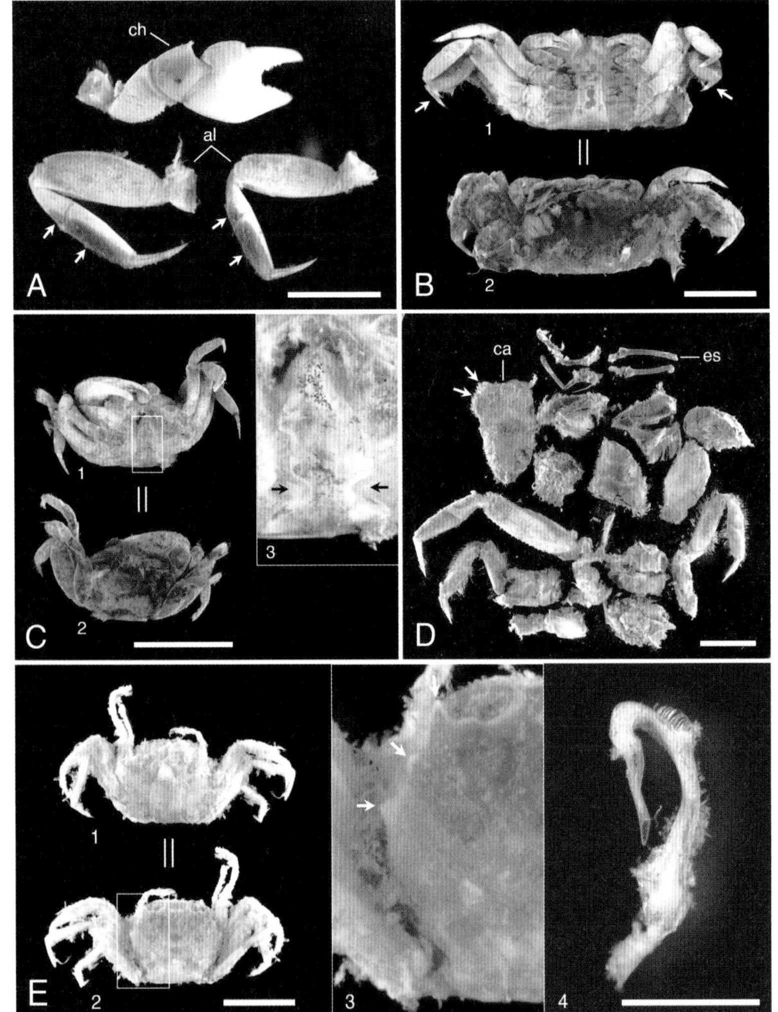

菅、佐藤正典氏らがおこなった食性調査の結果による、有明海産のウナギの消化管内容物(さまざまなカニ類)。A:アシハラガニ類、B:アリアケガニ、C:ハラグクレチゴガニ、D:ヤマトオサガニ、E:ムツハアリアケガニ。白い寸法線は、上段、中段は10mm、下段左は5mm、下段右は1mm、を示す。[KAN et al. 2016]より許可を得て転載。

一方で、時期を定めた禁漁措置は、海へと下る銀ウナギの採捕を抑制して産卵回遊する個体を増やす、という本来の目的を超えて、漁期としては最盛期にあたる天然ウナギ漁全般を封じてしまうおそれもある。実際、下りウナギ禁漁期間を設定した府県で、いくつかの天然ウナギ漁法が廃れ漁師が廃業した例があるのは、これまでに見てきたとおりだ。10.5節で述べる「ニホンウナギ文化複合」の要素であるウナギ漁の持続可能性を探るためにも、たとえば10.1節で紹介されているような、全面禁漁に代わる方策が案出されることを期待したい。

8.2. 水産エコラベル
── 国際的な認証制度 MSC と ASC

2015年の国連サミットで採択された、経済、社会、環境面で「持続可能な開発のための2030アジェンダ」で示された国際目標が、「持続可能な開発目標（SDGs、Sustainable Development Goals、エスディージーズ）」である。2030年までの達成を目指す目標が17個あり、それぞれは、より具体的な達成目標とその時期を示した複数の「ターゲット」に細分化されている。17目標について総計すると、ターゲットは169個になる。

目標の第14番目「海の豊かさを守ろう」の達成にも有効だと考えられる手段のひとつが、MSCとASCと呼ばれる世界的な認証制度である。これは、IUU漁業（Illegal, Unreported and Unregulated：違法・無報告・無規制な漁業）を終わらせ、漁業資源の減少に対応した、持続可能な漁業活動の実現を制度面で後押しするもので、MSCは海面水産業に、ASCは養殖水産業に、それぞれ対応する。

「MSC（Marine Stewardship Council：海洋管理協議会）認証」は、漁業資源の枯渇を招かない漁獲、生態系を維持する漁業活動、を評価対象として漁業者を認証する国際的な認証制度であり、(1) 対象となる水産資源が豊富で、資源管理されているか、(2) 生態系に及ぼす影響が最小限に保たれているか、(3) 法律や規則などに従って漁業がおこなわれているか、の三原則に従って審査する。

MSCは、国際的NGOであるWWF（World Wide Fund for Nature：世界自然保護基金）と世界的な一般消費財メーカーであるユニリーバ（1871年にマーガリンの製造特許取得から始まったオランダのマーガリン・ユニと、イギリスの石鹸会社リーバ・ブラザーズが、1927年に合併した二重国籍企業）の支援のもと、1996年にイギリス・ロンドンで設立された国際的NGOであり、日本事務所は2007年に開設された。MSCは、1995年に開催された第28回FAO（Food and Agriculture Organization：国際連合食糧農業機関）総会で採択された「責任ある漁業のための行動規範」に賛同して設立されたもので、世界中に大きなインパクトを与えた。

2019年5月から、阪急電鉄と阪神電気鉄道の一部列車は、ウマカケバクミコ氏がデザインした「SDGsトレイン 未来のゆめ・まち号」のラッピングを纏い、車体内外で啓発メッセージを発信している。当初1年間だった予定は2025年まで延長され、2020年9月からは関東の東急電鉄もこの取り組みに加わり、ステッカー「西で東で運行中」をドア窓などに掲示している。撮影：久保正敏。2022年

阪急電鉄車体にラッピングされたSDGsの17目標中第14番目。撮影：久保正敏。2019年

他方、「ASC（Aquaculture Stewardship Coun-cil：水産養殖管理協議会）認証」は、環境と社会の両面に配慮した養殖業者を認証する国際的な認証制度である。（1）養殖場建設による環境破壊や汚染がないか、（2）薬物の過剰投与による耐性菌の発生はないか、（3）エサ原料の過剰な漁獲はないか、（4）養殖魚が自然界に病気や寄生虫を拡散していないか、（5）養殖場から逃げ出した個体が外来生物として生態系に影響を及ぼしていないか、（6）人権や労働など地域社会に配慮した水産養殖業であるか、などの原則に従い認証する。

ASCは、WWFとIDH（Sustainable Trade Initiative：持続可能な貿易を推進するオランダの団体）の支援の下、2010年にオランダ・ユトレヒトで設立された国際的NGOである。

これらの認証を受けた水産物であっても、その後の流通、加工の段階で非認証のものが混じってしまう可能性がある。そこで、非認証の水産物の混入を防ぐため、製品がたどってきた経路を遡ることができる、すなわちトレーサビリティを担保する仕組みが、CoC（Chain of Custody）認証であり、「流通加工段階の管理」を意味する。MSC認証やASC認証を受けた水産物が消費者に届くまでの過程で、CoC認証を取得した業者を経た場合にのみ、MSCやASCの認証済みを示す、「海のエコラベル」、「養殖版海のエコラベル」とそれぞれに呼ばれる、水産エコラベルを貼付して販売することができる。MSC、ASCともに、CoCを認証する、「MSC-CoC認証」、「ASC-CoC認証」の仕組みを併せ持つ。

具体的な認証は、「スキームオーナー」が、国際的なフォーラムなどで認証された規格や認証スキーム（枠組み）を運営、管理し、それに基づいて、第三者機関である「認証機関」が、事業者からの認証申請を実際に判定する。

これら水産エコラベルが製品に貼付されていれば、持続可能な資源管理がおこなわれていることが担保されることになり、消費者にとっても商品を選ぶ際の目安となる、とされる。すなわち、持続可能性を重視する生産者や流通、加工業者を消費者の側から応援すること、ひいては、消費者が資源保全に貢献することが期待されている。こうした水産物製品は、「Sustainable Seafood：持続可能な水産食品」と総称される。

2010年代以降、世界各地で、こうした水産エコラベルの仕組みが相次いで作られていて、2019年現在140存在するという（水産庁2019年7月「水産エコラベルをめぐる状況について」）。いささか乱立気味では

水産エコラベルの例。左から、MSC認証、ASC認証、MEL認証。

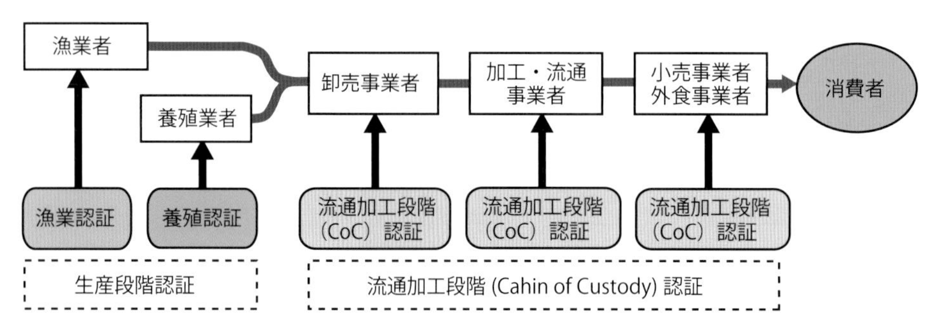

水産エコラベル認証の仕組み。水産庁2019年7月「水産エコラベルをめぐる状況について」の図を基に作成。

あるが、これらは、FAOが、「海面漁業における水産エコラベル認証スキームの国際的ガイドライン」を2005年に、「養殖業及び内水面漁業に関する認証スキームの国際的ガイドライン」を2011年に、それぞれ策定したことに触発された動きである。

これら個々の認証スキームを承認して信頼性を維持するとともに、相互に情報共有するための国際的な基盤組織、GSSI (Global Sustainable Seafood Initiative) が2013年2月に設立された。2017年3月にMSC、2018年9月にASC、がそれぞれ認証されている。

日本でも、日本独自の水産エコラベルであるMEL (Marine Eco Label) が2007年12月に発足、2016年12月にはこの仕組みを管理、運営するスキームオーナーとして、一般社団法人 大日本水産会が事務局を務める一般社団法人「Marine Eco-Label Japan Council：マリン・エコラベル・ジャパン協議会」が設立された。MELは、漁業及び養殖の両者を認証するもので、伝統漁具、漁法や漁業者の共同管理も含めて審査するなど、日本の漁撈文化を反映する点に特徴がある。MELも2019年12月にGSSIから認証された。

日本国内では最近、これらの認証を受ける業者や、認証製品を扱う生協やスーパーなどの流通業者が増えつつある。9.3節で触れる「パルシステム生活協同組合連合会」は、MSC及びMEL付き商品を積極的に扱っている。

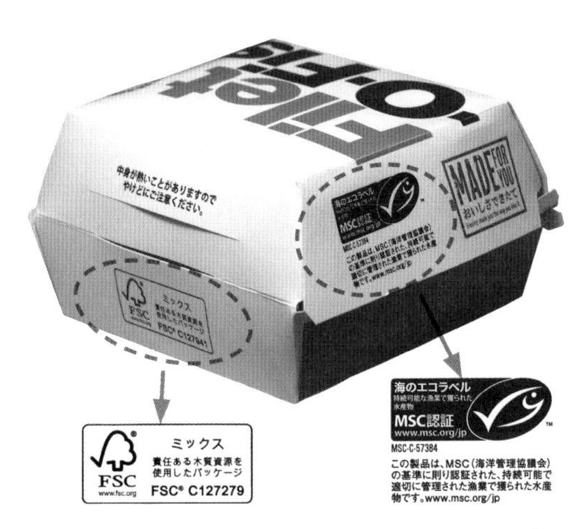

マクドナルドのフィレオフィッシュ包装容器。右上には食材スケトウダラについて2019年末から導入されたMSC認証ラベル、左下には、容器など紙製品について2018年から導入された森林認証のFSC認証ラベルが印刷されている。FSC認証についてはp.229を参照。撮影：久保正敏。2020年

日本マクドナルドも、アラスカのベーリング海で捕れたスケトウダラの生産加工全体について「MSC-CoC認証」を取得し、2019年11月から、このラベル付きのフィレオフィッシュの国内販売を始めた。

ただし一方で、こうしたエコ指向を謳って消費者を誘引するが実はまやかしである「グリーンウォッシング商品」と呼ばれるものも流通していることに注意が必要だ (green風を取り繕う=washing)。さまざまなエコ運動体のなかには、今や巨大な権威、権力となり、世界的な影響力を持つにつれて、企業、団体、個人からの寄付金や政府援助金などの利権が発生し、その運用に不透明な部分も生まれているのではないか、との疑念もある。

現代の私たち消費者には、世のなかの森羅万象はすべて互いに連関していることに思いを馳せて、ある面ではエコだがほかの側面ではそれに反することもあり得る、資源利用で生計を立てている発展途上国の多くの貧しい人びとの生活維持と環境保護との両立をどうするか、など、あるひとつの状況の矛盾点の洞察や深読みが求められている。

あらゆる事象にはしばしば光と影の両面が存在することを前提に、一側面だけでなく全体像への想像力を働かせ、イメージに騙されず、科学的視点で持続可能性を考える力を鍛えておくことが、私たちには必要ではないだろうか。

8.3. ウナギの成育しやすい河川環境とは

第8章の初め、p.164に示した、ウナギ資源量減少の対処法のひとつ、(2) 成育しやすい環境について考えよう。

3.1節で紹介した、天然ウナギ漁穫量が全国の1/3を占めていた茨城県で、個別河川の漁穫量変化を分析した研究 [二平 2006] や、『環境儀

No.30（特集 河川生態系への人為的影響に関する評価）2008』の諸論文などで解説されているように、河川の縦方向のつながりを分断する河川横断工作物（河川横断構造物とも、8.4節）である、ダム、砂防堰堤、治山堰堤、取水堰（頭首工）、井堰（水田に水を引くため水位を上げるべく川に設けた堰）、河口堰などが、ウナギなど淡水魚の成育環境を阻害してきたことは、世界的にも明らかにされてきている。

こうした研究や、さまざまな地域活動の実績などを踏まえ、環境省は、ウナギの資源保護には川の環境が重要であるとして、2016年9月に「ニホンウナギがすみやすい河川環境を保全するための指針」検討会を立ち上げた。その検討結果を踏まえて翌2017年3月に公表した『ニホンウナギの生息地保全の考え方』では、「ニホンウナギは水辺の生態系のシンボル」と捉えている。すなわち、成長すると淡水生態系の食物連鎖で最上位の捕食者となるニホンウナギが存在するということは、餌生物が存在するほどに生態系が健全な証なので、ニホンウナギを生態系の指標種と位置づけることができるのだ。

冒頭の第1章で述べたように、これが、本書でウナギを取り上げる理由である。環境省の『考え方』では、生息地を保全するために、(a) 移動を確保するため、魚道の設置など河川の縦方向の、及び、河川と流域の水田やため池などとの横方向の、つながりの確保、(b) 隠れ場所など局所環境の改善、(c) モニタリングの必要性、などを掲げ、関係省庁や各種団体の連携協力を促している。これらに加えて、8.1節で触れたように「河口ウナギ」と「海ウナギ」の割合が川育ちを大幅に超える点に注目し、汽水域や干潟の環境保全にも注力してもらいたい。9.1節で紹介する、川と海だけでなく森をも含めた水系全体と人との関わりを考える「森里海連環」の視点も今後の重要なヒントになるだろう。

このうち (a) について振り返ると、先述した「河川横断工作物」により、また、河川の護岸や1963年に制度化された圃場整備事業による用排水路の整備などにより、それぞれ、河川の縦方向、河川と直交する横方向のつながりが断たれてきた。1896（明治29）年制定の（旧）「河川法」は治水に重点を置いていたが（註8、註13）、電源開発、上水道、工業用水などの需要の高まりに応じ、1964年には治水と利水の両者に重点を置く方向で（新）「河川法」（または昭和の河川法）が制定された。この河川法では、河川を水系のまとまりで一貫管理することを大前提とし、国が管理する一級水系、都道府県が管理する二級水系の区分が導入された。それぞれの水系のうち、重要な幹川として指定された区間が、一級河川、二級河川である。さらに、市町村が河川法を準用して管理する区間「準用河川」も設定される。こうした水系管理体制の整備が (a) (b) に関わる河川環境に少なからぬ影響を与えてきた。

その後、高度経済成長期に進んだ河川汚染を見て、1980年前後から日本でも環境保護の動きが広がり、さらに、4.7節で紹介したオランダの事例や、スイス、ドイツ、オーストリアなどドイツ語圏で広まった景観保全の狙いも込めた河川改修の事例を背景に、河川環境に関する見直しの機運が生じた。1981年の建設省（現・国土交通省）河川審議会の答申に初めて「河川環境」という用語が登場したのもその一例だ。

1970年代末に、スイス・チューリッヒ建設局のクリスチャン・ゲルディ（Christian Göldi）氏の提唱で、スイスで「近自然河川工法（ドイツ語でNaturnaher Wasserbau、英語ではNeo-Natural River Reconstruction Method）」が生まれた。大気、水、土壌、生態系の関係性を本来の自然に近づけ、「水の大循環の健全化」とともに景観や住環境の改善も目指す河川工法として始まったものである。具体には、治水優先で直線化した河道を広げて川を再び蛇行させて瀬と淵を取り戻す、堤防を最小限の石積みや砂で護岸して浸食を緩和する、旧河道を掘り返して洪水に備えた遊水池とする、などの手法を用いる。これらは、4.7節で紹介した、後にオランダで提唱される「川にゆとりをプロジェクト」に大きな影響を与えたと考えられる。

「近自然河川工法」は、建設省の関正和氏や民間の福留脩文(ふくどめしゅうぶん)氏(1943〜2013)(当時、西日本科学技術研究所)が1986年に日本へ伝え、その直後から各地に取り組みが広がった。その動きを、もっとわかり易い用語で広めたいと考えた建設省は、1990年に、建設省治水課長名で「多自然型川づくり」通達を出し、翌1991年から「河川が本来有している生物の良好な生育等環境に配慮し、あわせて美しい自然景観を保全あるいは創出するため」、正式な事業として開始した。その後、それが「型にはまった」考え方でのみ現場に伝わっているとの批判を受けて、2006年には「型」を除いた「多自然川づくり」と名前を変え、「多自然川づくりとは、河川全体の自然の営みを視野に入れ、地域の暮らし、歴史や文化との調和にも配慮し、河川が本来有している生物の生息、生育、繁殖環境、並びに多様な河川風景を保全あるいは創出するために、河川の管理をおこなうこと」と、工事だけでなく河川管理全般を視野に含むべく改訂されている。

また1993年には「環境基本法」が成立、翌1994年には、建設省が公表した「環境政策大綱」の前文で、理念「地球環境問題の解決に貢献することが建設行政の本来的使命であるとの認識をすること、すなわち『環境』を建設行政において内部目的化するものとする」を謳っている。これは画期的といえよう。

さらに、1997(平成9)年6月に「河川法」が大幅に改正されて(平成の河川法)、第一条「目的」に、従来からの治水や利水に加えて「河川環境の整備と保全」が付け加えられ、第一六条で「河川整備基本方針とそれに沿った河川整備計画を策定し、その際に必要がある場合は、学識経験者の意見聴取、関係住民、地方公共団体の長の意見を反映させるための措置を講じること」が定められた。すなわち、改正以前に必要だったのは「工事実施基本計画」だけだったのが、改正後は、長期的な河川整備の基本方針に関する事項「河川整備基本方針」と、河川整備の具体的な事項「河川整備計画」に分けて策定し、後者は今後20〜30年の間に実施すべき計画の内容を詳しく記述することになった点、そしてその策定において関係住民などの意見を聞く回路が設けられた点が、この改正の大きなポイントである。

これを受けて、学識経験者と関係住民を交えた「流域委員会」が各地に設立されることが多くなり、その後の「流域治水論」が展開する場のひとつになっていった(8.8節)。またこの改正に伴い、既に1976年に制定されていた「河川管理施設等構造令」(p.180)が改正されて1997年12月から施行され、床止(とこどめ)及び堰を設ける場合に必要に応じて魚道を設ける旨が規定された[森川 2000]。このように1990年代は、日本の河川行政に大きな転換が生まれた時期であった。

しかし、これら施策によって生物に快適な生息環境を現場で確保できているか否かについては、検証しておく必要があるだろう。全国で進められている「多自然川づくり」についても、自然の河川が持つ本来の機能が復活していないものも多い、との批判もある。たとえば、治水の効果もあわせて狙った河道の直線化及び、コンクリートブロックや自然素材による護床護岸による流速増大に加えて、生息環境創出のための水制工(すいせいこう)(次節)設置がかえって招いた流速増大などで起きる「河床低下」や、流速増大で魚類生息に必須である多様な礫の堆積が失われる「河床岩盤化」などの河道の劣化が、生物生息上の大きな問題となっている、という[妹尾 2017]。コラム「生態系保全と防災の両立 ── 石組みによる河道改善」が説くように、礫は生物生息にとって極めて重要なのだ。

そこで次節では、河川横断工作物である堰について、まず考えよう。

コラム

ふるさとの川はみな違う

阿部 夏丸　作家

日本の川は世界一面白いと思っている。何が面白いかといえば、この南北に伸びる島国には3万を越える圧倒的な数の川があり、そのひとつずつが明確な個性を持っていることだ。

まず、魚の種類が違う。

関東と関西では、捕れる魚が異なる。ギギとギバチ（編者註：ともにナマズ目ギギ科の淡水魚で前者は主に西日本、後者は主に東日本に分布）、アマゴとヤマメ（編者註：ともにサケ目サケ科、前者はサツキマスの陸封型で主に西日本、後者はサクラマスの陸封型で主に東日本に分布。しかし近年、遊漁目的の無秩序な稚魚放流が盛んになって分布が乱れるほか、ハイブリッドも容易に出現し遺伝子が乱れているという）のような違いもあれば、イシガメ（編者註：分布の北限は関東地方）などのように生息域がはっきりと分かれるものも。また琵琶湖や濃尾平野のように固有種がいることもある。

そして、それぞれの川の景色が違う。

川の景色は川原の石や砂、川沿いの植物が作り上げている。それが魚の種類同様異なっている。

実際に魚捕りをしていて感じるのは、本州、四国、九州と比べ、北海道と沖縄は「異国だな」ということ。捕れる魚ばかりか、川の景色が違う。以前、韓国の川で魚捕りをしたとき、つい夢中になって韓国の川だということを忘れてしまったことがある。あとで考えたら、韓国の川には、松に柳に竹などが生え、景観は僕の住む三河の川にそっくりだった。

こうした違いを「日本は南北に長いから当たり前だ」といってしまえばそれまでだが、その当たり前こそが、川の個性だと考えたい。

また、圧倒的に川が短いのも日本の川の特徴だ。

日本の川は短いわりに、高低差がある。ある半島の川では、朝、汽水域から入川し、魚捕りをしながら歩いていったら、夕方には源流にたどり着いてしまった。川の落差が変化するのはもちろん、捕れる魚もボラ、セイゴ、ウナギからはじまり、オイカワ、カマツカ、ヨシノボリと姿を変え、最後はアブラハヤ、イワナとなった。1日でこうした変化を感じられるのも、日本の川ならではの魅力。

若い頃、アマゾン川を旅したことがあるが、船で4、5日移動しても、景色は同じ、釣れる魚もほとんど同じ、で川の広さに呆れてしまった（笑）。

さらに、日本には四季があるので、個性が倍増する。おそらく日本人は、昔から身近な川の姿に愛着を持って暮らしてきたのだろう。

それが証拠に、日本にある3万もの川、そのほとんどに名前がついている。しかも、地元ならではの、「大川」、「新川」といった愛称まで。日本人が「ふるさと」の絵を描くと、必ず川を描くのも、川が多いだけでなく、川とのつながりや子どもの頃の川遊びといったものが影響しているように思える。

現在私は、執筆活動のかたわら、子どもたちと川遊びを数多くおこなっている。

「環境学習などクソ食らえ、そんなのは大人の仕事、子どもはまず遊べ、魚を追いかけろ」が、合言葉だが、2020年の夏、ゆかいな事件が起きた。

山里に住む5年生のK君が、80cmもある大ウナギを釣ったのである。彼の家の前にはアマゴの棲む細い渓流があり、彼は毎日この川で遊んでいる。この山里では都会同様、川遊び文化が途切れ、遊んでいるのは彼くらいだ。

「本当にウナギなんているの？見たことないし、ウナギを釣ったなんて聞いたことがない」

そう言う彼に、前年「穴釣り」の方法を話したら、自分で工夫し、もう釣ってしまった。

そして、それから1か月後。

彼が3本目のウナギを釣り上げたというので遊びに行くと、川は人であふれていた。聞くところによると、彼がウナギを釣ったうわさが小さな山村に広まると、大人が続々川に集まってくるようになったという。

「昨日は、近所のおじさんが一緒に潜って、淵でウナギを捕ったし、今朝は漁協のおじいちゃんが川に入り、手づかみでアユをとったんだよ」

子どもの遊びが大人を刺激し、川への意識、川の価値を大きく変えた瞬間だ。

大人にとって「ふるさとの川」は昔話であるが、今流れている川もまた、子どもにとっての「ふるさとの川」である。

8.4. 河川環境の鍵となる堰

治水や治山関係の用語には、工事、工法、作業者ではなく、工事の結果物（英語でwork）に対して「工」の付く呼称が多い。頭首工、落差工、帯工、根固工、階段工、貯水工、水路工、河川工、推進工、分水工、消波工、水制工などがある。まずここで、後の解説にも関係するいくつかについて概要を紹介しておこう。

水制工

水制工は、流水を邪魔することで河川の流れを制御する構造物で、基本形は流れに対し直角方向に設置する「幹部水制」や「横工」である。その先端に流れに平行に設けるものを「頭部水制」「縦工」「平行工」などと呼ぶ。水を通すものを「透過水制」、逆を「不透過水制」と呼ぶ。

水制工は、(1) 流れを中央に押しやる「水刎ね効果」、(2) 河岸近くの流れを遅くする「粗度効果」（水に対する河道の抵抗を表す値を粗度と呼ぶ）、(3) 流れの向きを変える効果、(4) 流れに突き出した水制工先端部の河床洗掘効果、(5) 水制工下流部での土砂堆積効果、を狙うものである。とくに (1) により河川中央部の流れが早くなり土砂の堆積が抑えられて水深が深くなるので舟運を楽にする、(2) により堤防への圧力が減るので堤防が壊れにくくなり洪水予防に役立つ、などが重視されてきた。

幹部水制と頭部水制の両者があると、それらに囲まれた水域は、洪水時以外は流れがほとんどなくなる。そうした水制工の一種で、「粗朶沈床」（p.142及び註13）が設けられた水域は、粗朶に付着した微生物による浄化作用で魚介類の

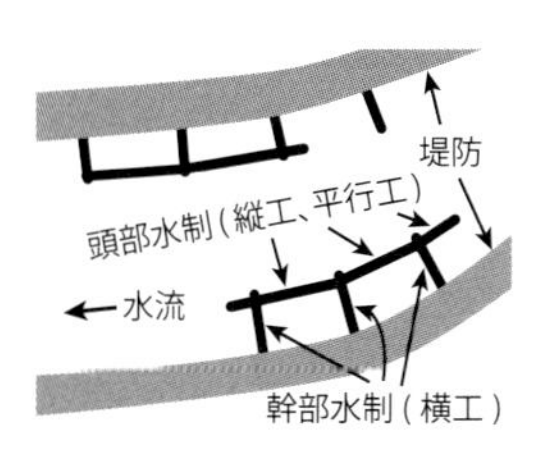

水制工の構造。
[上林 1999：80] に掲載の図などを基に作成。

産卵場所や成育場所となるので「多自然川づくり」に役立つ。そうした水域の良い例が、入り江のような地形を指す湾処である［上林 1999：82–83］。この語源に関し、粗朶沈床を導入したオランダ人技術者にちなむオランダ語起源、またはアイヌ起源など、諸説あるようだ。淀川の湾処が良く知られているが、それは次の理由による。

淀川水系で絶滅したと考えられていたイタセンパラ（タナゴ属の淡水魚で日本固有種）が大阪市旭区城北地区の湾処で1971年再発見され、国の天然記念物に指定された。しかし1983年下流に完成した淀川大堰が作り出す水位変動の少ない環境は生存に厳しく、現在は再び野生絶滅状態となった。そこで市民が中心の自然再生活動「淀川水系イタセンパラ保全市民ネットワーク（イタセンネット）」が立ち上がった。

話を戻すと、伝統的河川工法としても、捨石工、寄石工、上記の沈床工、籠工、杭出類、枠類や牛類（p.191）、など、各地で河川の特徴に合わせた水制工が考案されてきており［富野 2002］、1990年代以降は、近自然河川工法（前節）の手法として再評価が進んでいる。

頭首工

近代的な農業水利施設は「堰」または「頭首工」と呼ばれる。1902（明治35）年発行の上野英三郎・有働良夫『土地改良論』108頁に「…これらの工事を総称して頭首工（head work）と云ふ」とある（国立国会図書館デジタルコレクションより）。現在では、英語headworksに対応させ、水の流れを人体にたとえて、農業水路を手足とみなせば、それらがうまく働くように調節する頭や首にあたる重要な設備だ、と解説されている。

頭首工は、河川横断工作物により水位を制御する「取水堰」、その上流で河川水を農業水路に取り入れる「取水口」（取入口）、「魚道」「船通し閘門」などから構成され、その基本機能は、季節ごとに変動する農作業の需要に応じ河川の水位を

持ち上げ、取水口から農業水路へと水を導くことにある。しかし、降雨で河川水位が上がった際には、水田側への氾濫を防ぐために河川の水を下流に逃がさねばならない。伝統的な取水堰で発祥が縄文期に遡るという「井堰（いせき）」は、川底に打ち込んだ丸太製などの構造物の隙間を草や小枝でふさいでおき、河川水位の上昇時にはそれが流失する仕掛けになっていたが、氾濫のたびに、修復に多大な労力と費用が必要だった。

井堰を近代化して、水中に石積みやコンクリートなどの構造物を設けた「固定堰」は、水位を持ち上げる単純な取水堰だが、流量に応じた調節ができないので、やはり河川水位の上昇時には水が周辺に溢れて氾濫のおそれがある。そこで、明治中期以降の取水堰には、河川水位を調節するゲート（門扉）の機能を持つ「可動堰」が用いられるようになった。河川水位の上昇時にはゲートを開放して水を下流に逃がす。現在の可動堰は、「引上堰」と「起伏堰」（転倒堰、倒伏堰とも）に大別される。1964年に制定の（新）「河川法」では、「ダム」とは、基礎地盤（ダムの重さを支える土台となる地盤）から堤頂までの高さが15m以上のものを指し、それ未満の河川横断工作物が、頭首工や堰と呼ばれる。ダムについては註8でやや詳しく触れている。

引上堰

可動堰のうち引上堰は、主に鋼鉄製のゲートを上下にスライドさせて水位を調節するもの

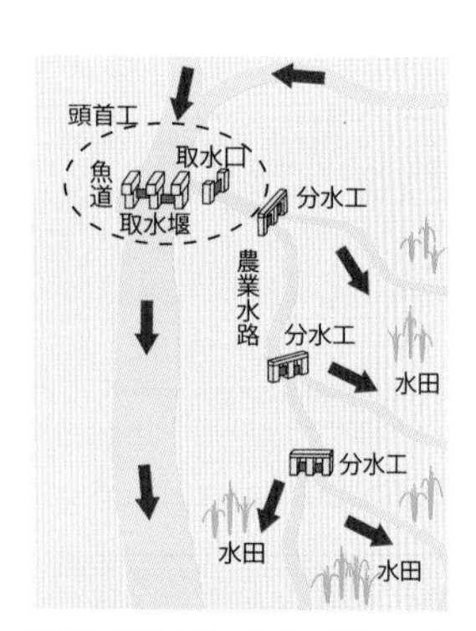

現代の農業水路の概念。農林水産省近畿農政局の資料などを基に作成。

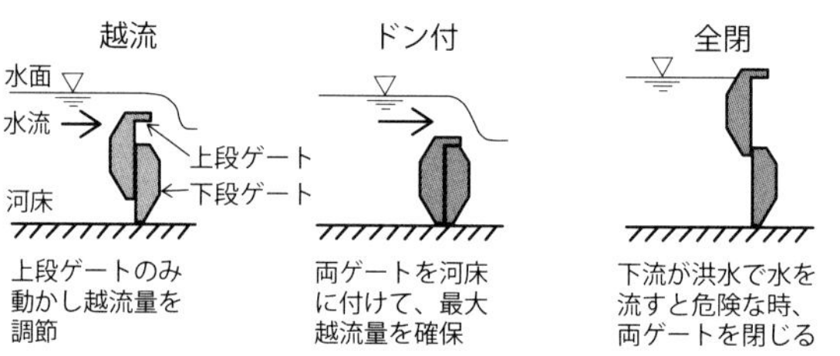

二段式ゲート操作の断面図、瀬田川洗堰の例。同堰は、南郷洗堰（p.43）に代わり1961年竣工。国土交通省近畿地方整備局琵琶湖河川事務所のウェブサイトを基に作成。

左：引上堰の例。淀川下流部に1983年完成の淀川大堰、右側の下流が汽水域、左側の上流が淡水域。主ゲートが4門、二段式調節ゲートが両脇に2門ある淀川大堰は、大阪湾の干満に合わせて放流量を調節する。この写真は左端の調節ゲートを引き下げて越流させ放流している場面。写真奥の上流側には毛馬（けま）閘門があり、元来淀川本流であった大川に淡水を引き込み、大阪市内河川の水質維持のほかに都市用水として利用する。さらに上流の城北地区には湾処が多く残っていて、多様な生物が繁殖するビオトープとなっている。撮影：久保正敏。2019年

右：淀川大堰の調節ゲート2門の岸側には、呼び水水路（p.177）も併設した階段式魚道がある。この写真は右岸側の魚道。左側に階段式魚道3本、その右側に呼び水水路。撮影：久保正敏。2019年

で、スライドゲートとも呼ばれる。止水が容易で操作の信頼性が高いため、大規模な可動堰のほとんどがこれである。なかでも、左頁に示す、ゲートを二段重ねる二段式ゲートは、重ね方次第で多様な水位調節が可能で、平常時は越流：overflow、出水時は下段ゲートを上げてunderflowで放流するのが基本である。

起伏堰

もうひとつの可動堰である起伏堰は、水中の構造物を起伏して水を制御するもので、堰が小規模で制御すべき水位変化量が小さい場合に採用される。油圧装置が改良されて1950年代以降に普及した「鋼製起伏堰」、米国で1956年に考案され日本では1964年から導入が始まった「ゴム引布製起伏堰」、1990年代後半に前二者を組み合わせて米国で開発された「SR（Steel Rubber）合成起伏堰」（ゴム袋体支持式鋼製起伏堰とも）がある。鋼製起伏堰が土砂流出により油圧シリンダー損傷や鋼製扉体（パネル）の腐食が多いのに対して、後の二者は「ゴム堰」と呼ばれ、構造がシンプルで施行が容易、導入や維持費用が安い、土砂流出の影響を受けにくい、などの理由で導入例が多くなった。しかし、8.6節で述べるように、現在ではゴムの経年劣化が問題になっている。

いずれについても、電気式の水位検知器や、フロートやバケットなどの機械式水位検知器によって、上流側の水位を検知し、一定値以上に水位が

起伏堰の分類と実例

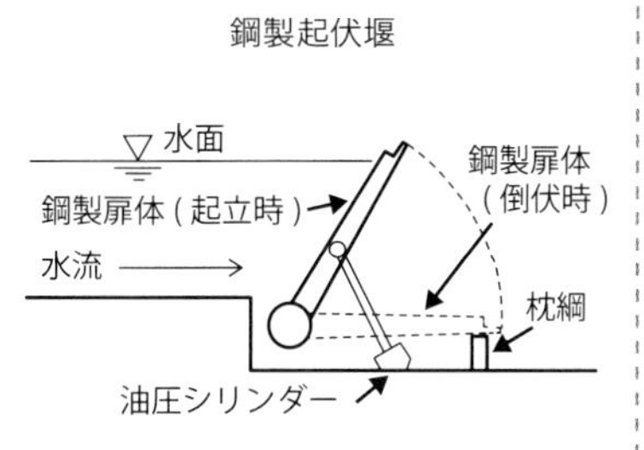

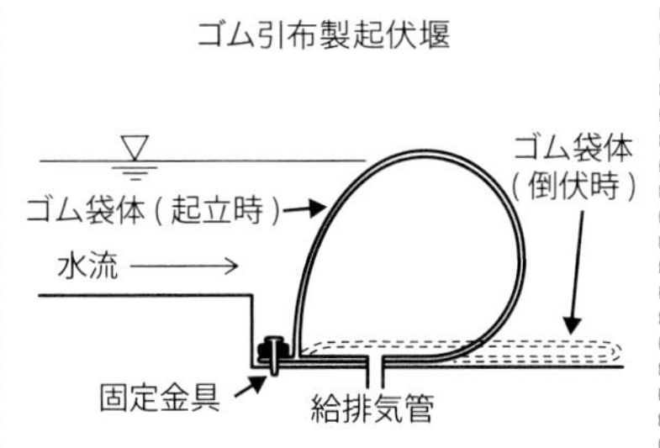

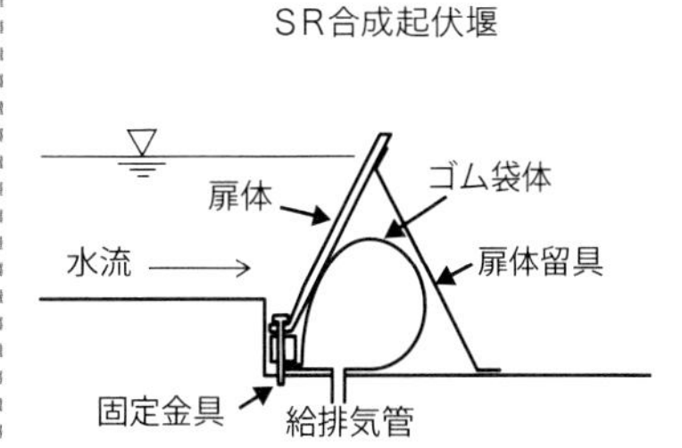

上に示す分類のモデル図は、一般財団法人 国土技術研究センターの資料などを基に作成。

実例写真
左：千葉県香取市の小野川放水路、2007年（CC BY 2.5）
中上：兵庫県川西市の猪名川加茂井堰の起立時
中下：同堰の倒伏時 2020年（撮影：久保正敏）
右：宮城県黒川郡大衡村（おおひらむら）の金（かね）堰、2012年（日東河川工業株式会社ウェブサイトより）。

上昇すれば堰を自動的に倒伏して水を流下させて堰周辺への氾濫を防ぐ、「自動起伏堰」が多い。

1980年代以降、こうした近代工法による可動堰に対し、河川の生態系や河川にかかわる文化の点から、その功罪が議論されるようになってきた。河川工学者の大熊孝氏によれば、以下の点に集約される［大熊 2004：3－6］；(a) 規模や材質の面で周辺の景観を壊している、(b) 堰の維持管理を専門家に任さねばならず、その費用は多大となる、(c) 鉄筋コンクリート構造物にも耐用年数があり、その改築費用は膨大となり周辺農民の負担は過大となるおそれがある、(d) 構造物が巨大で重くなるので基礎が深く打ち込まれ、伏流水が遮断され、堰上下の生態的連続性が遮断されて自然景観も破壊される、(e) 堰によって河川の機能が治水と利水に限定され、人びとが遊ぶ空間という機能を失ってしまう（コラム「ふるさとの川はみな違う」）。

その結果、可動堰は、人と河川の関係を遮断し人を寄せ付けない構造物になってしまったのではないか、と結論づけている。これは、持続可能で自治的な河川管理はどうあるべきか、という今日的な課題と結びついている。こうした点については、8.7節以降でもあらためて考える。

ところで、頭首工から田畑へ水を配る水路は、その断面構造から、下図のように分類される。土羽（どは）は、小規模な土堤を指す。同図の左端は、8.8節で触れる「河道主義治水」を具体化した近代的水路なのだが、先述の堰の場合と同様に、右側に向かう水路ほど、周辺の土壌と水路が伏流水を介してより親和的につながっており、より多自然的で生態系に負荷が少なく、人にも親和的な水路といえよう。

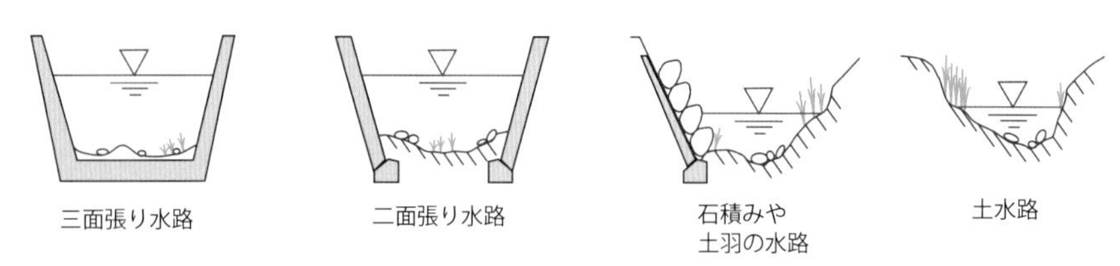

農林水産省による水路構造の分類。農林水産省2007年3月『生きものの豊かな農業水路をめざして』の掲載図を基に作成。

福岡県遠賀川河口堰の脇に、「生きものと人をつなぐゆるやかな水辺空間の再生」というコンセプトで、2013年に完成した多自然魚道公園を上流から望む。画面奥に見える河口堰の左側には、塩分濃度の緩衝域を確保し潮汐を活かすための長くて緩やかな線形で、自然石を配置し瀬や淵を形成できる魚道が造られている。かつてのようなシロザケの遡上を目指す遠賀川では、3年連続でこの魚道を介した遡上が確認されている。この魚道公園は2013年度グッドデザイン賞を受賞した。写真提供：国土交通省遠賀川河川事務所。2018年

8.5. 魚にやさしい魚道とは

8.3節で述べた、河川環境への配慮を具体化する「多自然川づくり」の大きな要素が魚道（fishway）であり、その一例に、既存の川の段差の脇に「多自然魚道」を設置する試みがある（左頁写真参照）。農林水産省の2002年改定の「頭首工設計基準」でも、原則として魚道を設置することとされた。

魚道は本来、河川に生息する生物の保全に努めるためのものであり、特定魚種だけでなく底生魚類や甲殻類にも対応することが望ましい。遡河や降河は稚魚の時か成魚の時か、など、ライフサイクルでの移動時期が種ごとに異なることへの対応、洪水や渇水も含め季節で変動する河川流量への対応、なども必要となる。

魚道の設計には、魚類が持つ習性である、流れの速い主流の両側に集まる、流れに向かう「走流性」を持つ、などを活かしつつ、現場ごとに異なる地形に対応した流体力学の適用が肝心である。設置後少なくとも5年程度は、渇水時や豊水時の状態、魚道周辺の経年変化や、堰による河道の劣化、たとえば、堰からの急流で河床が削られる「洗掘（せんくつ）」により魚道下流部が浮き上がる現象などを観測して、魚道が機能しているかどうかを見定めねばならない、息の長い事業となる。

やさしい魚道のために

魚道に関わる課題のひとつに、魚が降河する際に、堰や魚道より上流側にある取水口に迷い込む「迷入（めいにゅう）」がある。降河魚向けの「迷入防止策」としては、淡水魚が赤い色を嫌うというので赤色のスクリーンを取水口に取り付けるなどの方法があるが、総じて効果はあまりないらしい。一時的に避けたとしても取水口に向かう水流に惹かれてしまうこともある。魚は、自分の周囲の水流に反応するだけで、三次元視野を持っていないのだ。最も好ましいのは、取水口の前方に流れの少ない湛水部分を置き、その近くに魚道の上流側降り口を設けて、水流でそちらに誘導する方法だとされる。

遡河魚についても、魚道下流側にある登り口を見つけられず遡河できないままに堰の下流域に迷入することがある。その対策として「呼び水水路」を設けてその両側に魚道の登り口を設ける方法がある。魚道下流の登り口付近に強い流れを作り、その流れの影響を下流域まで拡散させて魚の走流性に訴えるのが狙いだが、呼び水自体に惹かれて肝心の魚道に入らない、呼び水流速が本川流速または魚道流速より過大な場合には循環流が生まれ魚がそこに滞留し続ける、呼び水が強すぎて離れた所に集まってしまう、など、課題も多い。

とくに、8.6節で示す塩田川の起伏堰「柳瀬（やなぎせ）堰」のように、堰の中央から階段式魚道が下流に張り出していて（p.182の写真参照）、その登り口が堰直下から離れている「張り出し型魚道」の場合、魚は流れの速い堰直下に惹かれ、魚道登り口を見つけられないまま堰の下流域に滞留したり、ほかの水路に迷入してしまうことが多いとされる。魚道登り口の近くに別の副堰堤、いわば呼び水水路を設ける改善策も提案されているが、堰から越流する急流が泡を作り出して遡河を妨げる場合もある。ほかにも、遡河魚にとっては非常手段であり体力を消耗する「飛び跳ね行動」でも越えられないような落差が途中にある魚道も、遡河を阻害する。このように魚道の設計は、個々の現場の状況に対応するために、事前の綿密な調査と、事後の観察に基づいた改修など事後の柔軟な対応が肝要である。

魚道の分類

魚道はその形でさまざまに分類されるが、ここでは、［中村俊六 1995］を参考に、プールタイプ、ストリームタイプの一部についてのみ紹介する。

プール（pool）タイプは、プールが階段状に連なり各プールが隔壁で仕切られているものを指し、階段式、バーティカルスロット（vertical slot）式に大別される。我が国の既設魚道の90％は、古くから設置されてきた、上流からの水が隔壁全面を越えて流下する全面越流型の階段式魚道だが、多くの問題点を抱えている。魚道全体が階段状の滝に見えるほどに、波や泡が定常的に発生し、また共振による定常的な横波（斯界では、seiche：セイシュ、静振と呼ぶ）が生じてプール内の水流が不安定となることが多い。そうなると、魚が方向を失う、体力を失うなどによって、遡上が難しくなる。

この欠点を改善しようと開発されたのが米国コロンビア州アイスハーバー・ダム（Ice Harbor Dam）の「アイスハーバー型」魚道である。非越流部を設け、越流壁の下部に大きな潜孔を開けることで、流量の安定化が図られ、波や泡の発生が抑えられる。非越流部の裏側には流れの穏やかな部分が必ず生じるので、魚の休息場所となる。また、越流壁と潜孔の下流側には、土木や建設分野でhaunch：ハンチと呼ばれる構造 — 90度で接合した部材の、凹部を部材で埋めたり、凸部の角を削ったりして、角度を和らげた構造 — を持たせるのも、重要な点である。ハンチの下流側は流れが弱まるので、小型魚が潜孔に突入する前に息を整える場所になるという。

同じような発想からノルウェーで古くから造られてきた魚道でも、切り欠きと潜孔にハンチが設けられている。さらに、水流がむやみに加速しないよう、切り欠きと潜孔が隔壁ごとに左右方向に少しずらして配置されている。

バーティカルスロット式は、鉛直方向に細長い開口路を設けたものである。スロットを抜ける流速がプール間の水位差のみで決まり、水位そのものが変化しても鉛直方向の流速がほとんど影響を受けない特徴があり、また、表層部分では遅い流れが形成されるので、足の遅い魚でも表層を通り抜けて遡上できるという。米国ワシントン大学留学中にこの方式を学んだ佐藤隆平（りゅうへい）・東北大学教授（当時）の指導により、日本国内では仙台周辺で古くから用いられてきた。

ストリーム（stream：水路）タイプは、水路内に板などさまざまな障害物を設けて多様な流速分布を作り出すことにより、さまざまな魚種にとっても遡上可能な経路を提供するものである。急勾配でも機能する魚道だが、魚道全体が長い場合には、途中に魚が休憩できるプールを設ける必要がある。元来は1908年にベルギーのG.デニール（Denil）が開発し、現在ではスティープパス（steeppass）型と呼ばれているものは、表面の流

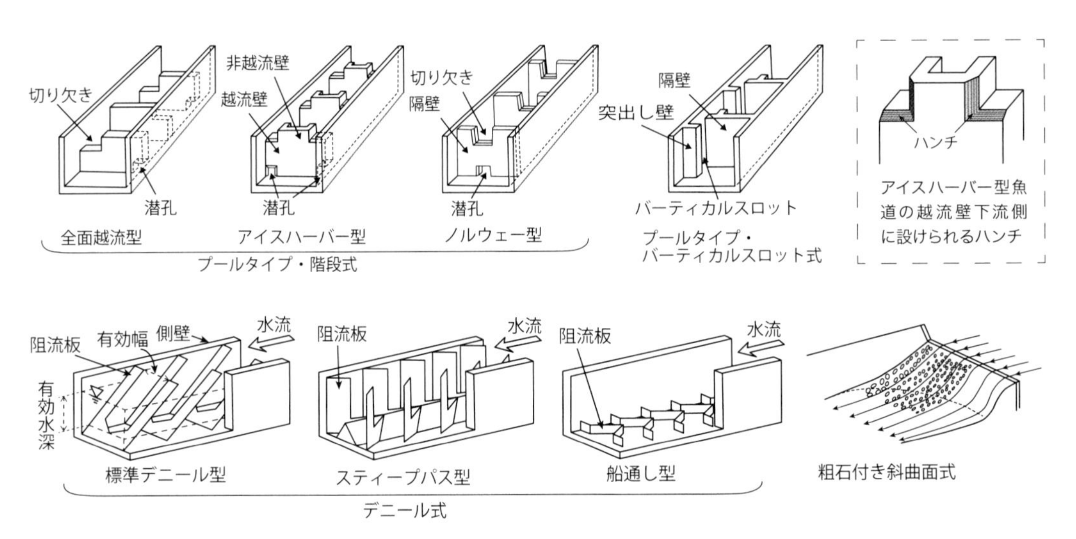

魚道の種類。上：プールタイプ。下：ストリームタイプ。それぞれ、［中村俊六 1995：183］、［中村俊六 1995：184］の図を基に作成。

速が遅く、底部が最も速い、という流れが形成される。その後1930年に英国で開発され、世界に普及し標準型となった標準デニール型は、水路内に適当な阻流板を設けて上層部は速く下層部は遅い、という逆の流速分布を生み出す［和田清ほか 1998］。スティープパス型は米国の仮設魚道で良く使われるが日本国内ではほとんど見ない。

広義のデニール式に、フランスで発達した「船通し型」がある。船を通す中央部に大量の水を流しつつ底部や側壁に阻流板を付けてあり魚も通す。標準デニール型はゴミや流木が引っかかって機能しなくなるおそれがあるが船通し型はその心配があまりない。一般に、水流が集中するとその周囲の水流は緩やかとなるが、この型でも中央部は流れが速いが両側の流れは緩いので、大型魚は中央部を使って、遊泳力の弱い小型魚は両側の側壁に近い部分を使って、それぞれ遡上できるという。

粗石付き斜曲面式も、中央部に流れが集中するのを狙っている。中央部の勾配を急にして小さな粗石を並べ、両側の勾配が次第に緩くなるようにして大きな粗石を並べるが、大きな粗石は、両側の流れが緩い部分を魚が縫うようにして遡上する際の休憩場所を提供する。ただし、粗石同士の間隔が適切であれば、の話である。

台形断面型魚道

近年、安田陽一・日本大学教授は、プールタイプ魚道の矩形断面形状に問題があることを指摘し、それに代わる台形断面型魚道を2005年に提案した［安田 2011］。矩形断面の魚道は、断面の左右でも中央でも水の流速はほぼ同じだが、断面を逆台形にすると中央部の流れは速いが壁際は緩やかとなる。先述の諸魚道同様に、こうした多様な流速分布を作り出すことが極めて重要で、それにより多種類の魚が遡上できるし、導流壁面をざらついた仕上げにすると、カニなども足を掛けて行き来できる。さらに導流壁の傾斜角度を45度にしておけば、遡上する魚を狙うカワウが導流壁面に留まるのが難しくなり都合が良い。

台形断面型魚道発案のきっかけは、1998年に三矢泰彦・長崎大学環境科学部教授（当時）から、川の流れが速くなって特産のカワエビが生息しにくいと相談されたことだった。そこで、件の固定堰、長崎県西彼杵半島西部を流れる雪浦川の支流、河通川の固定堰の魚道を改善するべく、水理学の知見に基づいて台形断面の魚道を開発して堰に設置したところ、カワエビの遡上に成功した。その成果を魚類に対しても拡張、まず長崎市や長崎県内河川の固定堰に台形断面型

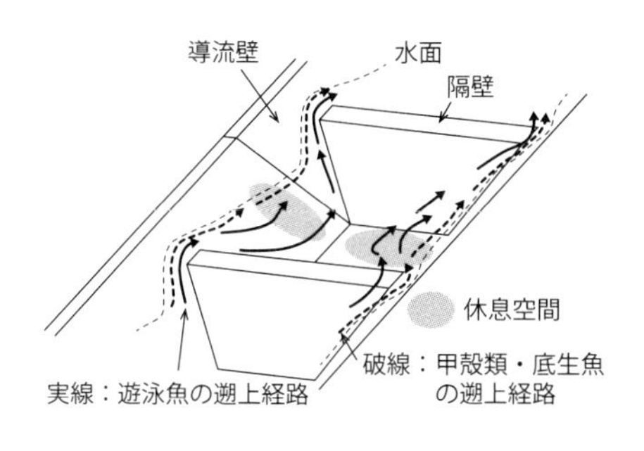

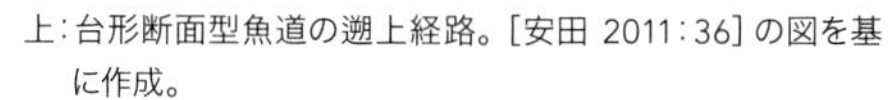
上：台形断面型魚道の遡上経路。［安田 2011：36］の図を基に作成。
右：台形断面型魚道の例。長崎県東彼杵（ひがしそのぎ）郡東彼杵町、彼杵川河口から1km上流、彼杵宿郷（しゅくごう）付近の固定堰に併設。2020年

魚道を併設する試みを始めた。

安田教授はその後も魚道の改善に注力して、これまでに全国で200か所以上の魚道の新設や改善、河道の改善などを手がけてきた（コラム「生態系保全と防災の両立 — 石組みによる河道改善」）。魚にやさしい道を造ることが氏のモットーであり、そのためには長期にわたる現場でのフィールドワークによる現状把握が必須だと強調している。

8.6. 河川改修の功罪

8.4節で触れたように、ダムや堰などの河川横断工作物のなかには、治水や利水の必要以上に過剰なものも存在するのではないか、と再検討する動きが、近年、世界的に見られる。

とくに欧米では、1980年前後からの環境保護の声の高まりを受けて、河川復元の動きが始まっている。8.3節で紹介した「近自然河川工法」では河道の復元が試みられ、オーストリア、デンマーク、オランダなどでは、氾濫原の復元、遊水池や湿地の造成などが進む。アメリカでは古い堰の撤去も進んでいるが、改修より撤去の方が安上がりだからとの理由も見られ、ダム（large dam）の撤去はそれほど多くない［中村圭吾 2006］。日本のダム建設史とダムに関する諸課題については、註8でやや詳しく紹介している。

日本の場合、急勾配の川、多い降水量などの特徴があるので、治山や治水に重点が置かれてきたが、近年は、都市に人口が集中して中山間地域は過疎化が進み、その地域の治山や治水がおろそかにされてきているようだ。他方で、近年の気候変動の影響で、線状降水帯や巨大台風がもたらす洪水や土砂災害が甚大化し、防災対応の重要性が高まっているのは当然だが、河川行政が治山、治水、利水を優先すればするほど、生態系保全は二の次になっていく感がある。たとえば堰についても、魚道は形だけのものが多く、ほとんど機能していないように見える。気候変動下、防災と生態系保全、というふたつの課題のバランスをどのように図るのか、河川行政は大きな課題に直面している。

一方で、自然保護運動に関わる諸団体を中心に、急激な気候変動と災害の甚大化を直視し、生態系保全と防災が両立できる解を求めようという機運が世界的に高まってきた。後ほど、8.9節で紹介する。

日本の堰に関しては、別の大きな問題もある。1964年制定の（新）「河川法」（p.170）の第十三条において、「河川管理施設又は許可工作物のうち、ダム、堤防その他の主要なものの構造について河川管理上必要とされる技術的基準は、政令で定める」と規定されたが、対応する政令「河川管理施設等構造令」は12年後の1976年7月にようやく制定、10月に施行された。その政令第三十六条で、

> 「堰は、計画高水位以下の水位の流水の作用に対して安全な構造とするものとする。2 堰は、計画高水位以下の水位の洪水の流下を妨げず、付近の河岸及び河川管理施設の構造に著しい支障を及ぼさず、並びに堰に接続する河床及び高水敷の洗掘の防止について適切に配慮された構造とするものとする」

と、堰に関する技術基準が示されている。

言い換えると、堰には、「計画高水位」までの洪水に耐えて安全に機能せねばならぬ、という制限が加わることになったのである［尾崎 1980］。

ここで「高水（河川技術者や関係者は「たかみず」と読むことが多い）」について簡単に紹介しておく（註18）。

「基本高水」とは流域に降った雨がそのまま河川を流下する場合の河川流量（m^3/secで表す）の時間変化を表し、そのピーク値を「基本高水流量」と呼ぶ。「計画高水流量」とは、河道やダムなど人工的な施設で洪水調節をおこなった後の最大流量、すなわち洪水のピーク時に河道を流れる流量を指す。「計画高水位」とは、河道からの氾濫を抑えるべく計画された、河川各地点での最高水位である。その基になる基本高水流量の目標値は、「超過確率年」、たとえば100年に一度の確

率を超える洪水を想定して算出されるが、河川砂防技術基準の改訂のたびにその値が過大に算出されてきたのではないか、との疑念が語られるようになってきた。すなわち、その目標値が本当に科学的根拠に基づくのか、過去に水位値が何度も引き上げられたが果たして妥当か、などの指摘である。その高い水位値を目指し、完成の目途が立たない過剰な洪水調節施設の建設が続けられ、それが人と河川を遠ざけ、河川環境を悪化させ、後述のように地元自治体に負担を強いているのではないか、というのである［大熊 2020：161］。

実際、想定外の自然災害が頻発する現在、決して堤防を越流しないような最大流量をあらかじめ想定することは極めて困難で、むしろ、河川工学者の大熊孝氏が提唱するごとく、8.8節「日本での流域治水論」で紹介するような、越流を容認するが決して破堤せず徐々に越流するような頑丈な堤防を整備するという、「氾濫受容型治水」への転換が、現実的な方向ではないだろうか［大熊 2020：215］。

ともかく、1976年の政令「河川管理施設等構造令」施行によって、1977年から平成の初期にかけての約10年間で、全国各地の中小河川の固定堰が、計画高水位までの洪水に耐えるべく、一斉に起伏堰に置き換えられた。

しかしそれから約30年を経て老朽化が進み、現在、多くの堰の改修や再建が必要な時期に入っている。とくに、8.4節で紹介したゴム堰については、紫外線や日射によるゴムの硬化、ゴムと補強織布の剥離、コンクリート躯体との擦れによる摩耗、などの劣化が目立ち［国立研究開発法人 土木研究所 2020］、2010年頃から維持修繕費が増えつつある。鋼製起伏堰への置き換えも含む改修が計画されているが、その経費が高額なため、予算措置が全国の都道府県で重荷になっている。

たとえば、佐賀県には総計330か所の起伏堰があるが、改修費の1割余は県が負担せねばならないので、2018年の県議会でも問題になった。その起伏堰の2割にあたる68か所は嬉野市と鹿島市に集中しているが、ほとんどの堰の説明プレートに「激甚災害対策事業」と記されている。1976年創設の「激甚災害対策特別緊急事業」、通称「激特事業」の対象として建設費用の50％以上が国から財政支援されたことが、集中している理由のようだ。

1962（昭和37）年、6月下旬から本州南岸に停滞していた梅雨前線が北上、7月1日から関東以西で大雨が続き、7日から8日早朝にかけて九州北部を豪雨が襲った。とくに多良岳山系への集中降雨によって、佐賀県藤津郡太良町大浦地区では大規模な土砂災害が発生して60名余の死者・行方不明者が出る、鹿島市や藤津郡塩田町（嬉野町と合併して佐賀県嬉野市となったのは2006年）では塩田川が氾濫する、鹿島市街が床上浸水する、など、佐賀県災害史上二番目の大災害が起きた。その日付から「7・8水害（7・8災害）」と呼ばれている（佐賀県災害史上一番目は、やはりp.136で触れた「二十八水」の際の水害）。さらに、1967年の梅雨と1972年の豪雨で六角川が氾濫するなど、嬉野市と鹿島市では洪水被害が頻繁に起きていたため、「激特事業」により財政支援されたと考えられる。しかし、管理運営費という後年度負担は、結局は地元にのしかかってくるのだ。

塩田川水系の河川改修

「7・8水害」の前までは、塩田川の堰は自然石で築かれた固定堰ばかりだった。9月に入ると、県の河川事務所の許可を得て、固定堰の下に、下りウナギやモクズガニを捕るための袋網、ウナギ羽瀬（p.130）が仕掛けられていて、各堰に2か所、計20か所ほどあったそうだ。

9月、10月はウナギが、10月下旬から11月にかけては、ツガネ（モクズガニ）が、たくさん捕れたという。親子で2か所ウナギ羽瀬を作っていた金田鋸店の当主の話では、「7・8水害」前年の1961年9月には、1か所の仕掛けで、一晩でなんと100kg

近いウナギが入ったことがあった。

しかし「7・8水害」の際、塩田川は中流域から塩田津（河口から約6kmにある塩田津には、感潮域上端にあった河川港の塩田港、及び、長崎街道の塩田宿、の両者があり、交通結節点として賑わった。現・嬉野市塩田町）までの堤防のほとんどの箇所で越流し、日吉堰（塩田橋の上流800m）の下流左岸が決壊し塩田津では2階まで水が来たという。そのため、大規模な河川改修工事が約10年にわたっておこなわれた。河口から約5.5kmにある、八幡川（支流）と塩田川の合流点（塩田町下町）から上流側は、川幅が広げられ、護岸はすべてコンクリートブロックとコンクリートで固められ、小さな支流はコンクリート三面張りになり、生きものが隠れる場所はほとんどなくなった。塩田津付近では湾曲した河道が付け替えられて1976（昭和51）年に塩田港は廃港となった。

そして、これら工事が終わる1978（昭和53）年頃から、固定堰は次々に起伏堰に造り替えられ、魚道があまり機能しなくなった。嬉野市には起伏堰が39か所あるが、すべてが先述の激特事業により建設され、建設費全額を国と県が負担した。

しかしそれから約40年、改修や再建の予算が膨大となるため、2018年10月、嬉野市議会は佐賀県にこれまで以上の支援の要望書を提出した。2019年度に決まった塩田川の柳瀬（やなぎせ）堰（油圧

1 塩田川の河口から約6.5km、堰としては最下端にある鋼製起伏堰（端部はゴム引布製）「柳瀬（やなぎせ）堰」の中央に造られた、一般的な階段式「全面越流型」の「張り出し型魚道」。この堰の直下まで潮が来る。5億円の予算で起伏堰を全面改築し、魚道も右岸側の鋼製扉体脇に設置する予定だったが、その後計画が変わり、魚道は中央張り出し型のまま補強し、鋼製扉体と油圧装置の交換が3億円余りの予算で実施される予定。災害対策の名目で経費は国と県が全額負担し、受益者の負担はない。2018年

2 塩田川の感潮域、牛間田橋のすぐ上流左岸にある樋門の排水口と土留めの石積みと杭。上部の堤防はコンクリートブロックで補強してある。2020年

塩田川の河川改修概要。塩田川は左から右へと流れる。

起伏堰）の再建予算は、約5億円だった（その後の計画変更で3億円余に圧縮）。幅の狭い川の起伏堰であっても、1億円はくだらないと考えられるので、39か所をそのまま再建するなら、数十億から百億円規模の予算が必要だろう。現行の「河川法」（平成の河川法）第六二条では、二級河川の改良工事費の半額を上限として（政治力で数％程度の上積みもあるというが）国が助成することになっているが、県が1割強、市町村が2割強、水田所有者など受益者が7～8％負担するので大きな問題だ。こうした建設費と運用費が莫大な起伏堰については、必要性を充分に吟味し、一部を従来の固定堰に戻すことも考えるべきではなかろうか。

筆者・中尾は、2016年頃から、ウナギの棲み処となる河川環境を細かく観察する機会が増えた。現在の塩田川を観察したところでは、河口から10番目までの堰はすべて起伏堰である。最下端の柳瀬堰と2番目の日吉堰には中央部に魚道が設置してあるが水が流れていないことが多い。8.5節で述べたように、起伏堰の「張り出し型魚道」では魚が遡河に失敗することが多いのも心配な点だ。3番目の関東堰の両脇に設置してある魚道には、いつ見ても水は流れていて機能しているようだが、最下端と2番目の堰の魚道が機能していないと、アユ、ウナギ、ヤマノカミ、モクズガニなどが遡上できないのは当然だろう。そのうえ約10年前からカワ

3　塩田川の感潮域、牛間田橋の下流左岸、近年多くなった大雨で、基部が流出したため崩れた石積みと杭が露出した土留め。かつてはもっと分厚く潟泥が堆積していて石積みや杭は目立たなかった。2021年

4　塩田川の感潮域、古渡橋と牛間田橋の中間左岸にある3か所の荒籠（あらこ）。2020年

国土地理院提供2014年5月2日撮影の空中写真複数枚を、Microsoft社製ICEを用いて合成したものを基に作成。

ウが棲みつき、ただでさえ少なくなった魚を食い荒らし、漁業資源の枯渇に拍車をかけている。

堰だけでなく河岸の様子も子細に観察してみると（p.182、p.183の図）、河口から約2km地点あたりから上流側、河口から約5.5kmにある、八幡川と塩田川本流の合流点までの、約3.5kmにわたる区間の左岸の護岸は、崖や法面の崩落を防ぐ「土留め（どどめ）」の石積みの痕跡が残っている。とくに、古渡橋から上流約2.5kmの左岸は、流れに面した土留めの石積みがしっかりし、さらに木の杭を打ち込んで崩れないように押さえてある。また、橋の両側や樋門両脇にコンクリートブロックが使われているほか、ほとんどが土羽（p.176）である。さらに、川の湾曲部には、石をもっと積み上げた荒籠（あらこ）が築かれている。後述するように、これら石積み、杭、荒籠は、ウナギ探りの好漁場となっている。

それに対して右岸側は、「7・8水害」の際に堤防の一部が切れたり越流したため、堤防は補強されたり造り替えられ、上流から古渡橋までの堤防の法面（のりめん）は改修済みだが、ほとんどの区間は、コンクリートや間知石（けんちいし）（四角錐の石材で錘の底面が表に出るように積む）を使わない土羽となっていて、土留めの石積みはほとんどない。

ところが古渡橋から下流は、両岸とも堤防の法面の上部はコンクリートブロックや間知石などで補強してある箇所が多いものの、潮が来る堤防の基部は、左岸には土留めの石積みと杭が残り、百貫橋（ひゃっかん）の下流にある百貫漁港の下流は、堤防の基部に捨て石を敷き詰めて基部が流出しないようになっていて、湾曲部には荒籠も築かれているなど、石積みの構造も多い。荒籠は、河口から塩田津までの間だけでも、湾曲部には必ず数か所、合計40～50か所ほど設置してあるのが確認できる。

河川改修の歴史を知ろうと考え、まず樋門の設置時期を鹿島市役所環境下水道課で調べてもらった。すると驚いたことに、鹿島川河口から3kmあたり、底の部分が石と杭で造られている樋門は、設置年が明治以前、改修されたのが1971（昭和46）年とある。その改修では、樋門と排水路の両脇はコンクリートブロックを積んで改修したが、底の部分はそのままにしていたのだ。さらに鹿島市役所農業課で鹿島川と塩田川の樋門についての原簿を調べてもらうと、鹿島川の両岸や塩田川の右岸にあるほとんどの樋門は、設置時期が明治以前と記録されていた。

そこで、佐賀県土木事務所に護岸工事のおこなわれた時期について尋ねてみた。すると、塩田川の管理が県に移されたのは1916（大正5）年で、それ以前のことは不明である、「7・8水害」後に実施された改修工事は、右岸は1971（昭和46）年から1990年頃まで、左岸は越流したが山が迫っているので損害が少なく、1984（昭和59）年から2000年頃までの間の嵩上げ工事だけですんだ、との回答だった。推測するに、石積みの土留めは、恐らく大正時代に入るまでに築かれ、「7・8水害」にも耐えてそのままの状態なのではないだろうか。

次に、嬉野市図書館が所蔵している『塩田町史』の「近世：二産業：（二）塩田郷の開発：1塩田川の治水」を参照すると、塩田川には両岸から多くの支流が流入しており雨が降るとすぐに増水して災害をもたらし、その治水には苦労が多かったとあり、「塩田川に人が流れぬと梅雨があがらぬ」という恐ろしい伝承があるほどの暴れ川だったようだ。

その対策に尽力したのが、佐賀領の支領、蓮池（はすのいけ）領の初代領主鍋島直澄と、時の庄屋前田伸右衛門（のぶえもん）とされる。1700年代のなかば、前田伸右衛門は、洪水を緩和するために、p.193で紹介する「鳥（とり）の羽重（はがさ）ね」を設け、さらに塩田津より下流域の堤防も築き、柳瀬堰などを築いたとの記録が『日本土木史』などに記載、とある。前田伸右衛門の活動したのは、4.2節で紹介した成富兵庫（なりどみひょうご）茂安（しげやす）が活躍した時代から約百年後だが、「肥前成富流の緩流河川改修法」に従って工事はおこなわれたに違いない。

鹿島市大字重ノ木にある、中川最下端の鋼製起伏堰。降り続く長雨で氾濫寸前、鋼製扉体を倒して越流させている。2021年

このように大規模な河川改修がおこなわれてきた塩田川の感潮域で、左岸の約3.5kmにわたる土留めの石積みとその痕跡が、長年ほとんど手を加えられずに水害に耐えてきたことが証明されると、今後の河川の改修工事にも、先人の知恵と技術が応用できるのではないか、と考える。佐賀県内には、このような工法で護岸が築かれている河川がほかにも残っている可能性があるのではないだろうか。

1993（平成5）年、鹿島川右岸に建設された鹿島市西牟田（にしむた）雨水ポンプ場の排水口は全コンクリート製。2020年

鹿島市の可動堰

一方、太良町の糸岐川、多良川、鹿島市の浜川、石木津川、中川（河口から1km地点で鹿島川に合流、傾斜は急で流量も多い）、鹿島川（上流部は塩田町）は、昭和30年代から平成の初めにかけて何回か水害があったが、「7・8水害」の対策として、塩田川と同様に昭和40年代後半から大規模な河川改修が昭和50年代まで10年間ほど続き、石木津川、中川、浜川などでは、護岸のほとんどがコンクリートかコンクリートブロックで造られた（浜川では自然石の護岸を「裏込めコンクリート」で補強）。そ

西牟田雨水ポンプ場の排水口の上流120mのところにある古い樋門。改修されたのは1971（昭和46）年、排水口の両脇はコンクリートブロック積みだが、底の部分は以前のまま割石を敷き詰めてあり、それが流出しないように杭を打ち込んである。鹿島川の管理が県に移行したのは1930（昭和5）年以降とのこと。2020年

のうえ、従来の固定堰も洪水対策を理由に起伏堰に造り替えられた。4つの二級河川、浜川、石木津川、中川、鹿島川とその支流、黒川には、計28か所の起伏堰が設置され、河川の環境は一変した。しかも、魚道がない堰も存在していて、生きものには優しくない川に変わってしまっている。

しかし浜川では、最下端の起伏堰を除きすべて固定堰で、魚道も8割は機能していた。これには、「肥前浜宿（はましゅく）水とまちなみの会」の活動が関わる。

2002年に設立、2005年に特定非営利活動法人として登録された同会は、多良海道（コラム「潟スキー考」）の宿場であり、江戸時代から漁業と醸造業で栄えた浜地区に残る伝統的建造物群の修復保存、歴史的景観保全、浜川の自然や生態系維持を目指して活動している。同会は、浜川の改修計画が持ち上がった際、歴史的景観保存の一環として浜川の生態系維持を県や国に強く要望した。その結果、可動堰が導入されなかったらしい。

現在、浜川の中流域では河川改修工事がおこなわれていて、ところどころに固定堰が見られるが、残念ながらコンクリートとコンクリートブロックが多用されている。自然石はたくさんあるのだが、ほとんど使われていないので、近自然河川工法や多自然川づくりとは呼べまい。

石木津川の起伏堰には魚道も設置されておらず、生きもののことなど無視しているように見える。中川の起伏堰には魚道が設置してあるが、時期によっては魚道に水が流れていないことがあり、いつも機能しているわけではなさそうだ。9か所のうち5か所は水が流れていなかった。

浜川の自然石で築かれた固定堰。ただしコンクリートで固めてある。2020年8月の水害で両岸や川底のコンクリートブロックが流出し、改修工事中。2018 年

起伏堰を採用しなかった太良町

他方で、鹿島市の隣、藤津郡太良町では、1970年代から始まった河川改修の際に起伏堰を採用しなかったのでほとんど設置されていない。ただし、鹿島市との境界にある伊福（いふく）集落を流れるふたつの川には、激特事業に指定されて起伏堰が2か所設置されている。一方、二級河川の多良川を中流まで遡って観察してみたが、すべて固定堰で傾斜が緩やかな魚道が設置されていて、そのほとんどが機能していた。多良川は激特事業の対象にならなかったので、重い地元負担を避けて設置しなかったのだろう。

鹿島市周辺での河川漁

筆者・中尾が2011年春に北鹿島の干拓地に移住して10年余になるが、鹿島市周辺のこれら汽水域が長い川でウナギ資源の様子を観察すると、2011年から5、6年の間は、鹿島川や塩田川の感潮域の河岸の至るところで、4月になれば、葦原に道を作って水際に釣り場を設け、竿を5、6本出してウナギを釣る人たちを何人も見かけた。ベテランになると、4月から下りウナギのシーズン（盆過ぎから10月）までの間に200本以上釣り上げる人もいた。しかし数年前から、そのベテランたちを見かけなくなった。釣れないから面白くない、というのが理由のようだ。

また、知人の太良町の西田辰巳氏（p.122下の写真キャプション参照）は、鹿島川の感潮域の最上部、河口から3kmあたりで、時期になれば、夕方に置き釣り針を20、30本仕掛けていた。夜半に引き上げると数本には掛かっていたが、7、8年前からナマズやライギョなどの外道（げどう）が掛かるようになり、ウナギはほとんど捕れなくなってウナギ目当ての置き釣り針からは撤退した。今はハゼ釣り

をしながらウナギ掻きを修行中とか…。

また、六角川の感潮域の石積みがあるところでときどきウナギ探りをしたことがある原田弘道氏（p.131で紹介したムツ掛けレジェンドで、ウナギ探りでは故・中島満利氏の弟子）の話では、7、8年前に塩田川の感潮域でウナギ探りをした際、中島氏は30数匹捕ったという。河岸の石積みの隙間に隠れているのを探って、最後はウナギ鋏でつかんで捕るのだ。平成の中頃までは、ときどきウナギ掻きや探りをしながら、塩田川をハンギーを腰に結わえて下ってくる人を見かけた、という話も聞く。

先述のように塩田川は、河口部からの一部はコンクリートブロックを積んだ護岸もあるが、土留めや石積み、荒籠もたくさん見られ、生きものの棲みやすい環境と考えられるので、残しておくべき河川景観だと思う。しかし、p.148で紹介した筑後川河口域と同様、潟泥で泥化してしまった箇所は、生物にとって厳しい環境のようだ。

2010年頃までは、塩田川漁業協同組合が毎年アユを種苗放流していたが、その後アユやハヤが釣れなくなり、釣り人が来なくなって入漁料収入がなくなり組合は解散した。最後まで通ってきたのは、アユやハヤの甘露煮を作る人たちだったらしく、河岸に久留米ナンバーの車が多く見られたという。河口から4番目の大きな起伏堰が1989（昭和64）年に竣工するまでは、幅2mの小さな支流に、春はアユやハヤが上り、秋はウナギやモクズガニが下ったのでたくさん捕れた、と堰そばの家の主人は話す。

また、数年前から、鹿島市や太良町の河川で、河口部でもアユやヤマノカミをみかけなくなったという話を耳にするようになった。2020年の調査では、いずれの河川でもアユは河口部にも来ておらず、ヤマノカミも太良町の糸岐川で見つかっただけだった。原因は良くわかっていないが、数年前から北部九州で毎年のように豪雨が発生し、有明海の環境が年々悪化してきているからだろうか。また、潟泥も年々川に上がってきていて、ウナギ塚もウナギ筒も潟泥に埋まって、不漁続きだという。

河川改修と漁の不振との関係解明は必要だが、8.3節で触れたように、平成の河川法が目指す「河川環境の保全」を、かけ声だけではなく実質化したいものである。もしも塩田川の河川工事の一部が明治以前のものだと判明すれば、8.7節で述べる、伝統的な河川工法の一例として、県や市が文化遺産などに指定し、その意義を広報しても良いのではないか、とも思う。

コラム

嬉野川とシーボルト

生物の新種の特徴を記述し学名を与える際に、その特徴記述の拠り所となる標本を「タイプ標本」（基準標本、模式標本とも、註3）、その標本が採集された場所を「タイプ産地」（模式産地とも）と呼ぶ。日本の淡水魚のうちニホンウナギも含む42種のタイプ標本が、実はかのシーボルト・コレクションに含まれている。

周知のように、シーボルトは（現地発音ではジーボルトと表記すべきという）、ドイツ人ながらオランダから日本に派遣され、1823年に長崎に到着、医学や蘭学を日本人に教えるかたわらさまざまな調査と収集をおこなった。1828年にオランダに一時帰国する際の積み荷に、ご禁制の日本地図があるのを発見される、いわゆる「シーボルト事件」によって国外追放となる。開国後の1859年に再来日し、ロシア、プロイセン、フランス、オランダと日本との外交に協力するとともに、資料収集もおこない、1862年に帰国する。

彼が日本で収集した動植物標本資料、民族学資料、図譜、書籍など膨大な資料は極めて貴重で、一度目のコレクションのうち、民族学資料はオランダ・ライデンの「国立民族学博物館」、自然史資料はライデンの「ナチュラリス生物多様性センター」（ニホンウナギのタイプ標本5尾はここに収蔵［黒木ほか 2011：111］）、及び、ライデンやユトレヒトに分散している「オランダ国立植物標本館」、二度目のコレクションはドイツ・ミュンヘンの「五大陸博物館」に主に収蔵されているほか、ライデンの「日本博物館シーボルトハウス（シーボルト旧宅）」、「ライデン大学図書館」など、多くの博物館施設に分散して保管されている。彼自身だけでなく、後継者や関係者により収集されたものも含む［国立歴史民俗博物館 2016］。彼の三部作『日本』『日本動物誌』『日本植物誌』はこれら調査と収集に基づいている。

筆者・中尾は、近刊の細谷和海編著『シーボルトが見た日本の水辺の原風景』を読み、シーボルトの魚類収集がどれほど日本の淡水魚類の分類に貢献しているかに感銘を受けた。そこで一部を紹介しよう。

医師で博物学者のドイツ人フィリップ・フランツ・バルタザール・フォン・シーボルト（Philipp Franz Balthasar von Siebold 、1796〜1866）は、若くしてオランダ領東インド（現インドネシア）の陸軍病院の軍医として赴任。医学と博物学を学び知的好奇心に富み探求心も旺盛であるのを当時のオランダ東インド会社（連合東インド会社、Verenigde Oost-Indische Compagnie、略称VOC）総督が見込んで、日本での学術調査を打診する。快諾したシーボルトは、潤沢な調査費と政府の支援を保証され、1823年3月オランダを出てジャカルタ経由、9月に長崎出島のオランダ商館付き医師として赴任した。日本の役人には、ドイツ人であることを隠し、オランダ人で通したらしい。

着任すると、出島内のオランダ商館で治療や講義をおこなっていたが、その博学と医術の評判が高まっていく。今でも、シーボルト、任地での地位の大先輩であり医師で博物学も修めたドイツ人エンゲルベルト・ケンペル（Engelbert Kämpfer、1651〜1716）、分類学の父リンネの高弟のひとりで後に「日本植物学の父」「日本のリンネ」と呼ばれるスウェーデン人カール・ペーテル・ツュンベリー（Carl Peter Thunberg、1743〜1828、1941年刊『ツンベルグ日本紀行』ではツンベルグと称されている［西村 1997］）の三氏は、「出島の三学者」と呼ばれている。

多くの人が集まるようになってオランダ商館では手狭になり、当時の外国人としては破格の対応で、出島の外、鳴滝の地に「鳴滝塾」を開くことが許される。鳴滝塾は、大槻玄沢が開いた江戸の芝蘭堂、緒方洪庵が開いた大坂の適塾、とならぶ蘭学塾として知られるようになる。シーボルトは、蘭学や医学を教えるかたわら、長崎周辺で民族学資料のほか、魚類、動物、昆虫、植物などの自然史資料を集め、川原慶賀ほかの絵師に詳細なスケッチを描かせ、また標本にしてオランダへ送った。本人は出島から6マイル以上は遠出できないため、塾生や門下生に収集させている。本国から情報収集を託されていたので予算は潤沢、絵師や研修員なども本国から呼び寄せている。

シーボルトは、1826年2月15日、長崎を出発したオランダ商館長の「江戸参府」に、医師及び学術調査員として、助手のビュルガーとともに随行した。「江戸参府」とは、幕府将軍に貿易許可の礼を述べ献上物を贈呈しヨーロッパ情勢を伝える行事であり、これを条件にオランダは貿易を許可されていたもので、1609年に始まり1633年以降はほぼ毎年、江戸後期の1790年以降は4年に一度、幕末1850年までおこなわれ、計166回に達する。普段は長崎出島の外に出られないオランダ人が、日本人や文物に触れ、また日本の蘭学者との交流の機会でもあったので、オランダ側も道中記などを本国に送り、鎖国中の日本の動静を逐一ヨーロッパに伝えた。毎回3か月をかける大旅行で、162回目にあたる1826年の江戸参府は、往路55日間、江戸滞在40日間、復路もあわせ143日間にわたる江戸参府の最長記録だったが、この道中でも、シーボルトは好機とばかり調査と資料収集を盛んにおこなっている。

長崎を出て2日目には、諫早から大村を経由して、松原宿、千綿宿を通って彼杵宿に着き、彼杵村の庄屋宅に宿泊した。ここでおそらく鯨を食しているはずだ。ここは江戸初期、捕鯨の神様と呼ばれた、武雄の潮見城主一族出身の深澤儀太夫勝清（1584〜1663）を始祖とする、深澤家「鯨組」による、五島・平戸近海の沿岸捕鯨基地だったので、1935年頃までは現・東彼杵町が鯨肉の集散地だった。姓「深澤」は、捕鯨で成した財を公共事業に惜しげもなく投じた彼の功により、後年、領主から賜ったものである。

現在でも長崎県には鯨食文化があり、県民ひとりあたりの鯨肉消費量は、2008年調査で、国内平均50.2gの3倍以上の177.4gと、日本一である（長崎市Webマガジン「ナガジン」）。

シーボルトは3日目に彼杵宿を発ち、嬉野で休息、当時既に有名だった温泉に入り泉質などを調査、その際に塩田川の上流部である嬉野川の魚類も調べている。同行した絵師の川原慶賀は風景や魚をスケッチしている。その日の宿泊地は塚崎（現・武雄）だったが、助手のビュルガーは、地元の人たちの助けも得て、下流の塩田川でも魚を採捕したようだ。町を貫流する嬉野川と下流の塩田川は、当時、魚影は濃かったと推測できる。ケンペルは没後『日本誌』を世に残し、ツュンベリーも『江戸参府随行記』を出している。それらから日本に関する予備知識を得ていたシーボルトは、江戸参府の準備に2年をかけており、調査は、捗ったことだろう。

以降、『シーボルトが見た日本の水辺の原風景』所収の川瀬成吾氏の論文「シーボルトが見た嬉野の淡水魚」に沿って、当時の嬉野川の淡水魚の生息状況を推察しよう。嬉野川や塩田川の魚類相についての国内調査の記録は、何と1973年の小仲貴雄氏らの調査［小仲ほか 1973］まで待たねばならない。その後も1979年の佐賀県による調査、1996年の坂本兼吾・田島正敏の両氏による調査だけである。趣味で個人が、または学校の生物部が調査したかも知れないが、文献として残るのは先述の1973年が最初だ。

川瀬成吾氏の調査を加えて、現在7目11科35種の魚類が確認されているが、これには国外外来種のカムルチーと、国内外来種のゲンゴロウブナとハスが含まれ、外来種とその可能性のあるものを除くと淡水魚の在来種は31種だという。

シーボルトの著した『江戸参府紀行』に記載されている嬉野川の魚類は、塩田川（嬉野川や吉田川も含む）で確認されている魚類31種、そのうち純淡水魚の26種には、シーボルトは遭遇した可能性がある。『日本動物誌』に記されている和名は地方名なので同定は難しいが、川瀬氏らの研究によると、シーボルトが嬉野川で採捕したのは、オイカワ、カワムツ、ウグイ、ギンブナ、オオキンブナ、ヤリタナゴ、アブラボテ、タカハヤ、カワヒガイ、カマツカ、ドジョウ、ヤマトシマドジョウ、ナマズ、ドンコが考えられるという。

筆者・中尾の私見だが、ニホンウナギも生息していたはずだ。昭和50年代までは、塩田川はウナギ漁が盛んだったから、下りウナギの時期になると一晩で百kg以上捕れたこともあり、語り草になっている。

また、『江戸参府紀行』の採捕記録にトビハゼが出てくるが、感潮域や泥干潟に生息する魚なので、淡水の嬉野川では採捕できまい、と、川瀬氏と同様に、筆者・中尾も不審に思っていた。もっとも、採捕記録は地方名で記述されているので、別種の魚かも知れない。

そこで、1944年嬉野生まれで嬉野育ちの陶芸家、野村淳二氏の窯を、2021年秋に久しぶりに訪れて尋ねてみると、「昔はトビハゼと呼ぶ魚がいたよ、細長い小さな魚で、石の上にへばりついていた」との返事。早速、佐賀新聞社刊『佐賀県の淡水魚』で調べると、ハゼ科では珍しく淡水のみで暮らすカワヨシノボリのようだ。「昔塩田川にも生息していたが、現在は清流で知られる唐津市の厳木川（きゅうらぎがわ）のダムの下にしかいない」とある。川瀬成吾氏にも尋ねてみたが、その可能性は高いとの回答だった。が、もっと裏付け調査が必要だろう。

さて嬉野川は、生態系保全の優先順位としては上位に位置づけるべき地域で、ドジョウ、ヤマトドジョウ、ナマズを除く9種の淡水魚の「タイプ産地」である可能性は高い、と川瀬氏は考えている。そして、「現在の嬉野川は、堰が多いため、湛水区間が長く単調な環境が多く見受けられる。魚道が設置されている堰もあれば、設置されていない堰もあり、魚類の往来が難しい状況になっている。とりわけニホンウナギやアユなどの回遊魚にとっては、大きな障害になっていると推察される」と述べ、筆者・中尾が調査した、吉田川と嬉野川との合流点より下流と同様であることが示唆されている。

現在、合流点から下流10数kmの間に起伏堰が8か所設置されていて、その大半で魚道に水が流れていないことが多く、アユなどは遡上できない。8.6節で述べたように、嬉野市内の河川には何と39か所に起伏堰が設けられており、その維持管理費を捻出するのに行政と関係者は苦慮していると聞く。隣の鹿島市も同様で起伏堰が28か所ある。

なお、シーボルトは、川棚川、とくにその支流、石木川でも淡水魚類の調査と標本収集をおこなったと推測される［新村 2019］。

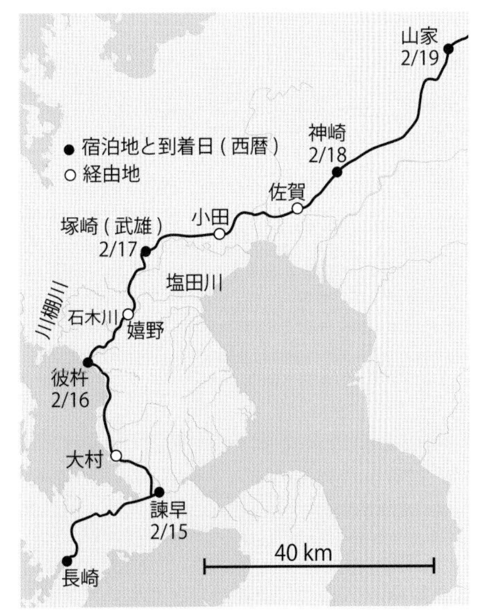

1826年の江戸参府往路5泊分の行程。有明海の形は幕末の干拓状況をほぼ反映させてある。
長崎から小倉までは「長崎街道」、関門海峡を渡って下関から現・兵庫県たつの市の室津までは海路、上陸後は兵庫、大坂、京、と、江戸までは「東海道」をたどるルートであった。

8.7. 治水や利水に見る古の知恵
── 伝統的河川工法の再評価

近年、伝統的河川工法に対する再評価が進んでいる。たとえば、河川工学者の大熊孝氏は、明治期以前の日本の治水を「氾濫受容型治水」と特徴付けているが、それが、近年の流域治水論（8.8節）での論点のひとつとなっている。氏によれば、その一例が、日本の従来の川文化を代表する「霞堤（かすみてい）」だという。以下、氏の著書［大熊 2004］を要約しながら、霞堤を紹介しよう。

氏の定義によれば、霞堤とは不連続な堤防が二重、三重に重なり合った堤防を指す。武田信玄（1521〜1573）などにより戦国時代から造られてきた。ただし、霞堤という用語は、当時から使われていたわけではなく、江戸末期に甲府城勤番支配役の編纂になる『甲斐国志』に、武田信玄が甲府盆地の急峻な扇状地を流れる釜無川（かまなしがわ）（富士川の上流）に「雁行ニ差次シテ重複セル堤」を築いたとあるのみ、とのことである。この堤は、現・山梨県甲斐市竜王にある、有名な「信玄堤」に隣接する堤である。

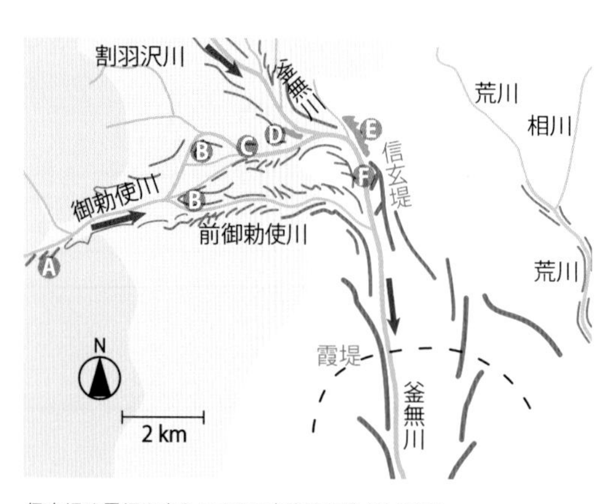

信玄堤や霞堤を中心とする甲府盆地の治水システム。
A：石積出し、B：将棋頭、C：堀切（ほっきり）、D：十六石、E：高岩、F：付出し堤。国土交通省関東地方整備局甲府河川国道事務所サイトの資料、［和田一範 2009］などを基に作成。

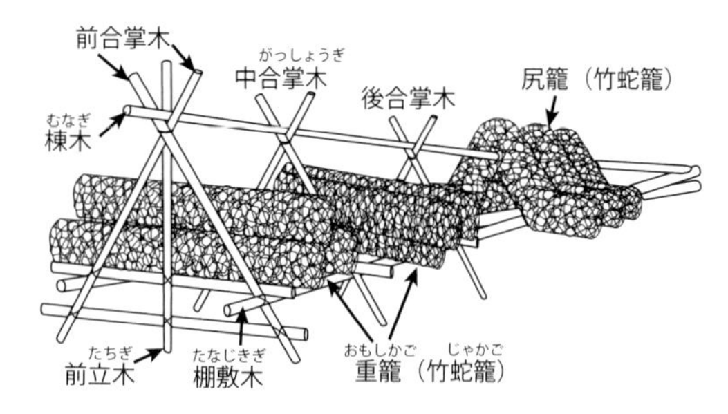

聖牛の模式図。［和田一範ほか 2005］［田住ほか 2018］の挿図などを基に作成。

そこでまず、［和田一範 2009］や国土交通省関東地方整備局甲府河川国道事務所ウェブサイトの資料などを参考に、信玄堤を中心とする甲府盆地の治水システムを簡単に紹介する。

武田信玄の治水術

南アルプスから東進してきた御勅使川（みだいがわ）が、南進する釜無川に衝突する地点は、古来甲州第一の水難場だった。そこで武田信玄は、まず「石積出し」と呼ぶ石積みの水制工で御勅使川の流れを安定させ、ふたつの「将棋頭（しょうぎがしら）」で分流させて水勢を弱め、「堀切（ほっきり）」で岩盤を切り下げて流路を造った。巨石を16個並べた「十六石」は、釜無川の主流を大きな岩盤「高岩」の方に向ける。この「高岩」は、釜無川とそれに合流する御勅使川を受け止めて水勢を弱め、その下流に置いた信玄堤には、その前に「付出し堤」を置いて信玄堤に激流が直接当たらぬように二重で構える。このように武田信玄の治水術は、流れの向きを制御する、分流することで水勢を弱める、という方策が中心である。

また、信玄堤には、武田信玄が初めてその改修に使った、と寛政6（1794）年刊の地方書『地方凡例録（じかたはんれいろく）』に記されている、「聖牛（せいぎゅう）」（または、ひじりうし）が多数置かれていたことで知られる。これは、現代の透過水制（p.173）に相当する。前合掌木（まえがっしょうぎ）の面を上流に向けて水勢を和らげ、聖牛の根元に堆積した土砂は直接水流が堤防に当たるのを防いで防護する。もっとも信玄以前から各地で、等辺形、三角錐、方錐などの形に木枠を組み、竹製の蛇籠（p.213の写真参照）を乗せ、杭で止めずとも自重で急流に抵抗する水制工を考案し、上に突き出た木枠を角に見立てて牛や牛枠と呼び、とくに優れた牛枠を聖牛と呼んでいた［和田一範ほか 2005］［田住ほか 2018］。信玄の勢力拡大に伴い、聖牛は富士川、安倍川、大井川、天竜川、そして急峻な扇状地各所に広がった。聖牛についても、近年、近自然河川工法としての再評価が進んでいる。

甲斐国では平安の昔から、現・笛吹市一宮町の甲斐國一宮浅間神社から、信玄堤に隣接する現・甲斐市竜王の三社神社まで、神輿が甲府盆地を20kmも西へと横断する水防祈願祭「御幸さん」が催されてきた。信玄はこれを強く奨励し、水防意識の継承と、神輿行列による踏み固めという堤防のメンテナンスを狙った。この祭礼は現在でも毎年四月に開催されていて、神輿を担ぐ男性が女装するユニークな祭としても知られる。

不連続堤防が重なった氾濫受容型の「霞堤」

さて、信玄堤のさらに下流に築かれた開口部を伴う堤が、「雁行ニ差次シテ重複セル堤」である。霞堤の呼称が登場するのは、1891（明治24）年の西師意著『治水論』のなかで、3千mの標高差を距離56kmで駆け下る超急流河川、富山県常願寺川の不連続堤を「霞型堤」と呼んだのが最初であり、「霞堤」が河川工学関係書で明確に定義されるのは、昭和初期以降のようだ。その名前の由来は、堤防が折れ重なる様が、「床の間」の隣の「床脇」に設ける違い棚の一種で、霞がたなびくように見える「霞棚」に似るからだ、という［大熊 2004］。

兵庫県伊丹市が1984年に建てた公館「鴻臚館」（こうろかん、本来は平安時代に国内数か所に建てられた迎賓館を指す）の霞床（かすみどこ）。富士山の絵を奥に掛けると、手前の違い棚がたなびく霞に見えるので霞棚、そうした床の間を霞床と呼ぶ。京都紫野、大徳寺の塔頭（たっちゅう）玉林院に1742年造立された茶室「霞床席」のものがモデル。修学院離宮中離宮客殿の床脇にある、より大規模な5段から成る霞棚は、桂棚（桂離宮新御殿）、醍醐棚（三宝院奥宸殿）とともに「天下の三大名（違い）棚」と称される。これらに基づいて、西師意が「霞型堤」と名付けたと思われる。撮影：久保正敏。2021年

甲府盆地の釜無川の霞堤も、急峻な扇状地に造られたもので、大熊孝氏によれば、このタイプのものが本来の「霞堤」である。上流で堤防が切れて氾濫した場合、堤防が二重になっていないと放射状に濁流が広がり被害が広範囲に及ぶが、二重になっていると背後の堤防によって氾濫水が遮られ、不連続になっている箇所から河道に還元されて氾濫域が限定され、水害が軽減される。氏は「氾濫水の河道還元」機能と称している。次に紹介する緩流河川の不連続堤とは異なり、急峻な扇状地では水が逆流しないため、洪水調節の働きは小さい。

もうひとつの機能は、洪水時には霞堤の水たまり部分が魚の避難場所になる点であり、生物に優しい近自然河川工法だと言えよう。こうしたタイプの霞堤は、北陸地方の黒部川、常願寺川、神通川、庄川、手取川（扇状地での平均勾配は1/130〜1/200）の急峻な扇状地に典型的に見られる。また、福島県の阿武隈川水系荒川には、日本最大級の近世霞堤群15基が現存し、文化庁が登録有形文化財に登録している。

北陸地方の霞堤については、明治以降、国直轄事業ほどに予算のない県が、新たに近代的な築堤をおこなうとともに霞堤の配備もおこなったので、その数は増加した。しかし、第二次世界大戦後は河川改修が進められ、連続堤に改修されて数を減らしていった。氾濫を前提とする不連続堤とは異なり、連続堤の築造は、流域住民が持っていた自己防衛意識や自治意識を遠ざけていく結果となったのではないか、と大熊氏たちは

指摘する［寺村ほか 2005］。この指摘は、8.8節で紹介する「日本での流域治水論」発想の出発点、すなわち、住民意識が行政任せになり自治意識が薄れた、との懸念とも重なる。

もうひとつ別のタイプの不連続堤は、緩流河川に造られるもので、その機能は急流河川の霞堤とは異なるものの、昭和初期以降の河川工学関係書で両者合わせて霞堤と呼ばれるようになった。これは誤用であると大熊孝氏は指摘する。このタイプの典型は、愛知県の三河湾に注ぐ豊川（とよかわ）の中、下流域（勾配は1/900〜1/7,000）に見られる。堤防が切れやすい蛇行部分に「差し口」と呼ばれる切れ目を作り、わざと川幅を狭めておいて、洪水の際には本堤から水を逆流させ、その後方に築いたもうひとつの堤防との間の遊水池に滞留させることで、周囲への洪水被害を軽減する。氏はこれを「洪水調節機能」と称している。

都道府県がおこなう河川堤防の構造点検結果のデータベースなどによれば、豊川流域の霞堤には現役のものも多い。川幅を人為的に狭めてその上流で氾濫させる治水は、江戸時代初期には、利根川の治水方策などとしても確立しており、江戸時代をとおして各地で一般的な治水方法だった。このタイプは、洪水で運ばれてくる肥沃な泥を遊水池に貯める機能も持っており、農業生産に寄与する点もあって普及したのであろう。

以上のふたつのタイプの霞堤を便宜上、「急流河川型」と「緩流河川型」と呼ぶことにして、代表例を下図に示しておく。いずれのタイプでも当然、住居や蔵は氾濫域や遊水池から離れた場所や、3mほど盛り土をした高台に建てられ、氾濫時の浸水を避けていた。そうした避難用建物や

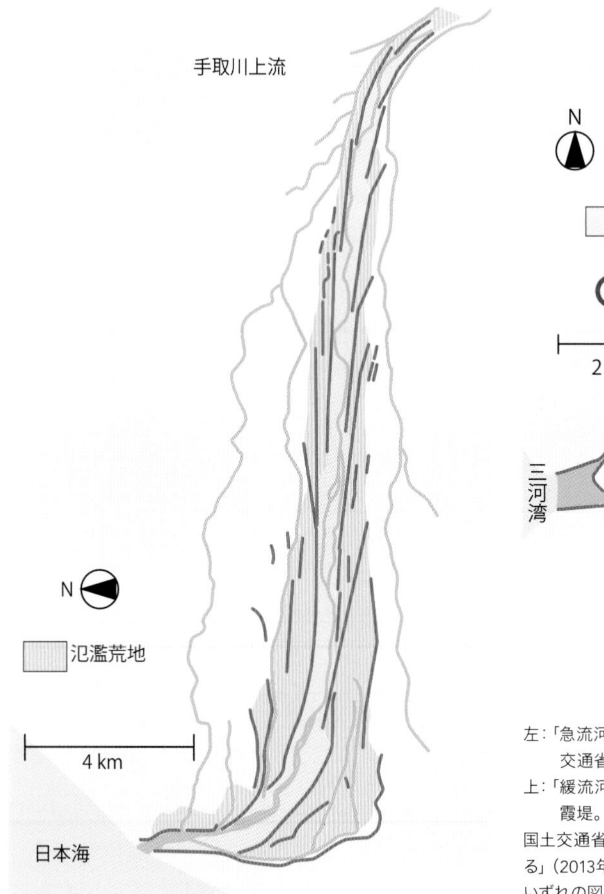

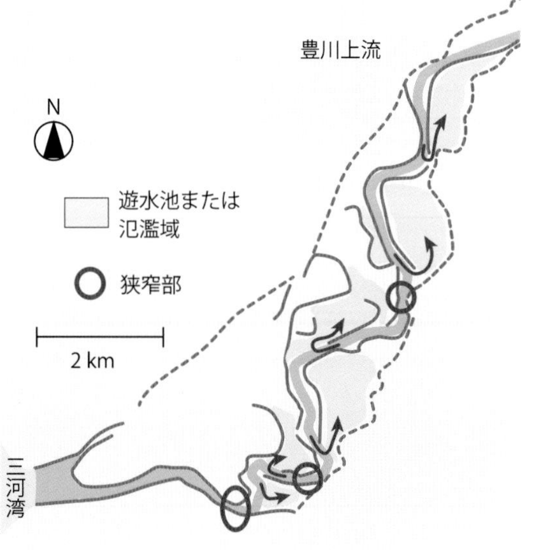

左：「急流河川型霞堤」の典型、石川県手取川（てどりがわ）の霞堤。国土交通省北陸地方整備局の資料などを基に作成。
上：「緩流河川型霞堤」の一例、昭和20年頃の愛知県豊川（とよかわ）の霞堤。洪水時には狭窄部から逆流し遊水池に滞留する。
国土交通省中部地方整備局の資料、及び、大熊孝「霞堤は誤解されている」（2013年10月28日『新潟水辺の会』資料）を基に作成。
いずれの図も、橙色の線は堤防を表す。

防災倉庫として、利根川水系の「みつか」や「みずか」と読む「水塚」、大井川水系の「舟形屋敷」、木曽川水系や筑後川水系の「水屋」、信濃川水系の「水倉」などが知られている。

江戸時代の治水の知恵としての氾濫受容型堤防は、多くが明治以降の近代工法で改修されてしまった現在、その姿を見ることは少なくなったが、8.8節「日本での流域治水論」で示すとおり、近年、流域治水論の議論とともに意義が見直されるようになった。

有明海周辺でも、次頁で述べる熊本県緑川にある桑鶴（くわづる）の轡塘（くつわども）（「とも」は堤防を指し、馬の轡のように洪水を抑える堤防の意か）、浜戸川にある島田地先の轡塘、菊池川左岸にある小島（おしま）の轡塘、などは、加藤清正が造った遊水施設を伴う堤防であり、緩流河川型霞堤とみなされることがある。ただし、不連続堤ではないので、霞堤と呼ぶのが適切ではないものも含まれる。

これらと同様、常時不連続な堤ではないので霞堤とはみなされていないが、「九州地域づくり協会」が選んだ「土木遺産in九州」225施設のひとつに、緩流河川型霞堤と同様の機能を持つ、「鳥（とり）の羽重（はがさ）ね」と呼ばれる遊水施設がある。

8.6節で見たように、佐賀県の塩田川は古来頻繁に洪水を繰り返したが、その上流の河川港、塩田津に生まれた庄屋前田伸右衛門により江戸中期1763（宝暦13）年に造られた施設が、「鳥の羽重ね」である。洪水時には、あらかじめ設定された箇所で本堤を切断し、川の蛇行部を利用して切断箇所から濁流を逆流させ、蛇行の内側部分にある二重堤防内部の遊水池に導き、激流を和らげる仕組みである。内側の堤防があたかも鳥の羽根を重ねたように見えるのでこう呼ばれた。遊水池には肥沃な泥が貯まるので良田となる点も、緩流河川型霞堤と同じである。

塩田川の本堤には切断箇所が7か所設けられたが、p.181で述べた1962年7月の「7・8水害（7・8災害）」をきっかけに、河道の付け替えなど大規模な河川改修を受けた結果、遺構もほとんど残っていない。

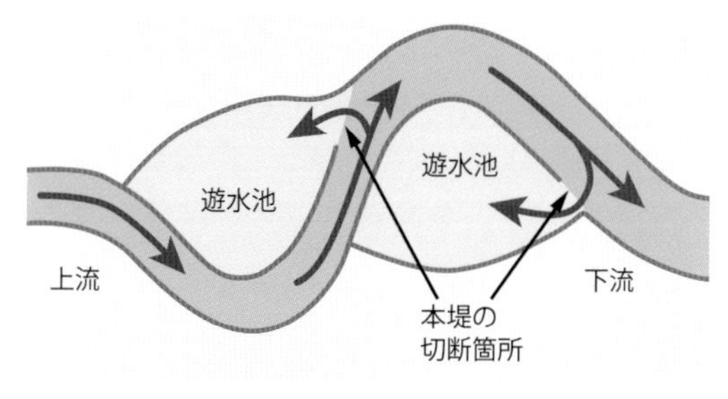

佐賀県塩田川にある「鳥の羽重ね」の模式図。島谷幸宏「鳥の羽重ね」（『佐賀新聞』連載記事）などを基に作成。橙色の線は堤防を表す。

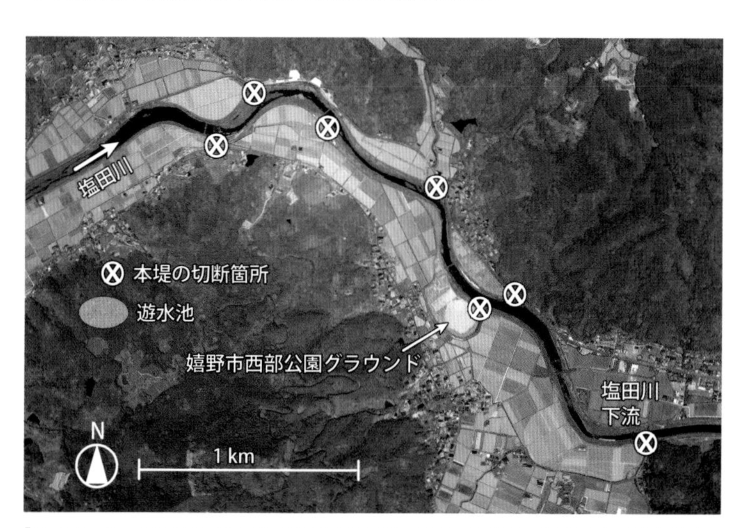

『塩田町史』（1983年刊）に記載の、塩吹地区近辺の「鳥の羽重ね」遺構図の遊水池と本堤切断箇所を、国土地理院提供2013年5月24日撮影の嬉野市近辺の空中写真に重ねたもの。

河口から約9km上流の塩吹（しおふき）地区近くに遊水池の遺構が運動公園（嬉野市西部公園グラウンド）として残るほか、筆者・中尾が見たところ、その下流の「関東堰」（河口から3番目の起伏堰）すぐ下の湾曲部右岸にも同様の仕掛けの遺構があり、河川改修後、堤防を1mほど下げ、越流しても堤防がはがれないようにコンクリートブロックを敷き詰めてある。いずれの遺構も、氾濫しそうな際には今でも役立っているという。

ちなみに、江戸時代に整備された小倉－長崎の「長崎街道」の一部、北方（現・武雄市）から塩田を経て嬉野に向かうルートは、塩田川の氾濫で川止めになることが多かったため、宝永2（1705）年に、塚崎（現・武雄市）から嬉野へ向かう山越えルートが整備され、切り替えられた（国土交通省九州地方整備局佐賀国道事務所ウェブサイト地域活動のページ）。江戸参府のシーボルトが通ったのは、この新ルートである（コラム「嬉野川とシーボルト」）。

治水の神様・加藤清正

豊臣秀吉の家臣で、秀吉の九州平定後に肥後国の北半分を任され、1588（天正16）年に熊本城主となった加藤清正（1562～1611）は、熊本城、江戸城、名古屋城の築城技術者であり、また肥後四大河川、白川、菊池川、緑川、球磨川の利水治水や、有明海と不知火海の干拓に注力して農業生産力を高め、領地の経済的基盤を固めた、優秀な土木技術者でもあった。

白川の下井手堰、馬場楠井手（「井手」は人工の農業水路を指す）、渡鹿堰の整備、菊池川の石塘（石塘は石積みの堤防を指す）築造による付け替え、緑川の鵜の瀬堰や轡塘、球磨川の遙拝堰の整備が代表例である。このうち、轡塘は清正が多用した、緩流河川型霞堤というべきもので、河川の合流地点や水あたりの激しい部分に造られた、本堤と枝堤（副堤）の間の遊水池に溢れた水を留め置く施設であり、最大規模の桑鶴の轡塘など緑川にいくつも築かれた。先述のとおり遊水池内には肥沃な泥が流れ込んで貯まるため、平常時には生産力の高い水田として利用され、現在でも轡塘の遊水池には水田として利用されているところもある。

これら整備の過程で、「斜め堰」、「石刎」、馬場楠井手の「鼻繰り」などの技術を、工夫を加えつつ駆使した清正は、今でも「清正公さん」と呼ばれて熊本県民から親しまれている（法華信仰とも結びつき、後には軍神の性格も

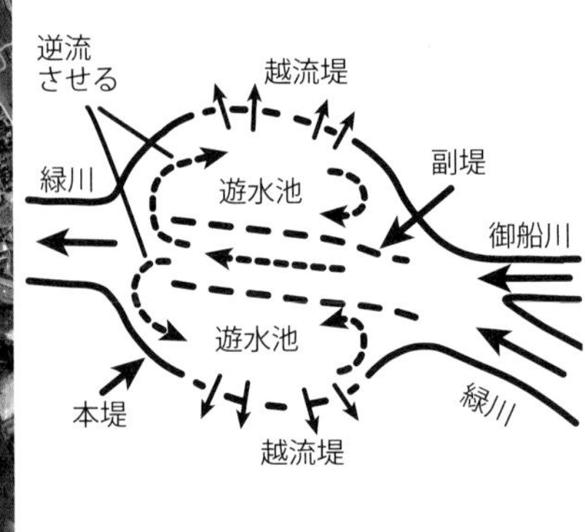

桑鶴地区にある轡塘。国土地理院提供2013年7月12日撮影の熊本市南区蓍町橋（めどまちばし）付近の空中写真に遺構の位置を重ねたもの。モデル構造は、［大熊 2020：198］の図を基に作成。越流提南半分の曲線が畦道の形として残っているのがわかる。

持つ「清正公信仰」は、全国的である）。これらの技術について、［竹林 2006］などを参考に簡単に紹介する。

足利時代以降に造られた固定堰のほとんどは石積みの「斜め堰」だった。明治以降の近代工法によって河川を直角に横断する「直交堰」に改修され、目にすることは少なくなった。しかし、全国に少なくとも約240か所の斜め堰が現存しており、石積みの堰の下を伏流水が通るので生態系が連続し生態系への影響が少ない点、堰き止めによる流速の低下をなるべく起こさずに農業水路へ導水し灌漑距離を長くできる利水上の利点、後背地への越流の危険性を低減する治水上の利点、などが指摘され、現代における近自然河川工法に通じる斜め堰の効用に対して、再評価が進んでいる［岩屋 2007］。たとえば、日本最大の斜め堰である徳島県吉野川の第十堰を可動堰に改築する計画が1982年に登場したが、徳島市民の反対運動を受けて、2000年1月に住民投票がおこなわれ、賛成派が棄権に回ったため反対票が多数となり、現在は凍結状態にある［大熊 2020：177−178］。

現在では、土木関係学会や、かつてはその効果に懐疑的だった国土交通省なども斜め堰の特徴に関する研究を継続しており、直交堰に比べ洪水時に堰前面の水位上昇量は少なく越流する流速が低くなって被害が抑えられる、堰直下の流れは安定していて洗掘を起こしにくい、などの報告がある［髙橋 2018］。

現存する斜め堰の3/4は、右上の図のような構造モデルで示すことができる（「地形図にみる堰、川、山の関係」滋賀県立大学環境建築デザイン学科ランドスケープ研究室ウェブサイト）。すなわち、河川湾曲部のカーブの内側では流速が小さいので土砂の堆積が進み、流速の大きい外側では浸食が進む。河川は放っておけば蛇行がどんどん進んで三日月湖に至る、というメカニズムの説くとおりである。そこで、堆積する土砂を受け流すようにカーブの内側から斜めに堰を設け、流速が大きく土砂の堆積が少ないカーブの外側の頂点に、取水口を配置して流量を確保するのである。

清正は、古来知られていた斜め堰の長所を踏まえたうえで、斜め堰の高さを最低限に押さえて洪水の際に1か所から溢れさせず広い範囲で越流させて被害を抑える、下流側に頑丈な河岸があるなら越流する洪水の主流をそちらに向ける、などの工夫を加えた。また、河岸が頑丈ではない球磨川の遙拝堰の場合は、川の流れを両側に分けて急流を和らげ、流れの先の樋口で取水でき

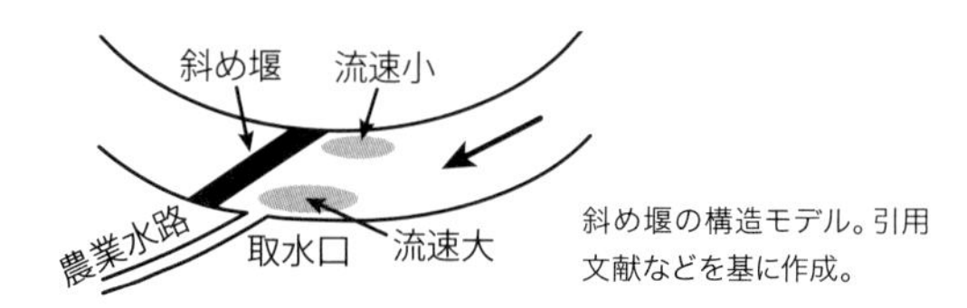

斜め堰の構造モデル。引用文献などを基に作成。

JR熊本駅から北東に5.2km、典型的な斜め堰である白川の渡鹿堰。撮影時点では、白川が堰を越流している。国土地理院提供2016年4月16日撮影の空中写真を基に作成。

白川右岸から、西方向（上の写真の黄色矢印の方向）を向き、渡鹿堰とアイスハーバー型魚道を真横から見る。右手が下流。2019年11月

るように、上流から下流に向けて末広がりの「八の字型」の斜め堰を設けた。これらの工夫は、先の信玄堤や霞堤と同様の発想、すなわち、河川の水勢をうまくいなす、水勢を利用しつつ越流や氾濫をいとわない、などに基づくといえる。

1580（天正8）年からの織田信長の越中平定に関わって、常願寺川に信玄流治水術を継承した「佐々堤（さっさてい）」と呼ばれる霞堤を築造した佐々成政（さっさなりまさ）は、その後、秀吉から肥後一国を与えられたものの、「検地」に反対する「肥後国衆一揆（ひごくにしゅういっき）」の鎮圧に失敗して切腹を命じられる。その佐々に代わり、肥後国の北半分を任された清正が、佐々の家臣、大木兼能（かねよし）を召し抱えたため、信玄流治水術の一部が清正に伝わったのではないか、との推測もある［竹林 2006］。

「石刎（いしばね）」は、湾曲している河川のカーブの外側の河岸から中央に向かって、高さ約6m、長さ8〜30mの石積み構造物を数基設け、水嵩を増した急流が下流の堤防を壊さないように流れの向きを中央方向に刎ね、勢いを和らげる独特の工法である。これは、現代の「幹部水制工」（p.173）に相当し、聖牛など信玄流の治水術に遡るものだという。これも清正は多用した。

さらにユニークなのが「鼻繰り」である（p.135の地図参照）。白川南側にある一段高い白水台地に新田を開発するため、白川から取水する農業水路「馬場楠井手」を築造するにあたり、岩盤を地上から水路底まで深さ約20m掘る必要があった。しかし、稼働後は、周辺から流れ込んだ阿蘇連山由来のヨナ（火山灰土 p.158）が深い底に溜まり、その排出に苦労することが予想された。

そこで、岩盤を掘る際、あらかじめいくつかの仕切り壁を残しておき、その壁の下方に半円型で直径約2mの穴を穿つ。これがミソで、水が渦を巻きながら通ることになり、上流からのヨナは底に溜まることなく下流に排出される。この独創的な工法は、壁に開けられた穴が牛の「鼻刳（ぐ）り」（鼻輪）を通す穴に似ているので「鼻繰り井手」と呼ばれる。建設当時80か所あったというが、現存は24か所。熊本県菊池郡菊陽町（きくようまち）馬場楠の白川取水口から、熊本市のJR九州豊肥本線東海学園前駅近くまで続く長さ約12.4kmの農業水路は、現在でも多くの田畑を潤している。

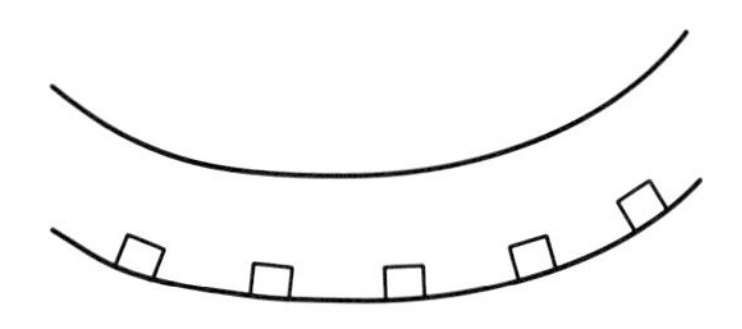
「石刎」の構造。流速の大きい河川湾曲部の外側曲線から河川中央部に向けて石積み構造物を並べる。現代の幹部水制工に相当。

鼻繰り井手。熊本ガイド情報局ウェブサイトより。

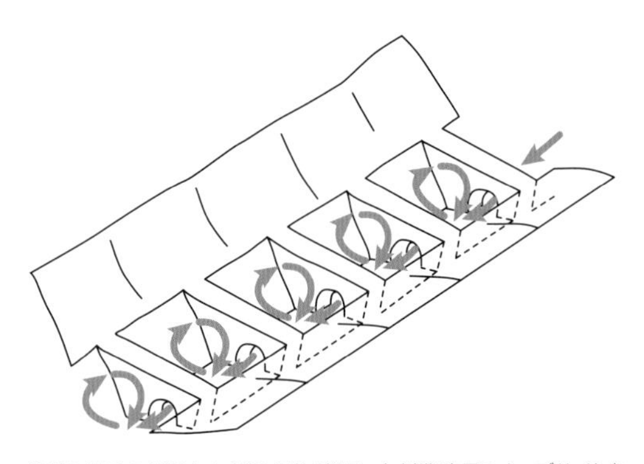
鼻繰り井手の構造と水が渦を巻く様子。九州農政局のウェブサイトなどを基に作成。

成富兵庫茂安の傑作「石井樋」

佐賀平野の利水や治水システムに関連して4.2節で紹介した成富兵庫茂安（1560〜1634）は、加藤清正と親交が深く、清正から学んだ工事手法に独自の工夫を加えて佐賀領に適用した。堤防、井樋、用水路、ため池など、佐賀平野の利水や治水施設100数か所の築造事業を進め、彼もまた治水の神様と呼ばれた。彼が築造した施設のうちで傑作とされるのが、日本最古の取水施設と目されている「石井樋」である（p.135の地図参照）。

佐賀領では、生活用水や農業用水として多くの水が必要となり、佐賀平野を流れる嘉瀬川に井堰を造って多布施川に流し込み、佐賀城下の用水網に水を供給していた。しかし、大雨や台風のたびに嘉瀬川は大水となり、井堰が壊れると取水ができなくなって田や畑の水不足に農民たちは苦しんでいた。

そこで茂安は、水制工に相当するふたつの荒籠（p.137）、すなわち、遷宮荒籠、兵庫荒籠により嘉瀬川の流れの向きを西に刎ね、それを大井手堰でせり上げ、象の鼻、亀石、天狗の鼻などで水勢を抑えて土砂を沈ませ、澄んだ水だけを多布施川に取り入れることを考えた。古来、嘉瀬川は土砂流出が激しく、多布施川に流入する土砂の抑制が重要な課題だったのだ。そして、洪水は右岸（嘉瀬川は洪水を流すための本川）が受け持ち、利水と治水は左岸（多布施川を用水として用いる）が担う、リスクと恵みを分岐する仕組みを考え、農民とともに築造した。「石井樋」は、最終目的とする多布施川入口の樋門を指すが、いつの頃からかこれら施設全体の総称となった。石井樋はまた、本土居（本堤）の河川側に越流堤である内土居を設け、ふたつの土居の間を遊水池にすることで本土居を守る構造も持っており［小出 1970］［吉村ほか 2009］、氾濫受容型の施設とみなすことができる。

石井樋。国土地理院提供2008年5月3日撮影の空中写真を基に作成。

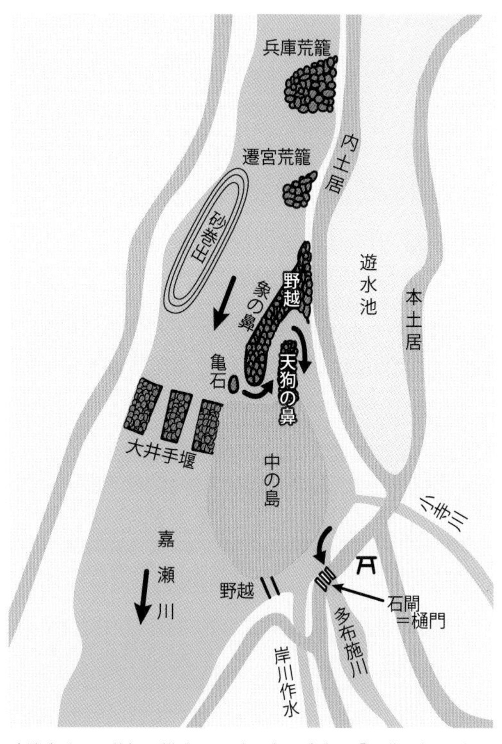

建造当時の石井樋の模式図。天保5（1834）年刊『疏導要書』記載の見取図に基づき、［小出 1970：124］［吉村ほか 2009］などで紹介された図を基に作成。

象の鼻にぶつかった嘉瀬川の流れは、川の中央に寄せられて、大井手堰にぶつかる。堰には戸立（＝切り欠き部）が設けられ、洪水時には越流させて水勢を解放する。嘉瀬川の流れは大井手堰で勢いが削がれ、象の鼻と天狗の鼻の間を逆流し、中の島に沿って南下し、石閘（＝樋門）から多布施川に引き込まれる。流路を長くして流れを遅くし、土砂を落として多布施川に土砂が入るのを防ぐ仕組みである。

象の鼻の付け根を低くして野越と呼ばれる余水吐（余剰水を流す流出口）を設けてあり、象の鼻が一種の越流堤になっている点も興味深い。洪水の際は土砂が巻き上がって濁った水が入り込んでしまう。そこで、本川からの越流を作り、天狗の鼻の部分を通る逆流水にぶつけてその水勢を弱め、土砂の濃度が低い上澄みだけを多布施川に送り込むという、濁水を排除する工夫である。

石井樋は、1630（寛永7）年に修繕したとの記述が残るので、遅くともそれまでに稼働していたようだ。これによって洪水被害も治まり、田畑に必要な水量も確保でき、農作物の収穫も安定していったという［島谷 2009］。

1960年、旺盛な農業用水需要に対応するため、石井樋の上流に川上頭首工が造られて、石井樋は400年近い役目を終えた。がその後、歴史的な水利遺構の復元が企図され、1994年に国土交通省が「石井樋地区歴史的水辺整備事業」を策定して2005年に復元が完了、水辺交流拠点「さが水ものがたり館」も併設された。同省としては初の固定堰工事であるこの事業は、「土木学会デザイン賞2008」を受賞した。

古賀百工が心血を注いだ「山田堰」

7.3節で紹介したように、九州最大の筑後川は暴れ川であり、その対応に人びとは苦労してきた。17世紀初頭に成立した江戸幕府は外様大名の経済力を削ぐ政策をとったが、筑後川流域各領はそれに対抗すべく、17世紀後半から18世紀にかけ新田開発を積極的に進めて農業収量を高めようとした。筑後川ではこの時期、完成した順に山田堰、大石堰、袋野堰（ただし、1954年の夜明ダム完成により水没）、恵利堰の「筑後川四大取水堰」と呼ばれる固定堰が相次いで建設された（p.135の地図参照）。新田の面積が拡大し、より多くの用水が必要になったためである。しかし筑後川は洪水を繰り返すので、これらの堰も洗掘や破堤の被害が絶えず、その都度、修復の苦労が続いていた。

1718年、下大庭村（現在の福岡県朝倉市）の庄屋に生まれた古賀十作義重、後の古賀百工は、寛政10（1798）年に81歳で天寿を全うするまで、生涯を利水と治水事業に捧げた。筑後川右岸の現・朝倉市にある農業水路「堀川」の改良、新堀川の増設などを進めてきた百工は、70歳になってから筑後川取水口の全面改修に取りかかる。

それが山田堰の大改修と堀川の改修である。右頁の空中写真と、p.195に掲げた「斜め堰の構造モデル」とを見比べてもわかるように、山田堰の基本構造は斜め堰である。大きく、南船通し、中船通し、土砂吐（または、砂利吐、水吐）、の3つに区分され、総石張堰の「傾斜堰床式石張堰」、すなわち、大小の石を水流に対して斜めに敷き詰めることで、筑後川の勢いを抑えつつ農業水路に水を導くという、日本で唯一の構造を持つ。南船通し水路側の石積みを高くし、そこから中央部までを低くして、その先、取水口付近に向かっては次第に高くすることで、石畳表面の中央部に緩やかな勾配をつけている。これは、その窪みで余水吐の働きをさせ、堰体に強い水圧を加えずしかも取水口に十分な水量を送るようにした工夫である。平水時には「船通し」や「土砂吐」部分を水が流れ、増水時には石畳全体を水が越えることで、堰の安全と取水量の安定が図られている。1790（寛政2）年には改修が終わって、ほぼ現在の姿になった。

その後、何度も大洪水に見舞われ、とくに1953

年の大洪水（二十八水）では大石堰、恵利堰は流出したが山田堰は上記の工夫もあって流出を免れた。しかし1980年の水害で堰全体の42%が被災し灌漑不能となったが、1981年、県営事業として6億5千万円を投じ、在石使用、総張石コンクリート造りによる原形復旧工事により大改修された。山田堰は、生態系を壊さないで魚が遡上する堰として、復旧に意義があると判断されたのである。2014年には、ICID（International Commission on Irrigation and Drainage：国際かんがい排水委員会、1950年にインドで設立された国際NGO）が「世界かんがい施設遺産」に認定、登録した。

ところで、これまで紹介した九州の数々の堰がすべて石積みで長期間の洪水にも耐えてきたのは、石造の眼鏡橋が数多く架設され現役が多い点でもわかるように、九州では古来、石工（いしく）文化が発達していたからだとされる（坪田譲治の門下、今西祐行（すけゆき）著の児童文学『肥後の石工』が知られる）。大規模な重機を使ってコンクリート製の堰や用水路を造らなくても、石を使うことで、持続可能な利水や治水システムを構築できることに天啓を得たのが、アフガニスタン復興に命をかけた医師、中村哲氏であった。

アフガニスタンでは2000年以降の大干ばつと内戦で多くの人びとが犠牲になった。衛生状態が悪く感染症が蔓延して村々が消滅するなど悲惨な状況も続いた。当初、医療支援だけをおこなっていたペシャワール会（中村哲氏が現地代表）は、「とにかく清潔な水が必要」と判断、約1,600本もの井戸を掘った。だが、地下水が枯渇したほか、干ばつと洪水を繰り返す異常気象のために安定した水の供給は難しかった。

そうしたなか、一時帰国していた中村哲氏は、故郷で山田堰を偶然目にした。「直角のコンクリート堰はいずれ崩れる。壊れなくてメンテナンスしやすく、渇水にも洪水にも強い山田堰に勝るものはない。何よりも限られた機材で、アフガニスタン人にも築造と維持ができる」と惚れ込んだ。そして現地で2003年3月に着工、7年がかりで全長約25.5kmの灌漑用水路を完成させた結

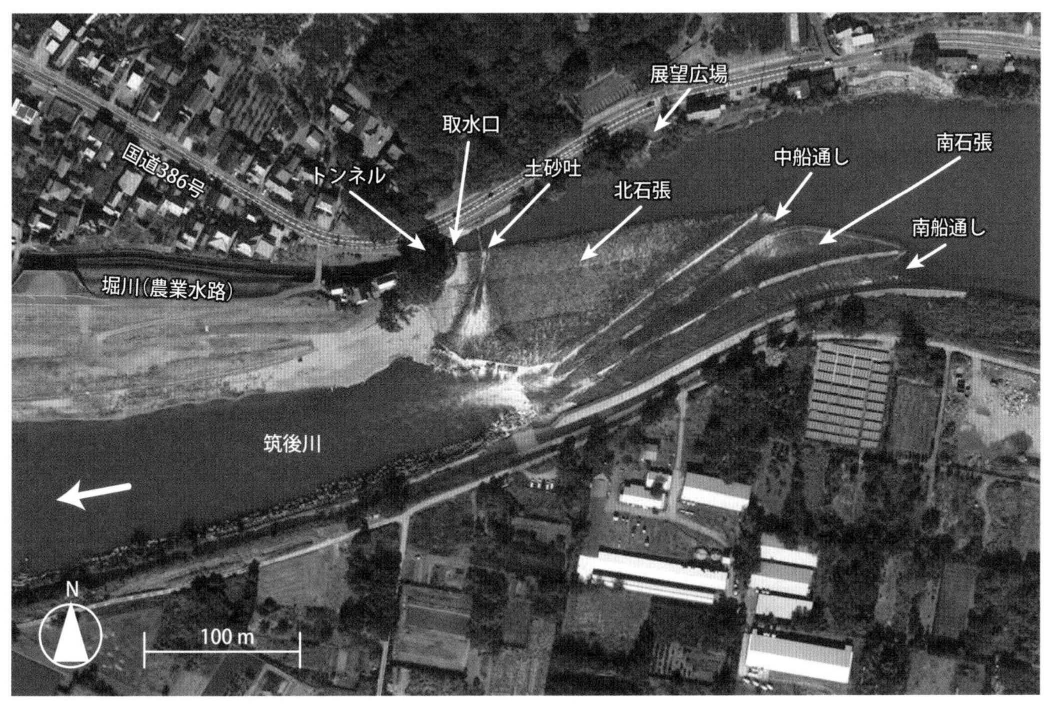

山田堰の構造。国土地理院提供2017年11月3日撮影の空中写真を基に作成。

果、約30km²の砂漠が緑地に変わったのである。（当時の）アフガニスタン政府も国家プロジェクトとして同様の堰を国内各地に造る計画を立て、2020年現在、約165km²の農地が恩恵を受けているという。現地での持続可能な援助のあり方として、ひとつの理想型に違いあるまい。しかし、実に実に残念なことに、中村哲氏は、護衛兵士や運転手とともに、2019年12月初めに武装勢力に銃撃されて死亡した。その遺志を是非とも多くの人びとが引き継いでいただきたいと切に願う。

中村哲氏の類い稀な功績を称えて、以前アフガニスタンに水車を建設する費用を寄付した朝倉ライオンズクラブが、筑後川右岸の山田堰展望広場に記念碑を二基建立し、2021年2月27日に公開した。山田堰を見下ろす碑には、中村哲氏が山田堰を訪れた際に、古賀百工を偲んで詠んだ「濁流に沃野夢見る 河童かな」が、別の碑には、氏が講演などの際に好んで引用した、伝教大師最澄のことば「照一隅（いちぐうをてらす）」が、それぞれ彫られている（2021年2月28日付『西日本新聞』『朝日新聞』）。

さて、清正の整備した球磨川の遙拝堰は、昭和に入ってからコンクリート堰に、次いで1969年にはスライドゲート式可動堰に改築されて、「八の字堰」は失われたが、2019年5月には現在の遥拝堰の下流に八の字堰が復元された。河川改修で瀬が減少した球磨川下流域の自然再生と親水空間づくりに対する効果が期待されている。

以上、この節で見てきたように、古の知恵が詰まった伝統的河川工法のいくつかが再評価され、現代によみがえりつつある。

8.8. 日本での流域治水論

1992年に国連で採択された気候変動枠組条約（Framework Convention on Climate Change、FCCC）に基づき、1995年からこの条約の締約国会議（COP−FCCC、Conference Of the Parties−FCCC）が毎年開催されるなど（註22）、気候変動への危機意識が高まった20世紀末、日本でも集中豪雨による内水氾濫が頻発するようになった（内水の定義はp.61参照）。そこで2000年前後から、地表が人工物で覆われ雨水を貯める遊水場所が少なくなり溢水すべてを下水道に任せる都市河川の治水を、都市周辺の流域を含めて考え直す「流域治水」（River Basin Management）論が語られるようになる。

その背景には、1997年に大幅改正された「河川法」（平成の河川法）がある。この改正のポイントは、法の目的に、従来の治水と利水に加えて「河川環境の整備と保全」が追加された点、今後20〜30年間に実施すべき河川整備計画の策定について関係住民の意見を聞く回路が設けられた点であり、これに沿って各流域で住民や学識経験者も交えた「流域委員会」が設置されるようになった（p.171）。

たとえば、国土交通省（中央省庁再編で2001年1月発足）の近畿地方整備局が、2001年2月に設置した「淀川水系流域委員会」は、8年余400回もの議論を重ねて提言をまとめたが、その大きなポイントは、治水の新たな理念として「非定量治水」を打ち出した点である。

1896（明治29）年に（旧）「河川法」が制定されて以来（註8、註13）、治水の根本は「定量治水」、すなわち対象洪水を設定し、それに対応した対策（定量洪水対策）に重点を置くものだった。その結果、対象を超える洪水への対策（超過洪水対策）や「溢れた場合の対策」がおろそかになり、対象を超える洪水が発生した場合だけでなく、対象以下の洪水でも壊滅的被害を生じるおそれがある、とさえ言われる。それに対して、超過洪水を含むあらゆる大洪水に対しても、壊滅的被害を避けるためにできるだけ破堤しない河川対応、及び、破堤しても被害を軽減できる流域対応、を実施するものを「非定量治水」と呼んでいる。これは、8.7節で紹介した「氾濫受容型治水」にも相通じる（註8）。

提言には、このほかにも、川の生態系を健全に保つ、生態系に大きな影響を及ぼすダムにはできるだけ頼らない、住民参加と協業を基本とする、住民と行政の橋渡し役として流域住民が個人で活動する「河川レンジャー制度」を導入する、などが盛り込まれた。なお、河川レンジャー制度は河川事務所の管轄下で、個人が活動する仕組みだが、団体として橋渡し役を担うのが、その後2013年、河川法の一部改正で導入された「河川協力団体制度」である（註9）。

この淀川水系流域委員会の委員でもあった環境社会学者の嘉田由紀子氏は、2006年に、「ダムに頼らない流域治水政策」を選挙公約のひとつに掲げて滋賀県知事選に挑戦し、当選した。早速、新知事の発意で、2007年7月以降、「滋賀県流域治水検討委員会」の行政部会、住民部会、学識者部会が順次設置され、氾濫流の制御や誘導も含む方策の検討を進めた。その結果、2014年3月には、画期的な「滋賀県流域治水の推進に関する条例」が制定され、住民や関係者に推進努力を促している。

日本初となるこの流域治水条例の目的は、(a) どのような洪水でも人命損失を避ける、(b) 床上浸水など生活再建が困難となる被害を避ける、の2点である。そのための手法が、河川改修や堤防強化により水を「ながす」河川対応、及び、調整池やグラウンドで流域貯留する「ためる」、前述した霞堤（かすみてい）や輪中堤などで氾濫流を制御する「とどめる」、水害履歴調査やその公表、防災教育など地域防災力を向上させる「そなえる」、などの流域対応である［嘉田 2021］。

このうち「とどめる」対応は、氾濫原における土地利用と建築の規制を含む点が画期的とされた部分で、床上浸水が予想される地域は原則として市街化区域に含めない、最悪時でも垂直避難が可能となるような床面確保を建築許可条件とする、など、私権に一定の制限を加える内容も含むものだったので、条例成立には議論があった。

しかし、これらは既に昭和30〜40年代に、都市計画法、建築基準法で制定されていたものであり、それを実際に運用するものだ、との理解を得て、県議会で最終的に了承された。これらの対応は、後述するように、2020年7月6日に国土交通省が発表した「流域治水プロジェクト」の具体策の先駆けであり、大熊孝氏のいう「氾濫受容型治水」とも相通じる。

また、都市部での水害対策として流域治水が提唱される事例もある。たとえば、2009年7月の「中国、九州北部豪雨」により福岡市内を流れる二級河川、樋井川（ひいかわ）が氾濫し住宅浸水被害が出たのを機に、「樋井川流域治水市民会議」が福岡市に発足した。流域住民に加え、大学関係者、行政関係者、企業も市民と捉えてメンバーとし、会議を積み重ねるなかから、翌2010年1月には市長や知事に対し「樋井川流域治水に関する市民提言」を出した。

既成市街地の流域で、河道の整備だけではなく、盛土堤、ため池、水田、学校のグラウンド、各住戸での雨水貯留タンク整備、などで雨水を貯留して各々が流出を抑制し、総合的に協働して流域治水を進めようという提言で、その動きを、災害時の共助、環境教育、福祉、地域作りへと展開することを目標とするものである［島谷ほか 2010］。

学界や各地方自治体でのこうした動きは、農地や山地も含む流域全体で保水、浸透、貯留能力を強化し、水循環系自体を健全化させようという方向へと展開していく。それは、明治期以来の治水が行政主体に進められて安全性が一定程度向上した結果、「安全神話」が形成されて住民の災害文化伝承が途絶え、災害に対する自己防衛意識や自治意識が少なくなり、行政に依存するばかりでかえって大きな水害に脆弱な住民を生み出してきたのではないか、という反省が背景にある。

1959年の「伊勢湾台風」を機に1961年に制定された「災害対策基本法」は、防災を行政の責務としたが、これもまた、住民の意識を水から遠ざける結果につながったのでは、といわれる。流域治水の考え方の基本には、こうした反省もある。

嘉田由紀子氏によれば、これら諸々の結果、住民から「遠い水」になってしまった水環境を、「近い水」に再生しようというのが、流域治水の動きである。すなわち、流域住民、農林事業者、行政、研究者などがすべて主体的に連携して治水を目指そうというのである。とくに近年、過去に経験のない洪水や土砂災害が常態化するようになったのを受けて、いくつかの地域では、研究者、自治体、国土交通省などが音頭をとり、関係者、住民、行政、研究者の集まった委員会などで流域治水の考え方に沿った提案や試行を積み重ねてきた。

これらの動きを背景に、国土交通省が設けた「気候変動を踏まえた水災害対策検討小委員会」は、2020年5月に、河川の流域全体で治水対策を進める「流域治水への転換」を提言した。雨水貯留浸透施設や遊水池などの整備、土地利用の規制や誘導によって河川氾濫による被害対象の減少、工場や建築物の浸水対策による経済被害の最小化など、ソフトとハード対策を総合的に講じるものである。洪水を河道内に抑え込む従来の方法では対応できない気候変動のもと、流域の関係者が協力して計画的、意図的に越流させて流域全体で洪水に対処する方向への大転換である。

これを受けて国土交通省は、2020年7月6日に、全国109の一級水系それぞれに「流域治水プロジェクト」を今後策定していくと発表した。その具体策として；

(1) 堤防整備や排水施設整備、(2) 河道掘削や樹木伐採、(3) ダム建設や再生、など河道への水の集中と流下能力向上をねらう従来型の対策に加えて、(4) ビル地下や大深度地下貯水施設の整備、(5) 遊水池など雨水貯留浸透施設の整備、(6) ため池や田畑（田んぼダム）での貯留、(7) 切り下げた公園での貯留、(8) 農業用や発電用の利水ダムを事前放流しておいて治水ダムとして活用（註8）、(9) 高架道路の避難所としての活用、(10) 鉄道橋や道路橋の流失防止のための補強、(11) 土砂災害の危険性がある地域の開発規制や住宅移転、

などが想定されている。

そして、この提言を実行していくために、「特定都市河川浸水被害対策法（2003年施行）等の一部を改正する法律」、通称「流域治水関連法」が2021年5月公布、7月から施行された。その概要は；

(a) 流域治水の計画・体制の強化、(b) 氾濫をできるだけ防ぐための対策、(c) 被害対象を減少させるための対策、(d) 被害の軽減、早期復旧、復興のための対策

である。これら具体策は、先行する各地の流域治水条例に範をとり、オランダの「川にゆとりをプロジェクト」と共通するものも多く、日本でもようやく新しい発想が国家レベルの法制度に組み入れられた、といえる。もっとも、国土交通省は、前身の建設省時代から「河川審議会」答申を通じて治水対策の転換を模索してきた経緯がある。

同省は、1977年に都市型豪雨に対応するため雨水の浸透と一時的貯留により流出を抑える「総合治水対策」の中間答申を得て、次のような、総合治水対策の骨子を決定した［篠原 2018：291−293］。すなわち、特定都市河川を対象に、流域総合治水対策協議会を設けて流域整備計画を策定し、適正な土地利用の誘導のために洪水による浸水実績を公表し、流域住民に治水問題に対する理解と協力を求める、などの画期的な内容であった。

また、1987年には洪水が河道から溢れるのを防ぐスーパー堤防の整備を促す「超過洪水対策」を示した。1997年施行の「平成の河川法」では、かつては多くの河川堤防に設けられ、堤防の崩壊を防ぎ、土砂を堰き止めて周辺への水害被害を軽減していた「樹林帯」（一例は桂離宮の笹垣）を第三条に含めて復活を図っている［大熊 2004：108−110］。

さらに遡るならば、洪水の際に流域各所で意図的に氾濫させ、下流への流出を抑制するアイデアは、8.7節で紹介した「霞堤」なども含め、大熊孝氏の言う「氾濫受容型治水」と呼ぶべきもので、明治以前には、治水の知恵として日本各地で実践されてきたものである。しかし、明治以降の近代河川管理システムは、河道から水を漏らさず海に流して水害を防ごうという「河道主義治水」へと大転換したが（註13）、これには、そもそも無理があった。

流域治水論は、この「河道主義治水」への反省から生まれた、明治以前の「氾濫受容型治水」策への部分的な回帰と見ることもできる。実際、霞堤を流域治水に再活用しようとの動きが、茨城県の那珂川や久慈川流域など各地で見られる。ただし、霞堤が連続堤に改修され、かつては氾濫を受容する氾濫域であったことが行政や住民から忘れ去られて開発され、あげくに水害を招く事例が多々ある。そうした地域の住居や事業所を移転するのが望ましいが、後述のように私権の制限は一筋縄ではいくまい。

大熊氏も、半世紀にわたる氏の河川工学研究や社会活動を総括して、今後の治水は、いずれはダム湖が堆砂で埋まるダムに頼らず、破堤せずに時間をかけて越流するように堤防を強化すれば洪水被害をはるかに軽減できる、として、氾濫受容型治水を推奨している［大熊 2020：215］（註8）。

さらに、近年の気候変動のもとでは、オランダのように河川が長く勾配が緩く流域面積の広い大陸と異なり、流域に溢れさせる余裕すら見当たらぬ狭くて蛇行の連続する山間地や盆地での河川氾濫や、山林の「保水力」（註8）を超える長時間の大量降雨によって起きる山崩れや土石流にどう対応するのかなど、河川の上、中流域での難題が鮮明になってきた。

こうした事態への究極策ともいえる、先述の（11）のような、氾濫受容域や災害危険域からの移転など、住民や事業者の私権を制限する対策の実施には；

（イ）それに対応する強制力を伴った法制度とそれに見合った補償制度の整備、（ロ）3.11などの経験を踏まえて既存の住民コミュニティと生業拠点との連携を可能な限り維持する代替土地の開発と提供制度の確立（コラム「気仙沼舞根湾湿地保全 ― ニホンウナギは私たちの未来を映し出す鏡」）、（ハ）治水を担うセクターの一員としてそれぞれが主体的に参画する意識の醸成、

など、ハードルの高い項目が多い。とくに、住宅移転は故郷を棄てるに等しい、と感じる人びとには、厳しい選択を迫ることになる。

既に1972年の豪雨を受けて施行された「防災のための集団移転促進事業に係る国の財政上の特別措置等に関する法律（略称：防災集団移転促進特別措置法）」により、災害が発生した区域や災害危険区域にある住居の集団移転を促す、「防災集団移転促進事業（略称：防集）」が実施され、豪雨や震災被災地に適用されていて、その適用制限も緩和されてきている。しかし、リスクを承知のうえで現地居住を希望する住民もあり、全員が賛成しているわけではないという。

個々の住民の思いを共有しそれを乗り越えるには、徹底的に時間をかけて、社会全体の長期的な（たとえば数世代にわたる）コストベネフィット（費用対効果）の見通しを共有したうえで、コストをどのように分担するべきかについての、合意形成が必須だろう。その際には、4.7節で紹介したような、オランダの合意形成モデルが、やはり参考になると思われる。

8.9. Eco-DRR（Ecosystem-based Disaster Risk Reduction：生態系を活用した防災や減災）という考え方

8.7節で示したように、近代工業社会以前の治水政策は、事前に想定できない自然の猛威を制御できるとは考えず、自然の力をいなし、かつう

まく利用し、できる範囲で工夫は重ねる、との思想に基づく治水だったとみなせる。一転して明治以降の河川行政は、工業技術力の発達に信頼を置き、社会の各機能を専門分化した集団が分業する、という、まさに近代化イデオロギーの中核に依拠して進められてきた。しかし、近年の気候変動に伴う激甚災害によって見直しを迫られ、8.8節「日本での流域治水論」のように、前近代の知恵の詰まった「伝統的河川工法」を、あらためて取り入れようとしている、と総括できよう。

他方で、河川管理とは別の、環境保護の文脈から生まれてきたのが、生態系を防災や減災に活用してきた人びとの知恵を再確認する方向性である。

2008 年に、国際連合環境計画（UNEP：United Nations Environment Programme）、国際自然保護連合（IUCN：International Union for Conservation of Nature）などの国連機関、国際NGO、研究機関により設立された「環境と災害リスク削減に関する国際的なパートナーシップ（PEDRR、Partnership for Environment and Disaster Risk Reduction）」は、環境と災害リスク低減に関する政策提言や知識と事例の共有などの活動をおこなっているが、持続可能な生態系管理を、減災と気候変動対応の両者にこたえる効果的な方策のひとつとみなしている。PEDRR設立のきっかけは、2004年12月のスマトラ島沖地震であった。

同地震に伴う大津波は、東南アジア諸国の沿岸に甚大な被害を及ぼしたが、海岸林や砂丘が保全されていた地域とそうでない地域で、被害に大きな差が生じたことが報告された。そこで、ちょうど普及しはじめた「生態系サービス」概念（人類が自然から得ている直接、間接の便益、註6）のひとつとして、生態系の防災や減災機能にもっと注目すべきだとの議論がIUCNの専門家のグループのなかで始まり、Eco-DRR（Ecosystem-based Disaster Risk Reduction：生態系を活用した防災や減災）という考え方が誕生したという［古田 2018］。

この議論は、(a) 人類は自然の恵みと脅威の両面とつきあってきた（豪雨や大雪があるからこそ稲作が可能であり脅威と恵みは表裏一体［大熊 2020：27］）、(b) 自然災害を工学的技術のみで防ぐには限界がある、(c) あらゆる自然現象は想定を超える規模で起きるので、災害に上限はない、の以上3点をあらためて確認したうえでの「人命第一」を前提とする。日本でこうした議論が深まる契機となった、2011年の3.11では、「津波てんでんこ」という災害文化継承の重要性が、再認識された。

各地域には、過去の自然災害の履歴が、危険な地域として、あるいは、防災や減災に効果のあった生態系として、刻印されている。森林が土砂崩れなどを防ぐ、河川沿岸に自然が作った河畔林や人工の樹林帯が洪水を軽減する、海岸の森林が防風や防砂の役割を果たし津波被害を軽減する、サンゴ礁が高潮被害を軽減する、塩性湿地が波の影響を軽減する（コラム「気仙沼舞根湾湿地保全 ― ニホンウナギは私たちの未来を映し出す鏡」）、湿原が一時的に洪水を受け止める、など、健全な生態系は、自然災害を軽減する緩衝材として働くとともに、人間の暮らしを支え、自然災害に対する脆弱性を緩和してきた。これらの事実もまた、災害文化という形でその土地に一部が継承されてきた。

こうした国際的議論を受け、日本では2015年3月に仙台で開催の第3回国連防災世界会議で「仙台行動枠組2015－2030」が採択され、8月の「新たな国土形成計画」と「国土利用計画」、9月の「社会資本整備計画」などの閣議決定のなかで、「グリーンインフラストラクチャ：Green Infrastructure、GI」とともに、Eco-DRRが言及された［一ノ瀬 2018］。GIは、EUの政策執行機関「欧州委員会」が、2013 年にEU GI戦略を、EU生物多様性戦略の下位計画として策定する、など、欧米を中心に進む考え方であり、Eco-DRRに包含される。

こうした流れのなか、環境省自然環境局は、

2016年に公表したパンフレット『自然と人がよりそって災害に対応するという考え方』のなかなどで、次のように提言している。

> …緩衝材として機能してきた生態系は開発を避け保全を図るべきで、既に利用されている場合は災害リスクの低い地域への居住や都市機能の誘導を促し自然災害を回避する。その跡地は、生態系を再生させることや災害が生じても迅速に回復できる水田や畑地として活用することが望ましい。保全・再生された生態系は、危険な自然現象と人命・財産との緩衝帯として、災害暴露を低減し自然現象を受け止める場として機能させる。また、生態系自体の自然現象に対する暴露の回避が、間接的に人命・財産の災害リスク低減につながる。このような土地は、日常的には、健全な水環境の保全、生物資源の採集、レクリエーションの場として活用することで、地域における人間の福利に貢献することができる。…

生態系保全の立場からアプローチしたこの提言は、8.8節「日本での流域治水論」で紹介した、国土交通省の想定する具体策（11）と同じ方策を、気候変動の影響による風水害や山火事のみならず、地震や津波を含むあらゆる自然災害に対する防災や減災に適用するものである。

つまり、自然災害全般の防災や減災に生態系を活かそうとする議論がまず先行し、それに国レベルでの河川管理の議論が寄り添うようになり、現在、両者の推進方向が収斂、共鳴しつつある状況といえよう。しかし方策（11）の実現には、依然、合意形成が大きな鍵になるのは、4.7節で指摘したとおりだろう。

同パンフや関連資料には国内外の実践事例も紹介され、JICA（国際協力機構）も東南アジアなどで現地実践に協力している。国連大学、環境系の大学や研究機関、地方自治体、地域の流域委員会、市民団体、農林水産省林野庁、国土交通省なども参画して推進を模索している。

コラム

生態系保全と防災の両立——石組みによる河道改善

安田 陽一　日本大学理工学部

かつて人びとは「ウナギ塚」を築き、棲みついたウナギを捕る方法を編み出してきた（6.2節）。これは、自然の生息状況をヒントに、採捕方法を考えついたものと考えられる。このように、伝統的な手法のなかには、自然から学ぶ姿勢が多く見受けられる。

ところが現在使われている技術では、全国に普及することを前提に、ある程度の技術力があれば河川整備ができるような技術を優先し、自然から学ぶ姿勢から遠ざかる傾向が散見される。最近の豪雨、波浪、地震などの影響を受け、全国の河川流域で甚大な被害 — 氾濫・堤防決壊・橋や道路など公共構造物の倒壊・家屋の流出・死亡事故・山腹崩壊による天然ダムの形成など — が生じているため、環境面より防災面を優先して河川整備が進められているのである。環境保護の認識はあるものの防災対策が優先される背景には、技術力の低下、河川に関連する研究の進め方の問題点、などがある。

技術力低下の大きな原因は、設計基準（マニュアル）遵守への執着、現行の基準では解決しないことについては経済的、工期的な理由や慣例的な習慣でその根本に目をつぶる、短期間で科学的な根拠の証明の強要（責任逃れの姿勢）、現場を熟知し総合判断できる技術者の不足、などがあげられる。

また、河川に関連する研究の進め方の問題点には、専門分野の区分（縦割り）が強固で、分野をまたぐ取り組みの重要性は言及されるだけで寄せ集めにとどまり、総論的に話すことはできるが領域をまたいで具体的に実行できる研究者がほとんどいない、という点がある。さらには、財産喪失、死亡事故につながる甚大な被害の原因究明に力が割かれ、抜本的な解決方法を精力的に探求する力がない点もある。

その結果、新たな視点からの解決方法を許容しないことが多く、原状復帰を基本とするため、守るべき防災対策が不完全で環境対策が実施できていないことが多い。自然から学ぶこと、いなす技術を学ぶこと、などからは、ほど遠い現実が続く。

これらの背景から、全国的にみても、環境保全と防災対策のバランスがとれた整備を実施できる機会は、ほとんど期待できないことが多い。

そうしたなかで、このバランスをとる試みをふたつ紹介しよう。

礫床(れきしょう)河川では、礫径が30cm前後の礫を中心に構成された礫層は、その厚さが礫径の2〜3倍程度以上あることによって、礫同士が重なり石組みされた状態となって安定し、石組みされた礫間の空間が、生きものの生息空間、避難空間となる。その下流部も、巨礫などが支えとなり安定している。

礫床がこのように安定している仕組みを、科学的に解明しようとしているところだが、考えてみれば、これらは元来、自然河川では共通して見られる現象である。こうした自然に形成されるメカニズムを技術に応用することが、環境復元の近道となる。4.7節でヘンク・サイス氏の言うとおり、自然は最高のエンジニアなのだ。

さてここで、流況改善事例として紹介するのは、北海道知床半島の西側、北海道斜里郡斜里町遠音別村(おんねべつむら)のルシャ川の下流部でおこなった石組み魚道の設置例、及び、島根県出雲市を流れる神戸川(かんどがわ)の乙立町(おつたちちょう)付近の直線化された河道に対して、多様な流れの形成、浮石の創出のためにおこなった、石組みの置石工の設置例である。

ルシャ川での整備は1日で終え、シロザケ、カラフトマス、オショロコマ、カジカなどの遡上と降河を可能にした。大量のカラフトマスの遡上もその後確認された。

神戸川では3週間で3か所の置石工を完成させた。これにより種々の砂礫が堆積し、河床が見違えるように健全な状態を取り戻した。整備前には稚魚をほとんど見かけなかったが、今では、数千の成魚や稚魚が生息していることが確認できる。アユ、オイカワ、カワムツ、ヨシノボリ、モクズガニ、ウナギの生息場所、及び、洪水時の避難場所を数多く形成できたのだ。

ルシャ川では知床世界自然遺産地域科学委員会の協力を、神戸川では島根県庁、神戸川漁業協同組合の協力を、それぞれ得ている。

現在は、全国的な普及は遅れているけれど、民間企業に技術が伝承され、行政にそれを受け入れる環境が整えば、生物多様性に富む生態系保全と、防災対策の両立が、可能となるのである。

ルシャ川の落差部に設置した石組み魚道。撮影：安田陽一。2020年

神戸川の直線河道に設置した石組み置石工。撮影：安田陽一。2020年

第9章

森里海の連環を考える

田中克・京都大学名誉教授は、同大学に着任する1982年以前から、水産生物学、とくに稚魚についての研究を進め、その一環として有明海にのみ生息する「特産種」（p.56）を中心に、汽水域生態系に依存している魚類の生態を調査してきた。その過程で、有明海特有の有機懸濁物に依存する動物プランクトン「かいあし類」が、ほとんどすべての特産種稚魚の初期の餌となっていること、そして、その有機懸濁物の核となっているのが、阿蘇山と九重連山に起源を持ち、森林域や農耕地から筑後川を介して供給される微粒子であることを明らかにしてきた。筑後川が森と海をつないでいる、森－川－海がつながっているのだ。

他方で、動物を介するつながりも存在する。たとえば、サケ・マス類などの遡河回遊魚は、海でエネルギーを蓄えて川を上り産卵そして死を迎え、その亡骸は動物の餌となるだけでなく分解されて森の栄養ともなる。すなわち、遡河回遊とは、海から川を遡上するエネルギーのつながりとみなせることも氏は明らかにしてきた。

諸大陸の河川に比べ日本の河川は、大きな高度差を短い距離で下る特徴があるので、急流で洪水や渇水になりやすい一方で、森－川－海の一体的なつながりを人びとは意識しやすい。だからこそ、近代化に伴いこうしたつながりが断たれ、水圏の生物資源減少などさまざまな環境問題が生じたのではないか、という懸念を多くの人びとが共有してきたのだ。

そして1980年代後半から、この森－川－海のつながりを再生しようとする試みが、各地の漁民を中心とする「漁民の森造り運動」（2001年度から水産庁の補助金事業により全国に展開）や「魚付林復活」（岸辺近くの「魚付林」が魚群を集めるとの認識は千年以上前から漁民に共有されてきた）などの形で進められてきた。その先導例は、宮城県気仙沼の牡蠣養殖漁業家、畠山重篤氏の始めた「森は海の恋人」運動だろう（9.2節）。この運動と経験は全国に波及し、水産庁も1990年代初めから「森・川・海はひとつ」キャンペーンを始め、各自治体でもプロジェクトが立ち上がっている。

9.1. 森里海連環学の提唱

田中克氏は、日本において森－川－海のつながりを断ってきたのは、川の流域や河口域に集中した人びとの生活や生産活動ではないか、であるなら、流域や河口域の人びとも含めた生態系を広義の意味で「里」と捉えようと発想した。そしてこのつながりは、川上から海への一方向だけではなく、先述の遡河回遊魚の例のように海から遡上する方向もあることから、双方向の「連環」と捉えるべきだ、と結論づけた。

以上の洞察を踏まえた田中克氏は、生態系と人びとの活動との相互関係が織りなす森－里－海の連環を、自然科学系だけでなく人文社会科学系も含めて分野横断的、学際的に明らかにし、その再生の道筋を考えようとする「森里海連環学」を提唱、同時に、同理念に基づく「京都大学フィールド科学教育研究センター」の2003年立ち上げに尽力した［田中克 2008］。

田中克氏たち有明海研究グループの1993年からの定宿が、福岡県柳川市にある「宰府屋」旅館である。経営者の内山耕蔵氏と夫人で女将である内山里海氏は、田中克氏の提唱する「森里海連環学」に魅せられた。そして、2007年の定年退職後も有明海再生に向けた活動を続ける田中克氏の呼びかけを受けて、宰府屋旅館常連の研究者ら6名から成る任意団体「メカジャ倶楽部」（メカジャ＝女冠者は、砂泥質干潟に生息する有明海準特産種である腕足類ミドリシャミセンガイの現地名。有明海産が珍味で有名だが現地では絶滅が危惧されている）を内山耕蔵氏が立ち上げ、2010年10月に柳川市で第1回「有明海再生シンポジウム」を開いた。

このシンポジウムで田中克氏は、諫早湾干拓をめぐり農業者と漁業者の対立する構図が作り上げられてしまった不幸な現状（4.6節）に対して、「農業と漁業はともに森に涵養された栄養豊かな水に共通の基盤があり、本来は相互に連携、補完する必然がある」として、「森里海連環」の理念に立ち返ることを訴えた。田中克氏に続き、フルボ酸鉄の干潟再生能力を研究中の長沼毅（ながぬまたけし）・広島大学准教授（当時）、宮城県気仙沼の牡蠣養殖漁業家で2009年に設立された特定非営利活動法人「森は海の恋人」理事長である畠山重篤氏の講演、そして、p.126で紹介した佐賀県藤津郡太良町大浦地区のアサリ養殖漁業家で元タイラギ漁師の平方宣清氏や、筆者・中尾なども加わった意見交換がおこなわれ、今後もこのシンポジウムを継続していくことが合意された。ここに漁師、市民、研究者たちの連携が実現したのである。

この第1回シンポジウムが縁で、2011年4月に平方氏のアサリ養殖場でキレートマリン（次節）を使った干潟再生実験が始まった。これには、田中克氏を代表とする研究プロジェクト「瀕死の海、有明海の再生：森里海連環の視点と統合学による提言」に対し三井物産環境基金から2011年4月〜2014年3月に受けた研究助成金が充てられた。その後も毎年4月の大潮時には、生息調査を兼ねて市民も参加する「太良町アサリ収獲祭」が継続されている。

こうした活動の過程で、内山耕蔵、里海、田中克の各氏と宰府屋旅館に集う人たちの協力で、「メカジャ倶楽部」を母体とする特定非営利活動法人「SPERA森里海・時代を拓く」が2013年3月に立ち上がった。SPERAとはラテン語で「希望や信頼」の意で、本書では以後この法人を、SPERAと略称する。自然と自然、自然と人、人と人とのつながりを再生する新たな価値観を生み出す「森里海連環学」を多くの人びとに広め、より持続的な循環型社会を築く基盤を生み出すこと、がその目的である。同法人の理事長には内山里海氏が、理事長代行には田中克氏が、それぞれ就任した。

「有明海再生シンポジウム」は、2010年以降も毎年、大分県日田市、福岡市、久留米市、みやま市、大木町、熊本県荒尾市など、有明海周辺の九州北部各地で開催されている。2013年以降はSPERAがその主催者となり、有明海の再生には「森里海連環」が必要だという理念の普及などに努めている。

環境省も、2010年に名古屋で開催のCOP−CBD10（Convention on Biological Diversity：生物多様性条約・第10回締約国会議）で「里山イニシアティブ」の採択を主導し、2014年12月「つなげよう、支えよう森里川海」プロジェクトチームを立ち上げ、国民的運動にしようと官民一体型のキャンペーンを展開し、いくつかの実証地域を公募して支援する取り組みを始めている。このように、水のつながりに着目して、日々の暮らし方を変えることから社会変革を考えようとする動きが、広まりつつある。

9.2. 鉄がつなぐ森と海

森林の土壌の最上層には、腐植（ふしょく）物質が重なった「堆積腐植層」が見られる（p.232上の図）。腐植とは、動植物遺体が土壌微生物に分解された暗褐色の物質を指す。腐植物質のうち、どのpH域でも可溶な物質群はフルボ酸（fulvic acid、フルビ酸、フルビック酸とも）と総称され、その分子の立体構造に（ただし、その個々のフルボ酸の分子構造を決定するのは極めて難しいという）、腐植土からしみだす水分に含まれる鉄イオンが挟み込まれて、「フルボ酸鉄」となる。

化学の分野では、1920年代以降、フルボ酸のように分子の立体構造に隙間を持ち、カニのハサミのようにそこに金属イオンを挟み込むような化合物全般を「キレート剤」（英語でchelateとは、カニのハサミを意味するギリシア語chele由来）、それが金属イオンを挟み込んで封鎖した化合物を「キレート錯体」と呼んできた。各種キレート剤は、それぞれ特定の金属イオン（群）を封鎖する働きがあるので、硬水中の金属イオンを封鎖して界面活性剤の洗浄力を保つ洗剤、血液中の過剰な鉄や有害金属を封鎖して体外への排出を助ける「キレーション療法」、鉱石中の目的とする金属と結合したものを泡として浮上させる「浮遊選鉱法」など、幅広く使われてきた歴史がある。

フルボ酸鉄もまたキレート錯体であり、鉄イオンは封鎖されて安定なため、酸化沈殿せずにイオン状態のまま川を下って海へ運ばれる。そこで、藻類や植物プランクトンは、光合成や呼吸に深く関わる必須金属である鉄を取り込むことができるので活性化し、腐植土などから供給されて海水中に存在する窒素やリンを栄養源として増殖する。その結果、それを食料とする動物プランクトン、そして魚介類も増える。かくて、森の腐植土は海の魚介類を豊かにする。ただし、針葉樹林より落葉広葉樹林の方が落葉量が多く、微生物に分解されにくいリグニンがやや少ないので、腐植物質がより多く形成されるという［岡田ほか 2010］。

このメカニズムを、1980年代後半より海洋化学の実験で明らかにしてきた松永勝彦・北海道大学教授（現・四日市大学特任教授）から聞いた話［松永 1993］と、自らの経験とを重ね合わせて、「森は海の恋人」運動を広めたのが、宮城県気仙沼の牡蠣養殖漁業家、畠山重篤氏である。有名なこの標語は、気仙沼在住の歌人・熊谷龍子氏が畠山氏の活動に触発されて作った短歌の一節から畠山氏が命名した［畠山 1994：137、164］。この運動は、小中高校の教科書でも取り上げられ、また田中克氏が「森里海連環学」の概念を提唱するきっかけのひとつともなったように、全国に広まっていった。

この運動のさらなる展開を目指して、畠山重篤氏を代表とする特定非営利活動法人「森は海の恋人」が2009年に設立され、次世代を担う子どもたちに向けての環境教育を主軸に、森づくり（1989年から毎年6月第1日曜日に開催されてきた「森は海の恋人植樹祭」などの活動、10.3節も参照）、自然環境保全の3分野の事業を展開している。

その後の3.11は、漁場に大打撃を与えたが、2か月後から田中克氏が全国の研究者に呼びかけて開始した震災復興「気仙沼舞根（もうね）湾調査」によって、海中の植物プランクトンは大津波以前に増して豊富なことが明らかとなった（コラム「気仙沼舞根湾湿地保全 ― ニホンウナギは私たちの未来を映し出す鏡」）。川から贈られる森の恵みは、海の復活を力強く後押ししているのである。

鉄と海の結びつきへの関心は、米国でも1980年代後半に高まった。米国の海洋学者John H. Martin博士は、その増殖に必要な養分が多いにもかかわらず植物プランクトンの発生量が少ない海域（High Nutrient Low Chlorophyll：高栄養素−低葉緑素、HNLC海域と呼ぶ）があるのは、鉄濃度が低いためではないか、さらに、大気を経由して海洋へ供給される鉄の量によって大気中の二酸化炭素濃度が変動し、氷期−間氷期のサイクルにも影響しているのではないか、という「鉄仮説」を提唱した。

そして、1993〜2004年、三大HNLC海域（東部太平洋赤道域、南極海、北太平洋亜寒帯域）において実施されてきた、水溶性の硫酸鉄を海水に溶かして撒く大規模な鉄散布（撒布とも）実験によって、植物プランクトンの増加など一定の実証成果が得られてきた。最後の海域での実験は日本人

配位結合：片方の原子（ここでは窒素原子）が電子対を供給し、それを共有することで金属イオン（ここでは銅の2価の陽イオンCu^{2+}）と結合する。
矢印は電子対を供給する方向を表す。

共有結合：原子間で不対電子を出し合って電子対を作り、それを共有することで結合する。

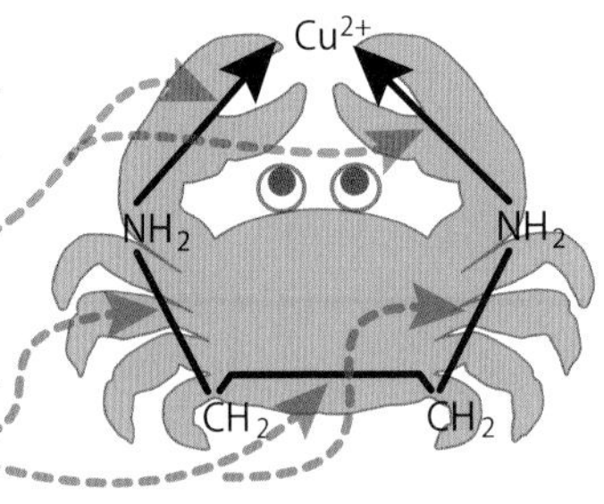

キレート錯体のうち構造が簡単な例、エチレンジアミン銅。エチレンジアミン$(CH_2)_2(NH_2)_2$が、2つの配位座（配位結合できる部分）で銅の2価陽イオン（Cu^{2+}）を挟み込む姿が、カニがハサミで挟んでいる様に似る。配位座が3つ以上ある化合物もキレート剤と呼ばれる。

研究者が中心となった［内藤 2022］。

その後も、未解明の問題解決のための実験が継続されていて、近年は、増加した植物プランクトンによる二酸化炭素吸収が、カーボンニュートラル（CN、註22）に寄与する可能性も指摘されている［武田重信 2006］。

これは、海草藻場（砂浜、干潟など）、海藻藻場（水深数十メートルの海岸岩礁など）、マングローブ林、塩性湿地（コラム「気仙沼舞根湾湿地保全 ― ニホンウナギは私たちの未来を映し出す鏡」）などの海洋生態系が、炭素を吸収・隔離・貯留するという、最近注目の「ブルーカーボン」論にもつながる。なお、ブルーカーボンとは、陸上の生態系で吸収・隔離・貯留される炭素をグリーンカーボンと呼ぶのに対応する用語として、2009年に国連環境計画（UNEP）が提唱したものである。

これらの先行研究を踏まえた長沼毅・広島大学大学院教授の研究成果を技術移転して開発、市販されているのがキレートマリンである。

直径5〜18cm、高さ3〜12cmの黒いペレットで、竹炭粉、鉄粉、高炭素セラミックス、ケイ酸鉄、キレート剤であるクエン酸などが入っており、水に投下するとキレート錯体化したクエン酸鉄が溶け出す。つまり、キレートマリンは森の腐植土と同様の働きをする。クエン酸鉄を吸収して活性化した植物プランクトンは、ヘドロの成分である窒素やリンを栄養源にして大繁殖するので、ヘドロが分解されて水の浄化が進み、河川や海洋の生態系を画期的に改善するとされる。

2008年以降、広島県をはじめとして日本各地の河川、湖沼、海岸で実証実験が始まった。有明海でも2011年以来、佐賀県藤津郡太良町大浦地区にある平方宣清氏のアサリ養殖場（p.126）の干潟を再生し、アサリなど底生生物を増やす実験が進む。なお、キレートマリンは、2016年度環境省環境技術実証事業において、優れた環境改良材であるとの評価を受け、今後広く活用されることが期待されている。

9.3. SPERA森里海
―― 時代を拓く

9.1節で紹介したほかにも、SPERAは縁の下の力持ちとして有明海における数々の活動を支えてきた。先述のとおり、田中克氏を代表者として三井物産環境基金から2011年4月〜2014年3月の研究助成を受けて進めた干潟再生実験も、「メカジャ倶楽部」及び後身のSPERAが支援している。

続いて2014年10月〜2017年9月に三井物産環境基金から「有明海干潟再生の根幹：市民－高校－大学の輪作り」のテーマで活動助成を受けた際は、SPERAが代表となった。

また、2013~2014年度には、柳川市が公募する「市民協働のまちづくり事業」に、SPERAが代表の「森と里と海のつながりの環境教育：鰻と子供たちの故郷づくり」事業が採択された。その助成金、及び、首都圏を中心に食と消費のあり方から地域社会の連帯と協同で資源問題の解決に取り組んでいる「パルシステム生活協同組合連合会」の支援を得て、柳川の掘割全域を環境再生区とする目標のもと、九州大学の望岡典隆氏の協力も得て、掘割に石倉かご2基を設置し生物モニタリング調査を始めた（次節）。

この調査には、望岡典隆氏のシラスウナギ研究を支援する形で福岡県立伝習館高等学校自然科学部生物部門が加わり、2014年12月に望岡氏を申請人として福岡県から特別採捕許可を得て、生物部門員がシラスウナギ採捕者として登録された。そして生物部門員と木庭慎治（こばしんじ）・同部顧問たちは、矢部川（河川図⑥）で特別採捕したシラスウナギを部室で飼育し、成長した稚魚クロコに標識をつけて石倉かご周辺に放流し、それとは別に再捕獲する、という、ウナギの成育調査を始めた（9.5節）。これは、市民や子どもたちもウナギ稚魚の放流などをおこなう、市民参加型の調査である。

さらに、SPERAを代表者として、三井物産環境基金から2017年10月〜2020年9月「水辺で遊ぶ子供達と共生する水郷柳川の『うなぎの郷』づくり」のテーマで活動助成を受けた。ちょうど生物部門が2018年「第20回日本水大賞」で文部科学大臣賞を受賞したことを追い風に、SPERAは、この活動助成金を基に2018年6月に柳川の掘割でのニホンウナギ復活を目指す「柳川掘割ウナギ円卓会議」を立ち上げた。

かつては、有明海から沖端川に進入したシラスウナギが柳川掘割でも見られ、現在でも二丁井樋(にちょういび)、ちょうど「やながわ有明海水族館」(註21)の前の船溜りまで来遊していることは確認されている。二丁井樋は、柳川城下町を巡る網状の掘割の出口を一か所に集約して、掘割網を巡った水を沖端川へと排水する樋門である(p.57の空中写真参照)。二丁井樋に取り付けられていた木製の弁は自動的に開閉する構造であり、満潮時には弁が閉じて海水が掘割に入るのを堰き止め、干潮時には弁が沖端川の方に開いて掘割の水を海側に排水していた。かつてシラスウナギは、この木製弁の隙間から掘割網に遡上していたと考えられる(下左の図)。

しかし、およそ30年前に二丁井樋が改修されて以降、柳川掘割ではシラスウナギをめったに見なくなった。樋門がコンクリートと鉄板に置換されて隙間がほとんどなくなった結果、沖端川から掘割網への遡上が難しくなったのではないか、と生物部門では推測している。

そこで「柳川掘割ウナギ円卓会議」では、すぐそばまで来遊しているシラスウナギを掘割へと誘導する魚道の設置が提案された。これを受けて生物部門は、九州大学の望岡研究室との共同研究に基づき、塩ビ製雨樋の内側に接着剤シリコンシーラントで突起を多数貼り付けた簡易魚道を試作し、2019年4〜6月に二丁井樋に仮設した。この短期間の実験では残念ながらシラスウナギの登攀は確認できなかったが、今後も実験を続け、魚道を通じて確かにシラスウナギが掘割に進入する事実を確認することで、市民と行政に恒久的な魚道の必要性への理解を促そうと考えているのである。

また、9.6節で紹介するように、この三井物産環境基金活動助成によって、バイオロギングによる掘割でのウナギの行動把握の取り組みも始めた。この助成期間終了後の2020年9月には、柳川の掘割にニホンウナギを復活させる取り組みを発展させるために、その生態や行動がまだ十分には解明されていない下りウナギ(銀ウナギ)を対象に、新たなバイオロギング調査が始まった。

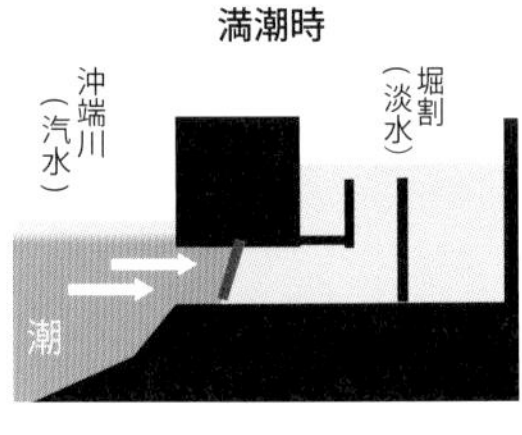

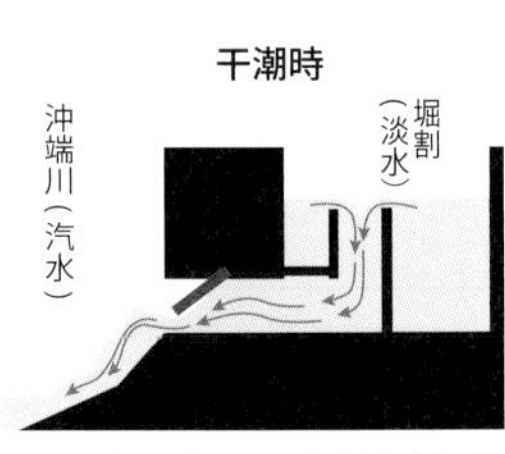

江戸時代に造られた柳川掘割の排水樋門のひとつ、二丁井樋の当初の構造。満潮時には赤色で示す木製の弁が潮に押されて自動的に閉じ、塩水が掘割に入るのを堰き止め、干潮時には弁が自動的に開いて掘割の水を排水する。『柳川堀割物語』(註9)を基に作成。

簡易魚道を設置する前に、二丁井樋に入って調査する。撮影:木庭慎治。2019年

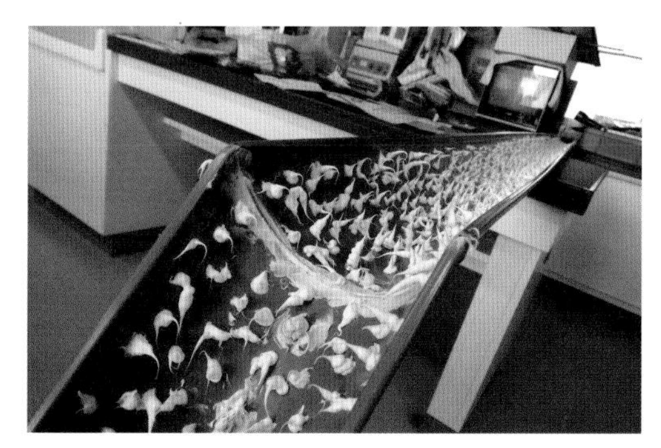

二丁井樋に仮設するため、伝習館高等学校自然科学部生物部門で試作中の簡易魚道。撮影：木庭慎治。2019年3月

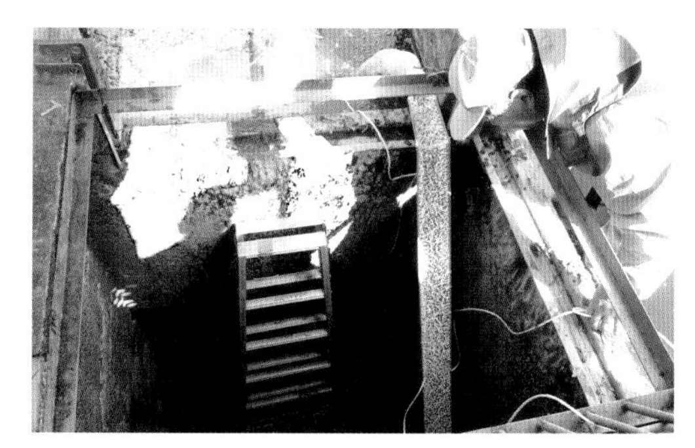

二丁井樋に簡易魚道を仮設。撮影：木庭慎治。2019年4月

仮設した簡易魚道にポンプとサイフォンを使って水を流し、シラスウナギが登りやすくする。撮影：木庭慎治。2019年5月

以上のように、田中克氏の理念を基に、有明海や柳川の掘割を再生するために進められてきたSPERAの諸活動は、研究者や市民、生徒、学生、漁業者、さらには行政をも幅広く巻き込んでいく点に大きな特徴がある。

9.4. 石倉かごによる成育環境モニタリング

石倉かごとは、竹材や鉄線で編んだ籠に石を詰めて護岸や斜面補強に使う伝統的な「蛇籠」と、浅い川に石を積み網などで取り囲んでウナギなどを捕る伝統漁法「石倉」（コラム「九州にある特殊なウナギ石倉」）とを組み合わせ、とくに汽水域において、人工護岸のために減少した生物の隠れ家や棲み処を提供するものである。これは、8.3節で示した環境省『ニホンウナギの生息地保全の考え方』の（b）隠れ場所など局所環境の改善、（c）モニタリングの必要性、を具体化する方法に相当し、この『考え方』が提示された2017年以前の2013年から既に実験が進められていたものである。

すなわち、川が本来の力を取り戻すまでの緊急避難的な取り組みとして、ニホンウナギに棲み処と餌生物を提供し成育に寄与すること、汽水域のニホンウナギの保全策立案の基礎情報をモニタリング調査で得ること、さらに、流域住民や子どもたちが川への関心を高める環境教育の場を提供すること、を目的とする活動である。

全国内水面漁業協同組合連合会の大越徹夫・専務理事（2014年当時）によれば、丈夫で汽水域の塩分にも強くカワウの嘴が入らない程度の網目（註20）のポリエステル製ネットと金属枠で蛇籠を作り、水害が予想される際には、河川管理者からの求めに応じて、いつでもユンボで撤去できるものを同連合会が中心となって設計し、鹿児島県庁や県内の内水面漁業協同組合連合会、養鰻業者、生活協同組合などが加わる鹿児島県ウナギ資源増殖対策協議会が、まず2013年8月に鹿児島県枕崎市の花渡川に設置してモニタリング

蛇籠の例。撮影：久保正敏。兵庫県宝塚市、2021年

をおこなった。その結果、さまざまな発育段階のウナギが利用することが確認されたのを受けて大越氏が水産庁に提言し、2013年10月、同庁が推進中の「水産多面的機能発揮対策事業」のメニューのひとつに石倉かごを使ったウナギの保全活動が採用された。

そこで石倉かごの全国統一規格が設けられ、各都道府県の内水面漁業協同組合を中心に設置を推進している。河川に設置した構造物がニホンウナギ生残率にどのように寄与するかを検証、修正しながら実施するもので、鹿児島県、高知県、宮崎県、静岡県などでも広がりつつあるが、河川管理者が流域の変化による水害を危惧して設置を許可しない場合も多い。

事実、大規模な石倉かごによって、通気効果が弱まり土砂が溜まりやすく嫌気化するおそれがある。石倉漁で使う程度の大きさのものを多数設置するのが効果的だろう、と当初から設計やモニ

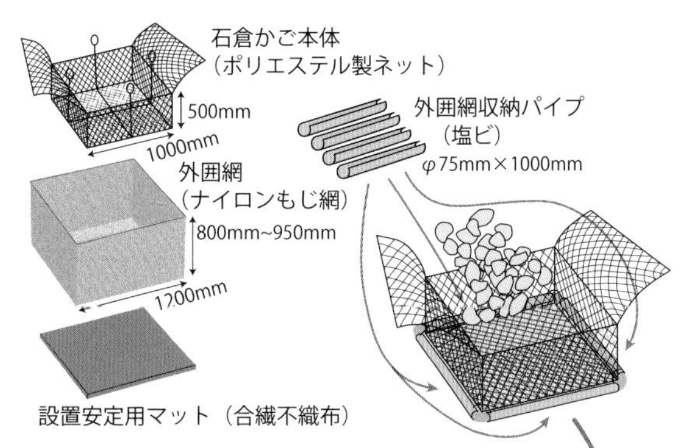

石倉かごの基本構造。生物モニタリング調査用の石倉かごでは、かごを水から引き揚げる際に生物を逃がさないための外囲網を用意する。鹿島建設の関連サイトに掲載の図などから作成。

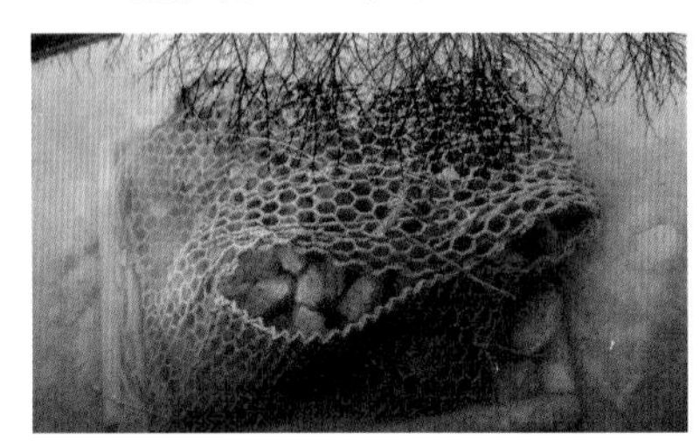

以前、掘割に沈めておいた石倉かご。この頁と次頁の下部の連続写真は、2017年12月23日におこなわれた生物モニタリング調査の様子。

① まず、中の生き物を逃がさないように、収納パイプに畳み込まれている外囲網「もじ網」を引き出して、石倉かごの周囲を覆う。

② 石倉かごを引き揚げるために、100個近い石を取り出す。

③ 石を取り出しているのは、左から田中克、木庭慎治、望岡典隆の各氏。

④ 目の粗いポリエステル製ネットを引き揚げる。中の生き物を逃がさないように、目の細かい「もじ網」も一緒に持ち上げる。

タリング調査に参画する望岡典隆氏は語る。

他方、この取り組みがニホンウナギの資源量の増加に寄与するかは科学的見地からは不明だ、と石倉かご設置の大規模な推進を疑問視する意見もある［海部 2019：63－69］。

しかし望岡氏によれば、はるか外洋で産卵する彼らのライフサイクル総体をモニタするのはほとんど不可能だから、石倉かご設置だけでなく下りウナギ採捕制限や再放流など、さまざまな資源量増殖事業の効果を科学的に解明すること自体が、極めて難しい。しかし今までの実験とモニタリングを通じ、少なくとも石倉かごがニホンウナギの餌となるエビ類やハゼ類の隠れ場所を提供していることは明らかになったという。

石倉かごで生物モニタリング調査をおこなうには、台になる枠と設置安定用マットの上に目の細かい「もじ網」を敷き、その上に不織布製マットを置いて目の粗いポリエステル製ネットをのせ、100個近い石を入れる。もじ網は丸めて畳み、四辺の塩ビ製パイプに収納しておく。引き揚げる際は、もじ網を広げてネットの周囲を囲んでから石を取り出し、もじ網とネットを一緒に引き揚げ、もじ網の中の生物を観察、計測する。

また、石倉かごの応用として、落差のある堰の脇に、柱状に加工した「石倉かご魚道」や階段状の蛇籠を立てかける「組立式蛇籠魚道」など簡便な魚道設置の手法も試されていて、これは環境省の『考え方』(a)に相当する。

次節で示すように、福岡県立伝習館高等学校自然科学部生物部門も、2015年から田中克氏、望岡氏や市民、生徒、学生を巻き込んだ活動に参加し、柳川の掘割で、石倉かご生物モニタリング調査を進めている。

⑤ ネットを脇によけてから、「もじ網」を引き揚げる。

⑥ 中に何が入っているか皆が覗き込む。

⑦「もじ網」には、伝習館高等学校が以前放流した黄ウナギが5〜6匹入っていた。後でイラストマー標識を施してから再放流する。

⑧ 2017年1〜6月に矢部川で特別採捕したシラスウナギを伝習館高等学校で飼育し、成長した稚魚に、放流前にワイヤータグを挿入しておく（次頁）。それらを放流する小学生。

9.5. 福岡県立伝習館高等学校 自然科学部生物部門の活動

2010年10月の第1回有明海再生シンポジウム(p.208)に参加した福岡県立八女(やめ)高等学校教諭の木庭慎治氏は、田中克氏や平方宣清氏の話などから、有明海の現状と干潟再生活動への関心を高めた。その後2013年春、柳川市にある福岡県立伝習館高等学校へ転勤したのを機にSPERAの内山理事長を訪ね、それ以来、干潟調査や、平方氏のアサリ養殖場でのキレートマリンを用いた干潟再生の調査などに参加するようになった。

その後、9.3節で紹介したように、柳川市「市民協働のまちづくり事業」にSPERAの提案した「森と里と海のつながりの環境教育：鰻と子供たちの故郷づくり」プロジェクトが採択されたのを機に、自身が顧問を務める伝習館高等学校の自然科学部生物部門（それ以前から干潟再生実験に参加していた）の生徒たちを、前節で紹介した、石倉かごの設置と生物モニタリング調査活動に巻き込んだ。

そして、2015年4月から、特別採捕したシラスウナギをしばらく生物部門で飼育し、クロコから黄ウナギに成長した個体に麻酔をかけて、ワイヤータグまたはイラストマー標識を施し、掘割に放流する活動を始めた。放流直後の個体を捕獲しないように、石倉かごを使った生物モニタリン

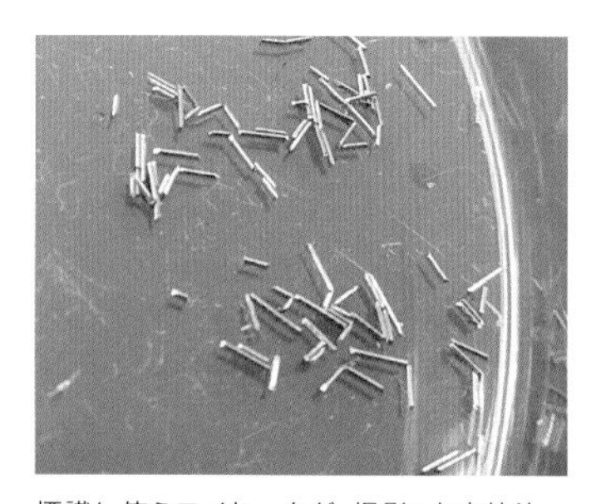
標識に使うワイヤータグ。撮影：木庭慎治。2018年

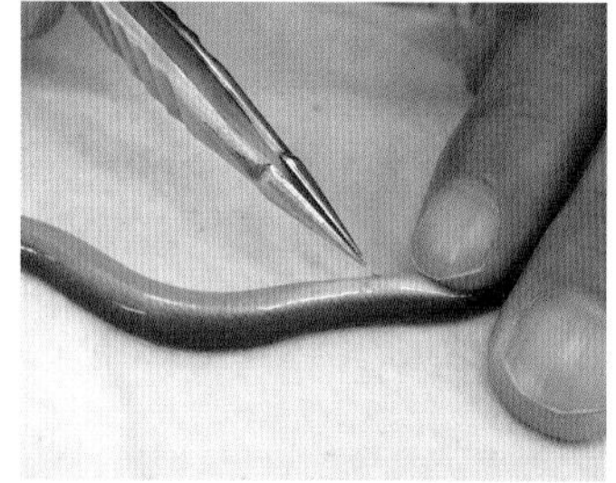
肛門の1cmほど頭側に空けた小さな穴にワイヤータグを挿入する。撮影：木庭慎治。2018年

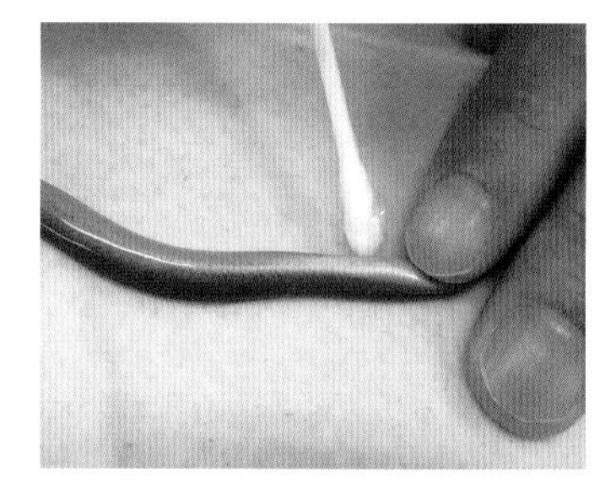
最後に、綿棒につけた抗生物質入りの傷薬を塗って終了。撮影：木庭慎治。2018年

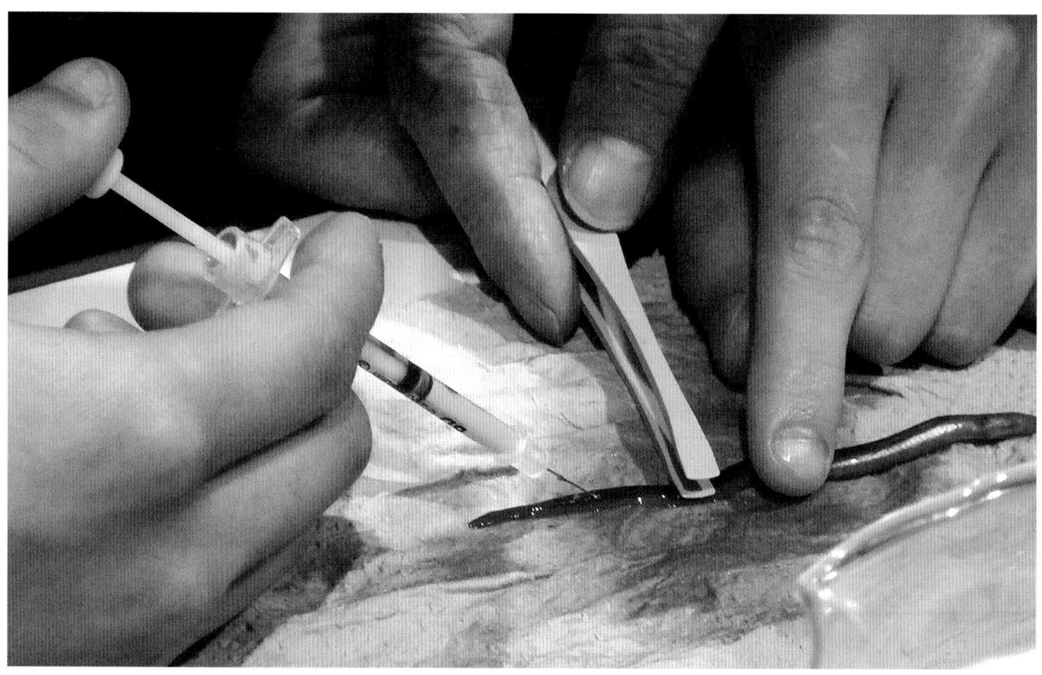
イラストマー標識。蛍光性の黄色シリコン樹脂を表皮と筋肉の間に注入する。撮影：木庭慎治。2018年

グ調査は、放流の直前におこなう。

ワイヤータグは、成長した個体に施す標識で、肛門から1cmほど頭側に小さな穴を空けて太さ0.2mm、長さ2mmほどの金属製ワイヤータグを腹腔内に埋め込んでから放流する。10.4節で触れるように、欧州での研究によると、飼育期間の短い稚魚の方が、放流した環境に適応しやすいとされるので、世界最小レベル、体長70mmの稚魚を放流する。後の採捕時に金属探知機に反応すれば、過去に放流した個体だとわかる。それら再捕獲された個体にのみ、生物に悪影響を及ぼさない医療用の蛍光性黄色シリコン樹脂を表皮と筋肉の間に注入する「イラストマー標識」を施す。これは、専用ライトを使えばより鮮明に目視できる標識なので、その後の個体識別に役立つ。蛍光樹脂の表皮下への注入は、小学校高学年以上であれば十分可能な作業なので、この体験を通じてウナギや生物、生態系への子どもたちの意識は高まるだろう。

生物部門の生徒たちは、最初の2年間のモニタリングと放流活動をまとめて、2017年3月に「日本水産学会春季大会 高校生による研究発表」で発表した。生物部門は、同年12月にもモニタリングをおこない、前年より良い採捕結果を得たので、翌2018年3月にも前年同様に「高校生による研究発表」の部で「柳川の掘割をニホンウナギのサンクチュアリにする研究」と題して発表し、奨励賞を受賞した。また、国土交通省主催の2018年「第20回日本水大賞」では、「森里海の繋がりから見えてきたニホンウナギと私たちの未来 — 特別採捕・飼育・放流から」の活動に対して文部科学大臣賞を受賞した。

生物部門はその後もシラスウナギの採捕、飼育、タグ挿入と放流、再捕獲とイラストマー標識、モニタリングの活動を続けている。2021年8月までの活動で、累計8,500尾を放流し、石倉かごで再捕獲したウナギの累計は74尾になる。モニタリングの結果を見ると、2019年から生物種の数が減少し、とくにタナゴ類は2018年以来激減、2020年はゼロとなった。掘割の生物多様性の減少が気がかりだ、と生物部門では話している。

2020年からは、矢部川水系の飯江川（はえがわ）でもサンクチュアリ作りを始めていて、2020年に611尾、2021年に656尾のシラスウナギを放流し、飯江川の「舞鶴ふれあい公園」近くに石倉かごを設置した。2021年4月には6尾を再捕獲できたが、体長20cmに成長した個体も見つかり、飯江川は栄養が豊かだと推測される一方で、生物種数が4種と極めて少なく、これは、飯江川に数多く造られている可動堰の影響か、と生物部門は考えている。

また、2021年4月、「山川ほたる保存会」の人びとと飯江川の植樹祭にも参加した。「ウナギとホタルを人が繋ぐ広葉樹植樹祭」と同部門は名付けているが、それは次のような活動を通じ、森林の腐植層（9.2節）中の細菌類と、自然の水系で起こる有機物の分解で生じたアンモニア濃度が低下するメカニズムとの関係を考えようとしているからである。

それまで生物部門が飼育してきたウナギ稚魚の死亡率は約40%と高かったが、2018年に飼育水槽にクスノキ落葉を入れたところ、稚魚が感染症にかからなくなり、初期死亡率が劇的に改善された。現在は水槽の水替えが不要となっているほどである。そして、曝気（ばっき）（エアーレーション）した水槽に落葉を入れると、1時間後にアンモニア濃度は急激に低下するが、硝化作用で生じるはずの硝酸塩は検出されないことを発見した（アンモニアは、亜硝酸菌により酸化されて亜硝酸に、次いで硝酸菌により酸化されて硝酸に変化する。これらの反応を硝化作用、関与する細菌を硝化菌と総称する）。つまり、急激なアンモニア濃度の低下は、硝化作用によるわけではなかったのだ。

そこで生物部門は、様々な実験と成分分析を重ねた結果、クスノキ落葉に付着した細菌類がウナギ水槽のアンモニアを直接取り込み、細菌内で窒素同化と好気呼吸をおこなった結果、細菌類が活性化し、窒素同化で生成したアミノ酸を使って増殖したのだろう、と考えている。

これは、落葉を入れない水槽でも、空気中のチリに付着した硝酸菌によって1週間後には硝化作用がおこってアンモニア濃度が少しずつ下がり、硝酸塩が生じること、それを栄養源として植物性プランクトンが増殖することを確認したからである。つまり、硝化作用が進行しアンモニア濃度が低下するには時間がかかるが、落葉を入れると数時間でアンモニア濃度が急減するという事実からも、以上の解釈が支持される。この数日間の高アンモニア濃度の水環境がウナギの運命を左右するのであろう。

また、曝気したクスノキ落葉入り水槽では、ミズカビ病にかかったウナギも完治することを実験で確認した。これは、クスノキが持つショウノウ成分に関係あるのでは、と考えている。

このようにクスノキ落葉に代表される自然環境においては、曝気することで活性化されるさまざまな細菌の代謝や防カビ成分などが作用することで、水替えをしなくても、ウナギの感染症が予防され、水槽のにおいや汚れも抑制されるような水環境が、持続的に維持されるのであろう。この仕組みを解明し、自然環境の水系における、持続可能な水環境の創出に応用したいと考えている。

引き続き現在でも、柳川養鰻組合において、落葉の効果を調べてもらっているが、水替えの頻度が減り、燃料代も減少、ウナギが元気に成長するようになったそうだ。

このように生物部門は、森里海の連環を科学的にも検証するべく、活動の幅を広げている。

9.6. バイオロギング・バイオテレメトリーの活動

前節で紹介した、ワイヤータグあるいはイラストマー標識による調査は、それらを施して放流した後に再度、採捕された稚魚だけを対象とする調査なので、各個体のその間の行動全体を把握することはできない。それに対し、長期間にわたって、高精度で各個体の行動やその範囲を観察する方法が、「バイオロギング」である。

1960年代に、データロガー（data logger：センサーで計測、収集したデータを保存する装置）を南極のアザラシに取り付けて潜水の時間と距離を測定した実験を嚆矢とし、1990年代以降、データロガーや各種発信機などの小型化、センサーの多項目化、記憶容量や通信容量の増大などの高性能化が進んだことを受けて、2000年代初め頃から、データロガーや発信機を生物に装着してその行動を把握する手法を和製英語「バイオロギング」と呼ぶようになり、今では専門用語として国際的に定着している。

その手法のひとつ「バイオテレメトリー（bio-telemetry：生物遠隔測定法）」は、陸域生物には電波発信機を、水圏生物には超音波発信機を、それぞれ装着し、信号を受信機で補足して個々の生物IDと時刻を記録し行動情報を得るものである。小型データロガーが高価なのに対し、比較的安価な小型発信器を使うバイオテレメトリーは導入しやすいが、当然、信号を受信できる範囲は、受信機の設置場所や数に依存し、受信範囲に生物がいないと情報が得られない。

柳川市「市民協働のまちづくり事業」の一環として、SPERAを代表とする「鰻と子供たちの故郷づくり」を進めているチームでも、放流したニホンウナギの掘割の中での動きや生態をより正確に把握するため、2018年秋から超音波発信機を使ったバイオテレメトリーに取り組み始めた。田中克氏の紹介で、京都大学の三田村啓理（ひろみち）・准教授（当時）のチームが指導にあたり、伝習館高等学校の生物部門も参加している。

2018年10月に、下筑後川漁業協同組合の塚本辰巳氏の協力により、筑後川で採捕された天然ウナギ9匹に麻酔をかけ、直径約8mm、長さ約25mmの筒形超音波発信機を埋め込み掘割に放流し、定期観測用の受信機を掘割の10か所に

麻酔をかけたウナギに、筒形超音波発信機を埋め込み、縫合する。
撮影：田中克。2018年

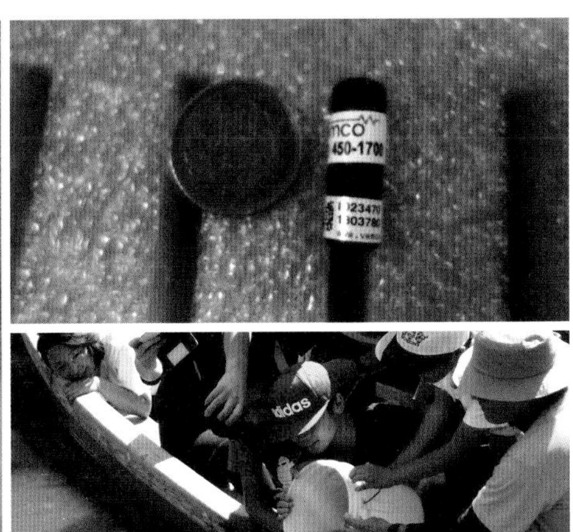

上：筒形超音波発信機。撮影：木庭慎治。2018年
下：市民や子どもたちも参加して、川下り船から筒形超音波発信機を埋め込んだウナギを掘割に放つ。撮影：田中克。2019年

上：定期観測用の受信機をくくりつけた竹竿に目印を付けて、掘割に立てる。
撮影：田中克。2018年
下：川下り船で生態調査中をアピールする。
撮影：田中克。2018年

上：川下りコースに設置した受信機を引き上げる。撮影：内山里海。2018年
下：受信機からデータをパソコンに移して解析する。撮影：内山里海。2018年

設置した。ウナギの放流や受信機の回収活動には、生徒、学生を含む地元市民や観光客にも参加を促し、たとえば携帯用の受信機を持って小型カヤックで掘割を巡れば、誰もが掘割のウナギ調査の主役になれる。

こうした「市民参加型調査」によって市民を巻き込むこともこの活動の目的のひとつである。このような活動を通じて、市民とウナギの距離が一気に近くなることが期待できるとともに、掘割で調査船とすれ違う掘割船下りの観光客にも、柳川掘割の意義をアピールできるであろう。このプロジェクトは、発信機の電池の寿命約2年に合わせて当面2020年まで2年間活動し、その成果をもとに新たな展開が計画されている。

コラム

気仙沼舞根(もうね)湾湿地保全
—— ニホンウナギは私たちの未来を映し出す鏡

田中 克　京都大学名誉教授

2011年3月11日、宮城県沖に震源地を持つ未曾有の巨大な地震とそれに伴う想像を絶する巨大な津波が東北太平洋沿岸域を襲い、多くの人命を奪い、今なお2,500名前後の皆さんが行方不明という事態が続いている。加えて、東京電力福島第一原子力発電所が崩壊するという最悪の事態を招いた。私たちは、圧倒的な自然の力を思い知らされ、自然への畏敬の念を取り戻す必要性を痛感し、目先の経済成長と暮らしの利便性を最優先させてきた物質文明の終焉を知り、近代的な技術で自然を制御できるというおごりを戒めることを肝に命じた。

震災から10年余が経過した今、震災復興はどのように進んだのか。古くより繰り返し津波の被災を受けても、なお海辺で海とともに生きようとする地域住民は、震災復興の今をどのように見つめているだろうか。

小川の両岸に張り巡らされたコンクリートの三面張りの壁。ウナギが生息できない水路への改変が宮城県下では進んだ。撮影：横山勝英。2016年3月

多くの議論を呼びながら、三陸の海辺には、海の未来と地域社会に深刻な影響を与えかねない、10mを超えるコンクリートの巨大な壁（防潮堤）が張り巡らされ、宮城県下では小川の両岸にも高いコンクリートの三面張り（p.176の図）の壁が張り巡らされ、海辺や川辺の生態系は極めて深刻な事態に至っている。

そのような不幸な事態が進行するなか、「森は海の恋人」運動発祥の地である宮城県気仙沼舞根(けせんぬまもうね)湾では、震災復興理念としての「森は海の恋人」とそれを支える「森里海連環学」の協働が進み、2011年5月に、巨大な地震と津波が沿岸生態系に及ぼした影響と回復の過程を調べ、地域社会の再生に貢献しうる、震災復興「気仙沼舞根湾調査」がスタートした。

この環境と生物に関する総合調査には、北海道から九州に至る全国の多様な分野のボランティア研究者が舞根湾に集い、隔月ながら10年間、通算60回の調査を達成することができ

巨大なコンクリート防潮堤が設置されなかった舞根湾の全景。地区の住民の多くは高台から海を見渡しながら、海とともに暮らす。
ドローン撮影：畠山信。2018年

た。震災直後の5月から7月にかけての調査で、海の中には生き物が短い時間で蘇ってくることが確認され、地域住民は「これなら、カキの養殖もすぐに再開できる。皆で高台に移住して、もう一度海とともに生きよう」との意見をまとめ、気仙沼市役所に「住民は高台に移るので、ここには海が見えなくなる巨大な防潮堤は要らない」との要望書を提出した。住民の一致した要望書であり、防潮堤計画が表面化する前の早期の要望であったため、宮城県下では唯一、防潮堤計画が白紙撤回される事例となった。

三陸沿岸域は日本を代表するリアス式海岸として知られ、各地には大小の入江が存在する。大規模な湾入部には大きな町が形成されているが、数多くの小さな入江には世帯数30〜50ほどの小集落が形成されている。それらの入江の奥部にはわずかな平地が存在し、そのような限られた場所は、埋め立てや整地により、暮らしの場（宅地や農地）として利用されてきた。巨大な津波はそれらの場所を壊滅させたが、同時に各地に70〜80年前の原風景だとも呼べる「塩性湿地」を蘇らせた。そうした、生態学的にエコトーンと呼ばれる、隣接する生態系を繋ぐうえでなくてはならない移行帯が、三陸沿岸各地に蘇った。

しかし、現在の災害復旧事業の補助制度では、直近の元の形状や効用を保つように復旧する、「原形復旧」が原則なので、たちまち埋め戻され、ほんとんどの塩性湿地は再び消滅した。

そうしたなかで、森と海のつながりとそのはざまを重視する、気仙沼舞根湾調査グループや、NPO法人「森は海の恋人」とその代表の畠山重篤氏（有限会社水山（みずやま）養殖場経営）は、多くの地権者から土地の買い取りや保全の同意を得て、埋め戻されることを免れた。

森と海を繋ぐ、塩性湿地のような場所は、海と川を往復する多くの生き物や、それらを餌資源にする野鳥（魚食のサギ類、カワウ、カワセミ、ミサゴなどや、草食のカモ類など）にとっても大事な場所であり、生物多様性の保全に深く関わるサンクチュアリとして、調査研究が進められている。

この舞根湿地に隣接して流れる西舞根川には、震災後数年でニホンウナギが復活し、夜間にハゼやカニを捕

舞根湿地と西舞根川との接続部で、夜間にヌマチチブ（ハゼ科の両側回遊魚だが汽水域で良く見られる）を捕食したニホンウナギ。撮影：畠山信。2014年8月

舞根湿地と西舞根川を隔てるコンクリート人工護岸の撤去が実現した歴史的瞬間。撮影：田中克。2019年9月21日

食している映像などが得られている。塩性湿地は、こうしたニホンウナギの子どもたちが成育するうえでなくてはならない場所であることを実証することが、今後の重要な研究課題のひとつとして浮上している。

震災直後には70cmほどの地盤沈下により、西舞根川を通じて海水が湿地に流入して塩性湿地の環境が維持され、新たな生態系が形成されつつあった。この点で、環境省から「生物多様性の観点から重要度の高い湿地（略称：重要湿地）」にも認定された。しかし、震災後も地殻の動きが続いて地盤が隆起に転じ、既に30cm以上も隆起している。このことによって、直径60cmほどの土管1本だけでの海水の出入りが、限定的になってしまい、底層の貧酸素化など湿地環境の悪化が進むおそれがある。このままでは、2034年頃には震災湿地は自然消滅する可能性がでてきた［橋本ほか 2016］。

そこで気仙沼市との間で、湿地と西舞根川を隔てるコンクリート護岸の一部、長さ10mを撤去して湿地環境の改善を図る協議が続けられてきた。気仙沼市が求める数々の条件をひとつひとつクリアーしながら、粘り強い交渉がNPO法人「森は海の恋人」副理事長の畠山信氏と気仙沼舞根湾調査の現場総括を担う横山勝英・東京都立大学教授により続けられた。

そのなかで気仙沼市が求めた重要な条件が、震災前にも舞根湾にニホンウナギが生息していた証拠の提出であった。幸い、毎年夏に京都大学の1年生が舞根湾を訪ねて「森は海の恋人」を学ぶフィールド実習が震災前からおこなわれ、その実習において採捕された証拠が見つかり、気仙沼市が求めるすべての条件をクリアーすることができた。そして、2019年9月21日、日本では初めて、老朽化などの問題がないにもかかわらずコンクリート人工護岸の撤去が実現した。

ニホンウナギをはじめ多様な生き物のサンクチュアリを保全する立役者をニホンウナギ自身が担ったことは、本種は多くの絶滅危惧種のなかのただの一種ではなく、自然とともに生きる人間社会の再生に深く関わる、言い換えれば、私たちが置かれている、このままでは絶滅しかねない生物種としてのヒトの行く末を映し出す鏡のような存在に違いない。ウナギに学び、ウナギとともに確かな未来を拓き、日本の水際再生モデルになればと願う。

第10章

資源回復を目指す取り組み

10.1. 三者協同による親ウナギ放流事業
—— 浜名湖

日比野 友亮
いのちのたび博物館（北九州市立自然史・歴史博物館）

8.1節で触れられているように、各地でニホンウナギの漁獲規制の動きが強まっている。とくに養鰻業を多く抱える宮崎、鹿児島、熊本、高知などの県では漁獲規制を実施し、10月から2月もしくは3月のウナギの全面禁漁をおこなっている。福岡県などでは銀ウナギの自主放流をおこなっている。これらの取り組みはウナギの資源保護を名目としておこなわれているものであるが、一方でシラスウナギの漁獲規制はいまだに実効性に乏しいことも、8.1節に触れられているとおりである。

ニホンウナギの漁法にはさまざまなものがあるが、秋季に、主に銀ウナギを漁獲の対象としておこなわれるウナギ掻きや、ウナギ石倉、定置網といった漁法は、このような漁獲規制の影響を強く受けてしまう。とくに「ウナギ石倉」漁（6.2節）は大変な重労働を伴うものだが、せっかく石倉を築いてもウナギが獲れる時期がたった1か月では、労働の対価があまりに低い。事実、高知県のいくつかの河川では、時期禁漁を理由に過去数年のうちにウナギ石倉漁が消滅している。

養殖ウナギを蒲焼にして食べることだけがうなぎ文化ではない。天然のウナギを捕り、売り、あるいは家庭で食べるという営みもまた、多様なウナギ文化の一部なのである。

さて、このような資源の保護と、漁業や天然ウナギ利用の持続的な維持に関して先進的な取り組みをおこなっているのが、浜名湖である。浜名湖はその周辺が養殖ウナギの一大生産地であるだけでなく、浜名湖自体が天然ウナギの漁場でもある。浜名湖では主に「延縄（はえなわ）」、「うなぎつぼ（竹筒のこと）」、「角建網（かくだてあみ）（小型の定置網のこと）」などの漁法で採捕しており、このうちの角建網は最も漁獲量が多いうえ、その漁期が秋に集中する。すなわち、秋雨前線や台風による出水でウナギが良く動くことで漁獲量が上昇し、このなかには銀ウナギがかなりの割合で含まれている。この漁獲を完全に禁じることは、漁業者の息の根を止めてしまうことになる。

そこで、浜名湖では、漁業者、卸売業者、養鰻業者の三者が一体となって「浜名湖発親うなぎ放流連絡会」を設立し、銀ウナギの買い上げ放流をおこなうことで、漁業の存続と資源保護の共存を図っている。2013年度から始まったこの活動では、具体的には、各事業者からの寄付金を元手にして、秋季の天然ウナギを買い上げる。このなかには放流に適さない通常のウナギも含まれるため、専門家の指導のもとで、このうちから、性成熟が進んで産卵回遊への準備が整った銀ウナギを選び出し、漁獲される心配のごく少ない遠州灘外海へ放流する。買い上げたすべての個体を放流するわけではないから、小売への流通、そして消費者へとつながる回路も残されている。2018年からはクラウドファンディングを併用することで、買い上げ可能な銀ウナギの個体数は増加している。

この方式は魚体を傷つけない「角建網」漁法だからこそ成立しているという面もあり、必ずしもすべての地域や水域で同様の取り組みをおこなうことはできない。同じ秋季の漁であっても、ウナギ鋏やウナギ掻きを使う漁法では同じ取り組みは不可能である。しかしながら、このような漁法を用いる地域であっても、禁漁の時期を弾力的に運営する、あるいは漁獲規制区域を設けるなどによって、漁への影響を少なくする方法を模索しても良いだろう。

たとえばウナギ石倉は、漁獲装置であるとともに、単調な河川感潮域を流れ下る銀ウナギに対して、カワウやサギなどから捕食される圧、いわば「被捕食圧」を一定減少させる効果を持っているとみなすこともできる。伝統漁法の持つ文化的側面やそれがもたらす地域コミュニティへの影響も加味しつつ、それぞれの地域や魚種に応じた多様な取り組み方法の実現を期待したい。

10.2. 小型個体の再放流による増殖義務の履行―― 佐鳴湖（さなるこ）

日比野 友亮

第一種から第五種まで分類される共同漁業権のうち第五種は内水面漁業が対象であるが、その免許を受けた漁業協同組合（以下、漁協と略す）には一定の「増殖義務」が課される（註19）。この義務を果たす方法としては、漁業権魚種そのものの放流が一般的で、そのほかに一部の魚種（ウグイなど）については産卵場造成が認められている。放流については、アユなどの魚種では漁協単独での人工孵化事業をおこなう場合があるものの、多くは他地域や、水産試験場、養殖池などから買い付けたものを放流しているのが現状である。

ニホンウナギについては、養殖池から購入したウナギ（現在では全長30cmほどのものが多い）を規定量放流する。ただし、近年の研究によってこの養殖ウナギのほとんどがオス化することや（コラム「ニホンウナギの性決定」）、放流個体のほとんどは定着できず流下してしまい、少なくとも出荷サイズに類する養殖ウナギについては、漁場における資源増大そのものには寄与できない可能性が高いことが徐々に明らかになってきた［平江ほか 2017］。

もちろん、この増殖義務は「捕った分だけ漁場に戻す」という考え方に基づいているから、漁場の特性によっては、放流による増殖義務の履行を真っ向から否定してはならない。しかしながら、各地の内水面漁協で聞き取りを進めていくと、「放流しても大水が出るとすぐに河口に流れ出してしまう」「値段の高い養殖ウナギを放流しても、資源が増えるとは思えない」という現場の意見もあることがわかった。

静岡県の浜名湖の東にある佐鳴湖（さなるこ）は、浜松の市街地に隣接し、新川（しんかわ）を通じて浜名湖下部と繋がる小さな湖である。ここでは46名の組合員のうち、12名の漁業者によって、ニホンウナギを対象とした「うなぎつぼ（竹筒漁）」がおこなわれている。佐鳴湖を所管する入野（いりの）漁協でも、かつては増殖義務履行のために養殖ウナギの放流をおこなってきた。佐鳴湖は浜名湖の汽水域上端に位置する汽水湖という特性から、浜名湖から低酸素の水が潮の流れによって遡上してくることがある。このようなときに天然のウナギはどうにか逃れることはできても、養殖ウナギはあっと言う間に酸欠で全滅してしまうという。これでは、資源の増大にも、漁獲の維持にも一切の貢献がない。

そこで、入野漁協では数年前から小型の天然ウナギの買い上げ再放流を始めた。そもそも、静岡県では全長13cm以下のニホンウナギの採捕を禁じているが、佐鳴湖では漁協独自の規則を定めて、25cm以下の漁獲を禁じている。そこで、25cmから食用として販売可能な150～200g未満のものを問屋から買い戻して、これを佐鳴湖内の各所へ放流している。2018年度には30kgの放流をおこなった。これだけでは将来捕るものをそのまま元の漁場に戻しているだけではないか、と思われるかも知れない。しかし、当然ながら放した個体をすべて漁獲できるわけではない。加えて、入野漁協では組合員による漁を竹筒漁に統一していることも大きい。これによって、延縄や置き針といった、小型のものまでまとめて漁獲し、かつ再放流の難しい漁法は抑止されているうえ、従来、銀ウナギ（現地ではビンチョウウナギと呼ぶ）を主な漁獲対象としてきた角建網は調査などを除いて禁止されている。漁協で定めた竹筒漁の漁業期間が終わると、湖内のウナギたちは一切の漁獲圧を受けずに、安らかに海へと下っていく。

入野漁協ではこれと合わせて、2019年度から「築瀬（ちくせ）」をおこなう事業を開始している。築瀬とは元来、竹や柳、葦などを組み合わせた束ないしは櫓を水温が低くなる時期に設置し、内部に隠れているエビ類や小魚、大型のものではコイやフナを漁獲する漁具のことを指し、静岡県内でもいくつかの地域でおこなわれてきた。佐鳴湖でも昔はテナガエビを捕ることを目的におこなわれていたが、現在では漁としてはおこなわれておらず、生息場所を提供することを目的としているのである。

佐鳴湖では、長年の環境保全運動が根付いた結果、ニホンウナギのみを保護するのではなく、湖内全体の環境保全と、豊かな生物に恵まれることが重要だと考えられるようになっている。

こうした草の根の活動の積み重ねが生物全体の総量を増やし、ニホンウナギの生息する環境そのものの改善につながる。小型ウナギの再放流と組み合わせた種々の取り組みを増殖義務履行の新しい形として評価するとともに、それぞれの漁場に見合った増殖義務の形を模索していくべき時代が到来している。

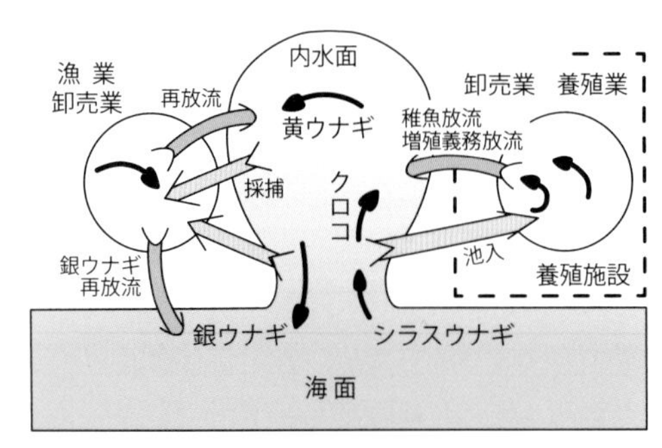

現在おこなわれているニホンウナギ増殖の種々の手法。左側は、ここで紹介されている浜名湖や佐鳴湖の事例に対応。右側は、一般的な稚魚放流や増殖義務放流を表す。図版作成：久保正敏。

10.3. 淀川の天然ウナギ復活と「ウナギの森植樹祭」

木材の一大集散地として名を馳せた大阪市住之江区平林で、山林経営、建築資材供給、住宅建築をおこなう津田産業株式会社の社長、津田潮(うしお)氏は、一般社団法人 大阪府木材連合会会長も務めているが、3.11後に、「2×4（ツーバイフォー）工法」で仮設住宅を建設する突貫工事のため、2011年5～7月に気仙沼に滞在していた。その際に、津波で荒れた気仙沼の海に魚が戻りつつあることを紹介するNHKドキュメンタリー番組を観て、そこに登場する畠山重篤氏に会いに出かけた。そして翌2012年6月に、畠山氏の始めていた「森は海の恋人植樹祭」にも参加して感銘を受けた。

ちょうどその頃から、大阪の淀川河口域でウナギが復活しているとの報道を目にすることが多くなったこともあり、津田氏は2013年に、「大阪でもやろう。淀川水系にウナギを呼び戻し、美味しいウナギを食べよう、そのために淀川の上流に植樹しよう」と提案、各方面の協力を得て、2013年5月に、第1回「ウナギの森植樹祭：大阪版・森は海の恋人」をスタートさせた。

淀川水系上流でまとまった広さの山林があり、かつ所有者が寺院なので理解も得やすい点から、大阪府高槻市郊外の山手、「大阪みどりの百選」のひとつである天台宗神峯山寺(かぶさんじ)の森が植樹祭の舞台に選ばれた。大阪府木材連合会が主催し、大阪府森林組合、大阪市漁業協同組合、公益財団法人大阪みどりのトラスト協会、高槻市、大阪府なども協賛し、市民も多数参加する。当日には、クヌギ、サクラ、カエデなどの落葉広葉樹、及び、カシ、シイなどの常緑広葉樹など、落ち葉がフルボ酸を含む腐植土を作る広葉樹を植樹する。

この植樹祭は、協賛している大阪市漁業協同組合が用意する大漁旗が会場に掲げられることでもわかるように、3.3節で紹介したブランド「淀川産(もん)のウナギ」の確立を支援する動きでもある。植樹祭発足当初の参加者は約50名であったが、年々増えて、近年は約300名に達する。発足後数年目からは畠山氏も招かれている。

2017年、津田氏と畠山氏は、河口から4km上流の淀川右岸、阪神電鉄本線の淀川鉄橋下の船溜まりに出かけて、淀川で伝統的なタンポ鰻漁（p.43）を続け、「淀川産」関連でメディアにて良く紹介される松浦萬治氏を訪ねた。松浦氏は、22歳の1957年にシジミ漁から漁師生活を始めて60余年、淀川の汚染が進んだ高度経済成長期に

津田潮氏と田中克氏が2021年に再訪した際に、引き上げたタンポを確認する松浦萬治氏。後方は、阪神高速道路神戸線と阪神電鉄本線の鉄橋。撮影：田中克。福島区海老江近くの淀川左岸付近、2021年

今日はダメかと諦めかけた時に思わず捕れていたウナギ。左から、田中克、津田潮、三宅英隆（大阪府木材連合会）、右の船上に松浦萬治、の各氏。画面奥には淀川大橋と大阪梅田付近の高層ビル群。写真提供：田中克。西淀川区姫里の淀川右岸船溜まり、2021年4月5日

上：場所は異なるが、ウナギ畜養の様子を示す。佐賀市川副町の松永川魚店主、松永博氏が仕入れて「胴丸かご」に入れたウナギに、塩分を含む地下水を掛け流しながら畜養している。2020年
下：「胴丸かご」を積み重ねて畜養中。2020年

もシジミとウナギの漁を諦めず、その後の淀川の復活も体験してきた。松浦氏の話では、現在のタンポ鰻漁は、ロープで1mおきに繋いだ長さ約90cmの竹筒タンポを300本前後、川底に仕掛ける。大阪市漁業協同組合によれば、伝統漁法の維持と資源を守るために、漁期を5月初めから10月末までとするよう、ウナギ漁師たちに協力を要請している。

上流から下ってきたウナギは、タンポに入ったエビやカニの匂いに惹かれて夜にタンポに入る。朝になって引き揚げたタンポの幾本かには、ウナギが入っている。餌が良いためか捕らえたウナギは実に美味く、大阪市漁協株式会社が氏から買い取り、1週間ほど塩分を含む水を掛け流して畜養し（p.10及び上の写真参照）、ストレスから解放し泥抜きをしてから料理店に販売する。ちなみに、淀川大堰（p.174）から下流の汽水域で捕れるヤマトシジミも味が濃く、「淀川産 魚庭（なにわ）の鼈甲（べっこう）シジミ」のブランドで販売されている。

阪神電車が頻繁に往来して騒々しい鉄道橋の下でウナギが捕れるのは不思議な感もあるが、9.2節で紹介した「鉄仮説」実証の鉄散布実験のように、鉄イオンは植物プランクトンを活性化し魚介類を増やすので、鉄道橋の下に魚が多いのは、

第7回ウナギの森植樹祭。黄色い袈裟姿は近藤眞道・神峯山寺住職、その右に津田潮、畠山重篤、田中克の各氏。撮影:久保正敏。2019年

思い思いの植樹。筆者・久保は落葉小木、カマツカを植えた。
撮影:久保正敏。2019年

第7回ウナギの森植樹祭に掲げられた大漁旗。
撮影:久保正敏。2019年

レールと車輪の摩耗で鉄粉が常に降り注ぐからかもしれない、と津田氏は推測している。

さて、第7回ウナギの森植樹祭は2019年5月12日に開催され、近藤眞道(しんどう)・神峯山寺住職の開会講話に続き、畠山重篤氏、田中克氏の話、津田潮氏の開会宣言の後、老弱男女の参加者が、用意された12種の苗木から、思い思いにひとつ選んで植樹した(上の写真)。

全国的にも、山と海のつながりを意識した植樹祭が増えてきている。「全国植樹祭」「国民体育大会」とともに「三大行幸啓(ぎょうこうけい)」(両陛下が外出する行事、2019年以降「国民文化祭」が加わり四大行幸啓となった)のひとつである「全国豊かな海づくり大会」は、例年、海沿いや湖畔でおこなわれてきたが、2010年以降は清流や山にも関心を寄せており、2014年には奈良県吉野郡川上村(かわかみむら)で開催された。また、2016年に長野県で開かれた「全国植樹祭」にも、大漁旗が持ち込まれている。

10.4. 岡山県西粟倉村の「森のうなぎ」

FSC認証のロゴマーク。いわば「森のエコラベル」である。

阪神電気鉄道の「SDGsトレイン 未来のゆめ・まち号」車体にラッピングされたSDGsの17目標中第15番目。P.167の写真も参照。撮影：久保正敏。2020年

岡山県英田郡西粟倉村は、兵庫、鳥取両県境に接する村で、2022年3月末現在、人口1,384人、597世帯、面積約58km^2の約93%を森林が占め、うち82%が植林後50年前後の人工林である。

財政優遇策を盛り込み合併を促進しようと、1999年に一部改正された「市町村の合併の特例に関する法律（合併特例法）」の施行から始まる「平成の大合併」の流れのなかで、村民アンケートの結果を受けた村は、隣接する美作市との合併協議からの離脱を2004年に決めた。2019年に日本弁護士連合会が、隣接する4千人未満の自治体について、合併した場合としなかった場合を比較した結果によると、前者の方が人口減と高齢化が進んでいたというから、合併しない選択が正解だったのかも知れない。

そして村は、森林の活性化を図り、伐採した木を市場に持ち込む一次産業だけではなく、村内で二次産業、三次産業を生み出すことを目的に、2008年に「百年の森林構想」を発表し、村役場が森林所有者から預かった森林の整備を森林組合に委託し10年間の管理後に返却する、という事業を始めた。森林の維持には100年単位の長い視点が必要であり、50年間育ててきた人工森を、頑張ってさらに50年間育て、林業を村の産業の中心に据えることを目標にしたのである。

しかし、森林地主が所有権を持ったままだと固定資産税や森林保険料の支払いなどの面倒がついてまわり、地主の村外への流出や高齢化など林業地に共通する悩みに対応しきれないのを見た三井住友信託銀行が、2018年から「森林信託制度」を提案してきた（この制度概念は1930年代に既に成立していた）。この制度では、森林所有者は受益権だけを手元に残して所有権を信託銀行に移す。銀行は税金や保険料を支払うとともに、森林の運用を2017年設立の森林管理会社「株式会社百森」に委託する。木材出荷やキノコ販売などで運用益が出ると、その一部が信託銀行と受益者に戻る、という仕組みである（2019年2月14日付『朝日新聞』）。同村は、2020年8月1日、この提案を基に個人村外地主所有の10haを対象として、正式に「森林信託」を三井住友信託銀行に委託した（2020年8月1日付『西日本新聞』）。

また同村では、森林管理におけるFSC認証の取得にも取り組んでいる。FSC認証とは、国際NGOであるFSC（Forest Stewardship Council：森林管理協議会）が運営する森林の認証制度である。1993年、カナダ・トロントに林業者、木材取引業者、先住民団体やWWFなど26か国130名が集まってFSC設立が決まり、翌1994年に法人として発足、最初メキシコ・オアハカ、2003年以降はドイツ・ボンに事務局が置かれている。

FSC認証は、適切な森林資源や森林環境の管理がおこなわれていることを認証する「森林管理の認証（FSC-FM：Forest Management認証）」と、FM認証を受けた木材や木材製品のみが加工され流通していることを認証する「加工、流通過程の管理の認証（FSC-CoC：Chain of Custody認証）」の2種類の認証制度から成る。8.2節「水産エコラベル」で紹介したMSCやASCと良く似た仕組みである。また、日本の森林のみを対象とした森林認証制度として、2003年に発足したSGEC（Sustainable Green Ecosystem Council：エスジェック）がある。

これら森林認証制度は、SDGsの第15番目の目標「陸の豊かさも守ろう」（前頁写真参照）が目指す、持続可能な森林管理、自然の生息地や生物多様性の劣化に対する歯止め、などにも寄与すると考えられている。先述の「森林信託制度」も、三井住友信託銀行としては、SDGsのこの目標に寄与するものと位置づけている。

FSC認証については、三重県紀北町で江戸後期から尾鷲ヒノキを育て、100年の森を目指す先進的取り組みを続けてきた「速水林業」が、2000年に日本で初めてFSC-FM、FSC-CoCの両認証を取得したのをきっかけに、日本国内でも、各地の森林組合や社有林で認証林が増えている（コラム「粘り強い循環型地域社会を目指す南三陸町」）。西粟倉村でも、2004年に村有林12km^2がFSC-FM認証を受けて以来、まとまった森林を何者か共同で申請すれば一者あたりの認証費用が安くなる「グループ認証」制度を活用するなど、村内でも広がりつつある。

そうした木材を、半製品の生産にとどまらず、村内で最終製品にまで加工、販売するために設立されたのが、株式会社「西粟倉・森の学校」である。森林生態学を専攻した牧大介氏が、1999年に廃校となった旧影石小学校の校舎を使って2009年に設立した同社は、別の場所にあるアルバム製造会社の旧工場を転用し、森の再生のための間伐で生じた間伐材による建材、内装材、遊具などの製品作りを始めた。同社は2010年に、FSC-CoC認証を取得している。

その後牧氏は、木材製品開発とは別に、廃材の有効利用や循環型社会の実現を目指す「エーゼロ株式会社」を、旧影石小学校内に2015年に設立した。

この社名は、森林生態学においてA0層（堆積腐植層あるいは堆積有機物層）と呼ばれる森の土壌の最上層に由来する（p.232上の図参照）。この層は、落葉や落枝などの植物遺体や動物遺体、及び、それらが土壌微生物で分解された暗褐色の物質「腐植：humus」が重なって森の栄養分となっており、また、雨による浸食から土を守って、森の豊かさを支えている（註8）、というところから社名に採用したものである。

「ぐるぐるめぐる」を共通の合い言葉として、「エーゼロ株式会社」は、循環型の地域経済実現の一翼を担おうと考えた。間伐材を内装材や割り箸に再生させるほか、端材や廃材を活かす方法のひとつとして、ウナギ養殖に踏み出した。旧影石小学校の体育館を改装し、そこに設けたウナギ養殖槽の加温燃料に、端材や廃材を使うのである。淡水生態系の劣化を少しでも変えるために、生態系の指標となるウナギと人との良い関係を再構築したい、という思いが出発点である。ウナギを、林業と水産業をつなぐ懸け橋に位置付けたのだ。

また、樹皮をかじるなどして森の再生を妨げるシカを適切に駆除し、シカ肉をジビエ・レストランに出荷するほか、養殖ウナギと合わせてウナギ専門店にも出荷したり、シカ皮を皮革工芸作家にも回す。

ウナギ養殖槽では、淡水を循環濾過して使うが、循環するとそれほど水温が下がらないので、端材や廃材を燃やすバイオマスボイラーでも、養殖槽を加温できる。ただし冬場は灯油ボイラーも併用する。もっとも、現状では、加温に石油を使う方が実はコストが低い。しかし、コストの観点よりも、自立した持続可能な地域経済循環を実現するのが、本願である。また、濾過した水にはウナギの排泄物の成分が豊富に含まれるので、これを有機肥料として、野菜などの植物栽培に活かしている。

こうした取り組みに賛同し、少々値段が高くてもこのような意義のある製品を購入する消費者を味方に巻き込むことが、事業の持続には必要だ。この狙いから、「エーゼロ株式会社」も、西粟倉村役場から委託されて、都会の賛同者と連携する「西粟倉アプリ村民票」を開発した。このように、意識を持った消費者に呼びかけて連携していくことも、地域再生や地産地消を持続させる鍵のひとつなのである。

以上のほかに、ローカルベンチャーの起業支援もおこなっている「エーゼロ株式会社」のスタッフ約50名は、村外からのIターンの若者が中心だが、村人もこの活動に加わるようになっており、人材の輪もぐるぐるめぐることが実現しつつある。

ウナギ養殖に関しては、養殖槽の水温を摂氏25～30度に温めることで、2017年から通称ビカーラ種（*Anguilla bicolor*：標準和名の案はバイカラウナギ、p.18「ウナギ属の分類」表中の下から6、7番目のふたつの亜種の総称）の養殖を始めた。当初はフィリピンからクロコを購入して養殖し、「森のうなぎ」ブランド名で蒲焼の通信販売を開始した。

しかし、水産庁はじめ各界から指摘されているような、「異種ウナギの養殖における危険性」や、資源量のデータがなく資源管理が不十分であるというフィリピンの現地事情に鑑みて（p.236）、ビカーラ種の養殖は2018年中で打ち切った。そして2018年には、ニホンウナギ養殖業の許可を得て（2015年6月からウナギ養殖業は農林水産大臣の許可が必要な「指定養殖業」に移行、p.164）、利根川からシラスウナギを購入し、「ASC認証」（8.2節）の考え方に基づいて課題の洗い出しをおこなった。現在では、別の養殖場では気弱でほかの個体に負けて餌を十分に食べられないためか育ちが悪く、「増殖義務」の対象として放流される（註19）予定だった、「ヒネ仔」と呼ばれる個体を買い取り、無投薬で健康に育てる技術を確立しつつある。

2018年5月に、日本でのASC認証機関であるアミタ株式会社によってパイロット審査を受けた。その審査報告書で明らかになった大きな課題は、「持続可能な漁獲管理をされた稚魚を使うこと」と「餌の原料である魚粉、魚油、大豆など植物原料の持続可能性の確認」である。これらの解決に必須となる、漁業者や餌メーカーなどとの協働と調整は、時間を要する粘り強い交渉事となる。

また、購入したシラスウナギの半数を養殖用に回すと同時に、残りの半数に「アリザリン・コンプレクソン法」（コラム「魚類の耳石と標識」）による耳石標識を付けて放流し、中央大学の海部健三氏の研究グループと共同で、放流効果のモニタリング調査も始めた。2018年6月に放流を始めたものの、同年の豪雨で結果は不明瞭だったが、引き続き2019年以降もモニタリング調査を続けている。

稚魚放流については、ヨーロッパの先行事例が参考になる。1960年代から、水系ごとの資源管理調査データの蓄積があり、放流に関する研究の進んでいるヨーロッパでは、飼育期間の短い3g未満の小さな稚魚であれば、シラスウナギの頃に遡上した水系と異なる水系に放流しても、その環境に適応できるので、生残率と成長率が高い、とする研究結果があるという。それを参考にして、短い飼育期間、小サイズ個体による放流効果を検証し、効果的な野生復帰と繁殖への寄与を目指している。

「持続的なニホンウナギの養殖」を目指すこの「森のうなぎ」ブランドの趣旨に賛同し、東京八重洲の「鰻はし本」など、支援するウナギ専門店も生まれた。他方、「エーゼロ株式会社」は、自社で製造した蒲焼のオンライン販売事業にも力を入れており、「ふるさと納税」返礼品としての販売も好調である。

同社の最終的な目的は「未来の里山づくり」である、と、2019年の取材当時に自然資本事業部長を務めていた岡野豊氏は語る。かつての日本で、食料やエネルギーを自給的にまかない、持続可能なシステムとして機能し、その結果として様々な生き物で溢れていた「里山」を見習いつつも、新しい要素の組み合わせ（たとえば、「端材」と「ウナギ養殖」）によって、再び、人と自然が共に生きる社会を作り出す。そうすれば、かつての里山とは異なるものとはなるだろうけれど、新たな景観、植生が生み出せないか、と、同社は考えているのである。

旧影石小学校には、Iターンの若者たちが経営するローカルベンチャーのオフィスやショップも入居し、村の活性化の一翼を担う。2020年度末現在では、人口の1割以上、206名がIターン移住者であり、村の子どもの数も、徐々にではあるが増えてきているようだ。若者が中心になり、従来の観点にとらわれない発想で進める村づくりは、循環型の未来社会への期待を抱かせる。過疎に悩む他のコミュニティにとっての、参考モデルのひとつとなることを願う。

ところで、社名の元となっているA0層は、農業土壌では見られない森林特有の土壌であり、それを構成する腐植物質はフルボ酸に富む。すなわち同社の理念は、まさに9.2節で紹介した、森と海をつなぐ理念にも相通じるのである。

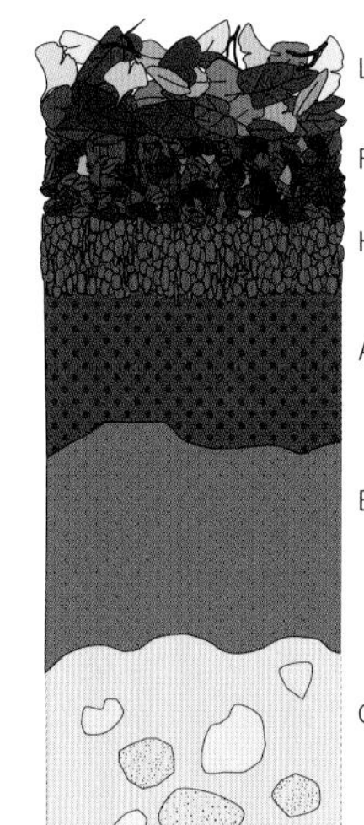

L (Litter) 層＝落葉層。
植物遺体が原形を保つ

F (Fermentation) 層＝腐朽層。微生物が
分解、屑状だが肉眼で組織を識別可能

H (Humus) 層＝腐植層。数 mm 以下の
微細片まで分解

A0層＝堆積腐植層

A 層＝表土または表層 (Surface)、
農業用語で作土。腐植で暗褐色に
着色された鉱質土層

B 層＝下層土または次表層 (Subsoil)、
農業用語で心土。
風化した鉄化合物で明褐色、
腐植など有機物の少ない鉱質土層

C 層＝母材層 (Parent rock)、基層。
風化岩石の粗粒層で有機物を
含まず、石礫も多い鉱質土層

鉱質土層

森林生態学が説く土壌断面層位のモデル図。C層のさらに下部には、D層またはR層（基岩層、岩石層）や、そのほかの層も定義されている。国立研究開発法人 森林総合研究所九州支所の資料や『森林科学』77（特集　森林土壌：国際土壌年2015を記念して）などを基に作成。

旧影石小学校。2022年現在では、エーゼロ株式会社のほかに6社のベンチャー企業が入居。撮影：久保正敏。2019年

旧体育館に設置された養殖槽は5つ。大きさで分けた合計1万尾のウナギを周年養殖している。撮影：久保正敏。2019年

養殖槽の蓋を開けるとエサを求めてウナギが集まってくる。給餌は朝夕2回。撮影：久保正敏。2019年

サメなどが集団で餌に群がる「狂乱索餌」、ではないが、魚粉が主体の配合飼料を水と魚油で練った養鰻用の餌に突進する。撮影：久保正敏。2019年

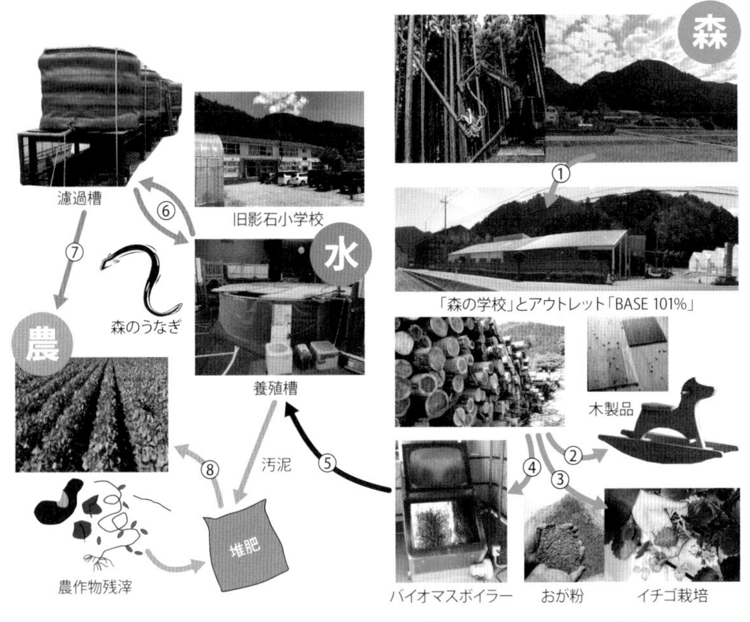

エーゼロ自然資本事業部が目指す地域資源の循環による生産システムの計画図
「エーゼロ自然資本事業部オンラインショップ」ウェブサイト掲載図を基に作成。

① 森林から、木材や水などの資源が生まれる。
② 伐採した木を使って、株式会社「西粟倉・森の学校」が、建材、内装材、木製品などの開発、製造、販売をおこなう。
③ その過程で出た、木材として使えない端材や木屑のうち、「おが粉」については、「森の学校」が、樹皮とともにイチゴ栽培に活用している。
④ 端材や木屑、使用済の割り箸などは、バイオマスボイラーの燃料にも活用する。
⑤ ボイラーの熱で「森のうなぎ」養殖槽を、ウナギが育つのに最適な約30℃に加温する。
⑥ 養殖槽の水をきれいに保つため、常に濾過槽との間を循環させる。濾過槽内の、砂や貝殻を敷き詰めたフィルターに繁殖した微生物が水を浄化する。
⑦ 濾過された水は、ウナギ排泄物成分を含み栄養豊富なので有機栽培に活用し、試験的にイチゴ栽培にも使用中。
⑧ 農業で生じた残滓物と養殖槽の底に貯まる汚泥とを合わせて、耕作地の肥料とすることを現在検討中。

養殖槽を暖める木質バイオマスボイラーの焚き口。木くずや使用済みの箸を燃やしているところ。写真提供：エーゼロ株式会社。

閉鎖循環式養殖を実現させるための濾過槽と有機栽培の例。
撮影：久保正敏。2019年

森とつながる

これは、西粟倉村でつくられた間伐材のワリバシです。
お客さまのごちそうさまの後、村で育てている森のうなぎの燃料となります。

このワリバシ あとでボクがいただきます。
間伐材で作られたこのワリバシは、お客様のごちそうさまの後、
西粟倉で育てている森のうなぎの養殖の燃料となります。

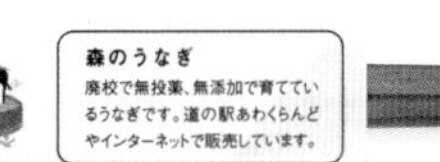

森のうなぎ
廃校で無投薬、無添加で育てているうなぎです。道の駅あわくらんどやインターネットで販売しています。

西粟倉村の道の駅「あわくらんど」レストランでは、2019年には「森のうなぎ」が提供されていた。当時、その箸袋には、使用済みの箸もリサイクルして養殖槽を暖め、ウナギを育てる旨が記されていた。
撮影：久保正敏。2019年

蒲焼きをパック詰めして冷凍する。撮影：久保正敏。2019年

コラム

粘り強い循環型地域社会を目指す南三陸町

近年の地球温暖化による自然災害の数々、そして新型コロナウィルスの脅威に遭遇して、これからの速やかな回復や復興ができるような「しなやかな強さ」の重要性が世界的に叫ばれるようになった。既にこの数年来、人口集中や食料問題などへの危機感から、持続可能な社会を目指すうえでのキーワードとして、しなやかな回復力を表す「レジリエンス：resilience、形容詞形はresilient」が唱えられるようになり、SDGsの目標である持続可能な成長戦略と重ね合わせて語られることも多い。このことばからは「柳に風」、風に耐えるヤナギの粘り腰をイメージできるし、本書でこれまで見てきた、無理に水に逆らわない氾濫受容型治水技術が思い出される。

自然環境は人類に都合良く整えられたものではなく、物理化学原理に従う存在だ。たまさか、人間が恵みと考えるものをもたらすことがあっても、同時に奪う結果もあるのは当然だ。人間中心史観や思い込みで、地球に柔なガラスのイメージを重ねるのは意味がないだろう。緑の森や青い空を快く美しいと感じるのも、視覚器官の進化上の選択肢だったに過ぎない。と突き放して考えると味気ないが、要は、あまり意味のない思い込みは避け、人類はいずれ滅びていくのが必定であることを前提に、今なすべきものを見定めることではないだろうか。

宮城県南三陸町は、2021年8月末の人口12,267人、4,468世帯、3.11のつらい経験の後、復興を目指して「森里海ひと いのちめぐるまち 南三陸」をスローガンに掲げ、自立分散型の持続可能な町づくりを目指し始めた。森、里、海は一体となった環境であり、人間活動を介して相互に影響しあっている。そのことを理解し、意識的に活用していくこと、すなわち、外部との間での資源やエネルギー移動をできるだけ抑えた地産地消の自立型社会が、持続可能な地域社会を再生していくうえでの鍵であることを、町が確信したのである。このように、自然資本と人間社会との循環関係を活用することは、災害からの復興だけではなく、世界的に持続可能な社会を作るうえでの鍵でもある。10.4節の「ぐるぐるめぐる」と相通じるだけでなく、8.9節で紹介した「Eco-DRR」の理念とも通底する。

南三陸町が3.11後に取り組み、成果を上げた活動のひとつが、適切な森林管理を認証するFSC認証、環境と社会に責任ある養殖水産物であることを認証するASC認証、両者の取得である。

ミネラルを含む海風を受け、山が岩盤質であまり太らずゆっくり高く育つので、ヒノキに似た独特の赤みを帯び、目が詰まった強いスギの産地として知られ、仙台領初代領主・伊達政宗の時代から植林が奨励されてきた同町では、町内面積の77%を占める山林を地域の財産として持続可能な形で活用していくため、震災以前から、美しく強い「南三陸杉」のブランド化が進められるとともに、FSC認証の取得が議論されていた。もっとも、FSC認証は、10の原則のもとに設けられている72の基準を満たしているかを測る200以上の指標をすべてクリアーすることが求められる、ハードルの極めて高いものである。この審査をパスした者にのみ、責任ある森林経営のあかしとしてFSC-FM認証が与えられるが、取得時に数百万円の審査費用がかかり、その後は年に一度の監査のための費用が発生する。こうした費用対効果の点が足かせとなって、議論は進んでいなかった。

しかし震災後、江戸時代から同地域で森林を経営してきた株式会社佐久の若い佐藤太一・専務が合意形成に動き、一者あたりの経費が少なくなる「グループ認証」制度の活用を働きかけた。おりしも同町では、復興計画の柱として地産エネルギー確保と杉林の再生を目指し、国の選定を既に2014年に受けた「南三陸町バイオマス産業都市構想」を官民共同で推進する機運が高まっていた。それを受けて、町、大長林業、慶應義塾大学、（株）佐久の山主四者が参加する「南三陸森林管理協議会」が設立され、2015年10月、FSC-FM認証を取得、翌年には入谷（いりや）生産森林組合も加入し、計約15km^{2}のFSC認証林が誕生した（FSC Japanウェブサイト：https://jp.fsc.org/jp-jp）。

その結果、南三陸の林業への注目度が上がった。たとえばスターバックスコーヒージャパン株式会社では、FSC認証山林でのスタディーツアーに参加したことをきっかけに、宮城県内の一部店舗のテーブルや木製のアートフレームに南三陸町のFSC認証材を使用するようになった。また、スキンケア、ボディケア商品を扱う株式会社ラッシュジャパンは、「南三陸地域イヌワシ生息環境再生プロジェクト」のパートナー企業としての関わりを契機に、持続可能な調達の一環としてFSC認証材で作られた店舗什器を採用し

南三陸杉の森。写真提供：南三陸町観光協会。

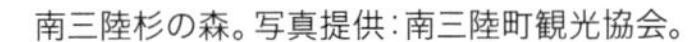

ブランド「戸倉っこかき」。「海さ、ございん」ウェブサイト https://umisagozain.com/より。「ございん」は、「お越しください、いらっしゃい」の意の宮城県方言。

ている。ほかにも、コーヒードリッパー、精油、などで南三陸杉のブランド確立が進んでいる。しかし最も大きな成果は、町の人びとの意識が、再び森へと向かったことである、と語るのが、「森 里海ひと いのちめぐるまち 南三陸」の推進部隊である「一般社団法人 サスティナビリティセンター」代表理事の太齋彰浩氏である［太齋 2020］。

ASC認証の取得についても前奏曲がある。同町の戸倉地区では、震災前から、実入りが悪くなり収穫に3年かかっていたカキの「過密養殖」を止める取り組みを進めていたが、漁業者は急に収入が減るのを恐れて議論は進まなかった。しかし津波で施設がすべて流出してゼロからのスタートを強いられ、議論がリセットされて新たな方向へ進み始めた。養殖施設を1/3にすることで、実入りが良くなり1年で収穫でき、しかも品質が向上、殻が薄いので殻剥き時間が短くなって作業効率が向上し、労働時間短縮にもつながった。

これがASC取得にプラスとなった。8.2節「水産エコラベル ― 国際的な認証制度MSCとASC」で紹介したとおり、ASC認証は、養殖による環境への負荷を軽減し、養殖業に関わる人や地域社会に配慮した「責任ある養殖物」であることの証明なので、認証の取得には労働環境改善も必要だったからである。こうして、戸倉地区のカキ養殖場が2016年3月、ASC認証を日本で初めて取得した。これを追い風にカキのブランド「戸倉っこかき」確立が進み、2019年度「農林水産祭」水産部門で天皇杯を受賞した。それだけでなく、労働環境の改善によって、若い世代が参入するようになり、生業としてのカキ養殖の持続可能性が高まったのである。

かくして南三陸町は、FSCとASC、山と海の国際認証を同時に取得した世界初の地域となった。いずれの取り組みも、地域資源のベースである自然資本をできるだけ毀損せずに、資源の価値を高め、地域社会の抱える問題解決を目指すものだ。それだけでなく、身近にある森里海と人間の暮らしの間の連環性、循環性を活かすことが、しなやかな回復力を持った持続可能な、すなわちレジリエントな、地域社会を作り出す最重要な鍵である、ということを示す、象徴的地域になったのだ。これら活発な活動に、UターンやIターンの若者が数多く参画していることも、持続可能性を保証していると思われる。

同町のサスティナビリティセンターは、水産物ブランド化推進などの産業育成とともに、大学やほかの研究機関との協働による生物相調査、海洋環境調査、学校や企業研修プログラム開発などの人材育成事業をおこなっている。これら多彩な活動は、持続可能な社会を構築していく、ひとつの世界モデルだと言えるのではないだろうか。

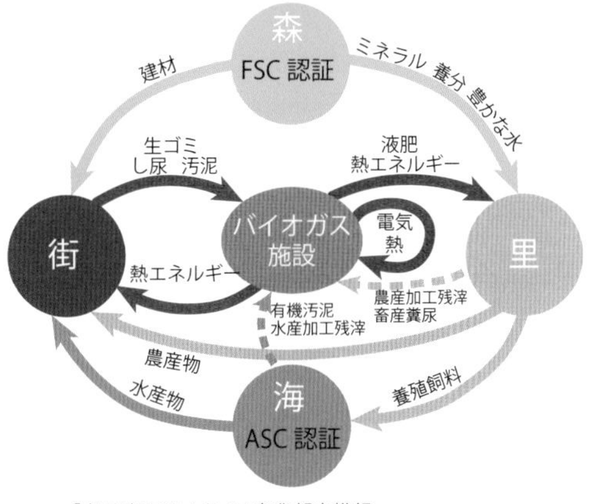

「南三陸町バイオマス産業都市構想」。
太齋彰浩氏の著作［太齋 2020］中の図を基に作成。

10.5. 代替ウナギの養殖

2012〜2013年のシラスウナギの漁獲量急減を受けて、養鰻業者のなかには、代替ウナギ候補のひとつとして、東南アジアからインド洋にかけて生息する通称ビカーラ種（*Anguilla bicolor*：標準和名の案はバイカラウナギ、p.18「ウナギ属の分類」表中の下から6、7番目のふたつの亜種の総称）を取り上げる動きが2013年から急速に生まれた。インドネシアやフィリピンにおいて、日本の養鰻業者や商社による養殖技術開発にめどがついた2013年は、「ビカーラ種の養殖元年」と呼ばれている。しかしインドネシアなど東南アジアでは、資源管理や漁業規制もほとんどないなかで「ビカーラ・ラッシュ」が生まれており、このまま稚魚の乱獲が進めば、ニホンウナギと同じ道を辿ると警鐘を鳴らす声も大きい。実際、IUCNも、2014年にビカーラ種を「NT：近危急種」カテゴリーにランク付けた。

また、ビカーラ種の稚魚を輸入して日本で養殖する動きも加速している。しかし、もし稚魚が養殖施設から河川に逃げ出せば、ニホンウナギに害のある寄生虫が侵入するおそれがあり、また生態系に広がってニホンウナギと生態的に競合し、もしもビカーラ種が勝つことになれば、ニホンウナギを一層深刻な状況に追い込むことも予想される。コラム「46mの滝登り」や註5で触れているように、小型ウナギは登坂能力が極めて高いので、養殖施設の隙間から容易に逃げ出すおそれがあるのだ。

そこで水産庁は、ウナギ最大消費国の日本にはウナギ資源の持続的な利用に責任がある、として、異種ウナギの稚魚の導入を推奨せず、やむを得ず養殖する場合でも逸出に細心の注意を払うべし、という指針『異種ウナギを逃さない養殖の手法』を2014年に発出している。

こうした背景を受けて、大手スーパーマーケットのイオン株式会社（AEON）は、値段が手頃な蒲焼の日本での販売を続けていくため、現地でビカーラ種の持続可能性を担保しつつ養殖する方針を2018年6月に発表し、ウナギの持続的利用モデルの開発を目指すと宣言した。

具体的には、インドネシアの各地で、ウナギでは世界初となるFIP（Fishery Improvement Project：漁業改善プロジェクト）を開始し、ビカーラ種シラスウナギ採捕について、8.2節で紹介した「MSC認証」取得を最終目標とする、「インドネシア・ジャワ島ウナギ保全プロジェクト」を2017年10月に開始した。このプロジェクト日本側の実施体制には、イオン株式会社、中央大学の海部健三氏とともにWWFジャパンが（1.4節）、インドネシア側の実施体制にもPT. Iroha Sidat Indonesia社とともにWWFインドネシアが、それぞれ加わっている。

しかし、日本市場での展開を見据えてシラスウナギ漁業者や養鰻業者が急増しているにもかかわらず、資源量や漁獲量の把握もできておらず、資源管理も漁業規制も追いついていないインドネシアの現状から見るに、その実現は容易ではない。このプロジェクトでも、まずはMSC基準に従った予備審査を段階的にクリアーすることから進めており、開始から一応5年以内の完了を目指している。

この動きは、ニホンウナギではなく、ウナギの蒲焼をビカーラ種で代用しようとするものである。手頃な値段でウナギ蒲焼を食べたい、という日本での需要に応えるために代替ウナギを活用しようとするのであれば、それに見合った覚悟でもって、現地での資源管理を徹底し、現地での健全な産業発展に寄与しよう、という狙いがあると思われる。

しかしこの動きは、日本においてニホンウナギに関わる漁撈文化や食文化を持続しようとする方向とはやや異なるものだと思われる。もしも、漁撈文化や食文化だけではなく、ニホンウナギをめぐる文芸、美術工芸、風俗、信仰も含む文化要素の複合体——これを「ニホンウナギ文化複合」と呼ぶことにしよう——の総体を維持、継承、発展させようとするならば、日本におけるニホンウナギの漁獲、養殖、流通、加工のシステム全体に「MSC認証」と「ASC認証」を適用するなど、資源管理を徹底する努力が必要だろう。そのためにはまず、8.1節で触れたように、複雑にからみあった、シラスウナギの漁獲から消費者に届くまでの流通システムの透明化が必要であり、行政が本腰を入れて、関係する各種企業や団体の利害を調整して推進するべき課題だと考えられる。

コラム

自然共生社会の実現のための「運ぶもの」と「運ばないもの」

亀山 哲　国立環境研究所

有明海や瀬戸内海といった閉鎖性水域において、その生態系を保全し、また復元するうえで何が必要なのか？今更ではあるが考え直してみたい。私の答のひとつは、人間が「森・里・海」それぞれに特有の生態系の恵みをより賢く利用し、それらの価値をしなやかに交換し続けられる社会を取り戻すことである。もちろん、「言うは易く行うは難し」を重々承知のうえではあるが。

たとえば昔の瀬戸内の島々では、海岸に打ち上げられた海藻は乾燥後に段々畑に運ばれ、重要な緑肥として利用された。もちろん畑で穫れた柑橘類や野菜などは、経済活動のなかで重要な外貨獲得手段となる。また別の場所では、農産物がさらに水産物に交換されることで、自然の恵みである産物や住民の知恵が継承され、循環していく。

ここで「（繋がること）＝（運ぶこと）」と一方の「（繋がらないこと）＝（運ばないこと）」について考えてみよう。私自身の考え方であるが、サービスとして「何を運ぶか？」、逆に「何を運ばないのか？」について、柔軟に変化していくことがこれからの社会では強く求められるのではないだろうか。そして、その運ぶものと運ばないものを賢く選別すれば、人間が自然環境に与える影響をより小さくすることができるはずだ。環境への影響がより小さいということは、その共同体が自然共生型であり、より持続可能性が大きいと考えられる。

一例として、全世界に甚大な影響を与えてきた新型コロナウィルス感染症を考えてみよう（現在、まさに命を顧みず、真摯にこの感染症と戦っている方々には、大変不謹慎ともとれる見解であることを最初に謝罪しておきたい）。

2020年4月、大都市圏や私が住んでいる茨城県つくば市は、外部との接触が制限された一種の鎖国状態であった。江戸時代、鎖国政策の下で外国との交易が限定されていた状況であれば、ウィルスの感染速度や範囲、また感染者数はもっと少なく、今回の新型コロナウィルスと比較すれば被害もより小さかったと考えられる。つまり、今回の新たなウィルスをこれほど早く広く蔓延させた要因のひとつは、全世界的なヒトとモノの膨大な移動であるといえる。もちろん、ここで医療技術の進歩については別の議論である。

新型コロナウィルス感染症が人類にとって最大級の危機であるのは言を俟たない。しかし一方、地球規模の環境問題から現状を俯瞰すれば、ある別の一面も見えてくるはずだ。前年2019年の同時期と比較した場合、2020年4月時点での化石エネルギー消費量による大気汚染などの影響は小さく、比較的環境に優しい状態が続いていたと捉えることもできよう（もちろん経済の活性化は別問題として考えるべきである）。見方を変えれば、江戸時代や2020年前半のような、物質や人の移動が狭い範囲に制限された（物質を多く運ばない）状態は、ある意味、人と自然との共生がよりスマートであったと言えるのではないだろうか。

次に、一方の「運ぶべきもの」について考えてみよう。私が考える運ぶべきものとは、第一に遠隔医療に代表されるような科学的な分析（解析）技術。また地域に残っている知見や知恵、情報、文化財のデジタル化された情報資産などである。つまり、インターネットを通じて伝達可能な、人類に有益な情報といえる。これらの情報資産は広く拡散して、より多くの人が活用すべきである。単純なことだが、食材の上手な保存法や美味しい調理法、当然教育機関からの講義の配信などでも良い（もちろん、社会を混乱させるデマの拡散などには最大限の注意が必要であるが）。

河川環境の改善に関連する一例をあげよう。堰の脇に設けるウナギの魚道（英語ではeel ladder）などの実物は、現地に行かない限り目にするのは難しい。しかしインターネットの世界では、実際の魚道の設置画像や回遊魚類の移動している動画を数多く視聴することが可能だ。ここでは紙幅が許さず多くを語ることができないが、将来の自然共生型の社会の実現のために「何を運ぶか?逆に何を運ばないか?」をひとつの評価軸として捉えてみるのは如何だろう。たとえば私たちは、安易にバイオマスの有効活用などと称し、燃料用の木材や木質ペレットなどを膨大な輸送エネルギーを消費しつつ遠方まで運び続けてはいないだろうか。(編者註: カーボンニュートラル:CNの文脈で語られるバイオマスに関する言説については、註22中の「カーボンニュートラルは実現可能か」の項を参照)

最後に有明海の未来について述べたい。有明海に限らず世界中の沿岸域や閉鎖性水域の生態系を変化させている原因は複合的だ。そのため簡単に原因を特定するのは非常に難しいし、たとえその原因が見つかったとしても、その物質や便益を社会からなくすことは現時点では困難である。しかしその一方、減災にもつながる干潟、河畔林、氾濫原といった生物の生息適地の保全や復元が急務とされているのも事実だ。また近年、農薬、プラスチックなどの化学物質に対する考え方についても社会の見方は確実に変化している。そうした時代的背景を踏まえ、本書2.4節「環境DNAとウナギの生息地解析」で紹介したような、環境DNAに代表される非常に感度の高い新技術を手にした私たちが、社会の大きな転換点にいることを忘れないで欲しい。

未来の人びとがより安全に、また真の意味で豊かに暮らし続けるために、何が必要であるかを冷静に見極め、勇気を持ってさまざまな課題に取り組みたいと私たちは考えている。最後に述べたいのは、「私たち研究者は、共に行動する仲間を常に求めている」ということである(少なくとも私はそのひとりだ)。地域の人びとと協働して地域の未来を考える。そして勇気を持って大胆かつ冷静に行動し、本当の豊かさを人びとが実感できる未来を築いていく。それが私の希望であり夢である。

コラム

柳川のうなぎ供養祭

毎年、夏の土用丑の日に先だって、柳川市坂本町にある柳川総鎮守日吉神社そばの柳城(りゅうじょう)児童公園の掘割のほとりに立つ「うなぎ供養碑」の前で「うなぎ供養祭」がおこなわれる。この供養碑は、1967年7月1日に「柳川うなぎ料理組合」が沖端(おきのはた)漁業協同組合の協力も得て建立した高さ2mほどの御影石、そこには、九州文学の重鎮、劉寒吉(りゅうかんきち)(1906〜1986)が詠んだ

筑紫路の
旅を思へば
水の里や
柳川うなぎの
ことに恋しき

の自筆、その下には、劉寒吉と親交の深かった漫画家、松見ムクロの描いたウナギと河童の戯れる絵が彫られている。

例年、柳川うなぎ料理組合長が主催者代表を務める供養祭には、市長をはじめ、市、漁業、料理業界の関係者数十名が参加する。

第52回にあたる2018年7月12日の供養祭には、伝習館高等学校自然科学部生物部門の生徒、木庭教諭、校長も参列し、葦の葉の玉串を捧げた。掘割をウナギのサンクチュアリにする活動を進めている縁で、同部門は2016年からこの供養祭に招かれているのだ。次いで主催者と市の代表5名が掘割にお神酒を注ぎ、続いて放生会(ほうじょうえ)に移り、参列者は用意された養殖ウナギ160匹余を思い思いに手でつかんで掘割に放ち入れた。

左:戯れる河童の絵も見えるうなぎ供養碑、その前に設けられた祭壇。
右:うなぎ供養祭には伝習館高等学校自然科学部生物部門の生徒も参加した。2018年7月12日

第11章

そして、これから

高度経済成長期、とくに、国営諫早湾干拓事業による諫早湾締め切りの前後から、ニホンウナギ漁を中心とする有明海の漁撈や生態系は大きく変化してきた。本書ではまず、漁師の方々から採集した語りを基に、この変化を再構成することを試みた。これが、冒頭「はじめに」で述べた本書の縦糸に当たる。そこで明らかにされているように、漁場の環境が悪化するにつれて、さまざまな漁法が現在では見られなくなっている。これは、筆者・中尾のフィールドにおける、長年にわたる定点観測があってこそ得られた歴史的変化である。それら漁法の今昔を、写真とともに紹介している本書の4.5節、及び、第5〜7章は、漁撈文化に関する遺産の記録集だとも言える点で貴重だと考える。本書に掲載の写真について、そのキャプションには必ず撮影年、必要に応じて日付まで記載しているのは、そのためである。

我々共著者2名は、ニホンウナギ漁の衰退をはじめとする有明海の漁撈の変化を前にして、(a) その事態にどのように対処するか、そして、(b) その要因のひとつである水辺の生態系悪化の先にあるものを考えてきた。これが、「はじめに」で述べた本書の横糸に相当する。

(a) については、8.1節で漁業に関わる抑制を、(b) については8.3〜8.7節で主に河川環境に関わる諸問題を、それぞれ取り上げてきた。これらの考察によると、ニホンウナギは、水辺環境、さらには人間を取り巻く生態系の指標であり、その劣化を指摘する存在であることが、あらためて明らかになった。

ニホンウナギが映し出す食料システムの問題点

一方で、第1章、就中1.4節「世界のウナギと日本の役割」で植松周平氏が解説しているように、実は日本での消費が、ウナギ資源に対する世界規模での、いわゆるIUU漁業（Illegal, Unreported and Unregulated：違法・無報告・無規制な漁業）を誘引し、食用に供される世界のウナギ属を次々と絶滅の危機に追い込んでいることも明らかになった。その理由のひとつは、ウナギの生態には未だ謎が多く、科学的な解明が進んでいないことにある。性成熟した天然の成魚の資源量や、浮遊する仔魚レプトケパルスが生き残って稚魚シラスウナギに変態し、河川や汽水域などの生息環境に「加入」（群集生態学ではこのように呼ぶようだ）する量などを推定することが極めて難しいうえに、養殖から流通、消費に至る道程に不明朗な部分が存在することもあって、シラスウナギの採捕量や池入量を確定することが困難なのである。これらの困難があるために、ニホンウナギの資源管理は極めて難しく、IUU漁業を許す結果になっており、持続可能性を云々できる以前の状況が続いているのである。

ところが良く考えると、これはニホンウナギだけの問題ではなさそうだ。世界の食料問題を見ると、さまざまな食料資源についての資源管理がなされないまま、経済原理に従って、生産、加工、流通、そして消費がなされ、その先には食糧欠乏の危機が控えている、と言われている。こうした、現在の「食料システム」の問題点を示す具体例のひとつが、ニホンウナギ資源量の衰退である、と言えそうだ。人類の未来に直結するのが食料危機である、という現在の共通認識からすれば、コラム「気仙沼舞根湾湿地保全」で田中克氏が指摘しているように、ニホンウナギとは、人類の好ましくない未来を先取りして映し出してくれる、鏡なのかも知れない。

そこで、(a) についてあらためて考えると、ニホンウナギの資源を回復するには、漁業や流通の適切な規制とその監視体制の整備を含む、持続可能性を担保する資源管理を模索することが解となるだろう。

ピークの平滑化

では私たち消費者には何ができるだろうか。ある雑誌に、「ウナギを絶滅危惧種に追い込む国、などと白い目で見られないように、夏の土用丑の日を日本人の食生活を見直す機会にしたらどうか」という提案があったが、同感である。ウナギ研究の世界的権威、塚本勝巳氏も；

> ・・・・消費者レベルでできる最も効果的な行動は、ウナギの消費スタイルの転換である。そのライフサイクル全体を人間がコントロールできる家畜とは全く異なり、その生態が謎に満ち絶滅が危惧される野生生物であるウナギは、元来、大量消費に耐えられる食材ではない。大量消費をやめ、少し高いお金を払ってでも、極上のウナギの味を特別なハレの日にしみじみと味わう、そうした、かつてのウナギ食文化スタイルに戻そうとする「ハレの日のごちそう」運動を、消費者に広めてはどうか。・・・・

と提言している［東アジア鰻資源協議会日本支部 2013: 30、258-260］。実際、1990年頃以降ウナギ供給量が増加し2000年にピークとなった（1.4節）要因は、その頃に量販店などで蒲焼パッケージ商品の販売が始まり、一気に身近な食品になったからだ、といわれる。過剰な消費と過剰な生産が、持続可能であるわけがない。生産、流通、消費、すべての場面において、持続可能なウナギ資源の利活用を、あらためて考え直す時期に来ていると思われる。

また、こんな考え方もできるだろう。すべからく、世のなかの「人為的ピーク」は無理を強いる。違法なシラスウナギの流通ビジネスを誘発する夏の土用丑の日だけでなく、節分の恵方巻き、バレンタインチョコ、クリスマスケーキ、お節料理などの消費ピークは、しばしば食品ロスを引き起こし、生産・販売側にも消費側にも負担をかける。健康食品、エコ食品、スーパーフードなどとして注目を浴びて一時的にブームが起きる輸入食品も、生産現地においては、その食品の生産一辺倒になって生産の多様性が失われる「ひずみ」、ブームの前後における「社会的混乱」などを誘引してきた（ナタデココ、タピオカ、アボカド、など）。ベビーブームや通勤ラッシュなどのピークもしかり。

ピークに合わせた設備投資は結局、資源の無駄使いや後年度への負担につながる。オリンピック、万博などの一大イベント（その前後にベビーブームを引き起こす戦争も）を振り返っても、投資が一時期に集中した後の反動不況を、これまでいやと言うほど経験してきたのではなかったか。人間がコントロールできるはずのさまざまな局面で、ピークを可能な限り平滑化する努力が、世界的にも必要ではないだろうか。

成長戦略の限界

次に（b）の、水辺の生態系の悪化について、より大きな視点で考えてみよう。これまで見てきたように、経済発展、人口増などの近代化圧力と、ウナギの成育に有益な生態系の破壊とが、並行して進行してきたことは明らかだ。しかし、それら近代化理念への反省が、1960年代に世界的に起きた、いわゆる「異議申し立て運動」（註14）の動機であり、そのなかから、セクターを越えた連携、地域生態との共生、集中から分散と自立へ、地産地消、などのムーブメントも生まれてきた。

そして現在では、近代を特徴づける成長神話に頼り人口が増え続けるならば、現在の生態系や生物資源では人類の食を賄い切れない、という危機感が広く共有されるに至った。成長を抑制し、有限の生物資源や生態系と折り合いをつけていく持続可能性の模索を今すぐに始めないと、10年後には世界的な食料危機を迎えるかも知れない、というのである。

1972年にシンクタンク「ローマクラブ」が刊行して世界に衝撃を与えた『成長の限界』から50年、2018年に刊行されたローマクラブの最新報告Come On! Capitalism, Shorttermism, Population and the Destruction of the Planet（邦訳『Come On! 目を覚まそう！：環境危機を迎えた「人新世」をどう生きるか?』2019）は、国連サミットで採択されたSDGs（持続可能な開発目標）の方向性に同意はするものの、17目標のうち1～11番目の「社会経済目標」が従来どおりの成長政策に基づくならば、13〜15番の「環境目標」は到底達成できない、と喝破している。そして、傲慢な金融資本主義や近視眼的経済政策に代わる、再生可能型、循環型、自然資本型経済への転換、公共部門拡充による経済格差縮小、投機型投資の規制、富の再配分の再考、物質的豊かさに代わる価値観の転換など、新しい公共の知恵に基づく変化と共生に希望を託している［ワイツゼッカーほか 2019］。

邦訳タイトル中の「人新世：anthropocene」とは、人間活動の影響を重視した、想定上の地質時代区分であり、2000年に、オゾンホール研究で知られるオランダの大気化学者パウル・ヨーゼフ・クルッツェン（Paul Jozef Crutzen）氏らが提唱した考え方である。氏が2002年1月のNature誌Vol.415に寄稿した"Geology of mankind"では、人類が過去の300年間に地質学的規模で引き起こした変化を下記のように列挙している。このうちの（c）は、本書に深く関わる点に着目したい。

> (a) 人類が地表の1/3から1/2を加工、(b) 熱帯雨林を消し二酸化炭素増加と生物絶滅を招来、(c) 世界の主要な河川にダムを建設、また流路を改変、利用可能な淡水の半分以上を消費、(d) 海が生産する一次生産物のうち、上昇流中の25%と温帯大陸棚上の35%を漁業で消費、(e) 20世紀中にエネルギー消費が16倍となり大気中への二酸化硫黄の排出量が自然現象によるものの2倍以上に、(f) 自然が固定する量を上回る窒素を肥料工場が生産、(g) 化石燃料とバイオマスの燃焼により自然排出量を上回る一酸化窒素を排出、そして、(h) 化石燃料の燃焼と森林破壊によりこの2世紀の間に大気中の二酸化炭素濃度が40%上昇しメタン濃度も2倍以上に。

人新世の始まりの時期を農業革命、産業革命、とする説もあるが、分解不能プラスチックの大量生産が地質に影響を及ぼしはじめた1950年代以降とする論が多い。実際、人口、一次エネルギー消費量、水使用量、肥料消費量、紙の生産量などの「社会経済指標」、及び、二酸化炭素、亜酸化窒素、メタン、などの量、海の酸性化、熱帯雨林消失、陸生生物圏劣化などの「環境指標」、両者の劇的な変化がほぼ1950年代以降であることが、この想定を後押しする。

上記のような人類の生存に重要な地球環境の指標の代表例のひとつは、2009年にスウェーデンの環境学者ヨハン・ロックストローム（Johan Rockström）氏らが提唱した「プラネタリー・バウンダリー（planetary boundary：地球の限界）」である。そのうちの「気候変動：すなわち温暖化」「生物圏の一体性の喪失：すなわち生物多様性の喪失」「土地利用の変化：すなわち森林の急速な減少」「化学物質とくに窒素やリンの循環の変化：たとえば窒素は、これまで生態系で固定される量と大気中に戻る量が均衡していたが、化学肥料や農作物栽培により環境に放出される量が過大となる」の4つの指標は、既に後戻り不能な「限界点」に達した、と指摘されている（環境省『平成29年版 環境白書・循環型社会白書・生物多様性白書』など）。

SDGsは、これら指標の改善を目標としているけれど、経済成長を前提とするなら達成不能だ、とする先述のローマクラブの指摘から、さらに一歩踏み込んで、資本主義のもとでは達成不能であり、新しいコミュニズムに転換するしかない、と断じるのが、若手経済学者・斎藤幸平氏の近著『人新世の「資本論」』である［斎藤幸平 2020］。

脱成長戦略

斎藤氏は、カール・マルクスの未刊資料を分析する世界的研究グループとの共同作業を通じて、マルクス最晩年の思想的到達点が、人新世の今後の方向性に示唆を与えると論じる。

すなわち、資本主義のもとで、上記の各指標改善を目指す「グリーン・ニューディール」（註22）、「気候ケインズ主義」などは、結局、先進国での負荷軽減のツケを、グローバル・サウスと呼ばれる発展途上国に転嫁するに過ぎず、その不都合な真実を先進国の人びとには不可視化する結果になるのではないか、いわば大いなる「グリーンウォッシング」(p.169)となってしまうおそれがあるのではないか。なぜなら、資本の根本論理たる利潤を求める成長戦略は、労働力の収奪のみならず、地球環境資源の収奪も前提としているからだ。たとえば、電気自動車の中核技術である電池の素材レアアースは、グローバル・サウスの環境を破壊し現地の低賃金労働の下で入手される。地球規模で見ると、資本主義の下での先進国の経済成長はグローバル・サウスの労働者と地球環境資源の劣化を前提とするので、総体でもゼロサム、悪くすると不可逆な環境改変を招来する、と論じる。

もちろん、限界があることを認めつつも、グリーン・ニューディールが地球温暖化をある程度軽減する実現可能な方法のひとつだと考えている研究者からは、グリーン・ニューディールを斎藤氏のように一刀両断することについては、反論がある[明日香 2021]。

そこで斎藤氏が提案するのは、「脱成長」社会を目指すことであり、そのための処方箋はマルクスが晩年に夢見た「脱成長コミュニズム」だとする。すなわち、進歩史観、西欧中心主義と決別し、ゲルマン民族の伝統だった循環型の定常型経済「マルク共同体」などの共同体研究、物質循環や物質代謝のなかでの生命観研究を踏まえ、地球をコモンズ(共有財産)として持続可能に管理する「平等で持続可能な脱成長型経済」がマルクスの到達点だという。コモンズが目指すのは、人工的に稀少性を作り出して貨幣価値を上げようとする資本主義の領域を減らし、貨幣価値に換算できない使用価値の領域を増やすことであり、過酷な労働環境、住環境に縛られないで、人びとは大きな自由時間が手に入ることになる。消費主義、物質主義から解放された「ラディカルな潤沢さ」を増やすことであって、貧困化ではない。

斎藤氏が示す具体的な処方箋は;

(1) 価値観の転換:貨幣価値から使用価値、本当に役立つものやサービスの価値観への転換。
(2) 消費意欲を誘引する産業から労働力を引き上げて、脱炭素化による機械力低下をカバーする方向へ。
(3) 画一的分業を廃止して労働力をより創造的、自己実現の活動に、そしてやりがいや助け合いを優先する労働観への変革。
(4) そのために生産の社会的で民主的な共有が重要で、とくに水道、電力、住居、医療、教育などは、専門家任せではなく、市民が民主的かつ水平的に共同管理に参加する。その際の意思決定には時間がかかるが、それこそが民主主義のコストであり、それが経済減速につながる。そして、エッセンシャル・ワーク、たとえば、医療、福祉、運輸物流、販売、公共インフラとサービス、教育、一次産業など、機械化が難しい労働集約型産業、使用価値を重視する産業こそが厚遇される社会構造への転換。

などである。前記(4)で示される諸部門は、宇沢弘文(うざわひろふみ)氏が、「利潤を求める市場原理に決して乗せてはならない」と考えていた「社会的共通資本」[宇沢 2000]の一部、宇沢氏の言う制度資本に相当する。さらに言うなら、これら処方箋(1)〜(4)は、先のローマクラブの提言の多くと重なる点にも、注目しておきたい。

市民と若者の動き

これら処方箋は、単なる夢物語ではない。実際にその方向で動き始めている自治体やNGOの運動も斎藤氏は紹介している。たとえば、民営化されて利潤追及で公共性を失った水道事業の再公営化を進めてきたスペイン・バルセロナの地域政党による「フェアレス・シティ(fearless=おそれ知らずの都市)」運動、気候変動を招来した先進国によりグローバル・サウスが被害を受けるという不公正を解消し気候変動を止めるべきとする「気候正義:climate justice」の主張、1992年設立の国際農民組織ビア・カンペシーナ(La Via Campesina:農民の道を意味するスペイン語)の起こした、農産品の貿易自由化の結果による農業生産の場での搾取に反対する「食料主権」運動、など。これらに賛同する世界的連帯も生まれている、という。

そうした動きを支えているのが、スウェーデンのグレタ・トゥーンベリ（Greta Ernman Thunberg）氏など、1990年代中頃から2010年頃生まれの、いわゆる「Z世代」と呼ばれる若者たちだとする斎藤氏の指摘は、団塊世代の筆者・久保にはとりわけ新鮮だ。

コミュニズムに一定の理想形を期待したが、その具体例の数々、独裁制や官僚制と結びついた悪例に幻滅させられ、アレルギーやトラウマを持ち、東西冷戦終結でコミュニズムは潰えたと思い定めた、上の世代の人びととは異なり、コミュニズムにほとんど偏見を持たず、SNSなどのデジタル・ツールを軽々と駆使して世界とつながり、新自由主義経済に物申し差別反対を訴え、そして環境破壊のツケを見事に被ると実感する若者たちの増加は、2013年からインドネシアのバリ島で「バイバイ・プラスチックバッグ」運動を始めた若い女性たち、2020年の米国大統領選でサンダース候補を支持した若者、などにも見られるとおりである。新たな「異議申し立て」運動の到来であろうか。

大量絶滅の足音

周知のように、古生代カンブリア紀、中生代三畳紀など、地質時代の区分には、（生物の登場後は）生物化石が使われ、ある生物種群の大量絶滅でもって地質時代を区分することが多く、とくに大きな5回のイベントはBig Fiveと呼ばれる。古生代オルドビス紀末、デボン紀末、ペルム紀末（中生代の始まり）、中生代三畳紀末、白亜紀末（新生代の始まり）の5回の生物大量絶滅を指すが、それらの原因として、5回目は巨大隕石衝突がもたらした「隕石の冬」による、という地球外原因説のほかに、火山の大噴火で噴出したガスが太陽光を遮断したことによる寒冷化、大陸移動が引き起こす陸と水の分布変化に伴う大気と水の循環の変化、大気や海水の組成変化、気温の上下変動、など、主に地球内部の熱循環に起因する生物圏の環境変動が有力な説とされる。

また、生物進化で論じられる「共進化」概念を用いて、生物進化が逆に生物圏の環境に影響を及ぼすとする、生物と環境の相互関係に着目する地球史観もある。プレートテクトニクスの開始と大陸形成、大陸縁辺の浅水環境の形成、そうした場で光合成をおこなうシアノバクテリアの繁栄、その結果の大気中の酸素濃度上昇、オゾン層の形成と紫外線量の減少、好気性バクテリアの繁栄、それを取り込んで共生しミトコンドリアに変性させた真核生物の登場、といった連鎖が、その例だ［丸山 2016］。

これらと同様に、人類も登場以降、生物圏の環境に大きな変化を加えてきた。狩猟、乱獲、農耕牧畜技術の発達に伴う栽培化や家畜化をとおした品種改良、植民地と本国間の生物の移送による特定生物種の絶滅、近年の遺伝子操作やゲノム編集、などで生物種の構成を大きく変えてきた。さらに産業革命、重化学工業の発達などで生物圏の環境を激変させた。「人新世」の始まりを、地質に残るであろうプラスチック大量生産開始の時期とするのは、地球史の観点では理にかなうが、今や地質にも刻印されるほどの環境激変を人類が起こす先には食料危機が控え、さらにその先には多くの生物を道連れにする人類絶滅が待ち受けているかも知れない。

いや既に、ジャーナリストのエリザベス・コルバート（Elizabeth Kolbert）氏が、2015年の一般ノンフィクション部門ピュリツァー賞受賞作『6度目の大絶滅』で述べているように、大量絶滅は、今まさに進行中なのかも知れず、2050年には種の半数が消滅する可能性もあるという。そしてその主因は、温室効果ガスによる「温暖化」と、その「邪悪な双子」とされる「海の酸性化」だ、と言われている。

海の酸性化とは、大気中の二酸化炭素が海水に吸収されて海水の水素イオン濃度が高まる現象である。その影響は多様で、ひとつには海洋の二酸化炭素吸収能力が低下して大気中の二酸化炭素濃度の増加を加速する。ふたつには、海生の石灰化生物（サンゴや貝など）が作る炭酸カルシウムの骨格や殻が酸性化により溶解して死滅し、それに伴って植物プランクトンや動物プランクトンの生息環境が劣化し、それが食物連鎖の上位に及び、果ては水産資源の減少につながるという。

最近の地球史論に学ぶなら、新生代の氷河時代（約4,900万年前以降）は、太陽と地球の距離のゆらぎ（ミランコビッチ・サイクルと呼ばれる理論などがある）を主な原因として、4〜10万年の周期で氷期と間氷期を繰り返してきた。現在は約1万2千年前に始まる間氷期にあるので、あと数万年で氷期に移るから今の温暖化を心配しなくて良い、と唱えるむきもあるが、現在の温暖化ペースならば、氷期に移る前に危機を招くのは確実だ、という。

以上のような諸々の生物圏の環境変動、それに伴う種の絶滅と、生き残った種の新たなニッチでの進化が繰り返されてきたのが、地球生物史だが、それは多様な種があったればこそである。一属に一種しかいないきわめて特異な種、ヒトは、いずれ訪れる環境変動で、容易に絶滅するに相違ない。数千年から数万年の寿命だとの論もある［ジー 2022］。

しかしだからといって、環境変動をわざわざ引き起こし、自らの退場を思いがけず早める愚だけは避けたいものだ。人類はそのための知恵を獲得し知識を積み上げてきたはずだ。総合的で百年単位の長い視野に基づいて、環境変動の緩和、生物資源の持続的な維持と活用、それらの方策の検討と実現に向けた計画を立てる知恵を持っているはずだ。そのためにこそ、ほかの生物にはない特異な進化を遂げた知能を、活かすべきではないだろうか。

日本の食事情

足元の日本を見れば、1960年には79％あった日本の食料自給率（カロリーベース、すなわち、国産供給熱量／供給熱量×100）は、ほぼ一貫して低下し、2000年度以降は低値での横ばいが続いていて、農林水産省の統計によれば、2021年度現在では38％と、主要先進国では最低水準に落ち込んでいる。各食材の輸入相手（供給の連鎖：サプライチェーン）が一部に偏在していて多様性を欠いていれば、気候変動や害虫の大発生、紛争や政変など輸入相手で異変が起きると、たちまち食料不足に陥るやも知れぬ実に脆弱な日本。が、この不都合な真実を直視せず、飢餓に苦しむ国々を尻目に世界の食材を集めた飽食の一方で、膨大な食品ロスを生み出し、成人病を増やして医療保険制度に負荷をかける日本。

こうした日本の食事情は、世界の「食料システム」に明らかに依存している。国連の科学グループは、食料システムとは、「農業、林業または漁業、及び食品産業に由来する食品の生産、集約、加工、流通、消費および廃棄に関するすべての範囲の関係者及びそれらの相互に関連する付加価値活動、ならびにそれらが埋め込まれている、より広い経済、社会及び自然環境を含むもの」、と定義している。先述したプラネタリー・バウンダリー論で、既に限界値を超えたとされる4つの指標は、実は世界の食料システム、とくに農業と深く関わる、と指摘されている。

温暖化と海の酸性化を引き起こす温室効果ガスの約25％は、農業由来（農地拡大による森林破壊、化学肥料、畜産からのメタンガス）だというし、特定食材の栽培や養殖のために特化した土地利用と土地収奪、及び、品種改変により生物多様性は劣化しているし、人工肥料や殺虫剤などの農薬流通により化学物質のいびつな循環や蓄積が生じているとされ、たとえばp.46や註23で紹介している、ネオニコチノイド系殺虫剤に関する議論がある。以上のどれをとってみても、農業に関わるシステムの責任は、小さくなさそうなのだ。

しかもグローバルに展開する食料システムは、富める国は世界の食料を収奪し飽食に突き進む一方で、貧しい国は劣悪な水環境や衛生環境、そして飢えや栄養不足に悩み、高い乳児死亡率を記録するなど、富だけではなく健康や栄養の面でも、グローバルな分断を生み出している、というのである。

私たちにできることは

ノルウェーをベースに、食、健康、持続可能なビジネスを考え実行する国際NPO、EAT（https://eatforum.org/）が2013年に立ち上がり、2019年にEAT-Lancetレポートを発表した。そのなかで、地球に負荷の少ない食習慣「プラネタリーヘルスダイエット」、すなわち、精製穀類や動物性由来食品から、全粒穀物と植物性由来を中心とする食生活への移行を提案している。もっとも、この提案は、未だ飢えと低栄養に悩む国々に対しても一律に適用するのは難しく、世界の食料システムの不均衡を一挙に解決する処方箋とはならないが、先進国の食習慣に関する行動変容を促す意味が大きい、と考えられている［石井菜穂子 2021］。

この提案に添うとするならば、日本では次のような方策が考え得る。農林水産業が共生し、可能な限り地産地消に近づけ輸送コストを抑え、生産と消費を結びつけて地域的な循環を生み出し、季節外れの贅沢を避けて自然のサイクルに沿った国内産食材の利用に消費者が努める。こうした方向への食習慣や生活習慣の見直しは、世界の食料危機やエネルギー問題の解決に寄与する点で、国土強靱化にもつながるだろう。SDGsをもじって、「Sustainable Diet Goals、SDGs：持続可能な食習慣の目標」を設定しても良いのではないだろうか。

さらに言うなら、これまでに紹介した諸々の事例が示しているように、河川流域をベースにした自然資本の利用が、循環型で持続可能な地域社会を作り出す鍵のひとつを握ると思われる。

現在の日本は、少子化や低成長など、人口や経済の増加圧力が薄れてきている。大胆な発想ではあるが、むしろこれらを好機ととらえるならば、今こそ、斎藤幸平氏の言うように「脱成長」し、「レジリエント」で持続可能な、地域をベースとする社会実現を後押しする諸条件が、整いつつあると言えるのではあるまいか。

もしそうであるなら、「森里海連環学」のように、水や大気、諸々の物質、化学物質の大循環の視点が肝要だ。こうした分野横断的な視点、局所的ではなく広がりを持った空間的視点、加えて、100年を単位とする長い時間的視点は、持続可能性を展望するうえで必須の要件だろう。

それを運用する行政の側には、次のことが求められよう。すなわち、担当省庁が省益や無謬性という呪縛から逃れ、省庁間の壁を越え、生産者、流通業者、消費者、研究者、市民運動、などと連携・結集して、国土とその資源の利用、開発と保全、及び、食産業や食文化の保全、それら諸関係の利害を再調整し、合意形成を図る努力を、目に見える形で示すことである。

そうなれば、市民、研究者などほかのセクターにも、それに快く参画、協力する機運が生まれるであろう。専門家任せにせず、諸セクターが意思決定に民主的に共同参画し、各自の担当した部分について責任を果たし、互いに得た経験や知識を共有する。各セクターが自覚的に取り組めば、こうした仕組みは、遠からず実現できるのではないだろうか。

生態系を考えるうえでの指標として最適な生物のひとつであり、しかも日本人に身近な存在でもあるニホンウナギは、世界的な食料システムの再構築、食習慣の見直しと持続可能な地域社会実現にとって、これまでに述べてきたさまざまな意識改革や行動が今こそ必要であることを、強く訴えている、と思うのである。

註

(註1) ヨーロッパウナギと日本

1.4節「世界のウナギと日本の役割」で述べられているように、ニホンウナギ、アメリカウナギなどとともに「温帯ウナギ」グループの一員であるヨーロッパウナギは、ヨーロッパ及びアフリカ北部大西洋岸に分布し、北はスカンディナヴィア半島、東は黒海沿岸、南はアフリカ西海岸のモーリタニア、西はアイスランドに及ぶ(第1章のコラム「世界のウナギ属」)。

第1章、p.12のグラフ「ウナギ供給量の推移」が示すとおり、2000年にピークを示したウナギの供給を支えてきたのは、養殖生産と輸入である。ヨーロッパウナギは、その両者と深く関係する。そこでまず、[増井 2013] などを参考に、日本の養鰻業史におけるヨーロッパウナギを振り返る。

日本におけるヨーロッパウナギ養殖

第二次世界大戦後の日本では、高度経済成長期に入って消費者の所得も上がりウナギ需要が高まる一方で、シラスウナギ漁獲量の変動が激しく不漁も続いていた。これに対処するため、1964年に台湾、韓国、中国からニホンウナギのシラスウナギが試験的に輸入された。さらに1969年には、1965年に設立された日本養鰻漁業協同組合連合会(日鰻連)が、当時は資源に余裕があると考えられていたヨーロッパウナギのシラスウナギをフランスから9.5tと大量に輸入した[増井 2013]。養殖向けに、ニホンウナギ以外の種苗がわが国で初めて導入されたのである。

以後数年間、毎春に輸入が続けられた[江草 1971]。第1章、p.12のグラフ「ニホンウナギ内水面漁業生産量とシラスウナギ国内採捕量の推移」が示すように、一貫して減少してきた国内でのシラスウナギ採捕量を補うためにシラスウナギの輸入が拡大し、養鰻業を支えるようになっていった。そしてその頃から、ヨーロッパの北欧、英国、フランスなど大西洋岸地域、さらにはモロッコ、イタリアなど地中海地域も含めて、商社がヨーロッパウナギのシラスウナギ購入に奔走するようになったと言う(株式会社いらご研究所ウェブサイト「うなぎ雑学・鰻談放談ー3」)。

しかし、ヨーロッパウナギのシラスウナギは、水温が高いと体が弱って摂餌しなくなるので飼料効率が悪い、成長が遅い、など日本の養殖技術にはなじまず飼いにくいことから、養鰻業者も次第に敬遠するようになり、10年ほどでヨーロッパウナギの養殖ブームも下火になった。財務省の貿易統計によれば、そこにウナギが掲載され始めた1973年には、シラスウナギの総輸入量359tのうち231tだったヨーロッパウナギの輸入量も、翌年以降急落し、1980年頃には総輸入量約80t中の約40t前後に減少した。

養殖からの撤退に伴う自然界への逸出

日本でのヨーロッパウナギ養殖からの撤退は、自然界へのヨーロッパウナギの逸出という副産物を残した。「ビリ」と呼ばれる発育不良のシラスウナギを抱えていては経営にマイナスになるので養鰻業者が海に放流してしまう、漁業権を管理する漁業協同組合に対して漁業法が課している「増殖義務」(10.2節、註19)を果たすための、いわゆる「義務放流」の対象として河川に放流する、などの事例が生じた。義務放流は種をニホンウナギと限定していないから、手に余るユーロッパウナギを放流用に回したのである。また、よじ登る能力がニホンウナギより優れているので、養鰻場から逸出した事例も多い[松田ほか 2016]。筆者・中尾が、ヨーロッパウナギの養殖を一時推進していた佐賀県農林水産部の元職員の方から聞いた話でも、ヨーロッパウナギは活発なので養殖池の囲いの壁を難なく這い登り、雨が降った後に一夜にして一匹残らず消えたことがあったらしい。

異種ウナギが日本の自然水系に逸出する危険性については、外国産シラスウナギ輸入開始直後の1970年代から指摘されていた[松井 1972][多部田ほか 1977]。10.5節でも記したように、寄生虫の侵入や、ニホンウナギを圧迫しその水系からニホンウナギを駆逐する危険性もあるのだ。そこで1980年代以降、いくつも実態調査がおこなわれてきた。

たとえば、株式会社いらご研究所のウェブサイト(http://www.irago.co.jp/documents/foreign_eel.html)によれば、1997〜1998年、6か所の天然ウナギ産地で定置網や籠で採集された大型ウナギについて、東京大学海洋研究所が開発した、ミトコンドリアのRNA遺伝子領域に対する制限酵素断片長多型(PCRーRFLP:Polymerase Chain

Reaction－Restriction Fragment Length Polymorphism）と呼ばれる方法で種同定したところ、三河湾では12.4%、宍道湖では31.4%がヨーロッパウナギと同定されたという。

また［青山 2004］によれば、2000年、さまざまな水系から採集したウナギ595個体について、PCR－RFLP分析法で種同定したところ、2県3水系で3個体のヨーロッパウナギが同定された。1997年に新潟県魚野川（うおのがわ）で捕獲された46個体の解析でも、ヨーロッパウナギが42個体、アメリカウナギが1個体、ニホンウナギはわずか2個体だった。さらに驚くべきことに、1997〜1998年の東シナ海男女群島（だんじょぐんとう）沖70kmで採捕された産卵回遊中の銀ウナギ52個体中に、ヨーロッパウナギ1個体が含まれていた。日本の水系に外国産ウナギが生息し、その一部は性成熟して降河回遊していることが初めて明らかになったのである。

以上から推察するに、日本の水系にヨーロッパウナギがある程度は存在していたのは確かであろう。2010年代以降は、日本の水系でヨーロッパウナギはほとんど見られなくなった［塚本 2019：140］、というから、以下は、極めて想定しにくいことではあるものの、性成熟したヨーロッパウナギがニホンウナギとともに西マリアナ海嶺近くの産卵場に向かい、世代交代を果たした仔魚が日本に戻って日本に定着する、という可能性も全く否定できないかも知れない。ニホンウナギとのハイブリッドが誕生する可能性もあり得て、［松原ほか 2010］によれば、実験室レベルでは孵化30日齢までのハイブリッド仔魚飼育に成功しているが、今のところ、自然界ではその可能性は低いという。

北大西洋のサルガッソ海に産卵場を持つとされるヨーロッパウナギとアメリカウナギについては、それらのハイブリッドがアイスランドに生息することが知られているが、遺伝的に混じり合うことを妨げる生殖後隔離が働いているらしく、進化過程のどこかの時点で生じた種分化が維持されているという［塚本 2019：27］から、ハイブリッドが成立して新種が誕生する可能性は低そうだ。

輸入ウナギの増加

さてここまで、養殖におけるヨーロッパウナギの関わりについて見てきたが、次に、日本への活ウナギ輸入や調整品（ほとんどが蒲焼）輸入におけるヨーロッパウナギの存在をみてみよう。当然、鮮度が求められる前者は空路、後者のほとんどは海路による輸入である［佐々木 2019］。

日本の市場にこれらの輸入品が大量に流入してくるようになったのは、日本の1986年以降のバブル経済期の急激なウナギ消費の増大がきっかけである。日本のウナギの消費量は1980年代初めからの15年ほどの間にほぼ2倍に増加し（p.12のグラフ「ウナギ供給量の推移」がその傍証）、それを支えたのが輸入だった。

旺盛な日本での需要に応えようと、まず台湾で養鰻事業が本格化し、活ウナギや調整品の日本への輸出が急増した。元来台湾では、ウナギ消費が少なく養鰻も発達していなかったが、1968年に養殖池で病害が発生した日本が台湾からシラスウナギの輸入を始めると、現地でシラスウナギブームが起きた。次いで、シラスウナギ採捕だけでなく養鰻、さらに製品化まで手掛けるならば、需要の多い日本向け輸出が事業として成立する、というので養鰻事業が急拡大した。温暖な気候が養鰻に有利だったのである。その後を追うように台頭してきたのが中国である。広大な土地、豊富な水利、低廉な労働力、などの優位性によって、台湾の地位を脅かすようになり、1994年以降は、日本が活ウナギと調整品を輸入する最大の相手国が中国となった［増井 2013］（p.13のグラフ「ウナギ輸入量の推移」）。

中国でのヨーロッパウナギ養殖

しかし、1990年代には、東アジア全体でニホンウナギのシラスウナギ資源量が減少し、シラスウナギの価格が高騰した。そこで、東アジアの多くの養鰻場、とくに中国では、養殖用の稚魚として、当時はまだ資源が比較的豊富だったヨーロッパウナギを大量に導入するようになった。日本はヨーロッパウナギ養殖から撤退したが、中国では、1990年頃から、水温の低い中国の内陸部で、「流水式養鰻」で時間をかけてヨーロッパウナギやアメリカウナギを養殖する技術を開発したからだという［黒木ほか 2011：173］。

これには日本での前日譚がある。ウナギのような内水面（淡水）養殖の方法のうち、人工池を使う「池中養殖」は、地下水なども含めて新しい水を常に供給する「流水式」と、水位を保つ以外は給水しない「止水式」に大別される。止水式は水中のプランクトンなどにより酸素濃度が低くなっていくので、うまく飼育するには、水をかき混ぜたり空気を送り込んだりする曝気（ばっき）が必須となる。他方、流水式では酸素濃度の心配は少ないので、昭和初めに水産試験所数か所で試行され、第二次世界大戦後も一定の期待を集めて［稲葉ほか 1959］［江口ほか 1962］、国内各地で導入されてきた。しかし、ニホンウナギは低水温では成長が悪く、流水で水が澄んでいる環境ではストレスを感じるのかうまく飼育できないとされ、国内では少数派にとどまっている。1993年の「漁業・養殖業生産統計」によれば、流水式を採用しているのは、養鰻経営体数の5%、収穫量の2%に過ぎない。

一方、ヨーロッパウナギは冷水に強く、また成育率が高くて製品の歩留まりが良いので、加温設備が不要なことと相まって、生産原価がニホンウナギより安くてすむ点で流水式がまさにぴったりである、という、鹿児島県肝属郡での1970年代から長期間にわたるヨーロッパウナギ養鰻成功事例に基づいた報告がある［小山内 1980］。中国の養鰻業者は、これら日本の経験も参考にして、流水式によるヨーロッパウナギ養鰻に成功したのであろう。

輸入ウナギへの逆風

日本では、かつてウナギは専門店で食べる高級食品と位置づけられていたが、パック技術の発達、商社による中国での養殖、などによりスーパーマーケットや外食チェーンで提供され始め、消費量が2000年前後にピークを示した（1.4節）。当時のスーパーマーケットで販売されていたウナギ製品のDNA分析によると、ニホンウナギは34%に過ぎず、残りはヨーロッパウナギ、アメリカウナギだった［白石ほか 2015］。

ところが、p.12のグラフ「ウナギ供給量の推移」が示すように、2000年以降、一転して日本でのウナギ消費が減少した。その主因は、輸入された製品から、2002年に中国産からスルファジミジン、2005年に台湾産からエンロフロキサシン、中国産からマラカイトグリーン、の合成抗菌剤が検出されたこと、及び、日本の業者がウナギの原産地を「日本」と虚偽表示したこと、などの幾度もの報道に、消費者が購入を控えたのであろう［増井 2013］。さらにシラスウナギの供給量の変化に伴い、2011年から2012年にウナギ製品の価格が高騰し、ウナギの消費はさらに落ち込んだ［白石ほか 2015］。

一方、安価な輸入ウナギの主力だったヨーロッパウナギは、2008年にIUCN（国際自然保護連合）により最も深刻なカテゴリーであるCR（Critically Endangered：近絶滅種）に位置付けられた。2009年にはワシントン条約で輸出国政府発行の輸出許可証が必要な「附属書II」カテゴリーに掲載され、2010年12月以降はEUからの輸出が全面禁止となった。

そのため、その頃以降は、中国や台湾での養殖はニホンウナギやアメリカウナギにシフトし、生きたまま日本に輸出される活ウナギのほとんどもニホンウナギに変化した。中国産ニホンウナギは大規模経営でコストダウンできるため価格が安い。さらに日本に輸出されるウナギは日本国内産よりも身が太いため半分の価格で提供できるのである［増井 2013］。

禁輸逃れでEU域外からヨーロッパウナギ

ところが、この動きは限定的だったようで、ワシントン条約の取引データによると、2009年から2013年に中国から日本に輸出されたウナギ調製品の40 %以上がヨーロッパウナギであった［白石ほか 2015］。2010年頃からニホンウナギのシラスウナギが稀少になったので、東アジア諸国では、ニホンウナギに代わりヨーロッパウナギのシラスウナギ入手の動きが再び強まり、EUによる域内での輸出入禁止措置があるので、アフリカ北海岸などEU域外でのヨーロッパウナギ獲得の動きが増えているのだという。

実際、ワシントン条約事務局は、かつてはEU向けに輸出されていたモロッコやチュニジア産のシラスウナギが近年アジア諸国に輸出されていることを突き止め、とくに中国に大規模に輸出されていて、その大半が日本に再輸出されている、と2018年5月22日に報告書を公開している（サステナビリティ・ESG投資ニュースサイト20180603最新ニュース・ニューラルサステナビリティ研究所　https://sustainablejapan.jp/2018/06/03/japan-eel-import/32383）。

また、［吉永 2018］によれば、2013〜2015年の夏の土用丑の日に、神奈川県相模原市内の牛丼店や回転寿司店で供される中国産の廉価な蒲焼をDNA分析した結果では、ほとんどがヨーロッパウナギ、あるいはアメリカウナギとの混在だったが、2016年以降は外食産業でのヨーロッパウナギの扱いが減っている。これはワシントン条約の規制のほか、環境保護団体などによるネガティブ・キャンペーンが外食産業の担当者に響いた結果かも知れない。

国際取引は、資源保護よりは利潤追求を旨とするので、取引価格や取引量の多寡によって、仕入れ先を年ごとに変えるのだろう。

このようなヨーロッパウナギとの関わりを振り返ってみると、シラスウナギや未成魚が日本に入ってくる機会を演出し、ヨーロッパウナギを絶滅寸前に追いやったのは、資源量を考慮しない、日本国内の旺盛なウナギ食需要にほかならないことがわかる。消費者だけでなく、生産業、流通業、など関係者の飽くなき欲望が作り出した結果なのだ。

（註2）ウナギ仔魚の死滅回避

日本にやってくるシラスウナギ資源量減少の原因として、次のような海洋環境の変動、すなわち、黒潮の蛇行によりシラスウナギが日本列島沿岸に近づけない、または、北赤道海流が黒潮とミンダナオ海流に分岐する地点で後期仔魚レプトケパルス（英語読みならレプトセファルス、註4参照）が南方のミンダナオ海流側に乗ってしまう（死滅回遊と呼ぶ）、などの説が提起されている。

南方に死滅回遊する理由としては、エルニーニョ現象が発生するとスコールの元となる積乱雲が東方に移動して「塩分フロント」（p.25）が南下するという「エルニーニョ仮説」[KIMURA et al. 2001]や、北赤道海流を作り出す貿易風の風速が弱まると（その原因は不明）、北赤道海流の50〜250mの深さでの南向き成分が強くなり、ちょうどその深さにいるレプトケパルスが南に流される[CHANG et al. 2018]、などが挙げられている。

（註3）動物学名の命名法とウナギ属の成立事情

生物分類の基盤を樹立したのは、スウェーデンの博物学者Carl von Linné （1707〜1778）である。日本語では、カール・フォン・リンネと表記されるが、現地での発音に従うなら「リネー」と表記すべきという――リンネとは俺のことかとリネー言い――[千葉県立中央博物館 1994:125]。また自らのことをラテン語でCarolus Linnaeusと名乗っていたので、彼の命名した動物学名に著者名を付す場合はLinnaeusと表記される。

彼は、28歳の時、学位を得るためオランダ滞在中の1735年に『自然の体系（Systema Nature）』を刊行した。同書は表紙サイズが約54cm x 42cmの大型12頁の冊子で[千葉県立中央博物館 2008:3]、植物を中心に分類して提示するものだったが、その後は、版を重ねるたびに頁数は膨らみ（彼の没後、1788〜1793年に刊行の第13版は、全3巻10冊総6,200頁余に達する[西村 1997]）、1758年から翌年にかけて刊行した、2巻本総1,384頁に及ぶ第10版では、植物のみならず動物の学名にも初めて「二語名法」（二名法とも、第1章のコラム「世界のウナギ属」）を徹底的に採用した。このことは斯界では良く知られているが、「国際動物命名規約」（International Code of Zoological Nomenclature:ICZN）が、1758年1月1日を動物命名法の起点としているのは、この第10版刊行にちなむ。リンネは、その第10版のなかで、現在の標準和名ヨーロッパウナギを含む7つの種でもって*Muraena*属を設立したが、そのタイプ種を指定していなかった。

ここで、現在の「国際動物命名規約」で使われる用語「タクソン」と「タイプ」について、少し整理しておきたい。

名義上のタクソンとは

まず、動物命名規約において、「タクソン」（taxon、その複数形タクサtaxaは日本動物分類学会誌の名前になっている。Taxonは分類法:taxonomyからの逆成語）とは、階層構造を成す、「門:phylum」、「綱:class」、「目:order」、「科:family」、「属:genus」、「種:species」、の各分類階級（rank）を付与された階層に位置づけられる生物の集合を指し、分類群、または分類学的単位と和訳される。動物の場合、名前が付けられているか否かは問わず、分類された集団をタクソンと呼ぶ[平嶋 2007:983「タクソンとは何か」]。また、哺乳類や昆虫など、動物の分野ごとに、各階級を細分して中間階級を設定することも多く、魚類では、[中坊 2000]が示すように、「綱」と「目」の間に「区:division」を設ける分類案もある。

さて、国際動物命名規約とは、「科」以下の分類階級の学名の付け方に関する規約であるが、それに従えば、魚類におけるウナギ科、ウナギ属、ニホンウナギ種などのように、学名の付けられたタクソンは、すべからく「名義タクソン」という扱いがなされる。すなわち、人間が、動物を分類して仮説的に作り出した「分類学的タクソン」に、学名を付けるためのルール集が国際動物命名規約であり、それに基づいて学名の付けられたタクソンが、「名義タクソン」と呼ばれるのである。ここで「名義（nominal）」と冠を付ける

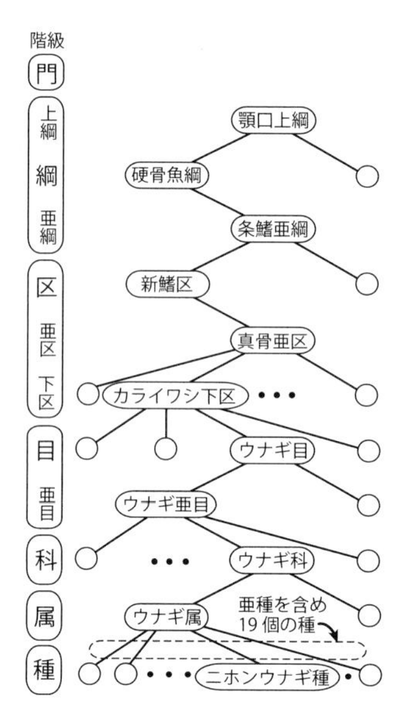

ニホンウナギ種に至る動物分類の階層構造のひとつの説。この図は、中坊徹次編『日本産魚類検索:全種の同定 第二版』に基づいているが、刻々、新しい分類案が提案されているようだ。

のは、筆者・久保の理解では、次の事情による。

元来、動物集合を人間が悉皆的に把握するのは不可能なので、ある学名の付いたタクソンは、動物界の自然の集合に対応しているはずもない。そのタクソンは、ある命名者が、あくまでも自分の判断で動物を区分し、後述するような「担名タイプ」を指定し、学名を付け、その学名の名義で作り出した、人為的な集合に過ぎない。そこで、命名者が作り出した名義上の集合に過ぎない、ということを明示するために、「名義」を前置するのである。以下の解説でも、分類と命名はすべて名義上のものとみなすべきである。

しかし、リンネ自身は、人為的な分類は「自然分類」と矛盾しない、と考えていたようだ。リンネは、合理的に神の存在を説明しようとする「理神論」に根ざすスコラ哲学流の啓蒙主義者であり、世界を汎(あまね)く調べることで、神の叡智を明らかにしようという、いわゆる「汎智学」の意図のもと、分類体系の構築に努めてきた。

[西村 1997] によると、リンネは、自分の作り出した分類体系は、最初は人為的に見えるものの、幅広く世界を調べ尽くせば（尽くせると考えていたようだ）、最終的には神の創り給うた、秩序整然として調和のとれた単純明快な分類体系、すなわち対象に内在する「本質」に基づいた「自然分類」、それこそ「自然の体系」に到達するに違いない、と考えていたという。当時は地球史や生物進化史は知られておらず、リンネは静的な世界観を持っていたのである。

本質主義に基づく分類

このようにリンネの分類は、スコラ哲学の「本質主義」に基づいている。各生物には、個々の個体が示す差異や個性を超えた、その「本質」を反映する形態があるのだから、その形態を仔細に比較検討すれば、自ずと「形態分類」できるはずだ、というわけである。ここでいう「本質」とは、ギリシア哲学の存在論において、現実世界に存在する個々の「実体（インスタンス）」は理想世界にある「クラス」を鋳型にして創られている、とみなす際の「クラス」に、あるいは、プラトンの説く「イデア論」における理念的な理想型である「イデア」に、対応する概念とみなせる。

ちなみに、「クラス」と「インスタンス」を、理念と実体、あるいは、理想と現実、に対応づける考え方は、C++やJavaなど、現在の「オブジェクト指向プログラミング言語」において、ある機能を果たすプログラムとそれに関わるデータをひとまとめにした「オブジェクト」をクラスとして定義し、実行時には、それを鋳型として、インスタンスにあたるオブジェクトが必要に応じて複数個生成され、個々に起動・実行される、という仕組みに活かされている。

スコラ哲学の本質主義を生物学に適用した、古典的な「生物学的本質主義」は、現代の研究者によってさまざまに定義されているが、そのひとつは；

(1) 自然種の各成員には、その種に属するための必要十分条件となる内在的な本質が存在する。
(2) これら本質は、自然種の成員が持つほかの典型的性質と、法則的、因果的に結びついているので、これら典型的性質の因果的説明や法則の一般化が可能である。

と整理できる、という [田中泉吏 2012]。しかし、進化論や分子遺伝学の知識が蓄積されてきた20世紀後半以降、「生物学の哲学」の世界では、この本質主義がいったんは全否定された。だが近年では、その一部を再構成して擁護する、揺り戻しの動きも見られるようになったようだ [千葉 2014]。これについては後で触れる。

しかし、スコラ哲学流の思弁的な博物学は、ちょうど『自然の体系』第10版が刊行された18世紀後半頃から、批判を受けるようになる。フランスのビュフォン（ビュフォン伯ジョルジュ=ルイ・ルクレール：Georges-Louis Leclerc, Comte de Buffon）に代表されるような実証主義や自然主義が台頭し、思弁ではなく自然そのものに寄り添うべきだとする考えが広まり、リンネの、とくに植物に関する人為的な分類に対して、批判が強まっていった。そして、自然を忠実に記述すること、観察された事柄をひたすら正確に記述すること、そのようにして蓄積された経験が人間の知を作り出していくと考える「経験主義」が、禁欲的で新しい生物学の潮流となっていく。ある形質を「本質」と捉えること自体が、人間の思い上がりで論理的にも行き過ぎた行為であり、生物の持つあらゆる形質を対象に分類するのが自然分類だ、とするビュフォンの考えが広まる。やがてそれは、ダーウィン（Charles Robert Darwin）が提起する進化論へとつながっていく。

動物命名法における「タイプ」

ここで「タイプ」について整理しておく。現在の国際動物命名規約の基本は、「科」以下の分類階級において、新たにタクソンを設定してそれに学名を付ける際には、後ほど別の生物（集合）を同じ仲間とみなして同じ学名で呼ぶ際に参照するべき、客観的な基準を提供するもの、すなわち「担名タイプ：name-bearing type」を指定せねばならない、という「タイプ化の原理」にある。つまり、「科」「属」「種」の分類階級において、あるひとつのタクソンを命名するには、その学名に結びつけられてその名を担う責任を負う「担名タイプ」を、恒久的に固定せねばならない。

分類階級の最下端にある、ひとつの種タクソンに対してその参照基準を提供するものは「タイプ標本」と呼ばれ、その新種に学名を付けて発表する論文や書物のなかで、その新種の特徴記述の拠り所として、命名者が提示する実例を指す。第8章のコラム「嬉野川とシーボルト」で触れているのはこれである。ひとつの標本、または、ひとそろいの標本をタイプ標本とすることができ、複数の場合はタイプシリーズと呼ばれるが、そのうちから代表として命名者が指定した標本（群）は、「担名タイプ標本」と呼ばれて厳重な保全が求められ、簡単に取り替えてはならない。そうした担名タイプ機能を持つ標本の採集された場所が、「タイプ産地」である。

現在の動物命名規約は、ある標本に、タイプ標本や担名タイプ標本としての資格を与えるための厳格なルールを定めており、それに対応してタイプ標本についても多くの種類を定義しているが、やや複雑なので、本書では割愛する。標本は、必ずしも動物の体の全体でなくても良く、理由があれば図解でも良い。過去には、標本が存在せず、図解や記述だけの例もあったようだ。

他方、種より上位の、科タクソンや属タクソンを新たに設けて学名を付ける際に指定するべき「担名タイプ」とは、参照基準を提供するような下位のタクソンである。ある「科」の参照基準となる下位のタクソンはその科の「タイプ属」、ある「属」の参照基準となる下位のタクソンはその属の「タイプ種」、とそれぞれ呼ばれる。コラム「世界のウナギ属」で触れているものや、この註で後に紹介するのがこれである。

担名タイプであるタイプ属は、「種」より上位にある概念的なものだが、下位の方向へと階層構造をたどれば、その属のタイプ種に到り、さらに下に向かえば、その「種」に対応する「タイプ標本」、すなわち、実在する個体に到達する。このことによって、そのタイプ属の学名の客観性を保証しているのである。これが、動物命名法におけるタイプ化の原理の眼目といえよう。以上の解説は、2005年『国際動物命名規約第4版日本語版』条61に基づく。

タイプ概念の変遷

次に、タイプ概念の歴史的変遷について、多様性生物学・分類学が専門の西川輝昭氏の解説［西川 2018］に依拠しながら、少し振り返っておく。

担名タイプの概念については、リンネやその弟子のJohan Christian Fabriciusが、「…既存の属を分割する場合、元の属の名称は、最も普通な生物を含む部分を指すようにして使用すべきだ」と言及しているが、そこでいう「最も普通」とは主観に基づく感覚的な概念なので、学名の基準に客観性がなく、学名が混乱しがちになった。

1815年にナポレオンが失脚して平和が訪れた欧州では、啓蒙主義の時代・理性の時代と呼ばれた前世紀を継承して世界を合理的に理解しようとする気風のあったこと、列強の植民地拡大に伴って海外からの文物が多数到来するようになったこと、従来王侯貴族や富裕層にのみ公開されていた博物館がフランス革命後のパリで一般市民にも公開されるようになったこと（フランス国立自然史博物館を嚆矢とする）、などもあって、博物学ブームが起きた。その結果、収集家、命名者が数多く出現し、それが学名の混乱に拍車をかけて、種の学名が頻繁に変更されることもあった、という。

そこで、「属の命名者自身が、普通あるいは典型と考える種を含む部分に、その属名を恒久的に固定する」、という方法を、英国の昆虫学者John Obadiah Westwoodが1837年に初めて明示的に提唱した。

これが、客観性を伴ったタイプ概念の始まりとされるが、それが明文化されたのは、1842年に英国科学振興協会（British Association for the Advancement of Science）に設置された委員会で決定され、後に「ストリックランド規約（Stricklandian Code）」と呼ばれる規約であった。

一方、種タクソンに対する「担名タイプ標本」の概念を創始したのは、1819年、スイスの植物学者Augustin Pyramus de Candolleであるとされる。しかし彼自身、標本そのものよりも、記述を重視する立場だったようで、標本か、記述か、どちらに重点を置くかの論争が19世紀後半から20世紀まで続いていたらしい。

また、種についての「担名タイプ標本の明示的固定」が命名規約に初めて登場するのは、「国際動物命名規約」の前身にあたり、1905年に発効した「万国動物命名規約」の、1913年の改訂版における付則、とずいぶん遅くなる。

客観的な実体として標本に勝るものはなかろう、と現在なら思うところだが、19世紀にはタイプ標本がさほど重視されなかった。というのは、植物標本に比べて、耐久性のある動物標本を作る技術が当時は未熟だとされていた（必ずしもそうではなかったともいわれる）ことのほかに、種の境界を変更する議論が意識的に忌避されてきた、つまり、権威ある博物学者が定めた種の境界を不可侵とする風潮があったのも理由のひとつだろう、と西川氏は解説する。

科学的営為とは、決して純粋無垢、公正中立とは限らず、歴史や文化の縛りのなかでの、良くも悪くも人間臭い個人活動にほかならない、ということを示す事例は数多いが、分類学もその一例とみなせそうな点が、筆者・久保には興味深い。

生物学の哲学と本質主義

ここまで、[西川 2018] を参考に、タイプ概念の歴史解説を試みたが、タイプの考え方は本質主義と相通じる。なぜなら、あるタクソンの成員は、ある一般化されたタイプを共通して持つと考えられるので、そのタイプは、成員が共通して持つ何らかの「本質」と直結することになるからである [直海 1994] 。

しかし、先述したように、「生物学の哲学」の分野では、20世紀中頃以降、「生物学的本質主義」は進化論と相容れないことを理由に、「本質主義は死んだ」と全否定されるに至った。進化論によれば、個々の生物個体の内部で変異が生じ、種の内部でも変異が蓄積されるし、種そのものが変異を重ねていくので、種の間の境界はあいまいになっていく。周知の通り、分子遺伝学がそれを裏付ける証拠を次々と示している。先にp.251の(1)で掲げたような不変の「本質」の存在と、現在の生物学とは、相容れないのである。

ところが、2000年前後から、新しい本質主義が唱えられるようになった。それは、先述の (1) を放棄したり、大幅な制限を加えたり、「本質」をさまざまな性質のよりゆるやかな集合と捉え直したりするとともに、(2) が本質主義の本来の要件であると主張する、などによって、本質主義の一部を擁護するものであるらしい。

ある自然種がまとまりとして存在するのは、成員を成員たらしめるような、一般化可能な法則に基づくメカニズムが存在するからであり、それを拡張していけば、現在の属や科などのカテゴリーや、種カテゴリーですら必要ではなく、研究分野や目的に応じたそれぞれの種概念を用いても良いのではないかという主張、「種の多元主義」と呼ばれる考え方にも至るようである。

それは、生物学者たち自身がこれまで、種が客観的に存在することについては全員異論がないものの、種の定義をひとつにまとめるには至らず、現在では、数えようによっては26もの定義がある、という事情にも対応する。こうした、種の定義は何か、の問いを「種問題」と呼ぶそうだ。このように、種や分類に関する哲学的な議論がさまざまおこなわれている [松本俊吉 2010] 。

あらためて原点に立ち戻ると、「わかる」と「わける」は同根だと巷間言われる如く、分類という行為は、理解に至るための手段であって不変の最終形を探すことではないのではなかろうか。分類し、近縁の事物を調べ、比較したり類推したりすることで、対象物をより深く理解し説明することが、分類の本来の目的だろう。さまざまな種の定義や分類が生まれてきたのも、生物学や分類学の、各分野各様の探求心が動機となっていると考えれば、多元主義も是とすべきことなのだろう [網谷 2010]。とは思うが、分類行為の意味を哲学的に掘り下げようとする科学哲学は、哲学に弱い筆者・久保の手に余るので、その紹介は、これくらいで止めておきたい。そこで次に、この註の本題である、ウナギ属成立の話に進もう。

*Muraena*属と*Anguilla*（ウナギ）属

前述したように、1758年に『自然の体系』第10版のなかでリンネが設立した*Muraena*属（ウツボに似ているが、現在、日本には自然分布していないと考えられているので、対応する日本語の属名は設定されていない）には、種*Muraena helena*と、後に別の属に移される種*Muraena anguilla*が含まれていたが、今日のような遺伝子解析手法が存在せず、形態や生態による分類が中心の当時なら無理もないことだろう。以下、ウナギ属成立事情についての概略は、後述する動物命名法国際審議会（The International Commission on Zoological Nomenclature：ICZN、この略称は国際動物命名規約の略称と同じである）発行の紀要*Bulletin of Zoological Nomenclature*の、1989年46 (4)、1990年47 (2)、1992年49 (1)、各号を参照して紹介する。

1798年、ドイツの植物学・昆虫学者Franz von Paula Schrankが、*Muraena anguilla*をタイプ種として、*Anguilla*属（日本語ではウナギ属）を設立した。その少し後の1803年にも、英国の動物学者George Shawが、*Muraena anguilla*をタイプ種として、ヨーロッパの河川で見られるありふれたウナギを対象に*Anguilla*属を設立、公表した。すると、タイプ種の属名は*Anguilla*、種小名はリンネの記した*anguilla*、と、両者が同じ綴りであるトートニム（コラム「世界のウナギ属」）となり、それを避ける方が良いとするリンネの勧告（ルール化されてはいなかったようだが）に従おうとしたためか、Shawはタイプ種を*Anguilla vulgaris*と命名し（vulgarisはラテン語で、「平凡な、ありふれた」の意）、*Muraena anguilla*をその異名（synonym）として引用した。しかし1839年には、英国の博物学・動物学者William John Swainsonが、*Anguilla anguilla*の組み合わせ、トートニムを初めて学名に使用している [FAO 1984：1] 。

他方で、1827年には、仏国の博物学者Jean Baptiste Bory de Saint-Vincentが、*Muraena*属のタイプ種として*Muraena helena*を指定した。1882年に米国の魚類学者David Starr Jordan とCharles Henry Gilbertも、*Muraena*属のタイプ種として*Muraena helena*を指定している。しかしややこしいことに1865年、オランダの魚類学者

Pieter Bleekerは、*Muraena*属のタイプ種として*Muraena anguilla*を指定した。これが、*Muraena*属のタイプ種についての最古の指定だ、と誤解されたのが、後の混乱の元となる。

1895年、第3回国際動物学会議においてその設立が決定され、ロンドン自然史博物館に事務局を置いて誕生した動物命名法国際審議会は、1922年、*Muraena helena*をタイプ種として*Muraena*属を公式にリストに掲載した。

一方で*Anguilla*属については、デンマークのヨハネス・シュミット（Johannes Schmidt）博士らの精力的研究を引き継いだ、高弟のヴィルヘルム・エーゲ（Vilhelm Ege）は、1939年に公表した論文、"A Revision of the genus Anguilla Shaw: A systematic, phylogenetic and geographical study"（*Dana Rep* 16：1−256、1939）において、16種3亜種から成る分類表を示した。

ただし、その後、亜種に関する議論があって一部修正され、2008年の時点では15種3亜種と認識されていた［渡邊俊ほか 2015］。そこに、東京大学大気海洋研究所などのチームによる2009年の新種*Anguilla luzonensis*の発見があって、現在は16種3亜種とされている（コラム「世界のウナギ属」）。

この1939年のエーゲによる分類表には、*Anguilla anguilla*が掲載されている。それからすると、この時点で、標準和名ヨーロッパウナギの学名をトートニムの形で使用することが一般化していたようだ。また、ウェブサイトBiodiversity Heritage Libraryを検索してみても、ヨーロッパで見られるcommon eelについて、1800年代中頃までは学名を*Muraena anguilla*とする論文や書籍が多いが、その後は*Anguilla vulgaris*が増加し、1900年頃からは*Anguilla anguilla*が普及していく様が見える。

ふたつの属をめぐる混乱

ところが1958年になって審議会のなかで議論が起きた。1865年のBleekerによる、*Muraena anguilla*を*Muraena*属のタイプ種とする指定がこの属のタイプ種指定の最古であり（1827年にSaint-Vincentが*Muraena helena*をタイプ種と指定した方が古い、ということが1958年の時点で見過ごされていた）、1803年のShawによる、*Muraena anguilla*を*Anguilla*属のタイプ種とする指定（1798年のSchrankによる同じ指定のあることが1958年の時点で見過ごされていた）もあるので、同じ担名タイプがふたつの属のタイプ種に指定されていることになる。そうすると、リンネによる*Muraena*属の設立が1758年と、*Anguilla*属の設立1803年（とされていた）よりも古いので、*Anguilla*属は*Muraena*属の「新参異名（junior synonym）」の位置づけとなり、正式リストから外さざるを得ない。そこでいったん*Muraena*属の記述をリストから取り下げ、議論を継続することになった。

1989年になって審議会は、それまでの混乱を収めるために、数々の相違点がある*Muraena*属と*Anguilla*属を明確に分けて、属名*Anguilla*を維持するために、あらためて、*Muraena*属のタイプ種を*Muraena helena*に確定することにつき関係研究者から意見を求めた。研究者からは、

(a) *Anguilla*属の設立はShawではなくSchrankによる、とするべきだ。

(b) Bleekerによる*Muraena*属のタイプ種指定（1865年）以前の1827年に、Saint-Vincentが*Muraena helena*を*Muraena*属のタイプ種として既に指定しているから、審議会は最初から騒ぐ必要はなかった。

などの意見が寄せられ、最終的に1991年の審議会での投票で次のように決した。

(c) Franz von Paula Schrankが1798年に設立した*Anguilla*属のタイプ種は、Schrankが同年に指定した、リンネの1758年命名による*Muraena anguilla*である。

(d) リンネが1758年に設立した*Muraena*属のタイプ種は、Jean Baptiste Bory de Saint-Vincentが1827年に指定した、リンネの1758年命名による*Muraena helena*である。

ちなみに、現在、*Muraena*属は、前掲の階層構造図（p.250）において、ウナギ目から三階層下った位置にあり、FishBaseサイトによれば10種から成るとされる。

以上の事例は、その形態や生態に基づいた階層的な分類に基づき名前を決め、それを文献で最初に公表した命名者の先取権を尊重する（もっとも、先取権について明文化されたのも「ストリックランド規約」である［西川 2018］）、という分類学の伝統を表す経緯といえよう。

他方、探検や冒険により発見された新種のなかには、ロマンや思いの込められた学名が見られる。たとえばリンネの弟子のひとりPehr Kalmが北米大陸大探検で持ち帰った北米原産シャクナゲの仲間の標本にリンネが与えた属名が*Kalmia*だった。また、乳香や没薬（もつやく）など植物性ゴム樹脂の香料を求めて艱難辛苦訪れたイエメンでマラリアのため若くして客死したPehr Forsskalを悼み、彼がカイロ近郊で採集して本国に送った種子からリンネが育てたイラクサ科の一種にリンネが付けた学名、*Forsskalea tenacissima*の種小名は、「最も不屈な」の意味だった。これらのエピソード［西村 1997］もまた、探検博物学や分類学の歴史の味わい深いところだと思われる。

（註4）動物学名の日本語表記

学名表記と読み方は古典ラテン語で

動物の種の学名は、動物命名法国際審議会が定める「国際動物命名規約」（International Code of Zoological Nomenclature:ICZN、この略称は審議会の略称と同じである）に基づき定められることになっていて、その文字表記は、ラテン語のアルファベット26文字で表記すること、他言語でもラテン語化すれば良い、とされる（「同規約第4版日本語版」2005年）。ただし、その発音が問題で、正統な学名の読み方は古典ラテン語（Classical Latin）の発音による、とされる。その発音は、それを公用語としていたローマ帝国の最盛期に、教養人が使っていたと推測されるものを復元したものだが、必ずしも正確に継承されている保証はない。他方、カトリック教会が典礼言語として定めた教会ラテン語（Ecclesiastical Latin）もあり、両者の間には、発音に微妙な差異があるようだ。

欧米では、国によっては小学校から古典教育が始まり、古典ラテン語も教えられる。しかし、日本で漢文や古文の素養が廃れていくのと同様、欧米の公教育でもギリシア、ローマの古典教育は縮小気味らしい。1990年以降、「国際動物命名規約」第4版を編集する委員会の場でも、ラテン語文法を固守することが動物学者に負担を強いている、との意見があり、改定が検討されたこともあるという（「同規約第4版日本語版」2005年）。とはいえ依然として、欧米人の教養の根底には古典やキリスト教、イスラームがどっしり腰を据えていて、専門書のみならず小説や日常会話にも顔を出し、一般の日本人にすればとても歯が立たないし、時には衒学的な臭みに辟易することも、正直ある。

しかし、17世紀以降の大英帝国の隆盛、その後の米国の勃興に合わせ、とくに第二次世界大戦後は、政治、外交、経済、そして学術研究の世界でも、英語が、いわゆるリンガ・フランカ（lingua franca：世界共通語）となっている現在、研究者のなかには、学会で、英語読みの学名で口頭発表をおこなう者も多く、古典ラテン語読みの質問者との間で、食い違ったままやりとりする珍風景もあるという。本書では、この状況を「英語帝国主義」だ、となじるつもりはないけれど、あらゆる場面、たとえば地名の読み方などについても、英語流発音が幅をきかすのではなく、現地語や原典に対するリスペクトがもう少し欲しい、とも思うところである。

同じように日本の学界でも、学名を日本語表記する場合に、文献によって、ローマ字発音に近い古典ラテン語読み、英語読み、と異なる場合が多いという。

ウナギ仔魚の呼び方

さて、件のleptocephalusである。1763年には独立した大人の魚と誤認され、その属名として記載されたこともあったが、1886年にはアナゴのグループの魚類の幼生期に共通する姿であることが確認された。1892年にはイタリアの動物学者Giovanni Battista GrassiとSalvatore Calandruccioが、採集したleptocephalusを水槽で飼育したところ、ヨーロッパウナギのシラスウナギに変態した。こうした経緯から、leptocephalusは現在、ウナギ目、フウセンウナギ目、カライワシ目、ソトイワシ目などから成るカライワシ下区（分類案によってはカライワシ上目）の魚類の葉形仔魚の総称、という地位に落ち着いている［黒木ほか 2011：29］。このように、leptocephalusは種を表す学名ではないのだが、ラテン語で表記されているので、発音の問題が依然つきまとう。

望岡典隆氏によるコラム「ウナギは2回変態する」で解説されているとおり、leptoはギリシア語由来の「薄い、小さい」の意である。cephalusは同じくギリシア語由来の「頭」の意であるが、古典ラテン語では、この先頭のcは［k］の音になる。phはギリシア文字のφをラテン文字に置き換えたものなので、当初は［p］＋［h］のように発音していたが、ローマ時代の後代になって［f］の音に変化したという。教会ラテン語の発音もそれを踏襲し、仏語や英語にも引き継がれている。しかし古典ラテン語の発音に倣うなら、日本語読みでは［p］の音で表記するのが妥当であり（魚類学者、横川浩治氏の資料『生物の名前と分類』による）、「ケパルス」と表記するのが最も近いようだ。

また一方、Cephalusは、西洋絵画のうちギリシア神話を描く「神話画」でも良く取り上げられている、誤って妻を槍で突き殺してしまう悲劇の人物の名前でもあり、ギリシア神話の日本語訳では、「ケパロス」と表記する例が多い。

以上を踏まえて本書では、古典ラテン語発音に基づいた仔魚名の日本語表記としては、望岡典隆氏の用いる「レプトケパルス」で統一する。ただし、ウナギに関する諸々の日本語文献や記事では「レプトセファルス」と表記されることが圧倒的に多いが、これは、あくまでも英語系辞書で採用されている英語読みであることに留意されたい。

この註4と前掲の註3は、九州大学特任教授の望岡典隆氏（専門は魚類の初期生活史研究）、及び、北九州市立自然史・歴史博物館（いのちのたび博物館）学芸員の日比野友亮氏（専門は魚類の分類学的研究）の指摘と示唆によるところが大きい。ここに記して謝意を表したい。

(註5) うなぎ登りと粘液

魚類は進化の過程で、外部環境の変化に耐えたり外敵から身を守るのに有利な骨質の鱗を真皮内に発達させてきた。しかしウナギは、鱗が退化して小判型の小さな鱗数万枚が真皮中に埋没したままである。その代わりに表皮に粘液細胞が発達して粘液で体表を防護するように進化した［黒木ほか 2011：105］。この保水性の高い多量の粘液は、体表保護や外敵からの防御だけでなく皮膚呼吸を可能とするので、ウナギは低酸素環境に強く陸上を長距離移動できるのである。

実際、垂直に近い岩壁をよじ登る能力があり（p.21の写真参照）、それが慣用句「うなぎ登り」の語源とされる。

ところで、元来魚が生息していなかった日光の中禅寺湖には、明治以降の移植や放流により、マス、ワカサギ、コイ、フナなどが見られるが、時にウナギが見られるらしい。もしこれが事実なら、人手による放流説もあるが、落差97mの華厳の滝の壁面を登ったのでは、と「都市伝説」めいた推測がある。しかし、コラム「46mの滝登り」の例もあるので、あながち、伝説とばかりは言い切れない。

一般に動物の分泌する粘液は、糖とタンパク質の混合物でムチン（mucin）と総称される。ウナギの粘液もムチンだが、有毒とされ、一時にたくさん捕れたウナギを逃がさぬように口に咥えた人の話では、大変苦かったという。なお、ウナギの血清には毒があり、目、口、傷口に入ると炎症、化膿を起こすことに注意。

(註6) 生態系サービスとは

「生態系サービス（ecosystem services）」とは、人類が自然から直接、間接に受けている便益を指すもので、1970年代以降の生態系の循環機構に関する研究から生まれ、人類が依存している生態系の恩恵の議論のなかで定義されるようになった概念である。

たとえば、「供与サービス」：食料、原材料、水、薬品の原料、「制御サービス」：有害な自然現象の被害緩和、土砂流出防止、大気浄化、気候変動緩和、水質浄化、病虫害緩和、受粉、「文化サービス」：レクリエーション、観光、精神的及び宗教的意義、優れた景観、文化的意義、「支援サービス」：土壌形成、養分循環、などが挙げられる。

(註7) 水産増養殖と栽培漁業

有用な水産生物の生産を高める方法のうち、「水産増養殖」は、育てて利用することを目的とする。これに対し「栽培漁業」は、天然の漁業資源を増やして永続的な利用を図ることを目的とするので「作り育てる漁業」とも呼ばれ、水産庁が2015年に示した「第7次栽培漁業基本方針」では、放流した種苗を全て漁獲することを前提とせずに、沿岸資源の維持と回復を目指す「資源造成型栽培漁業」と位置づけている。

魚介類の養殖は、古代ローマから始まり、中世ヨーロッパでコイ、ニジマスなどの内水面養殖が進められたというが、海面養殖は1860年代と遅くなる。日本では、江戸期にコイや金魚、貝類の養殖が始まり、明治に入ってニジマス、ウナギの内水面養殖、アコヤガイやカキなど貝類養殖、クロダイやマダイなど海面養殖、の順で進んだ［水産総合研究センター 2012］。養殖の元となる稚魚や稚貝は、農林産物の種や苗にならって「種苗」と呼ばれてきた。

他方、栽培漁業の歴史は浅く、人工的に生産された「人工種苗」を自然界に放流し、その場の生産力を利用して成長させ漁獲するシステムとして、1870年代に米国でサケの人工孵化が始まったのを嚆矢とする。日本では、1962年に横須賀市の旧・観音崎水産生物研究所で人工孵化させたマダイの稚魚6尾を放流したのが海域での最初の人工種苗放流とされ（神奈川県政策局自治振興部『水のこぼれ話』）、本格的な人工種苗生産と放流は、1963年に瀬戸内海栽培漁業協会（現在は国立研究開発法人 水産研究・教育機構に統合）が設立され、国の委託で事業を始めてからだ。

こうした経緯から、「種苗放流」という用語は、親から採卵した卵を人工孵化させた「人工種苗」を自然界に放流すること、とされてきたので、ニホンウナギのように、人工孵化ではなく、自然界から捕獲したシラスウナギや、それをある期間養殖場で育てた稚魚、すなわち「天然種苗」の放流を指すのには、適切ではない。ただし、各都道府県にある栽培漁業センターや栽培漁業協会のなかには、ニホンウナギの場合にも種苗放流と呼んでいるところもある。

人工、天然ともに種苗をどの大きさまで育てて放流するかは、長期間育てると費用がかさみ、短期間で放流すると生存率が低くなる、というトレードオフを考慮して決定される。

（註8）日本のダム建設史と凍結ダム復活の動き

治水と利水

河川の工作物であるダムの定義は、1964（昭和39）年に制定された（新）「河川法」第44条にある「…基礎地盤（ダムの重さを支える土台となる地盤）から堤頂までの高さが15m以上のものをいう」である。ダムの計画、調査、建設、管理は、政府直轄事業者（国土交通省や農林水産省、独立行政法人 水資源（みずしげん）機構）、地方自治体（都道府県または市町村）、電気事業者（各電力会社）及び一部の民間企業による。1988（昭和63）年には、限られた小地域における小規模な都道府県管理ダムに対して、建設費の一部を国が補助する制度も、導入された。

ダム建設の主な目的は、治水（洪水調節、農地防災、不特定利水、河川維持用水）と利水（潅漑、上水道供給、工業用水供給、水力発電、消流雪用水、レクリエーション）に大別される。前者では普段はダムを空にしておくが、後者では渇水に備えて普段は満杯にしておくのが原則である。両者を目的とする「多目的ダム」では、それぞれの運用方向が逆なので、現在では、洪水発生の多い夏場は水位を下げて治水容量を確保する、冬場は水位を高くして利水容量を確保する、など容量を使い分ける。しかし、日本の近代的な大規模ダムの歴史は、目的別に専用コンクリートダムを建設するところから始まった。ここで、［大熊 2020］［篠原 2018］などを参考に、ダム史の概略を振り返ろう。

日本のダム史概略

明治以降、人口の都市集中に伴い、都市住民由来の汚染物が衛生管理の不十分な上水道に侵入してコレラや赤痢が流行した。そこで上水道整備が急務とされ、水道用のコンクリートダムが建設されるようになる。その一例、1900（明治33）年に神戸市水道局が建設した「布引（ぬのびき）五本松ダム」は、コンクリートダムとしては日本初である。また、註13で触れている「御雇（おやとい）外国人」による土木技術導入は、大正時代に入ってから、重工業化に必要な電力確保のための、電気事業者による発電用ダム建設ブームを下支えした。たとえば1912（大正元）年に栃木県鬼怒川に完成した「黒部ダム(鬼怒川)」は、日本初の発電用コンクリートダムである。

一方、こうした発電専用ダムの登場により、河川を管轄する事業主体が複雑化していく。潅漑用は農林省、治山用は農林省林野局、砂防と治水は内務省河川局、河口は内務省港湾局、そして発電用は逓信省、このように、ひとつの河川に複数の事業主体が関わり、農業用水を取水してきた農業者、筏や流木で材木を運搬してきた林業者など既存の慣行水利権者と新興の事業主体との間、また新興事業者の間での調整が複雑化し、紛争が多発するようになる［篠原 2018：88−89］。

1929（昭和4）年の米国発の世界恐慌に対処するために、民主党大統領フランクリン・デラノ・ルーズベルト（Franklin Delano Roosevelt、ローズベルトと表記されることもある）が採った「ニューディール政策」は、それまでの「自由放任」の資本主義を修正する「大きな政府」指向の政策であり（その政策を信奉する「ニューディーラー」たちは、後の第二次世界大戦直後に、GHQ：General Headquarters、連合国最高司令官総司令部による初期の日本民主化政策を牽引したことで知られる）、その政策のひとつ、失業者救済を主目的として1933年に設立されたTVA（Tennessee Valley Authority：テネシー川流域開発公社）による公共事業がとくに有名だ。これは、32個の「多目的ダム」の建設などを中心とする流域総合開発である。日本の河川行政関係者は、上記のダム関係者間の利権調整を図るうえでTVAが参考になると考え、1937（昭和12）年、内務省、農林省、逓信省が共同して河川統制にあたる「河水調査協議会」を立ち上げ、1940（昭和15）年以降、全国の直轄河川で多目的ダム建設を進める「河水統制事業」に着手する。しかし、第二次世界大戦の激化に伴い、ダム建設どころではなくなった。

第二次世界大戦後の多目的ダム建設ブーム

日本では、第二次世界大戦前、及び、大戦中の森林乱伐により、治水能力が劣化していたのが一因といわれるほどに、敗戦直後の1947年9月カスリーン台風から1959年9月の伊勢湾台風に至る時期には、「戦後大水害の時代」と称されるまで水害が多発した。GHQ命により内務省は解散し、新発足した建設省が「河水統制事業」を引き継ぎ、直轄の主要河川の改訂改修計画を1949年に発表、洪水調節を主目的とする多目的ダム建設を打ち出す。さらに1950年制定の「国土総合開発法」は、後進地域の開発、国土保全、電源開発、食糧増産、工業立地整備、を狙いとするものであり、全国の多目的ダム建設を財政面で支援していくことになる。この頃、「河水統制事業」は「河川総合開発事業」と改称される。

法制面での整備も進められ、懸案だった多目的ダムに関与する事業者間の調整を解決し管理の一元化を図るため、1957年に制定、施行されたのが「特定多目的ダム法」である。これにより、重要河川の総合開発事業に沿った多目的ダムの計画、建設、管理を建設省が一元的におこない、所有権、及び、使用権を設定する権限は、建設大臣が持つことになった。ほかには、都道府県が事業者となり国から補助を受けて二級河川にも建設する「補助多目的ダム」、急増する利水需要に応えるために水資源開発公団（現・独立行政法人 水資源機構）が建設し、管理も河川管理者である国を代行する、と定めた「水資源開発促進法」（1961年）に基づく多目的ダムも建設されるようになった。

その後の高度経済成長期には、全国的な総合開発が繰り広げられ、対応して多目的ダム建設に対する反対運動が激しくなっていく。それらは、(a) ダムによって先祖代々のコミュニティや土地が水没する上流側住民たちの反対、(b) 河川の生態系保全の観点からの反対、(c) ダムの必然性や効果を疑問視する立場、などに大別できる［篠原 2018：266－270］。

水没する上流側住民の痛み

反対運動 (a) に対して、当初の建設省は、水没する住民との話し合いに冷淡で強権を発動する態度に終始したが、筑後川上流の「下筌・松原ダム」建設に対する室原知幸氏らによる有名な反対運動「蜂の巣城紛争」（1958～1970年）(p.146) などをとおして、強権的な建設は世間から非難されるようになる。室原氏の「公共事業は理にかない、法にかない、情にかなわなければならない」という言葉は、現在でも重い意味を持っている。さらに、水没住民への補償交渉を円滑化して欲しい、と矢面に立たされる自治体からの法整備要求も多くなり、政府も1950年代から1970年代にかけて、「水源地域対策特別措置法（水特法、1973年施行）」などの法整備を進めていく。補償交渉で住民との対話に向き合った例として、急増する電力需要に対応するため国が7割弱を出資して1952年に設立された国の特殊会社「電源開発」（2004年に完全民営化、現在でもその規模は、10社ある電力会社のひとつに匹敵）が手がけた岐阜県「御母衣ダム」の事例が有名だ。

当時の藤井崇治・電源開発副総裁が1956（昭和31）年に現地を訪れ、反対住民に対し「幸福の覚書」と呼ばれる補償交渉の基本姿勢、すなわち、「御母衣ダムの建設によって、立ち退きの余儀ない状況にあいなった時は、貴殿が現在以上に幸福と考えられる方策を我社は責任をもって樹立し、これを実行するものであることを約束する」を示した。

こうした住民重視の姿勢は、現在のダム補償の基本姿勢「住民の合意形成なしにはダム建設はおこなえない」の端緒とされる。ダム上流の住民が大きな犠牲を払い、下流の利用側が利益を得る、という対比関係についても、下流自治体から水没住民に対する「報恩」の意味での、基金設立や財政支援の動きが生まれるようになった。

生態系保全の立場

生態環境保全の観点からのダム建設への異議申し立て (b) は、環境問題が大きく取り上げられるようになった1960年代以前からも存在していた。たとえば1919（大正8）年に発案された、水量豊富な只見川の源流にあたる尾瀬ヶ原の水没を前提とする「尾瀬原ダム」計画に対し、当時の厚生省も含んで起きた反対運動は、1934年に日光国立公園の一部に編入されたこともあって最終的に実り、尾瀬ヶ原は守られたが、それが現「日本自然保護協会」の前身が1949年に発足する契機だったという。

元来、河川とは、上流の降雨を海まで流す単なる流路ではない。上流で削った土砂を下流に運び、海に至る途中でさらに土砂を削りまた堆積して地形を変えていく。山間部から平野に出た所には石礫質が堆積した「扇状地」、その先にはより細かい砂礫質が堆積した「移化帯（自然堤防地帯）」、さらにその先の河口部には細粒が堆積した「三角州」、以上の3つの部分から成る［小出 1970：204－205］沖積平野を形成して、人類に農牧畜業など文明の基盤を提供し、さらには海面下の地形も変えていく。川はまた山と海とを双方向に繋ぐ物質循環（魚類の遡上は海のミネラルの遡上である）の重要な担い手である、という大熊孝氏による定義［大熊 2020：68］は、田中克氏の森里海連環学（9.1節）に相通じる。

地球上に大陸が生まれてから絶え間なく続く水と大気の循環が作り出してきた河川は「諸行無常」であり、現状の固定化は不可能だ。こう考えると、利水や治水とは、所詮、人智の範囲でしか成り立ち得ない傲慢な行為だ、との諦観にも至る。

実際、大規模ダムは、生物と環境から成る生態系を河川の上下で断絶し、流量が上下間で不均衡となり地下水脈が変化して「枯れ川」を作り出し（静岡県では有名な「大井川水返せ運動」を引き起こした）、上流からの流砂を堰き止めてダム湖に土砂が堆積する「堆砂」問題を引き起こして下流部河床の固定化や海岸部の砂丘の縮小につながるなど、環境に広範な影響を及ぼすことが明らかになっていく。おりから、8.3節で述べた世界的な環境保全の動きに連動し、1980年代以降、環境がキーワードのひとつとなり、ダム建設においても環境保護遵守が求められるようになる。

ダム効果への疑問

そもそも、そのダムは必要だったのか、と根本的な疑念を示す反対運動（c）には、1990年代以降、環境保護意識、及び、巨大利権と結託した汚職への政治不信、が結びついた市民運動が積極的に関わってきた。たとえば、1993（平成5）年には、水源開発問題全国連絡会（水源連）が結成され、「治水及び利水の両方とも役に立たないダム事業は無用であり、撤去して自然の河川に戻すべき」と精力的に各地のダム反対運動の支援を始める。さらに1995（平成7）年、日本弁護士連合会の招きで来日した米国内務省開拓局元長官、ダニエル・P・ビアード（Daniel P. Beard）氏の発言；

> 「米国ではダム建設の時代は終わったという避けがたい結論を得た。もはや従来型の大規模な建設プロジェクトを遂行するだけの一般大衆の支援も政治的支援も当てにはできない。現在遂行されているダム事業は速やかに完成させるが、今後新規の大規模事業が遂行される可能性はほとんどない」

は、日本で大きな反響を呼び、2000年代に入ってからいくつかの自治体が「脱ダム宣言」を発出した。数多くの建設計画が中止され、2009年の民主党政権成立もそれを後押しした。

しかし、米国のダム反対団体が1999年に刊行した*Dam Removal Success Story*（ダム撤去成功物語）では、「撤去の条件は環境、安全性、経済性の三条件が揃ったときである」「撤去後に堆砂などが及ぼす河川環境への負荷を考慮すると、むやみにダム撤去を進めるべきではない」など、ダム撤去の注意点にも言及しており、日本の反対運動は米国事情の一面しか見ていない、との批判もある。加えて、（c）の反対運動に対し、独善的だ、直接の利害関係者である流域住民を置き去りにしている、などの批判もあり、岐阜県「徳山ダム」や群馬県「八ッ場（やんば）ダム」のように、水没住民が「長年の苦悩の末に公益目的に殉じて賛成したのに何を今更」と反発する例もある。住居移転と補償問題も含めて関係住民の賛否が分かれるなか、どのように合意形成を図れるのか、問題が複雑で悩ましい事例が多い。

現在のダムが抱える問題点

現在、ダムが抱える問題点のひとつは、ダム湖の「堆砂」である。排砂ゲートを持つダムであれば洪水放流時に流し出す、浚渫に頼る、などの方法があるが、抜本策ではないので百年単位で見ればダムが土砂で埋まってしまうという。もうひとつは、「緊急放流」（誤解を生むので2011年の国土交通省河川局通知により「特例操作」と呼ぶことになったが）の問題である。豪雨でダム上流の河川水位が上がると、ダムはゲートを操作して放流量を調節し下流の増水を抑止し、ダム湖に水を貯める。ダム湖が満杯になる前に増水が収まれば洪水調節は成功し洪水は起こらず、その後降雨が収まれば放流してダム湖の水位を下げる。

この洪水調節機能がうまく働くのは中規模の洪水までであって、ダム湖が満杯になったのに流入水量が減らない大規模洪水の場合、そのままではダム本体が破壊され下流に鉄砲水をもたらすおそれがあるので、「緊急放流」をおこなう。これは流入量に等しい水量を放流するので、ダムがないのと同じ結果になる、といわれるが、いくつかの実例で試算した大熊氏によれば、ダムがない場合に比べると、下流での洪水上昇時間が短縮されて避難に必要な時間が短くなる。すなわち、計画を超える豪雨が来ると、洪水調節容量を使い果たした巨大ダムは、洪水を防いでくれると安心している下流域住民にとって、かえって危険な存在となる。

こうした点から大熊氏は、既存のダムのうち、計画洪水全量を貯水できてゲート操作の不要なダム以外は、順次撤去すべきだという［大熊 2020：166−169］。そして、8.8節「日本での流域治水論」で紹介したように、小規模な洪水に対しては、越流に強い堤防で対処する「氾濫受容型治水」に移行すべきだとする［大熊 2020：212−226］。

近年の気候変動に伴う豪雨災害や異常渇水などは、ダム問題をさらに複雑にしている。ダムがこれまで治水や水源確保に果たしてきた貢献を正当に評価すべきだとの意見も多いし、国土交通省各地方整備局のウェブサイトには、ダムの治水や利水効果を訴えるページが必ずある。実際、高度経済成長期以降、台風や豪雨が引き起こす氾濫や洪水による人的被害が激減しているのは確かである（ただし、少なくなったとはいえ、人的被害は身体にハンディを抱えた高齢者など最弱者に集中していることを、忘れてはならない）。もっともそれは、堤防強化なども含む総合的な治水対策や防災対策の整備、気象予測技術の進歩、気象や防災情報の提供体制整備、災害対策や危機管理体制の整備、などの結果であり、独りダムだけの功績ではないだろう。

また、豪雨の後に、ダムがあったから被害を防げた、との議論も良く聞かれる。たとえば、2004年7月18日の福井豪雨の際に、九頭竜川水系の真名川（まながわ）ダムの洪水調節機能が働いて大野市では浸水被害が出なかった、民主党政権退場後に工事が再開されて試験湛水中の八ッ場ダムが2019年10月の台風19号襲来時に利根川水位上昇を抑えた、などが引き合いに出される。しかしこれらについても、流域全体の降水量、降雨が流出するまでの時間差が流域の土質によって異なる点を考慮した洪水流出量の時間変化、などを詳細に吟味してからでないと評価できない、などの指摘［大熊 2020：169−176］がある。

豪雨災害激甚化と川辺川ダム問題

近年、豪雨災害が日常化するなか、これまで、反対運動によって中断や休眠状態だったダム建設を再開する動きが出てきた。その一例が「川辺川ダム」である。その経緯は、第二次世界大戦後のダム建設史と重なり合う典型例と呼べるものといえ、［井家 2010］を参考に要約する。

1966年、国は、球磨川の支流、川辺川に九州最大級の「川辺川ダム」を建設する計画を発表した。球磨川流域の人吉市などで1963年から3年連続で起きた大水害を踏まえた、下流域の洪水防止が主な目的だった。中心部が水没することになる五木村は猛反発し、1976年に水没者地権者団体が裁判闘争を始めたが一審は敗訴、直ちに福岡高裁に控訴したが、ほかの水没者団体が一般補償基準で妥結したため、1984年には建設省と和解して控訴を取り下げ、1996年にダム本体工事の協定に調印した。

一方では、ダム利用目的に利水事業を追加した土地改良事業では、利水計画に反対する農家が1996年に農林水産省を提訴（川辺川利水訴訟）、住民の利水計画同意書や反対意見が国側により改竄されていたことが裁判の場で指摘されて、2003年に反対派が福岡高裁で勝訴し、ダム建設中止の機運に大きな影響を与えた。ついにはダム建設に賛成の意思を示していた相良村や、推進派の市長が辞任した人吉市が反対に回り、推進派の五木村、八代市、球磨村と対立するなど問題が複雑化した。2007年には、このダム計画に加わっていた農林水産省、電源開発が、利水事業、発電事業からそれぞれ撤退した。

2008年3月に初当選した蒲島郁夫・熊本県知事は、9月に「白紙撤回」を表明し、10月に国土交通省、熊本県、流域12市町村による「ダムによらない治水を検討する場」を設置（2015年には終了）、2009年9月に発足した民主党政権が建設中止を明言した。しかし、ダムを前提に国土交通省が2007年に策定した球磨川の「河川整備基本方針」は存続し、球磨川水系流域の市町村長でつくる「川辺川ダム建設促進協議会」も活動を継続してきた（2018年9月15日付『朝日新聞』熊本版）。知事による白紙撤回表明の直前、2008年8月には、国土交通省は従来の計画とは異なる、後述の「流水型ダム」計画案を既に提示していた。

2020年7月3日〜31日に九州を中心に大きな被害をもたらした「令和2年7月豪雨」は、ダム白紙撤回の流れを変えた。熊本県内での死者及び行方不明者67名、7,700棟以上の住宅被害、うち全半壊は4,500棟以上という大きな被害（2020年11月2日付消防庁情報）を受けて、蒲島知事は「命と環境を守ることを両立させる」との考えから、2020年11月20日に国土交通大臣と面会し、現行の貯留型ダム計画を廃止して、環境に配慮した新たな「流水型ダム」の建設を国に要請した。2008年に「脱ダム」へとかじを切った流域が、大災害を経験したのを契機に、ダム建設を前提とする「流域治水」へと転換するというのである。それに対し大臣は、選択肢のひとつとして急ぎ検討すると答えた。

2021年5月21日、国土交通省は、川辺川への「流水型ダム」建設に向け、環境影響評価（アセスメント）を実施する方針を明らかにした。そこでは、「環境影響評価法（別名：環境アセスメント法） に基づくものと同等の評価をおこなう」としていて、過去に実施した環境調査結果などを活用するという（2021年6月3日付『西日本新聞』）。しかし、過去の調査は多目的ダムとしての調査だったので、新たな流水型ダムならば環境影響評価を一からおこなうべきだ、と異論が出ている。

流水型ダムの得失

ここで、「流水型ダム（英語でflood mitigation dam またはflood retention basin）」を簡単に紹介する。通常の「貯留型ダム」と異なり、河床部に設けた放流設備を介して平常時には水を流下させ、洪水時にのみ貯留するという、洪水調節専用のダムである。平常時には水質の変化がほとんどない、魚類などの遡上・降下や土砂の流下など河川の連続性が確保しやすい、ダム湖の堆砂容量を最小限にできる、などの特徴がある、とされる。

欧米では大規模流水型ダムの歴史は古いが、日本では2005年に完成した国土交通省直轄の島根県「益田川ダム」が最初の例だ。河床部の常用洪水吐き及び跳水式減勢工（洪水の勢いを減衰させる構造物）の改善、ダム湖内の土砂動態と堆砂の管理、湛水域や下流河川の生態系管理、水質管理及び流木などによる閉塞対策（スクリーン設置）、などの課題が指摘されてはいるが、これらに対処すれば、経済性、洪水対策としての速効性、そして、生態系の連続性にも優れている［角 2013］という。ダム湖内の堆砂管理や水生生物の往来への危惧に対しては、ゲート操作による放流調節も組み合わせれば改善できる、との意見［安陪 2015］もある。熊本県知事と大臣の会談を受けて、

2020年12月に国土交通省九州地方整備局が県や地元自治体に示したものも、可動ゲート付きの流水型ダムである（2020年12月18日付『西日本新聞』社会面）。

熊本県知事の方針転換に対して、容認論、反対論、両方の声が上がっている。前者は、流水型ダムの治水効果に期待してダム建設はやむを得ないとする技術面からの意見、後者は、勾配が急峻な日本の河川での実績や経験が少ない流水型ダムの問題点検証と充分な議論がまず必要として性急な結論を戒めるもの、及び、環境保全を主眼とする代替案の提案から成る。

後者の一例として、大熊氏は次のような慎重論（2020年12月24日付『朝日新聞』）を述べている；（1）流水型ダムは魚類に優しいとされるが、厚いダム本体に穿った常用洪水吐きの長いトンネルを魚が遡上できるのか、（2）堆砂が少ないとされるが洪水時に水位が上昇してダム上流側に水のたまる湛水域ができれば、その端の部分では流速が急に落ちて土砂が堆積する。規模が大きく洪水調節能力が高いダムほど土砂は堆積しやすくなるので、貯留型ダムと同じになる、（3）可動ゲート付きなら土砂が多く流下する可能性はあるが、上流、下流、両方の時々刻々の増水状況を読みながらの人為的なゲート操作は大変難しく、人為操作が不要という流水型ダムのメリットがなくなる。いずれにしろ、流水型に転換する場合、どのような計算でどれだけの堆砂容量を設定するかがポイントだ、と氏は語る。

また「水源連」は、代替の治水策として、（a）2020年7月の球磨川水害は、五木小川（いつきおがわ）など川辺川の支川の氾濫による影響が大きく、川辺川ダムがあっても対応できないものだったと考えられるから、球磨川本川だけでなく、支川の治水対策（河床掘削など）が急務、（b）本来、計画されていた計画高水流量（註18）に至るまで河床掘削をすみやかに進めることが肝要、と提案している。

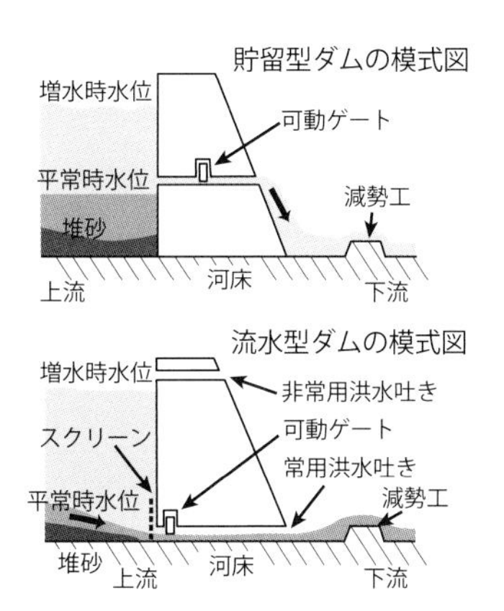

流水型ダムの模式断面図。国土交通省資料などを基に作成。

「緑のダム」の保水力

こうしたダム建設への賛否の論拠としてしばしば引用されるのが、山林の持つ「保水力」である。洪水緩和、渇水緩和あるいは水源涵養、など河川の流量を人間の都合に合わせて調節してくれる保水力の機能は、「緑のダム」と呼ばれることが多く、「脱ダム宣言」でも、コンクリートダムの代替手段だと主張された。もっとも、山林が人間にもたらす恩恵には、木材や食材の提供、二酸化炭素吸収、自然景観、また水循環の原点、など、さまざまなものがあるが、ここでは保水力にしぼって考えよう。

山林の一時的保水力

従来、保水力については、誤解を含む言説が多く語られてきた。たとえば、ブナ林は保水力のある水の豊かな森だというブナ林神話、広葉樹の方が根を広げるので保水力が高い、などの語りは、実は正しくないようだ。元来、山林の保水力とは、環境や条件の異なる個別性の強い問題なので、それを科学的に解明し数値化し一般化するには、100年単位の長期間の調査研究が必要となる。そこで、森林科学研究の長い歴史を持つ東京大学の千葉演習林（千葉県鴨川市）や愛知演習林（愛知県瀬戸市）をベースに実証研究を重ねてきた蔵治光一郎（くらじこういちろう）氏などの著書［蔵治 2007］［蔵治ほか 2014］に基づいて、山林の保水力について整理しよう。

蔵治氏によれば、森林保水力には、土壌が貯める「一時的保水力」と、樹木が吸い上げた水を光合成で消費したり表面に付いた水を蒸散する「消失保水力」があり、前者は山林に降った水が下流に至る時間を稼ぐ効果、後者は下流への水量自体を減らす効果、がある［蔵治 2007］。

一時的保水力は、森林の土壌に浸透した水が、時間をかけて流出する現象が出発点である。一般に森林の土壌とは、p.232上の図で紹介した土壌断面層位のうち、有機物を含んだA0層、A層、及びB層を指す。降雨時の土壌の浸透能力については、従来の定説よりも少ない1時間あたり30mm程度だという［蔵治 2007］。土壌に浸透した土壌水は、ある深さで地下水に合流し最後は渓流に流れ出すという複雑な経路をとるが、土壌の構造や厚さにも関わるので、平常時と洪水時の挙動の差異を一般化するのは難しい。

しかし洪水時であっても、地表を流下する「表面流」よりも、土壌水や、下部の風化した岩盤部分を流れる地下水など「地中流」の方が大きなウエイトを占め［谷 2014］、さらに山体全体を見るなら、貯留される水は土壌水よりも地下水が大部分となる。これが土砂災害の際の主因となるが、土壌は岩盤への浸透を阻む機能も併せ持つ［沖 2014］。

一般化して言うなら、手入れされて下草が土壌を保護している森林は一時的保水力が大きいが、手入れされず日当たりが悪く下草が生えず根が露出しているような密集林は、土壌が流失しているので一時的保水力が少ない。そうした森林で無視できないのが雨滴による土壌浸食だという。森林に降る雨粒は葉にいったん貯留されて大粒になってから落下するので破壊力が大きく、地面が露出していると土壌表面を圧密し地面の隙間を埋めるので浸透能力をさらに奪う［蔵治 2007］。

結局、山林の一時的保水力は土壌とその下部の風化した岩盤部分が担うのであり、そこに針葉樹、広葉樹の差は少ない。国内の森林面積の40%は、1960〜70年代の造林拡大期に植林された人工林であり、その半数以上はスギ、ヒノキだが、外国産に負けて日本の林業が衰退し、林業従事者が減ったために、管理されず暗い密集林が増え、土壌が失われたことが、大きな問題なのである。本数で見た間伐率が50〜60%という極めて強い間伐によって林床を明るくし下層植生を回復しなければ、土壌浸透能力は上昇しないという［恩田 2014］。

山林の消失保水力

他方、これまで世間であまり言及されない消失保水力については、冬場に限って考えると、落葉して水を蒸散しない落葉広葉樹林に比べ、葉の表面積が大きい針葉樹林、とくに人工林のスギ、ヒノキの方が大きく、洪水緩和には有効だとの研究結果もある。しかし一方では、一年を通じると結局は差異が少ないとの研究結果もある［蔵治ほか 2014：7］。消失保水力とは、山林が水を消費する力なので、それが大きいと下流への水の恵みが減少する。ブナ林自体が水を豊かに蓄えているわけではなく、水が豊かだから水を強力に吸い上げてブナ林が育つのであって、因果関係は逆である。逆に山林を皆伐すると、その後森林が成長するまでの約10年間は、下流の水量が増え水資源が豊かになることは、世界各地で実証済みの科学的事実だが、消失保水力だけではなく土壌の浸透能力もそれに寄与している［蔵治ほか 2014：19］。

より大局的な見方をすると、消失保水力の大きい森林は水蒸気の蒸散も多いので、大気を湿潤に保つことになり、降水量を確保してくれることにつながるようである。

以上をまとめると、緑のダムの持つ、一時的保水力は洪水緩和と渇水緩和の両者に、消失保水力は洪水緩和に効果があるのは確かなようだ。近年、大規模な洪水被害に関して、ダム建設反対派は山林の保水力を重視し緑のダムで代用できる、ダム推進派は保水力だけでは近年のような大規模洪水の防災は無理だ、と主張する論争が続いてきた。

山林の保水力に関する科学的知見を突き合わせて双方の論拠を比較検討することが望ましいが、先述のとおり個別性が強い複雑な事象であるうえ、山林を区切って雨を降らせるような大規模実証実験をおこなうのは不可能なので、長い年月をかけた観測が必要となるため、科学的論争は決着していない。

ダム論争を止揚する合意形成は

今後の研究の蓄積を待つしかないが、想定外の大規模な洪水に対する緩和機能について現時点で言えるのは、緑のダムとコンクリートダム、それぞれ単独では十分ではなく、両者の長所を組み合わせていくしかない、ということのようだ。それぞれが単独でも十分だと主張することは、両派間の対話を遮断することになり、最も避けるべきことなのである［谷 2014］。

以上見てきたように、ダム建設は、上流側の住民と下流側の住民の間、さらに上流側であってもその住民の間、住民と行政の間、研究者の間、などに何らかの分断をもたらさずにはおかない。関係者全てが納得できるように、現時点での科学的研究の到達点を積み上げたうえで――これこそが、常日頃から自然科学と人文社会科学、両者の科学的営為が市民から信頼を得ているか否かの試金石の場面だが――時間をかけた合意形成の努力のほかに、解決の道はないのだろう。

（註9） 柳川の掘割再生と広松伝氏

高度経済成長期の掘割荒廃

高度経済成長期の昭和40年代、福岡県柳川市中心部の掘割は荒廃が進んで瀕死の状態だった。従来、良質の地下水に恵まれなかった柳川では掘割の水は上水でもあり、1896（明治29）年の福岡県令第五十六号「飲用河川取締規則」により、掘割に排水や汚水を流すこと、河川沿岸に塵芥を堆積すること、などが禁じられており、生活排水は田畑に掘った穴に貯めるなどして、掘割の水を清浄に保つ努力がなされていた[宮崎ほか 1987]。二丁井樋(4.2節、9.3節)のそばに、造り酒屋の生家があった北原白秋も、掘割の水を愛でる詩を多く残している。

しかし、第二次世界大戦後、近代的な上水道が整備されて掘割を上水として使わなくなり、小学校にプールが整備されて掘割で泳ぐこともなくなり、水への関心や水を大切にする意識が市民から失せていき、ゴミを捨てる者も出現した。下水幹線から自宅への引き込み管敷設が個人負担なので下水網に参加しない住居が多く、経済成長に伴い油分が多く高カロリーに変化した食生活に対応して、1960年代から多用するようになった合成洗剤を含む生活排水が掘割に流されるようになり、汚染に拍車をかけた。やがて水が流れず澱んで悪臭を放ち、排水不良のために降雨で浸水地区が出るようになった。

こうした瀕死の掘割を何とか再生できないか、と柳川市は浚渫を繰り返し、関係部局間で検討を進めるなど努力を続けたが、市民の意識が変わらない限り、排水、不法投棄、不法占拠などの汚染原因は減らないと見定めた。やむなく再生を諦め、1961年に始まった川下り観光コースだけ残し、それ以外の掘割を埋め立てて下水管を埋設しコンクリートで蓋をして下水路にすると決断し、建設省の「都市下水路事業」に乗せることで補助金を得て費用の6割をまかなう、という計画ができあがった。

1977(昭和52)年4月、それまで所属していた上水道を扱う水道課から、この計画推進のために新設された柳川市都市下水路係長に移動となった広松伝(つたえ)氏(1937〜2002)は、自身が親しんできた掘割の重要性を当時の古賀杉夫市長に直訴して待ったをかけた。市長は、半年で実現可能な代替案を作るならば、と計画凍結を英断した。

ここからは、広松氏の著作[広松 1999]や[水の文化編集部 2009]などに沿って、掘割の再生史を概観しよう。

掘割の再生運動

広松氏はまず、科学的調査を進め、掘割の持つ遊水機能や貯水機能だけでなく、水路を埋めると、連動している地下水位が下がって軟弱地盤の柳川市街が地盤沈下してしまうこと、つまり掘割には「地下水涵養機能」のあることに着目し、埋め立ての危険と水流復活を訴える小冊子『郷土の川に清流を取り戻そう』を作って、市役所内だけでなく青年会議所、町内会長にも配布、それに基づいた「河川浄化計画」を1977年11月に提案した。住民参加の浚渫作業、汚水流入の抑止、住民参加による維持管理、がその骨子である。市民参加が不可欠なこの計画のために、氏は掘割の歴史と意義を語りあう市民向けの懇談会を100回以上開いた。

常に水とともにあった昔の生活の思い出を古老たちが語り合って若い世代に伝えるなか、掘割は市民の共有財産だ、との意識が芽生えていく。市職員がおこなう浚渫作業に市民たちが協力し始める、難題だったヘドロや残土の処分地確保のために無償で土地を提供する市民が現れる、流れを阻んでいた不法占拠建造物を自主的に撤去する、など再生計画に市民が参画するようになり、予想を上回るスピードで1980年には浚渫が終わり、掘割の連続性が回復して水が流れ始めると、浸水地区も解消、市街の景観は一変した。こうして再生した掘割を市民全体で維持管理していくため、240の町内会を71ブロックに分け、各ブロックに設けた実行委員会が調整して、市と協働で定期的に浚渫、清掃する仕組みも整えられた。

市民の力による再生

この一連の動きは、市民レベルで環境浄化をおこなう先行事例として、広く県内外の注目を集め、多くの関係者や水に関心を寄せる市民団体が柳川を訪れるようになる。その出会いのなかから、市内を流れる沖端川の源流である矢部川の上流地域の豊かな文化に目を向けようと、広松氏は、有志や郷土史家と「八女(やめ)・山門(やまと)の会」を1980年に立ち上げ、山村の生活文化を知るなかから、山、里、海が連関していることへの理解が深まり、山村づくりにも参加するようになる。

ちょうどその頃、スタジオジブリの高畑勲氏が、アニメの舞台として柳川をロケハンに訪れた際に、掘割の再生運動を知り、掘割を舞台ではなく主人公とするドキュメンタリーを製作することになった。それが1987年公開の新文化映画『柳川堀割物語』である(製作は宮崎駿氏の個人事務所「二馬力」)。実行委員会方式による公開であったが、反響を呼び、各地での上映実行委員会は、それぞれの「川を守る会」に発展していった。この作品は、1987年第42回毎日映画コンクールの「教育文化映画賞」を受賞している。

一方、1984年に滋賀県が呼びかけた「世界湖沼環境会議(以後は世界湖沼会議と呼ばれる)」に参加した市民の交流から始まった「水郷水都全国会議」の第5回を、広松氏が中心となって1989年5月に柳川市に誘致した。そして、成功したその会議の成果を引き継ごうと、氏は1991年8月1日の「水の日」を記念して「水の会」を発足させた。さらに1993年には全国の活動家に呼びかけ、ゆるやかなネットワーク「全国水環境交流会」を結成し代表幹事に就いた。この交流会は、各地の協議会、団体、研究所などとネットワークを組み、行政機関がオブザーバーとして参加しつつ、各地域の活動の情報共有や、年1回のワークショップなどをおこなうもので、2003年に特定非営利活動法人（NPO）に登録した。

1999年には「柳川市掘割を守り育てる条例」（「水の憲法」）が制定されるなど、水の保全、環境教育、町の景観デザインを行政が支援する体制も整っていく。 8.3節で触れたように、1997年の河川法の大幅改正（平成の河川法）の眼目のひとつは、住民の意見を聞く回路を設けた点であるが、2013年には「水防法及び河川法の一部を改正する法律」によって、河川法の一部がさらに改正されて、「河川協力団体制度」が導入された。

これは、今後の河川管理の在り方として、自発的に河川の維持、河川環境の保全等に関する活動をおこなうNPOなどの民間団体と河川管理者（一級河川は国土交通大臣、一級河川の指定区間及び二級河川は都道府県知事、準用河川は市町村長）とのパートナーシップによる体制を築いていくものであり、河川管理者は、法人または国土交通省令で定めた団体を協力団体として指定し管理行為の一部を委託できることになった。「全国水環境交流会」も、この制度の継続的かつ効果的な推進を図り、河川管理者や関係機関、団体との協働による諸活動をおこなうことを目的に、「河川協力団体全国協議会」を立ち上げた。

広松氏は、市役所を定年退職後、釣り船を購入して毎日のように有明海に乗り出し、有明海の海況の変化をつぶさに観察し、そのなかで有明海は山や川と密接につながっていること、すなわち「有明海の恵みも山からの贈り物」であることを実感し、上流の矢部川流域との交流を進展させた。それは、2002年の氏の逝去後も継続され、2005年に柳川市と矢部川の源流である矢部村との間で「水のふるさと協定」が結ばれ、それを契機に矢部村に「柳川市民の森」が作られている。

このように、森から海への連関を意識的に活かす活動は、柳川でも根を広げている。

（註10） 敗戦後の食糧難とヤンセンレポート

第二次世界大戦後、日本政府の招きで来日したピーター・フィリップス・ヤンセン（Pieter Philips Jansen）、アドリアン・フォルカー（Adriaan.Volker）の両氏が、1954年3〜4月にかけて視察したのは、以下の13か所。

（a）土地改良及び湖沼の干拓：巨椋池干拓地（京都府）、鎧潟干拓計画地区（新潟県）、八郎潟干拓計画地区（秋田県）、印旛沼手賀沼干拓事業地区（千葉県）、両総用水農業水利事業地区（千葉県）。

（b）海岸における伝統的な建設方式による干拓地：鍋田干拓事業地区（愛知県）、有明海干拓事業地区、諫早干拓事業地区、児島湾干拓事業地区（岡山県）。

（c）広大な海湾の締切と干拓：児島湾の締切、浜名湖干拓事業地区、大長崎干拓計画地区（4.3節で触れた「長崎大干拓構想」のこと）、大有明干拓計画地区（有明海全体を締め切る（！）3つの案）。

視察後の1954年8月に日本政府に提出した『日本の干拓についての所見』（通称『ヤンセンレポート』［ヤンセン・フォルカー 1954］）には、各地区に関する所感とともに、日本への総括的な助言として、

（1）堤防建設や遊水池（諫早湾での調整池に相当）の水位設定が、排水ポンプの建設とその後の維持管理費用に深く関わる点を設計時に考慮すべきこと、（2）とくに、遊水池の水位を平均海水面より低くすることは、外海から塩水が堤防を浸透し（砕石と土砂による堤防を前提）、塩水被害を招くおそれがあるとともに、自然排水ができないので排水ポンプ経費が高額となるなど賢明な策ではないこと、（3）設計段階での模型実験を通じた科学的解明が重要なこと、（4）干拓農地の景観形成と近隣との接続道路整備が必須なこと、（5）オランダの事例を参考にすべきこと、

などが記されている。上記の（2）は、4.3節で紹介したような、農林水産省が複式干拓方式を採用した理由とは、相容れない助言だ。また、沿岸の漁業活動との関係に関する記述が一切見られないのは、元来の諮問趣旨に含まれていなかったためだろう。

（註11） 海苔養殖における酸処理

海苔養殖における酸処理とは、クエン酸、リンゴ酸などの有機酸を希釈した液に海苔の養殖網を漬けて、病原菌を殺しアオサなどの雑藻を除去する処理である。1984年に水産庁は次長通達でこれを解禁したが、適正におこなわれているかを疑問視する声もある。酸処理をおこなうと、色が濃くなり見かけは良くなるが、海苔独特の風味は落ち、固くなるとされる。

近年、酸処理剤の使用量は増え続け、年間3,500tを超

えているといわれ、最近は有機酸のほかに栄養剤（硫酸アンモニウムや硝酸アンモニウムなど窒素肥料）を加えた酸処理剤も出現し、富栄養化の原因になっているのでは、と疑われている。水産庁は、「適正に使用していれば、有機酸は海中で短時間で中和されるので、自然界に与える負荷は軽微」と発表している。

しかし、沿岸5県の採貝漁業者と漁船漁業者の750名が原告となり、「酸処理剤の99.9%は回収されず海中に放出され、海底に堆積した有機物が、魚介類の生息できない貧酸素水塊を生み出し、漁獲量の減少を招いた。使用を禁止しない国は漁業権を侵害した」として、2015年3月、国の1984年通達の違法確認や慰謝料を求めて熊本地裁に提訴した（通称「有明海ノリ養殖薬剤訴訟」）。原告団の方針は、損害賠償が主目的ではなく、水産庁の通達は、日本も批准し1996年に施行された「海洋法に関する国際連合条約」第一二部「海洋環境の保護及び保全」に違反しているのではないか、という問いかけである。下水処理高度化や工業排水規制などを通じて、窒素やリンなど陸からの栄養塩を抑制する「水質総量規制」を導入している一方で、海水中で栄養塩を増加させる結果を招くような施策をおこなっていることの矛盾を突いているのだ。

2019年12月4日、熊本地裁は「環境に負荷をかけることは否定できないが、ノリの安定生産や品質向上に欠かせず、漁獲量に影響を与えるという科学的知見に乏しい」との理由で原告の訴えを退けた。原告団は「裁判所は疲弊した有明海の現状を少しもわかっていない」との声明を出し、原告団の一部が2019年12月17日、福岡高裁に控訴した。

しかし2020年12月17日、福岡高裁は一審熊本地裁の判決を支持、原告の控訴を棄却した。

海苔養殖にはもうひとつ問題がある。栄養塩をめぐって海苔と競合関係にある赤潮が大発生すると、栄養塩を先に奪われた海苔が栄養不足となり色落ちする。そこで栄養塩を補うために養殖業者が窒素肥料を海中に直接撒くことがあるが、これも環境に負荷を与えていると疑われている。諫早湾干拓事業による赤潮の頻発がこの悪循環を生み出している可能性がある。

（註12）有明海漁業実況図とは

全長13mの巻子本『有明海漁業実況図』は、江戸時代後期から明治初期に、松田房晃（ふさあき）が幕末頃の有明海を取材し、四季にわたり最も特徴的な以下の漁法23種を描いたもの：「つり」「四つ手網」「シジミかき」「ウナギかき」「メカジャ（ミドリシャミセンガイ）とり」「潟往来の図」「カニとり」「タコとり」「ウミタケねじ」「ムツ（ムツゴロウ）とり」「ワラスボかき」「シャッパ（シャコ）ふみ」「カキとり」「アミとり」「流し網の一種（解読不能）」「しげあみ」「投あみ」「げんしきあみ」「竹はじの図」「ヒラ網」「エツあみ」「クラゲあみ」「コチつり」。竹下八十（やそ）氏が佐賀県立博物館に寄託し、1999年に同館が刊行した『有明海博物誌』に全点が掲載されている。

（註13）オランダ土木技術の導入と御雇外国人デ・レーケ

P.141で紹介したように、「デ・レーケ導流提」は、筑後川から早津江川が分岐する地点から河口近くまで、筑後川の中心線部に約6.5kmにわたり築かれた石積みの堤であり、分岐点左岸にある岩津港の航路を確保するのが目的で1890（明治23）年に竣工した。現在でもその機能は生きているので、公益社団法人 土木学会が2008年度「選奨土木遺産」に認定した。もっとも、当初の計画図面では、下流部で左右の堤防から河川に突き出す「幹部水制」（p.173）と、現在の導流堤にあたる「背割堤」との二本立てだったようで［村山 2013］、前者の遺構も確認できたという（2017年6月18日付『産經新聞』福岡版）。

これを監修したオランダ人ヨハニス・デ・レーケ（Johannis de Rijke、ヨハネス・デ・レイケと表記されることも多いが、本書では上の表記に統一する）は、1873（明治6）年に来日した、いわゆる御雇（おやとい）外国人のひとりである。明治新政府は、堤防、橋梁、道路改修は府県がおこなうことにしたが、重要な河川改修や港湾開発は国直轄で進めると決め、1869（明治2）年設立の民部省がそれにあたることになり、かねて評判のオランダから技術者を招聘することにした。ただし、新政府内の行政機構はなかなか形が定まらず、1870年に民部省から工部省が独立、その翌年1871年に民部省は大蔵省に吸収合併されたが、1873（明治6）年には徴税以外の国内行政部門が再度分離されて、新設の内務省が担当することになる。

開国時の土木技術売り込み？

ここで時計の針を巻き戻すと、西回りで東洋を目指していた5隻のオランダ商船団は、南米マゼラン海峡通過後に、1隻は帰国、2隻はそれぞれスペインとポルトガルに拿捕、1隻は行方不明、残る1隻リーフデ（Liefde：オランダ語で「愛」の意）号が1600年4月、豊後国佐志生（さしう）海岸（現・

大分県臼杵市）に漂着した。ここに、スペインの統治権を1581年に否定して実質的な独立を果たし（正式な独立は、カトリックとプロテスタントの間の最後の宗教戦争、「三十年戦争」を終結させた1648年締結のヴェストファーレン条約：Westfälischer Friede、英語読みではウェストファリア条約：Peace of Westphaliaによる）、積極的に東洋進出を図っていた新興国オランダ（当時はネーデルラント連邦共和国と称し現在のオランダの原型となる）と日本との関係が始まる。

貿易と宣教師団によるカトリック布教とを結合して日本の植民地化を狙うポルトガルやスペイン、それに拮抗するプロテスタント勢力として、家康に重用されるようになり江戸幕府と深い関係を結んだオランダは、ポルトガルやスペインは日本のカトリック教国化が目的だが自分たちは純粋に交易のみが目的だ、と禁教を幕府に働きかけた。初めは南蛮貿易のメリットから布教に寛大だった幕府側も、やがてポルトガルとスペインへの不信感を募らせて完全なカトリック禁教に舵を切り、欧州情報の提供をオランダに義務付けた。双方の思惑が一致した結果、オランダは鎖国期には西欧との交流窓口を独占することになった［平川 2018］のは、周知のとおりである。

ところが200年余り後、幕末の開国前夜に交流窓口の主導権を英仏米露などに奪われていくなか、失地回復のため、ポンペ（Johannes Lijdius Catharinus Pompe van Meerdervoort：ヨハネス・レイディウス・カタリヌス・ポンペ・ファン・メールデルフォールト）の進言で1861年に幕府が設置した長崎養成所（現・長崎大学医学部の前身）において、ポンペの後任として1862年から教頭を務めた医師アントニウス・ボードウィン（Anthonius Franciscus Bauduin）が、オランダの土木技術を売り込んだ、との説もある［松浦 1990］。

砂防の父デ・レーケの活躍

とまれ、1872（明治5）年にオランダからコルネリス・ファン・ドールン（Cornelis Johannes van Doorn）技師が来日して御雇外国人としての契約を結び、その後、12名のオランダ人技術者集団を相前後して呼び寄せた。ヨハニス・デ・レーケはそのひとりだった。彼はまず、一緒に来日した土木技師ゲオルギ・アルノルド・エッセル（George Arnold Escher、英語読みジョージ・アーノルド・エッシャー、彼の末息子が「だまし絵」のエッシャー）とともに淀川改修計画を立案、それに基づき実施された淀川改修と、淀川上流部における堤防補強による砂防工事が高く評価され、以来デ・レーケは30年以上日本に滞在し、木曽三川、吉野川、多摩川の河川改修や、大阪港、三国港、三池港の築港や改修計画など、各地で砂防や治水、河川や港湾の改修工事を指導し、その功績は「砂防の父」として斯界では良く知られる［上林 1999：223–227］。

一緒に来日したエッセルが後に設計、デ・レーケが施工指導して1882（明治15）年に完成した三国港突堤は「エッセル堤」とも呼ばれ、2003年に国の重要文化財に指定された。エッセルは貴族出身、デ・レーケは職人階級出身だったが、本国で友人同士、その後も生涯の親友だったという。

デ・レーケについては、8.8節「日本での流域治水論」で触れたように、江戸期までの「氾濫受容型治水」から、洪水を河道に押し込め速やかに海に排出するという「河道主義治水」への転換の発端は、彼による木曽三川の改修だった、という否定的な評価もある［大熊 2004：106］。

現在でも、群馬県榛東村、岐阜県中津川市、滋賀県大津市、京都府木津川市、徳島県美馬市など、日本各地にデ・レーケの名を冠した堰堤が残る。木曽三川公園の拠点のひとつ、アクアワールド水郷パークセンター（岐阜県海津市海津町）には、オランダと日本との友好親善のシンボルとして、1996年に最高部の高さが19mのスモック型（軽作業用の上っ張りsmockに外観が似ているのでこう呼ばれる）の大型風車が建てられたが、これもデ・レーケとの縁による。

紀元前千年頃には中東やヨーロッパに登場していた風車は、農業、工業などの動力源や揚水ポンプのほかに、オランダでは15世紀前半から干拓地を造成する際や洪水の際の排水ポンプとして使われるようになっていた［佐藤健吉 1998］。低地や海面下の土地から国土を創出したオランダと風車は切り離せない。

話を明治に戻すと、有明海と縁の深い児島湾についても、明治政府は、1878（明治11）年に帰国したエッセルの後任として翌1879年に来日したオランダ人技師アントニー・トーマス・ルベルタス・ローウェンホルスト・ムルデル（Anthonie Thomas Lubertus Rouwenhorst Mulder）に干拓計画の策定を依頼した。1881年に彼が提案した計画図は、あまりの規模の大きさに、そのままの案では実行に移されなかった。

低水工事偏重という批判

その後、1896（明治29）年には、梅雨前線による木曽川大洪水、複数の台風（ただし、台風＝颱風という呼称は、後に中央気象台長となった岡田武松氏が1901年の著書『近世気象学』で使い始めたもので、それまでは大風と呼ばれていた）による西日本一帯、中部地方、関東の荒川、江戸川、多摩川の氾濫など、全国的に大水害が起きた。それ以降、従来導入してきたオランダ技術は、干拓や、河川舟運と農業用取水のための低水時における流路の確保など、利水を中心とする「低水工事」に偏っており、山岳地帯の多い日本には不適だった、との批判が朝野で相次いだ。

そこで、政府の治水政策は、内務省直轄と都道府県に分けて河川を管理することを定めた1896（明治29）年3月成立の（旧）「河川法」、土石流や山崩れなど土砂災害を防ぐために竹木伐採や土砂と砂礫採取の禁止を目的とする1897（明治30）年3月成立の「砂防法」、同年4月成立の公有林や社寺林の監督強化や保安林制度を創設した（旧）「森林法」の三本立て（「治水三法」と呼ばれる）に大転換を遂げ、高水時の洪水防御を中心とする「高水（こうすい、または、たかみず）工事」にシフトしていった、と河川行政史では解説されることが多かった。

オランダ土木技術批判の背景

しかし、（旧）「河川法」は大水害の発生以前に成立していることからも、水害と高水工事へのシフトを結びつける見方は誤りである、と西川喬氏は『治水長期計画の歴史』（1969年、水利科学研究所）のなかで指摘しているという［渡邉悟 2012］。また、政策史を検証した歴史学の見地からも、「低水工事から高水工事への転換」という、やや通俗化した図式は、洪水多発、治水費国庫負担運動、河川法審議などの事後、後年になって形成された見方であり、導入されたオランダ技術をこの図式で批判するのは妥当ではない、との指摘がある［葦名 2006］。そこで、葦名（あしな）氏の議論を基に、流れを整理しておこう。

明治初めの治水政策は、1875（明治8）年、内務省が「地方官会議」に出した「堤防法案」において、「預防＝予防」と「防禦＝防御」という河川管理の基準を打ち出したことで形が定まる。前者は洪水予防と舟運向上を目的とする河身改修と砂防工事、後者は水害防御を目的とする堤防と護岸工事であり、前者の費用は基本的に内務省が、後者の費用は基本的に各地方に任す、というものだった。鉄道網や道路網が未整備の明治初期には、舟運と港湾が依然として主要な交通インフラであり、国が直轄すべきと考えられていたことが背景にある。主に「水制工」（8.4節）活用に特徴があったオランダ技術の導入の目的は「預防」、すなわち舟運向上もあるが洪水予防も意図されていたのであり、オランダ技術は低水工事のみに偏っていたという、後年になって生まれた先述のような捉え方は誤りだ、と葦名氏は指摘する。

軟弱地盤で樹木の多いオランダで開発された水制工は、オランダ語で水制や防波堤を意味するkrib（クリップ）、日本語ではそれがなまった「ケレップ水制」と呼ばれる透過型の水制工である。粗朶（そだ）（伐り取った木の枝）を結束して格子状に組んだマット状の工作物「粗朶沈床（そだちんしょう）」を作り、その上に石を積んで目標箇所に沈めて河床に杭で固定する工法であり、清正の「石刎（いしばね）」（p.196）や松杭を列状に打ち込む「杭出し」など日本の伝統的な透過型水制工よりも、

(1) 流れを中央に押しやる「水刎（は）ね効果」によって河川中央部の流れが早くなり土砂堆積が抑えられて水深が確保され舟運をスムースにする、

(2)「粗度効果」によって堤防への水の当たりが柔らかくなり堤防が壊れにくくなって洪水を予防する、

などの流水の制御効果が高いと評価された。粗朶沈床は、前述した、1875（明治8）年の淀川改修において、エッセルとデ・レーケによって日本で最初に試行され（p.173）、それが好評で全国に広がった［上林 1999：77－83］。

しかし、明治10年代末以降の洪水多発、とくに1888（明治21）年、四国吉野川で内務省が工事をおこなっていた堤防が決壊して以降、オランダ流の水制工が洪水の原因だとする地方からの批判が強まり、なかでもデ・レーケが槍玉に挙げられた。その批判のなかで、予防を低水工事に、防御を高水工事に対応づける論調が多くなり、後年の「低水工事 vs.高水工事」という図式は、そこから生まれたのではないか、と葦名氏は言う。

地方からの批判が強まった背景には、1890（明治23）年の第1回衆議院議員総選挙（被選挙権は30歳以上の高額納税男子のみの制限選挙）で当選した山林地主、製糸業者、豪農が、自分たちの地方財産を守るための「防御」を国費から支出せよ、と国会で要求しはじめたこともある［篠原 2018：36］。第1回帝国議会以降、治水に関する請願が数多く提出され、それらをまとめて1891（明治24）年の第2回帝国議会で衆議院が建議した「治水ニ関スル建議案」の第一項では、

> 「政府直轄ノ河川ニ於テハ、其低水高水ノ全工事ハ勿論、其流域ニ関係ヲ及スベキ一切ノ施工ハ、政府ニ於テ之ヲ実行監督スベキコト」

と、低水、高水の別なく治水事業の一切について積極的な国の関与を求めている［山本ほか 1996］。

これらを受けて1896（明治29）年3月に成立した（旧）「河川法」では、「予防＝国庫、防御＝地方」という従来の費用分担を踏襲せず、河川管理は地方行政に委ねるが大規模改修工事や地方の手に余る工事については国庫からの補助を認めた。この時点で（旧）河川法が適用される国直轄河川は、淀川と筑後川のふたつ、以後、毎年数河川が追加されて最後には9つの河川が「河川法適用区間」となった

ほか、準用区間も設定された［篠原 2018：44］。しかし（旧）「河川法」には、低水工事と高水工事を区分する議論は含まれていないことに注意すべきで、同法の成立によって低水工事から高水工事への転換が図られたわけではない。

こうした転換論が生み出されたのは、後になってから、明治期の「技術ナショナリズム」とでも呼ぶべき、御雇外国人に頼る技術から、1880年頃から本格化する成熟した日本人技術への移行を賞賛する語りのなかで、オランダ技術を低水工事向き、日本技術を高水工事向き、と対応づけるようになったことが要因ではないか、と葦名氏は推測している。また同じ1880年頃以降、主に日本での鉄道建設に関わってきた、歴史的に商売敵のイギリス人技術者たちが、鉄やコンクリートをあまり使わないオランダ流土木工事（石と木材を使う経済的工法だが）を時代遅れだ、と批判を強めたのも転換論の背景にあったようだ［上林 1999：122］。

重商主義列強がそれぞれに設立した東インド会社のうち、1600年設立の先発イギリス、1602年設立の二番手オランダの間では、紛争や殺戮（たとえば、アンボイナ事件）などが起きた。それ以来、オランダに含むところがあるイギリスは、商売敵のオランダ人を、ケチ、酔っぱらい、理解不能、と揶揄する多くの英語の俗語表現、たとえば、Dutch accountやDutch treat：ケチくさい割り勘、Dutch courage：酔った勢い、Dutch headache：二日酔い、Dutch concert：酔っぱらいの大騒ぎ、Dutch bargain：いい加減な契約、double Dutch：わけのわからない話、などを生み出したことが思い出される。ついでに言い添えると、Dutch wifeとは元来、東南アジアに進出したオランダ人の間で寝苦しい熱帯の夜をやり過ごすため普及し、イギリス人にからかわれた、中国南部地域発祥の、竹や籐製の抱き枕「竹夫人（ちくふじん）」の英訳、との説もある。現在では、オランダ人自身が、これら俗語表現を使った自虐ネタで笑いを取ることも多いらしい。

ともあれ「治水三法」の成立以後、オランダからの治水技術導入は下火になり、山が多く高水工事に長けていると目されたオーストリアの技術導入に傾いていった［三枝博音ほか 1960：121—126］。

よみがえる粗朶沈床

ところで、冒頭のデ・レーケ導流堤に話を戻すと、1985年以降、福岡県大牟田市から佐賀県鹿島市まで延長約55kmの自動車専用「有明海沿岸道路」建設が立案され、1988年度から順次事業化されていて、2022年度に全線開業の予定である。筑後川については、デ・レーケ導流提に橋脚を築いて架橋する計画が進んだ。

2009年度以降、導流堤の機能保全と景観への配慮を条件に架橋計画を進めるために、専門家から成る設計検討委員会が立ち上がり、内部構造が不明だった導流堤の解体調査が2015年におこなわれた。その結果、「粗朶」をユニット化し基礎として用いたことが実証された（2015年10月1日付『日刊建設工業新聞』、2017年11月 嘉瀬川防災施設さが水ものがたり館館長荒牧軍治『デ・レイケ導流堤の歴史的役割と移設展示までの道のり』）。前述の「粗朶沈床」工法が導流堤築造でも使われていたのである。橋の建設は2017年度から始まり、2021年2月に名称が「有明筑後川大橋」と定まり、同年3月14日に開通した（p.141の写真参照）。

また、8.3節で触れたように、1997年改正の「河川法」（平成の河川法）では「河川環境の整備と保全」が謳われるようになったが、それに呼応して、コンクリートに代わり、環境に優しい粗朶沈床が復活し、根固工（ねがためこう）、すなわち護岸前面の河床洗掘を防ぐために護岸表法面（おもてのりめん）の基部を固めて防護する設備、などに採用されるようになっている（国土交通省東北地方整備局河川部ウェブサイトなど）のも、興味深い。

その副産物として、粗朶の材料であるナラ、クリ、カシ、クヌギなど、堅くて粘り強い、樹齢7〜10年の樹木の伐採が、里山（粗朶山）を育むのに役立つとされる。里山と河川や海をつなぐ連環の一例と言えよう。高度経済成長期以降もこの工法が維持されてきた信濃川や阿賀野川の流域では、粗朶沈床を陸上で製作し筏状にしてクレーンで川に浮かべる新工法も編み出され、たとえば「新潟県粗朶業協同組合」が、その技術伝承に努めている。

（註14）1960年代からの異議申し立て

1960年代から1970年代中頃にかけて、Baby Boomers（第二次世界大戦後の米国で1946〜1964年生まれの世代、日本では1947〜1949年生まれの団塊の世代に対応）たち若者（ニューエイジ）を中心に世界的に起きたのが、いわゆる「異議申し立て運動」だ。政治的な領域だけでなく、思想、技術、文化、芸術、宗教の分野にも広く及び、それまでの近代的価値観、科学技術万能主義、進歩史観、成長神話や中央集権的価値観などへのアンチテーゼや、それに代わるオルタナティブ方法論、さまざまな相対化指向、ポストモダン思想を指向する動きも含む、世界史的な一大画期だった。

植民地からの独立運動、先住民や黒人の人びとの人権回復運動、ウーマンリブ運動、冷戦やキューバ危機を受けた反核運動、ベトナム反戦、日本では「ベ平連」など市民運動の高まり、大学紛争など既存の権威への反発、プロテスト・フォークやヒッピー運動などカウンターカルチャー（対抗文化）の動き、機械文明への反発と自然回帰、反公害運動、エコロジー運動、などが思い出される。

それらは一部の人びとの動きに止まっていたが、共感を寄せる世代も多かった。しかし、1973年の第一次オイルショックを契機に、共感を寄せていた人びとも、自分の生活を守ることに重点を置く、いわゆる「生活保守主義」に転じ、とくに日本では、過激派の暴走に驚愕した多くの人びとの心は離反していった。

だがこの時代の風は、多様性が重要であり、オルタナティブがあり得る、という思考の転換が根付くきっかけになったといえるし、註22でも触れているように、グリーンな運動の起点のひとつとして現在につながっている、ともいえよう。

（註15）南風崎町と復員列車

世界各地と同様に日本でも、古来、農業、漁業、舟運業などにとって重要な風には地域ごとに地方名が付けられてきた［関口 1985］［吉野 2008］。北前船が東北地方の日本海沿岸から大坂へ向かう上りの際の東寄りの順風が「アイ」や「アユノカゼ」、逆に、日本海沿岸を蝦夷方面に向かう下りの際の南寄りの順風が「クダリ」と呼ばれていたのが代表例だ。季節風について主に太平洋側の東北地方から四国付近まで分布するのは、冬の北西風や西風を「ナライ」、夏の南東風を「イナサ」と呼ぶ例である。「イナサ」は弱い風なら豊漁を呼ぶ吉兆だが、台風に伴う強風は海難や風水害を招く恐ろしい風となる。

南寄りの夏の季節風の名前で、主に西日本と日本海西部に分布するのが「ハエ」「ハイ」であり、「南風」の漢字を当てる。これも船乗りの言葉が起源のようだ。梅雨入りの頃に吹く「黒南風」、梅雨半ばの「荒南風」、梅雨明けは「白南風」と細分される。南風崎（はえのさき）、南風原（はえばる）、南風泊（はえどまり）など、地名にも見える。

佐世保市南風崎町は、第二次世界大戦の敗戦直後に、いわゆる「復員列車」の出発点のひとつだったことで有名である。1945年から約4年半の間に、中国や東南アジア方面から佐世保湾南東部の浦頭（うらがしら）港（現・佐世保市針尾北町）に帰着した累計約140万人の復員兵や引揚者は、検疫を受けた後、約7kmの山道を歩いて、現・ハウステンボスの位置に1945年11月に置かれた佐世保引揚援護局（旧海兵団の建物を転用）で諸手続の後、数日間滞在して発症しないか確認の後、大村線の南風崎駅から、累計約1,700本の専用列車に乗って各地に向かったのである（佐世保市浦頭引揚記念資料館ウェブサイト）。

こうした地方引揚援護局と出張所は全国に18か所設置されたが、使命を終えて順次閉鎖され、1950年3月時点で引揚援護業務を担っていたのは、舞鶴、佐世保の2局と横浜援護所だけで、佐世保援護局も同年5月に閉局［厚生省 2000］、1958年最後の引揚船が入港したのは舞鶴港だった（舞鶴引揚記念館ウェブサイト）。

（註16）「ぼくと」とは

有明海沿岸では、胴回り約20cm、長さ1m、重さ1kg以上の大ウナギを「木刀」や「木の棒」の意で「ぼくと」と呼ぶ。ほとんどが銀ウナギだろう。気味が悪い、皮が厚い、小骨が固い、味が今一、とあまり歓迎されず、市場でも普通サイズより安い値が付く。今でも「川の主」ではないかと敬遠し逃がす者もいる。ところが近年、柳川市の筑後中部魚市場では、バイヤーがkg当たり1〜2万円の高値で競り落とし東京圏の料亭や専門店などに直送するようになったらしい。2020年、筆者・中尾の知人が出した1.3kgのものに4万円の値が付き、本人も驚いたという。関東では、白焼きして蒸し、タレを付けて再度焼くので、ふっくらと仕上がり、味が良いと評価されるようになったからか。琵琶湖でも、大物は「木（ぼく）」と呼ばれる。

（註17）IWAPROとは

IWAPROは、教育映画カメラマンだった長崎県諫早市出身の岩永勝敏氏が、ドキュメンタリーなどで活動後1988年に設立した映像制作プロダクション。1987年以降、諫早湾や有明海の記録映画を20年間で6本製作。最後の作品は『苦渋の海 諫早湾 1988〜2016』。

（註18）基本高水流量への疑念

註8で述べたように、第二次世界大戦直後は、「戦後大水害の時代」を受けて治水政策が大きく転換した時代だった。その象徴のひとつは、1958（昭和33）年に初めて策定の「河川砂防技術基準」において、「基本高水流量」の目標値が、「既往最大洪水」、すなわち過去の記録のなかで最大の洪水流量から、「超過確率年」に変更された点である［篠原 2018：109］。

災害の発生頻度を表すのに良く使われる単位が「確率年」、100年に一度ならば確率が「1/100」という。ある値を超える確率を「超過確率年」「超過確率」「年超過確率」

などと呼ぶ。

超過確率年が1/100の流量とは、100年に一度の確率で生じる大洪水の流量を指す。観測などで得られる降雨や流水など水文量の値は、正規分布のような対称形ではなく、たとえば「対数正規分布」など非対称な確率密度分布に従う、とする前提で、超過確率年に対応する水文量を計算する。少ない年数の水文量から百年単位の値を求める場合には、多くの仮定が含まれる。

1958年の「河川砂防技術基準」では、河川の重要度に応じて超過確率年が1/100〜1/10と定められた。それに基づいて「基本高水」、すなわち、m^3/secで表す、流量の時間や日変化のグラフ（hydrograph：ハイドログラフと呼ぶ）が算出され、そのピーク値である「基本高水流量」が定められる。ハイドログラフから、ダムなど人工物による各種洪水調節量を差し引いた流量の最大値が、「計画高水流量」である。

現実の河川に当てはめれば、計画高水流量から、河川工学の計算公式を用いて河川各地点における「計画高水位」、すなわち、超過確率年の規模の洪水が河道を流下する際の最高水位を算出する。そうした大洪水でも溢れない堤防の高さを「計画堤防余裕高」と呼び、計画高水位を若干超えるように設定される。しかし、超過確率年に対応する流量は多くの仮定に基づく確率値であり、近年の「想定外」のように、現実の値と一致するわけではない。そこで、安全性を考えると、より確率が低く、より水位の高い大洪水を想定しがちになる。

実際、1977年改定の「河川砂防技術基準」では、重要河川の超過確率年が1/200、つまり200年に一度の規模の大洪水に引き上げられ、それに伴い、重要河川ごとに見ると、基本高水流量が年を追って、洪水の発生頻度に関わらず細かく不規則に引き上げられてきた経緯がある。たとえば東京都・神奈川県を流れる鶴見川水系では、1946年当時の基本高水流量値の約4倍に引き上げられた。

こうした水系で、河川管理者（一級水系は国土交通大臣、二級水系は都道府県知事）が、「平成の河川法」に則って「河川整備基本方針」や「河川整備計画」を策定（p.171）するには、自治体や住民に対して、基本高水流量の数値の妥当性を科学的にわかりやすく説明する必要がある［蔵治 2006］。過大な基本高水流量が設定され、それがひとり歩きした結果、完成に時間がかかる過大な規模の堤防やダムの建設に重点が置かれ、河床掘削や堤防の整備など足元の防災が、かえって後回しになっているのではないか、と住民や自治体は疑っているのだから［篠原 2018：205−211］。

（註19）漁業権に伴う増殖義務

2022年施行の改正版「漁業法」第六十条で定義されている「漁業権」には、定置漁業権、区画漁業権、共同漁業権の三区分があり、いずれも都道府県知事の免許によってのみ設定される。4.6節、p.84の「請求異議訴訟」での論点のひとつとなったように、共同漁業権は、地元の漁業協同組合に対して10年の期限付きで免許されるもので、第一種から内水面を対象とする第五種まで区分されていて、改正版・漁業法第百六十八条では、「内水面における第五種共同漁業（第六十条第五項第五号に掲げる第五種共同漁業をいう。次条第一項及び第百七十条第一項において同じ）は、当該内水面が水産動植物の増殖に適しており、かつ、当該漁業の免許を受けた者が当該内水面において水産動植物の増殖をする場合でなければ、免許してはならない」と、増殖義務が課せられている。言うまでもなく、内水面が海水面よりも資源が乏しい、と考えられているからである。

（註20）網目サイズの表記法

網地は、網糸や針金を互いに交差させながら網目を連続的に構成するもので、交差部を節（「ふし」、または「せつ」）と呼ぶ。網糸を結び合わせて作った節は「結節」と呼ばれ、そうした網を「有結節網」、網糸を結ばないで繊維を撚り込む（織り込む）ことで「組節」を作るものを「無結節網」と呼ぶ。網目の大きさを「目合」と呼ぶ。尺貫法で目合を表すには、網をピンと引き伸ばした状態での、

(a) 長さ5寸（15.15cm）の間にある節の数で表す

(b) 一目の長さを寸で表す「寸目」

の2法がある。前者の数値が大きいほど目合は小さく、後者の数値が大きいほど目合は大きい。

下図の場合、5寸の間に、節が5つ。目は2つあるので、「5節」または「2寸5分目」となる。ただし、漁網の場合、地域によって、計測に鯨尺を使う、半目すなわち一辺の長さで表す、などの地域差もあるほか、最近ではメートル法で表すことが増えている。金網などの業界では、ヤード・ポンド法を使う場合もある。

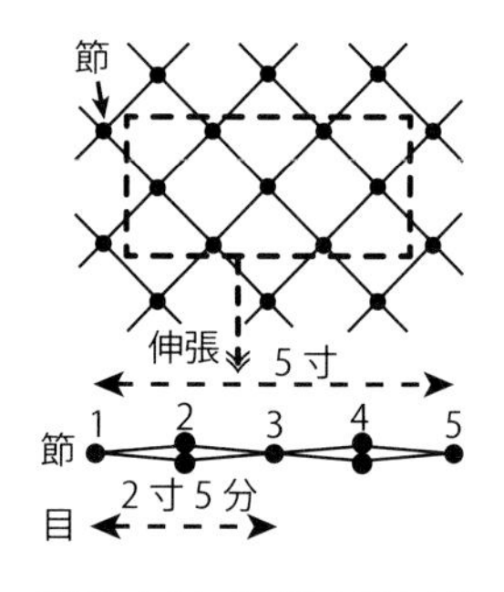

網目の大きさ（目合）を表す方法。

(註21) 近藤潤三氏と「やながわ有明海水族館」

有明海を育てる会

福岡県柳川市にある筑後中部魚市場の会長であった近藤潤三氏(1930〜2017)は、市場で取引される魚介類の変化から、有明海の資源劣化を肌で感じる立場にあった。氏と筆者・中尾との交流は、IWAPROが2003年頃収録した有明海の記録映画『有明海に生きて』(2007年)で筑後中部魚市場を撮影し、その後近藤潤三氏を自宅で収録したことがきっかけである。なお、中尾が監修を務めた同映画は、2007年度(第5回)文化庁映画賞文化記録映画部門の文化記録映画優秀賞、日本映画ペンクラブ会員選出文化映画部門の3位、キネマ旬報ベスト・テン2007年度文化映画7位、をそれぞれ受賞した。

その頃、熊本大学理学部の逸見(へんみ)泰久教授に、近藤会長が私費を投じて柳川周辺の干潟の生きもの調査を依頼し、これを数年間続けた。その時の調査に中尾も何回か同行したが、一度は記録映画にも収録したことがある。

近藤会長は有明海が人間の手で疲弊していくことへの危機感から、1998年、漁師の友人や市場の職員らと「有明海を育てる会」を結成し、魚介類とくにアゲマキガイやメカジャ(女冠者;有明海準特産種の腕足類ミドリシャミセンガイの現地名)、アサリなどが激減した原因の調査を始めた。そこで氏が着目したひとつが海苔の酸処理と施肥であり、熊本地裁への2015年の提訴から始まった「有明海ノリ養殖薬剤訴訟」(註11)の原告団にも参加した。一方で、2010年5月、広く「荒廃する有明海の現状を知ってもらうため」、二丁井樋のそばにあった冷凍倉庫を私費で買い取り、改修して「おきのはた水族館」を開設した。

遺志を引き継ぐ若い世代

その後、2016年6月、近藤氏は病を得たため、それまでひとりで運営してきた同水族館をやむなく休館することになり、NPO法人「SPERA森里海──時代を拓く」(9.3節)に後継について相談した。SPERAは、自身の世代交代を目的に、大学生や高校生を中心とする学生団体「有明海塾」を2015年8月に既に結成していたが、当時から「おきのはた水族館」とは深いつながりがあった。そこでSPERAは、「有明海塾」の18歳の若きリーダー小宮春平氏を館長に推挙、運営は有明海塾メンバーとSPERAがおこなうことになった。若い世代に引き継ぎたいとの近藤氏の願いにも合致したのだ。

小宮氏は小さい頃から魚好きで、国内外に釣りに出かけ、高校在学中には絶滅危惧IB類の淡水魚ヤマノカミの調査もおこなった、福岡(あるいは九州)の「さかなクン」である。調査の過程で知り合った福岡県立伝習館高校自然科学部生物部門(9.5節)の仲介で「有明海塾」の初期メンバーとして参加していたのだ。

こうして学生たちは、子どもたちが生きものに興味を持つきっかけになってほしい、というコンセプトのもと、2016年8月から、水槽を増やし、展示する淡水魚も増やし、子ども向けの触れあいゾーンを設けるなどのリニューアルを進め、10月15日に「やながわ有明海水族館」と改名して再開に漕ぎ着けた。86歳の近藤氏から18歳の小宮氏へと世代を超えてバトンが引き継がれたのである。しかし、その半年後、2017年5月、近藤氏は他界された。その後の有明海の海況変化や、それに立ち向かう若者たちの活躍を見ずに逝かれたのが、残念でならない。

小宮氏は2019年4月まで館長を務めたが東京での大学生活もあり、2019年7月、館長は福岡県の大学生で当時の有明海塾塾長、宮崎優作氏に交代、その後、2021年4月からは、当時16歳の高校2年生、亀井祐介氏が館長を務める。このように若者が代々館長を務めているのは、近藤氏の遺志にかなっている。展示についても、4.1節で紹介した有明海の稀少生物、なかでも絶滅危惧種の収集と展示に力を入れている点も、近藤氏の願いに沿う。

(註22) グリーン・ニューディールとグリーン・ディール

カーボンニュートラルのうねり

2020年10月、日本政府は「2050年カーボンニュートラル(CN:Carbon Neutral、炭素中立)を目指す」と宣言した。その骨子は、

> (1)経済と環境の好循環、(2)グリーン社会の実現に最大限注力、(3)2050年までに温室効果ガスの排出を全体としてゼロにした脱炭素社会の実現を目指す。鍵となるのは、次世代型太陽電池、カーボンリサイクルなど革新的なイノベーションであり、省エネルギー(省エネ)を徹底し、再生可能エネルギー(再エネ、太陽光、風力、波力、地熱、バイオマスなど)を最大限導入するとともに、長年続けてきた石炭火力発電に対する政策を抜本的に転換、安全最優先で原子力政策を進めることで、安定的なエネルギー供給を確立する。

というものである。ここでCNとは、温室効果ガス（GHG：Greenhouse Gas）6種（CO_2；二酸化炭素、CH_4；メタン、N_2O；一酸化二窒素、HFCs：ハイドロフルオロカーボン類、PFCs：パーフルオロカーボン類、SF_6：六フッ化硫黄）の排出量から、森林などの光合成による吸収量を差し引いた合計をゼロにすること、である。人為的に排出されるGHGのうちCO_2が地球温暖化に最も大きく影響すると見積もられていて、GHGの総量は、ほかのガスについても濃度あたりの温室効果の点でCO_2に換算して計算する。

2020年10月の宣言は、2015年に開かれたCOP21で採択された「パリ協定」の実現に向けた世界各国の取組と連動している。しかし、日本政府は原発を依然として重要な電源と捉えていて、後述するように、原発は結局ペイしない、という先進国の理解からは乖離し、しかも、3.11を経験したにもかかわらず、GHGを出さないのでCNを目指すうえでも原発を手放せない、との論を引っ込めようとはしない。

カーボンニュートラルは実現可能か

CNが本当に実現可能か、が実は問題である。人間の諸活動で必然的に排出されるCO_2の量を、植物の光合成で吸収される量などで相殺する、というCNを目指し、技術創出が新たなビジネスを生み出す、と経済界もこぞってCNに向けて足並みをそろえ始めた感がある。それを概観するために、まず、CO_2の排出と吸収を個別に考えよう。

人間活動のエネルギー消費で生じる最大のCO_2排出源は、石油や石炭などの化石燃料や木材の燃焼であるのは言うまでもないが、これを代替する再生可能エネルギーとして、太陽光や太陽熱発電、地熱発電、風力発電、波力発電、水力発電、温度差発電、などに加えて、水素燃料及びそれを使う燃料電池、バイオマス発電、なども例示される。しかし、後の二者は、それらを作り出す過程でCO_2を排出するか否かが問題になるので、最終形態だけを見てCNと認定するのは早計である。

とくにバイオマス発電については、バイオマスを燃やしても、それに見合うCO_2が光合成など生物活動で吸収されるであろうことを見越して、再生可能だとみなされ、一種のバイオマス信仰が広まっている感もある。しかし、端材など、何もしなければ廃棄されるものを、その近辺で燃料に回すことで化石燃料の消費を抑える、と言うのならば趣旨にかなう推進すべき方向だが、本来の用途に使わずに丸太全体を木質ペレットに加工する、それらを長距離にわたって運搬する、輸出入する、と言うのであれば、加工、運搬に新たにほかのエネルギーを使うことになって本末転倒であり、総体としてCO_2を増やすことになりかねない。

そのうえせっかく光合成により炭素を固定してくれている森林を台無しにしてしまう、という愚挙となる。おまけに、熱量当たり換算では、木質バイオマスを燃やして排出されるCO_2は石炭よりも多くなるという［泊 2022］。さらに、燃やした分（＝炭素負債）が再生するのに必要な時間＝森林再生の時間は、50～100年単位なので、それが追いつくまでにCO_2は確実に増えていく。

また、微生物に分解されることによってバイオガスやバイオエタノールなどの「バイオ燃料」を生み出す「資源作物」も、注目されている。たとえば、糖質資源（サトウキビなど）、でんぷん資源（トウモロコシなど）、油脂資源（ナタネなど）、柳、ポプラ、スイッチグラス（手のかからないイネ科キビ属の多年草でセルロースが多いのでバイオマスとして有望視されている）、などであるが、燃やせば当然CO_2が排出される。そのうえ、これら「資源作物」栽培を目的に耕地を転用する、あるいは森林を切り開くようなことをすれば、炭素を固定している森林を毀損するうえに、周辺での食料用作物の栽培面積を狭め、食料高騰や植生多様性の喪失につながることもあるという［三枝信子 2022］。

つまり、バイオマス発電がCNに寄与するといえるのは、限られた条件下での話であることを忘れてはならず、総体としてのCO_2排出量がどうなるかを、良く見極めねばならない。

生産の場面でCO_2を排出する事例に、製鉄がある。鉄鉱石はすべからく酸化しているので、鉄を抽出するには、まず酸素を引き剥がす「還元」が必要だ。従来はカーボンを用いて高温下で還元する方法を採っていたので、CO_2が大量に排出される。そこで、還元するのに水素を用いる、zero-carbon steelと呼ぶ新技術も語られている。しかし、総体としてゼロカーボンにするには、当然、大量の安価なカーボンフリー水素、すなわち、そのライフサイクルすべてにおいてCO_2を排出しない水素が必要であり、水素の製造には、再生可能エネルギーを使うほかはない。結局は、再生可能エネルギーを確保できるか、が最大の課題となる。

次にCO_2吸収の場面を考えよう。CO_2を直接回収する技術も考えられていて、たとえば、CO_2吸着フィルターや、地中に貯留するCO_2貯留技術（CCS：Carbon dioxide Capture and Storage）などが提案されている。しかるに、吸収の主役と目されているのは依然植物の光合成である。しかし先述どおり、排出分に見合うCO_2を吸収するまでに植物が育つには常に時間遅れが伴う。それを待つ間にCO_2増大の影響が出てしまう。

以上の事実を冷静に考えると、CNは一種のフィクションかも知れない、という声が聞こえてくるのも[サーチンジャー 2022]、もっともだと思われる。

パリ協定

ここで、パリ協定について、再確認しておこう。良く引用されるCOPとは、Conference Of the Parties、つまり、条約締約国会議のことである。本来は、締約した条約が何か、を明示する必要があり、パリ協定の場合には、「気候変動枠組条約：Framework Convention on Climate Change、FCCC」なので、正式にはCOP21－FCCCと呼ぶべきだが、文脈でそれが明らかな場合には単にCOPと呼ばれる。このCOPは毎年開かれる。

2015年のパリ協定では、世界共通の「長期目標」として、(1) 全球の平均気温の上昇を産業革命前に比べて2℃未満に抑えること、さらに、1.5℃に抑える努力を追求すること、(2) そのためにできるだけ早く世界のGHG排出量をピークアウトし21世紀後半には、排出量と吸収量のバランスをとること、が掲げられた。55か国以上が参加すること、世界の総排出量のうち55%以上をカバーする国が批准すること、というこの協定の発効条件が満たされたので、批准各国は2050年までにCNを実現するための中期目標を立てる義務を負った。

このパリ協定は、それまでの気候変動に関する協定が、先進国目線でトップダウンに決められていたものが、途上国も含む参加国に自主的な努力を促す、ボトムアップな方向を示した点が、画期的とされる。

それ以前から、気候変動に対する危機感は共有されており、FCCCでは少しずつ取組を進めてきていて、1997年に京都で開催されたCOP3では「京都議定書」が採択され、2008〜2012年の第1約束期間中に先進国はGHGの排出量を1990年比で少なくとも5%削減する、という案を39か国が批准した。2008年のG8洞爺湖サミットでは、「2050年までの長期目標として現状から60〜80%、GHG排出量削減を目指す」と日本政府は発表するなど、取組が前進したかに見えた。

これらの議論の大前提は、GHG累積排出量と世界の平均気温の変化量の間にほぼ比例関係がある、とする科学的知見に基づく。太陽から地球に入る熱と地球が放散する熱の収支が均衡すると気温が安定するが、GHG累積量、すなわち大気中のGHG濃度が高いと、熱収支が均衡する気温は、より高くなるからである。

文書『グリーン・ニューディール』

ちょうどその頃、2008年7月21日、英国の研究者や実務家から成る「グリーン・ニューディール・グループ」が文書*A Green New Deal*（『グリーン・ニューディール』）を発表した。1929年米国発の大恐慌対策としてルーズベルト大統領が手がけた「ニューディール」をもじっているが、2007年以降の米国で住宅バブル崩壊など一部金融商品が暴落を始め、「新自由主義経済」の欠陥が露わになりつつあるこの時期に、「経済と環境のメルトダウンから世界を引き戻す」方策として、金融と租税の再構築、再エネ資源に対する積極的な財政出動を提言するものだった。

その直後2008年9月15日に起きたリーマンショックに対応する雇用対策を主眼として、当時のオバマ米国大統領も、太陽光や風力などの再エネの活用、将来有望なエコカーの導入、公共交通システムの抜本的見直し、次世代送電網であるスマートグリッドの整備、温暖化に起因した大災害に備えたインフラ強靭化などを財政支出と減税で進め、GHGの削減、成長率の押し上げ、新たな雇用（グリーン・ジョブ、アメリカで500万人）創出の同時達成を目指す、というグリーン・ニューディール政策を提唱した。

2008年10月、UNEP（United Nations Environment Programme：国際連合環境計画）事務局長アキメ・シュタイナーは、ロンドンで「グローバル・グリーン・ニューディール」と呼ばれるグリーン経済イニシアティブを発表し、世界のGDPの1%を、建物の省エネ化、再エネ、持続可能な交通、水・森林など生態系インフラ、有機農業など持続可能農業、に投資することを提唱した。以上は、いずれも、「環境と経済の両立」という文脈で生まれた動きであり、環境エネルギー政策の専門家である明日香壽(じゅせん)川氏は、グリーン・ニューディールの第一波の時期だと呼ぶ。そこでこの先は、主に氏の著書[明日香 2021]に依拠しつつ動きを追ってみよう。

せっかく起きた第一波だったが、2010年頃から、米国、ロシア、カナダ、日本は、京都議定書の延長、すなわち、第2約束期間を設定することに反対するようになる。エネルギー転換は、石油や原発など既存のエネルギー関連企業群の構造改革や改廃に直結する。そうした企業群は当然反発し、政治的影響力を行使したに相違ない。おまけに2017年初めに発足したトランプ米国政権は、パリ協定からの離脱を決めるなど、「反知性主義」[森本 2015]を悪用して、科学的知見を終始無視し、気候変動論に懐疑的であり続けたために、米国は後退していく。

グローバルグリーンズ憲章

しかしその間もヨーロッパ諸国は、一貫してグリーン運動に前向きであった。その背景には、各国の「緑の党」の役割が大きい、と明日香氏は指摘する。その象徴のひとつは、2001年にオーストラリアのキャンベラで、70か国から派遣された800以上の代表者が、「グローバルグリーンズ憲章：Global Greens Charter」を制定したことであろう。これは、「エコロジカルな知恵」「社会正義」「参加型民主主義（草の根民主主義）」「非暴力」「持続可能性」「多様性の尊重」の6目標から成るもので、その後、各国の緑の党の活動を理念面で牽引していく。こうした活動が活発化しヨーロッパ市民の支持を得るようになった要因のひとつは、ほかでもない、1986年のチェルノブイリ（チョルノービリ）原発事故だった。事故を踏まえて高まった、電力自由化、省エネ、再エネを指向する意識が、緑の党の活動を押し上げ、ドイツでは1998年に社会民主党と連立政権を形成するに至った。

このようにドイツをはじめヨーロッパでは、緑の党は大きな政治的影響力を持つが、[西田 2009] によれば、そこには、註14で触れた、1960年代から1970年代中頃にかけての「異議申し立て運動」が関わっている。それを主導した当時の若者たちを、ドイツでは「68年世代」と呼ぶそうだが、その思想的背景には、ナチス台頭を許した親世代の反省が足りない、との思いがあるという。異議申し立て運動が沈静した後、そのなかの、非教条主義的で非暴力主義的なグループや社会民主党に入党したグループが、組織力や行動力を維持したまま、1975年以降、エコロジー運動と結びつき、影響力の大きな存在、緑の党になった、という。

ひるがえって日本では、2011年の3.11東日本大震災による福島原発事故が大きな契機となって、電力の自由化や再エネへの関心が市民にも広がった。ヨーロッパに比べて反原発意識の高まりが20年遅れと言われるのは、ヨーロッパと異なり、日本では異議申し立てが市民の間にそれほど広まらなかったことにも遠因がありそうだ。しかも日本では、原発はGHGを出さず再エネのような不安定さがない、だからCNにとって有利だし、原発を使わないと長期目標を達成できない、と政府や経済産業省は主張する。

しかし、世界に目を向けると、IEA（International Energy Agency：国際エネルギー機関）の2020年報告でも、温暖化対策として、原子力や石炭火力より再エネや省エネの方が低コストで雇用創出力が大きい、と述べているし [明日香 2021：80]、IPCCによる2014年第5次評価報告書でも、原発以外の選択肢でも十分に2℃目標が達成できるとしている [明日香 2021：98]。IPCCとは、1988年に、国連環境計画UNEPと世界気象機関（WMO：World Meteorological Organization）によって設立された、「気候変動に関する政府間パネル（IPCC：Intergovernmental Panel on Climate Change）」のことであり、3つの作業部会には、各政府から推薦された研究者が参加している。

再エネや省エネの利点をあらためて考えてみると、(1) エネルギー源を海外や地域外に依存しない方向へと変えると、外部原産地との関係悪化や減産などの変動に左右されず、外部からの移送コスト（送電線設備なども含め）をカットできるという、エネルギーの「地産地消」効果、(2) 分散型、自立型経済、地域循環型経済の活性化につながり、地域外へのお金の流出を減らせる、(3) 自主的・民主的・協働管理型のエネルギー確保の可能性が高まる、そして、(4) 平和国家の確立につながる、エネルギーや食料争奪が戦争の原因だった歴史を振り返れば明らかだろう。

原発はグリーンか

しかし、日本政府、就中、経済産業省は、既存の原発関連諸産業や地元も含む受益者などの巨大なしがらみがあるからか、なかなか脱原発に踏み出さない。さらに、核兵器開発技術との関連性も疑われている。唯一の（500回以上おこなわれた大気圏内核実験の被害国や地域も多いので、唯一ではないのだが）被爆国として何をか言わんや。

もっとも、被爆国だったからこそ、麗句「核を兵器から平和利用へと転換する」に幻惑されて原発導入を積極的に進めてきた、というのは、歴史の皮肉である。物理学研究者や技術者たちが、原発輸入と稼働に動員されたこと [澤田 2014] が思い出される。

米国については、途上国の電源開発に必要だとして原発を輸出する動きは止まらないが、中国との競争力維持のため、という側面もあり、原発覇権争いの様相を呈する。

欧州もまた、必ずしも脱原発で一致しているわけではないようだ。というのも、EUの前身、欧州経済共同体を成立させた1958年発効の「ローマ条約」はまた同時に、原発開発を監督する組織「欧州原子力共同体（ユートラム）」を創設させたように、当時は石炭エネルギーに代わる原発に期待が寄せられ、欧州結束の源のひとつが原発だったという（2021年11月2日付『日本経済新聞』）。しかし、チェルノブイリ（チョルノービリ）原発事故を経て、先述のようにドイツで1998年に成立した社会民主党・緑の党の連立政権が、2002年4月にいわゆる「脱原発法」を成立させたが [山口

2010]、総発電量の8割近くと、原発依存率が世界一高いフランスは、原発の新規建設を進めようとしている。

さらに2022年2月3日、EUの欧州委員会がCN移行に向けて、高レベル放射性廃棄物の処分場を稼働するための具体計画を作る、など一定の条件のもと、原発も持続可能な経済活動であると認めて、天然ガスとともに「環境に配慮した投資先」のリストに加える、と提案した。このリストとは、後述する「タクソノミー規則」に含まれている、経済活動のリストである。

原発をグリーンとみなすこの提案に対して、フランスは歓迎声明を出したが、ドイツ、オーストリア、スペインは反発する、など議論を巻き起こしているが、日本の原発維持派はこれに力を得たようだ。(さらに2022年2月以降の、ロシアのウクライナ侵攻は、エネルギー危機を引き起こして各国の原発維持派を後押しすると同時に、チョルノービリの悪夢を蘇らせた。それにつけても、エネルギーに関しても、地産地消への方向転換が急務だと思う。)

原発の根本的問題点は、いったん事故が起きれば取り返しがつかない放射能汚染被害を招来するのはもちろんだし、廃炉の費用が膨大になることもあるが、それ以前に、半減期の長大な放射性廃棄物の処分法を確立しないままに、世界中で開発を進めてきた無謀さにある。現在、フィンランドやスウェーデンなど北欧では、地下数百mの岩盤深くに10万年以上貯蔵する「地層処分」の方法を確立しようとしているが、古くて安定した大陸プレートがある地域でのみ実現可能性のある方法であって、日本のような、陸地としてはせいぜい1500万年の歴史しか持たないとされる地震国、火山国では、数万年にわたって安全な埋蔵場所を見つけること自体が、非現実的だろう。

気候正義の概念

話を元に戻すと、先述の「グローバルグリーンズ憲章」について注目すべきは、社会正義の目標であり、それが気候問題に対する「気候正義:climate justice」という概念につながっていく。明日香氏は、これが2018年頃からのグリーン・ニューディール第二波を特徴付ける点だとする。

現在の地球温暖化による気候変動は、先進国が化石燃料を大量に消費してきた結果であるにもかかわらず、気候変動の影響を受けて最も苦しむのは、第一次産業に依存し、しかも化石燃料をあまり使ってこなかった途上国の貧困層である、という皮肉で不公正な事態に鑑みて、「気候変動問題とは、加害者と被害者が厳然と存在する、国際的な人権問題であって、この不正義を正して温暖化を止めなければならない」という認識が、「気候正義」である。言い換えれば、気候変動を単に気候や生態系の問題に矮小化するのではなく、複雑に絡み合った社会の不公正が生み出したものでもあり、不平等と経済至上主義の産物だ、と捉える立場である。

たとえば、世界の5人に1人、13億人が電気のない生活を送っているが、GHG排出トップ10の先進国だけで、世界の排出量の7割を占める。日本でも常態化するようになった、暴風雨の巨大化、豪雨、干ばつ、山火事、海面上昇、農林水産業の産品の変化、など、温暖化と海水温変化などの気候変動によって最大の被害を受けるのは、貧困層、有色の人びと、少数民族、女性や子どもたちだ。人災とされるものも含めて、すべからく災害のしわ寄せは、最も弱い者たちに最も過酷なことは、歴史が雄弁に語る。

こうした認識に立ち、気候変動の最も深刻な影響を受けている地域、アフリカでは、1,000を超す団体やネットワークから構成される「パンアフリカ気候正義連盟:Pan African Climate Justice Alliance」が2008年に設立され、気候変動対策が進むように政府や国際機関に政策提言などをおこなっている。こうして2010年以降、気候正義は大きな論点となっている。パリ協定やSDGsにも、こうした気候正義に対する認識が背景にある。

2018年以降の、グリーン・ニューディール第二波の到来の背景には、この気候正義の問題のほかに、世界の気候変動がより深刻化したこと、社会的格差が拡大したこと、その格差を気候変動がさらに大きくしたこと、人種やジェンダーなどの差別反対運動がSNSなどIT技術を使って高まったこと、再エネコストの急速な低減、などがある、と明日香氏は指摘する。

欧州グリーン・ディール

この流れを受けて、2019年12月、欧州委員会(European Commission、略称EC、EUの政策執行機関)は、雇用を創出しながら2050年までに気候中立を目指す成長戦略としての「欧州グリーン・ディール:European Green Deal」を発表し、2020年には、「欧州気候法案:European Climate Law」を採択して、「2050年までに気候中立を達成する」政治的宣言に法的拘束力を持たせることを提案した。これは、従来の「CN=Carbon Neutral:炭素中立」概念を拡張して、GHGすべての収支をゼロとする「CN=Climate Neutral:気候中立、新しいCN」概念を提唱し、再エネや省エネに資する活動への財政出動が雇用創出にもつながる、として、環境配慮と経済成長の両立を狙うものである。
その具体策として、EUが2020年に施行した「タクソノミー規則：Taxonomy Regulation」は、気候変動の緩和、気候変動への対応、水と海洋資源の持続可能な利用と保全、サーキュラーエコノミー(循環型経済)への移行、環境汚染や公害の防止と抑制、生物多様性と生態系の保護と回復、の6つの環境目標を掲げ、それらに適合するかどうかで「持続可能性に貢献する経済活動」を分類し、それによって投資を呼び込もうとするEU独自の施策である。Taxonomyは、註3で紹介しているように分類学を指し、生物分類の文脈で使われるものだが、最近はグリーン・ディールの文脈でも注目を集める用語となっている。
これらの施策を実行可能とするには、「長期目標」を具体化し、「中期目標」を立てる必要があるが、そのためにはさまざまな指標の数値化と変化の予測が必要であり、専門研究者であっても観点が異なれば、計算対象に含める項目に差が出て予測も異なるようだ。
パリ協定での約束事である、1861〜1880年の平均気温からの上昇を2℃以内に抑えるには、それ以降の累積排出量を2.9兆tに抑えねばならないが、既に2011年までに1.9兆t累積しているので、2011年以降の累積を、1兆tに抑えねばならない、とIPCC 2018年の第5次報告書では指摘する。2018年のIPCC試算では、2050年の1.5℃目標達成を66%の確率で成功させるには、地球全体での排出量を、2010年比で2030年に45%削減、2050年にゼロにする必要があり、毎年比に直すと、2020〜2030年の10年間で、毎年、7.6%の削減が必要だという。これらが最新の科学的コンセンサスのようだ。
気温の目標値を達成するのに残されている累積排出量の上限値を、「カーボン・バジェット：炭素予算」と呼ぶ。各国がそれぞれに「中期目標」値を設定してこの予算内にGHGの収支を合わせねばならないが、それぞれの国に炭素予算をどのように割り当てるかのルールは未だない。というのも、パリ協定は、ボトムアップ戦略によって各国の自主的取組に期待しているからだ。日本のある研究グループの試算によれば、気候正義に配慮して、人口を基準とするルールで各国への割り当て量を計算したとすると、日本では、2030年には2010年の排出量の100%近く削減せねばならないという。
先進国の削減目標や途上国の削減行動をすべて合算した排出削減の総量と、パリ協定の約束実現に必要な量との差は、「排出ギャップ」と呼ばれるが、現状での隔たりは非常に大きいとされる。今後、GHGを減らす技術革新などのプラス要因の登場が予想される一方で、大規模な山火事が起きて森林の吸収能力が減る反面でCO_2が増えマイナス要因がダブルとなったり、シベリア永久凍土が温暖化のせいで溶けてCO_2とメタンが発生したり、などの不確実なマイナス要因が増えてくるおそれもある。
残された時間はどんどん少なくなっている、という厳しい状況を、どの政府も明確には示さない。2050年は遠い将来のことであり、現在の政府の当事者たちは、楽観的、無責任に発言できるからかも知れない。そして何よりも、旧来型エネルギー産業や製造産業と政権や官僚との結びつきが強いので、大胆な意識改革に及び腰なのであろう。明日香氏たちグループも、官僚たちの抵抗を予測しながら、日本において、2030年に2013年比38%削減、2050年に2013年比60%削減、を具体化するロードマップを試案として掲げてはいるが［明日香 2021：158−190］、これとても、実現可能性は高くはない。
2021年4月、バイデン米国大統領の呼びかけにより、気候サミット「Leaders' Summit on Climate」が、コロナ禍に鑑みて、オンライン形式で一般公開（生中継）された。サミットには40名を超える国や機関、自治体、企業の代表が参加し、GHGの削減に向けた取り組みについて協議した。それを受けて、主な国は地域目標値の修正値を公表していて、日本政府も、従来の「2030年度に2013年度比26%削減」を修正し、「2030年度に2013年度比46%削減」という案を公表した。この目標値によって、2050年度に排出量を実質ゼロにできるという。ちなみに、近年の日本のGHG排出量は、2013年度の14.08億tをピークにして漸減しており、2019年度は12.12億tであり、2013年度比14.0%削減が実現していることになる。
こうした高い目標値を掲げたのは良いが、さりとてそれを裏付ける具体の方策群は明確ではない。各国の目標値は、基準とする年が異なり、それぞれの背景が異なるので、筆者ら非専門家には難解であるし、それらを実現するための具体的処方箋も、実は未定で不確実なもの多いらしいが、明日香氏によれば、最も効果的な方策は、省エネと再エネの導入拡大であり、なかでも即効性があるのは建造物の断熱工事による省エネ、自然資本への投資、などだという。

若い世代の切実な声

明確な処方箋が示されず、先送りが続きそうな状況を見て、将来に被害を受ける若い世代が声を上げ始めた。象徴的なのは、2018年に当時15歳のグレタ・トゥーンベリ氏が、たったひとりで、ストックホルム国会議事堂前に「気候のための学校のストライキ」看板を立てて始めた毎週金曜日の座り込みだ。そこで彼女が訴えたのは、「上っ面の言葉や対策では意味がない、スウェーデン政府が毎年15%程度のGHG削減を打ち出すべきだ」である。この訴えに共感する声は、彼女の生み出したスローガン「FFF：Fridays For Future」とともに瞬く間に世界の若者に広がり、さらには、各地でさまざまな差別反対の声につながっていったのは、記憶に新しいが、これも、そもそも各国政府が具体の処方箋を示してこなかったからである。

では私たち一般人は、どうすればよいのだろうか。第11章で触れたように、現在の「食品システム」自体が気候変動などプラネタリー・バウンダリー突破の元凶のひとつだというのならば、個人が食習慣を見直して、無駄を出さないよう心がけたり、環境に配慮した食品を選ぶようにする、などの日々の努力が、地球温暖化の抑止に寄与するだろう。

食だけでなく、衣や住の分野においても、再生可能な素材や商品の選択など、2000年公布の「循環型社会形成基本法」でも導入され、既に1970年代から米国の環境活動で広まった、いわゆる3R（Reduce、Reuse、Recicle）の考え方がある。これに基づいて、日本国内においても、ゴミ、なかでもプラスティックゴミの減量に最も効果がある方策として、全二者を推進する2R運動が、官民で広がっている。そして、それをビジネスとして展開するシェアリングエコノミーが各地で普及し始めているなど、「re」の付くエコな習慣は、省エネに、そしてGHG削減につながるのである。

しかも、「地球にやさしい行動」（地球自体は自然科学法則に則って粛々と変化するだけで、薄皮のような生物圏は、地球の大勢にほとんど影響を及ぼさないだろうが）を勧めるキャンペーンも世に溢れている。急激な社会変革を望まない勢力が、地球温暖化を個人の問題にすり替えようとしているではないか、と勘ぐりたくなるほどだ。

グレート・リセットは可能か

しかし、個人的な努力目標だけではもはや解決は不可能で、現在の社会システムの変革が必要だろう、と明日香氏は指摘する。昨今のメディアでも、「グレート・リセット：Great Reset」が叫ばれるようになってきたし、CNをビジネスチャンスととらえるエネルギー生産企業や消費企業もブームとなりつつある。

とは言っても、システム変革とはどのようなレベルで実現可能なのか、大きな政府と小さな政府のバランスをどうするのか、政策決定に市民が関与できる民主的な制度とはどのようなものを想定できるのか、具体策実現には財政出動は必須だろうが社会正義の観点から税制制度はどうあるべきか、個人の私権を制限する場面が生じた時にそれをどう考えるか、公と私とはどのように区分できるのか、本書第11章で紹介した斎藤幸平氏の議論のように、資本主義的な発想から脱成長へという価値観の転換が解決策のひとつとしてもそれがどうすれば浸透するのか、そう考えることでかえって反発する人びともあるのではないか、そもそも成長とは何か、豊かさや幸せ（ウェルビーイング：well-being）とは個々人のどのような状況を指すのか、等々…。

このように、問題解決の方向性を個人のレベルで見出し得心することはなかなか難しい。であるのなら、私たちには、少なくとも、どのような意見や情報が科学的裏付けのある信用できるものなのか、判断する目を養うことがまず肝要だろう。さまざまな意見が、どのような利益集団に近いのか、あるいは代弁しているのか。それを見極めるためには、自身の好悪に左右されず、分け隔てなくさまざまな情報源にアクセスし、新しい知識を習得し、広い視野で比較検討する姿勢が大切だ。そして必要に応じて、共感できる活動を支援する、参画する、といった積極的な行動が求められる場合も出てくるだろう。なんと言っても、当事者は、私たちなのだから。いやいや、若い世代の人たちにこそ、望みを託せるのではないだろうか、と高齢者の筆者たちは思うのである。

（註23）ネオニコチノイド系殺虫剤と宍道湖のウナギ

第11章で触れた、現代の食料システムが作り出している化学物質のいびつな循環の一例として、1990年代中頃から世界中に普及し、2000年前後からその危険性が問題視されている、ネオニコチノイド（neonicotinoid）系殺虫剤を紹介する。ニコチン（nicotine）は神経伝達物質アセチルコリンに似た構造を持ち、ヒトへの毒性や依存性が強いが、ネオニコチノイドは、名前が示すようにニコチンの化学構造を少し変えた化合物で、神経細胞のアセチルコリン受容体と結合することで神経伝達の機能を狂わせ、死に至らしめる、主に農業用の殺虫剤である。昆虫など節足動物に選択的に働くのでヒトに対する急性毒性は少ない、水溶性なので植物に吸収されて植物体全体に浸透する、環境中の残留期間が長いので散布回数を減らせる、などと謳われて世界に広まった。現在この系統に分類される7剤のうち6剤が日本の企業により開発されたものだという。日本では、1992年秋に世界で初めてこの系統の殺虫剤が「農薬取締法」に基づく農薬として登録され、1993年の田植え期以降全国で使われるようになった。

ところが同じ頃から、農業に必要な花粉媒介者であるハチの大量死や集団失踪などの報告が世界中で相次いだ。そこで欧州では、フランスを筆頭に、その時点での因果関係の証明は不十分だが、「予防原則」(p.30)に基づいて、2000年代初めから使用規制を進めている。2010年以降に因果関係が科学的に証明された、という。

日本では、1980年代から宍道湖をフィールドとして底生生物などの調査をおこなってきた山室真澄氏が、宍道湖のワカサギとウナギが1993年以降に激減した時期が、宍道湖周辺での同系殺虫剤の使用開始時期とちょうど重なる点から、それが原因ではないか、と仮説を立てた。

水中の植物プランクトンは、いわゆる肥料の三要素である窒素、リン酸、カリウムを要素とする各栄養塩を吸収して増殖し、光合成により、糖質などの有機物を生産する(生産者)。その有機物を動物プランクトンが消費し(第一次消費者)、それらを底生生物(貝類、昆虫の幼生、ミミズやゴカイなど環形動物、p.62)が食し、それを魚類が食す、という食物連鎖のなかでの化学物質の流れを追う観点から、山室氏は研究を進めた。

宍道湖での動物プランクトンの大部分を占めるミジンコは節足動物だが、それが1993年以降急減していること、釣り人が重宝するエサであるアカムシは、昆虫オオユスリカ ── 夏の夕暮れなどにあの傍迷惑な蚊柱を作る ── の幼生だが、1993年以降、宍道湖だけでなく諏訪湖や琵琶湖でも激減していること、その一方で、宍道湖では、植物プランクトンの成長を支える栄養塩の濃度には変化が見られず、動物プランクトンや底生生物の餌となる有機物の減少も認められないこと、など、食物連鎖の起点には変化が少ない、という事実を積み上げていくなかから、水田に散布されたネオニコチノイド系殺虫剤が宍道湖に流入して食物連鎖の中間に位置する節足動物を激減させ、そのことが食物連鎖の頂点にいるワカサギやウナギの減少を招いた、との結論を導き出した。それを2019年後半に*Science*誌や「産業技術総合研究所ニュースリリース」などで発表し、大きな反響を呼んだ。

同氏は、生態系の全体を捉えるには化学物質の循環も考慮すべきだと警鐘を鳴らしている。そして、現場での異変に気付いてきた漁業者や釣り人の観察や記録を、生態学者や政府関係機関のおこなう科学調査に組み込む回路を確保すべきだ、と提言している[山室 2021]。

実は農業だけでなく、日本ではこの殺虫剤が、マツ材線虫病の病原マツノザイセンチュウを運ぶマツノマダラカミキリ駆除を主目的に、林業でも使われている。これらも合わせ、水溶性が仇となって生態系にネオニコチノイド系殺虫剤は広がっているという。さらに、同じアセチルコリンを使っているヒトの神経系への悪影響も指摘されるようになってきた。

そこで、日本の一部地域や生協などを中心に「脱ネオニコチノイド」の取り組みが始まっている。たとえば兵庫県豊岡市は、放鳥を始めた2005年以降、里地で魚などを食べるコウノトリ復活を旗印に、安全な農産物と生きものを同時に育む農法「コウノトリ育む農法」推進計画を定め(兵庫県但馬県民局資料より)、その一環として水田での同系殺虫剤の使用を止めた。そのほか、天敵を利用した害虫管理、害虫に対する耐性を高めた品種開発、多様性を維持した栽培戦略、などを実践しようとする農業者グループも各地に出現しているようだ。

諫早湾干拓事業と同様、農薬を導入する必然のあった農業事情をも共有しつつ、農業と漁業の対立を招かないようなさまざまな知恵を出し合い、合意形成を図っていくべき課題だと思われる。

参考文献

青山 潤

2004「DNAマーカーによるウナギ属魚類の系統解析と種査定法の開発」『第3回日本農学進歩賞受賞講演要旨』pp. 3−6、公益財団法人 農学会。

2013『にょろり旅・ザ・ファイナル:新種ウナギ発見へ、ロートル特殊部隊疾走す!』講談社。

葦名 ふみ

2006「明治期の河川政策と技術問題:『低水工事から高水工事へ』図式をめぐって」『史学雑誌』115(11):1831−1863、公益財団法人 史学会。

明日香 壽川

2021『グリーン・ニューディール:世界を動かすガバニング・アジェンダ』岩波書店。

安陪 和雄

2015「流水型ダムの長所を活かす設計思想」『土木技術資料』57(5):4−5、一般財団法人土木研究センター。

阿部 等

2022「鉄道150年を振り返り今後の50年を描く:鉄道イノベーションによる新たな未来」『鉄道ジャーナル』56(11)(2022年11月号):51−55、鉄道ジャーナル社。

網谷 祐一

2010「種問題」松本俊吉[編著]『進化論はなぜ哲学の問題になるのか:生物学の哲学の現在』pp. 121−139、勁草書房。

2011「『連続と離散』の対立はどのような意味で種問題の存続の原因か」『科学哲学科学史研究』5:1−20、京都大学文学部科学哲学科学史研究室。

諫早湾開門研究者会議［編］

2016『諫早湾の水門開放から有明海の再生へ:最新の研究が示す開門の意義』有明海漁民・市民ネットワーク。

石井 菜穂子

2021「今、食料システムを問う理由」『グローバルネット』370(2021年9月号):4−5、一般財団法人 地球・人間環境フォーラム。

石井 幸孝

2022「長崎新幹線とフリーゲージ車両:白紙から考え直すチャンス」『鉄道ジャーナル』56(2)(2022年2月号):54−59、鉄道ジャーナル社。

井田 徹治

2012a「ウナギが食べられなくなる日」Webナショジオ 集中連載(2012年7月12日−2014年6月19日)。

2012b「ニホンウナギに絶滅の危機:乱獲で減少深刻化」『季刊エブオブ』46:2−5、特定非営利活動法人OWS(The Oceanic Wildlife Society)。

一ノ瀬 友博

2018「人口減少時代だからこそEco-DRRで巨大災害に備える」『日経×TECH・土木・グリーンインフラ』日経BP。

稲葉 伝三郎、森岡 丈治、清水 健二

1959「流水養鰻について」『水産増殖』6(4):41−47、日本水産増殖学会。

井家 展明

2010「現地調査報告 川辺川ダム問題の現状と課題」『レファレンス』60(4):47−57、国立国会図書館。

井上 太之、鈴木 大、北野 忠、河野 裕美

2021「西表島において採集されたウナギ属ニューギニアウナギ*Anguilla bicolor pacifica*の記録」『魚類学雑誌』68(1):29−34、一般財団法人 日本魚類学会。

岩屋 隆夫

2007「斜め堰の実態とその類型」『土木史研究論文集』26:45−58、公益社団法人 土木学会。

宇沢 弘文

2000『社会的共通資本』岩波書店。

宇野木 早苗、菅波 完、羽生 洋三

2008「複式干拓方式の沿岸防災機能」『海の研究』17(6):389−403、日本海洋学会。

浦野 昭央

2010「海に生きる動物たち(12回シリーズ)」『Web TOKAI』東海大学出版部。

江草 周三

1971「最近のウナギ養殖をめぐる二、三の問題」『化学と生物』9(6):385−389、公益財団法人 日本農芸化学会。

江口 弘、伊藤 小四郎

1962「北海道での流水式トンネル養鰻方式の採用と、これによる人工飼養鰻(養中)飼養結果の概要」『魚と卵』13(6):22−28、北海道さけ・ますふ化場、北海道立水産孵化場(現・国立研究開発法人 水産研究・教育機構北海道区水産研究所)。

NHK「地球大進化」プロジェクト［編］

2004『NHKスペシャル 地球大進化 46億年・人類への旅 3:大海からの離脱』日本放送出版協会。

遠藤 幸雄ほか［編］

2021『大川・若津昔ものがたり』若津神社本殿改修工事委員会。

大分県日田市

2017『日田林業の物語』日田市農林振興部林業振興課。

大久保 洋子

2012『江戸の食空間:屋台から日本料理へ』講談社。

大熊 孝

2004『技術にも自治がある:治水技術の伝統と近代』(ローカルな思想を創る 1)一般社団法人 農山漁村文化協会。

2020『洪水と水害をとらえなおす:自然観の転換と川との共生』一般社団法人 農山漁村文化協会。

大阪市水道局

2016『平成28年度大阪市水道局事業年報』大阪市水道局。

大阪府漁業史編さん協議会［編］

1997『大阪府漁業史』大阪府漁業史編さん協議会。

岡 長平

1986『岡山の味風土記』日本文教出版。

岡田 直己、熊澤 翔平、林 裕美子、寺井 久慈

2010「森林植生の違いが渓流水の腐植物質−鉄錯体形成に及ぼす影響」『陸の水』43:31−35、日本陸水学会東海支部会。

沖 大幹

2014「緑のダムと水資源」蔵治光一郎・保屋野初子[編]『緑のダムの科学:減災・森林・水循環』pp.84−

98、築地書館。
2022「IPCC第2作業部会第6次評価報告書の主要な論点」『グローバルネット』377（2022年4月号）：8－9、一般財団法人 地球・人間環境フォーラム。

尾崎 叡司
1980「河川構造物とくに頭首工の諸問題について」『農業土木学会誌』48（5）：323－326、公益社団法人 農業農村工学会。

小山内 光範
1980「流水式飼育法によるヨーロッパウナギ養殖の分析」『水産増殖』27（4）：218－224、日本水産増殖学会。

恩田 裕一
2014「人工林の放置、荒廃による水流出の影響と、間伐による効果」蔵治光一郎・保屋野初子［編］『緑のダムの科学：減災・森林・水循環』pp.66－83、築地書館。

海部 健三
2016『ウナギの保全生態学』共立出版。
2019『結局、ウナギは食べていいのか問題』岩波書店。

海部 健三、水産庁、環境省環境自然局野生生物課、望岡 典隆、パルシステム生活協同組合連合会、山岡 未季、黒田 啓行、吉田 丈人
2018「日本におけるニホンウナギの保全と持続的利用に向けた取り組みの現状と今後の課題」『日本生態学会誌』68（1）：43－57、一般社団法人 日本生態学会。

樫澤 秀木、宮澤 俊昭、児玉 弘
2018「開門賛成派弁護団インタビュー：真名木昭雄、堀良一弁護士に聞く」『法学セミナー』63（11）（特集 諫早湾干拓紛争の諸問題）：19－28、日本評論社。

嘉田 由紀子
2021『流域治水』は住民と行政の『楽しい覚悟』から：人口減少時代の骨太の国土再生思想を」『ACADEMIA』182：24－52、一般社団法人 全国日本学士会。

加藤 雅俊
2018「諫早湾干拓紛争からみる紛争処理システムとしての司法制度の意義と限界」『法学セミナー』63（11）（特集 諫早湾干拓紛争の諸問題）：44－49、日本評論社。

金子 豊二
1997「魚類におけるイオン調節と塩類細胞：様々なイオン環境への適応と塩類細胞の機能の多様性」『化学と生物』35（5）：376－382、公益社団法人 日本農芸化学会。

金田 禎之
2005『日本漁具・漁法図説（増補二訂版）』成山堂書店。

上林 好之
1999『日本の川を甦らせた技師デ・レイケ』草思社。

川瀬 成吾
2019「シーボルトが見た嬉野の淡水魚」細谷和海［編著］『シーボルトが見た日本の水辺の原風景』pp.111－119、東海大学出版部。

環境省
2017『有明海・八代海等総合調査評価委員会報告・まとめ集』環境省。

岸 大弼、高山 肇、加藤 秀夫、福島 路生
2003「北海道日高地方の河川魚類相」『北海道大学演習林研究報告』60（1）：1－18、北海道大学。

北村 淳一［文］、内山 りゅう［写真］
2020『日本のタナゴ 生態・保全・文化と図鑑』山と渓谷社。

鬼頭 秀一
2018「自然と共生する技術とは何か：有明海の再生に向けて」『ACADEMIA』168：16－32、一般社団法人 全国日本学士会。

木下 泉
2018「稚魚研究から見た有明海の異変と未来」『ACADEMIA』168：50－62、一般社団法人 全国日本学士会。

清本 容子、山田 一来、中田 英昭、石坂 丞二、田中 勝久、岡村 和麿、熊谷 香、梅田 智樹、木野 世紀
2008「有明海における透明度の長期的上昇傾向及び赤潮発生との関連」『海の研究』17（5）：337－356、日本海洋学会。

倉沢 秀夫、磯部 吉章
1981「諏訪湖各種移植魚貝類の放流年次と各種の年間漁獲物量順位の推移」『信州大学環境科学論集』3：7－13、信州大学。

蔵治 光一郎
2006「一級河川における基本高水の変遷と既往最大洪水との関係」『第19回水文・水資源学会総会・研究発表会要旨集 セッション42』一般社団法人 水文・水資源学会。
2007「多くの人が誤解している森林の保水力」『理戦』88：142－163、実践社。

蔵治 光一郎、保屋野 初子［編］
2014『緑のダムの科学：減災・森林・水循環』築地書館。

クラック、ジェニファ・A［著］、池田 比佐子［訳］
2000『手足を持った魚たち：脊椎動物の上陸戦略』講談社。

久留米市史編さん委員会
1985『久留米市史』第3巻、久留米市。

黒木 真理
2012『ウナギの博物誌：謎多き生物の生態から文化まで』化学同人。
2018「ウナギ属魚類の初期生活史に関する生態学的研究」『日本水産学会誌』84（4）：614－617、公益社団法人 日本水産学会。

黒木 真理、塚本 勝巳
2011『旅するウナギ：一億年の時空をこえて』東海大学出版会。

黒木 真理、渡邊 俊、塚本 勝巳
2022「世界に分布するウナギ属魚類の標準和名」『魚類学雑誌』早期公開論文、一般社団法人 日本魚類学会。

小出 博
1970『日本の河川：自然史と社会史』東京大学出版会。

厚生省［編］
2000『引揚援護の記録』（復刻版）クレス出版。

幸田 露伴［著］、木島 佐一［翻訳］
2002『幸田露伴：江戸前釣りの世界』つり人社。

古賀 邦雄
2012「文献にみる補償の精神（97）ノリ期における新規利水の貯留及び取水は、筑後大堰直下地点流量が40m^3/s以下のときは、行わない（筑後大堰・福岡県、佐賀県）」公共用地補償機構［編］『用地ジャーナル』2012年7月号：32－36、大成出版社。
2019「水の文化書誌52 日本の水害とその減災を考える」『水の文化』62：26－32、ミツカン水の文化センター。

古賀 憲一、荒木 宏之、山西 博幸
2011「筑後川感潮域の水質変動特性に関する研究」『低平地研究』20：35－38、低平地研究会。

国立環境研究所［編］
2008『環境儀 No.30』（特集 河川生態系への人為的影響に関する評価）国立環境研究所。

国立研究開発法人 土木研究所
2020『ゴム引布製起伏堰の長期性能評価に関する共同研究報告書』国立研究開発法人 土木研究所。

国立歴史民俗博物館［監修］
2016『よみがえれ！シーボルトの日本博物館』青幻舎。

小仲 貴雄、道津 喜衛、田北 徹
1973「多良岳山系の河川に産する魚類」『多良岳自然公園候補地学術調査報告書』pp.73－100、国立公園協会(現・一般財団法人 自然公園財団)。

コルバート、エリザベス[著]鍛原 多惠子[訳]
2015『6度目の大絶滅』NHK出版。

三枝 信子
2022「カーボンニュートラル実現に向けての世界の森林の吸収拡大に関わる課題とは」『グローバルネット』376(2022年3月号):4－5、一般財団法人 地球・人間環境フォーラム。

三枝 博音、野崎 茂、佐々木 峻
1960『近代日本産業技術の西欧化』東洋経済新報社。

斉藤 勝司
2014「ずっとウナギを食べるには」Webナショジオ(2014年8月～9月)。

斎藤 幸平
2020『人新世の「資本論」』集英社。

佐賀県教育庁社会教育課
1962『有明海の漁撈習俗』佐賀県教育委員会。

佐賀県立博物館
1999『有明海博物誌』佐賀県立博物館。

佐々木 新平
2019「ウナギかば焼きに託す水産ビジネスの持続可能性(インドネシア)」『日本貿易振興機構(ジェトロ)地域・分析レポート』独立行政法人 日本貿易振興機構。

サーチンジャー、ティモシー・D.
2022「石炭より悪い輸入木質バイオマス:森林保全による炭素固定の重要性」『グローバルネット』376(2022年3月号):2－3、一般財団法人 地球・人間環境フォーラム。

佐藤 健吉
1998「講義『風車の技術と歴史』を担当して」『風力エネルギー』22(3):23－31、一般社団法人 日本風力エネルギー学会。

佐藤 慎一、東 幹夫
2019「諫早湾潮止め後20年間の有明海における底生動物変化」『日本ベントス学会誌』73(2):120－123、日本ベントス学会。

佐藤 正典[編]
2000『有明海の生きものたち:干潟・河口域の生物多様性』海游舎。

佐野 賢治
1991「鰻と虚空蔵信仰」『虚空蔵信仰』(民衆宗教史叢書 第24巻)pp.41－74、雄山閣出版。

澤田 哲生
2014「正力大臣車中談(案)と湯川秀樹:原子カムラと御用学者のルーツ」『日本原子力学会誌』56(12):26－29、一般社団法人 日本原子力学会。

山陰中央新報社
2010『松江開府400年シリーズ 松江誕生物語』山陰中央新報社。

ジー、ヘンリー[著]竹内 薫[訳]
2022『超圧縮 地球生物全史』ダイヤモンド社。

篠田 章
2013「研究者の役割:東アジア協働へ向けた鰻川計画」東アジア鰻資源協議会日本支部[編]『うな丼の未来 ウナギの持続的利用は可能か』pp.220－233、青土社。

篠原 修
2018『河川工学者三代は川をどう見てきたのか:安藝皎一、高橋裕、大熊孝と近代河川行政一五〇年』一般社団法人 農山漁村文化協会。

芝川 三郎
2021「創業来100年概史 第7回」『鉄道ジャーナル』55(10)(2021年10月号):114－123、鉄道ジャーナル社。

柴田 榮治
1988「筑後大堰建設の歩み:計画から着工まで」『水利科学』32(2):39－49、一般社団法人 日本治山治水協会。

柴田 惠司
2000『潟スキーと潟漁:有明海から東南アジアまで』東南アジア漁船研究会。

島谷 幸宏
2009「成富兵庫茂安の足跡」『水の文化』32:26－33、ミツカン水の文化センター。

島谷 幸宏、山下 三平、渡辺 亮一、山下 輝和、角銅 久美子
2010「治水・環境のための流域治水をいかに進めるか?」『河川技術論文集』16:17－22、公益社団法人 土木学会水工学委員会河川部会。

島元 尚徳、久保 世紀、鈴木 健太、福岡 捷二
2012「筑後川流域における土砂収支の推算と有明海への砂の流出量に関する研究」『河川技術論文集』18:1－6、公益社団法人 土木学会水工学委員会河川部会。

週刊朝日[編]
1988『値段史年表:明治・大正・昭和』朝日新聞社。

白石 広美、ビッキー・クルーク
2015「ウナギの市場の動態:東アジアにおける生産・取引・消費の分析」『TRAFFIC REPORT』2015年7月、トラフィック イーストアジア ジャパン。

榛葉 英治
1980『続 釣魚礼賛』日本経済新聞社。

森林科学編集委員会[編]
2016『森林科学』77(特集 森林土壌:国際土壌年2015を記念して)一般社団法人 日本森林学会。

水産研究・教育機構
2021『国際漁業資源の現況』(https://kokushi.fra.go.jp/index-2.html)「ニホンウナギ」、国立研究開発法人 水産研究・教育機構。

水産総合研究センター[編]
2010『FRA NEWS』23(特集 ウナギ完全養殖達成)独立行政法人 水産総合研究センター。
2012『水産大百科事典(普及版)』朝倉書店。

水産庁
2021『都道府県漁業調整規則で定められている遊漁で使用できる漁具・漁法』(http://www.jfa.maff.go.jp/j/yugyo/y_kisei/kisoku/todo_huken/index.html)。
2022『ウナギをめぐる状況と対策について』(このサイトは随時更新中)。

杉山 淳一
2019「こじれる長崎新幹線、実は佐賀県の"言い分"が正しい」『杉山淳一の「週刊鉄道経済」』2019年5月17日号、ITmediaビジネスオンライン。

鈴木 智彦
2018『サカナとヤクザ:暴力団の巨大資金源「密漁ビジネス」を追う』小学館。

角 哲也
2013「流水型ダムの歴史と現状の課題」『水利科学』57(3):12－32、一般社団法人 日本治山治水協会。

角田 嘉久
1975『筑後川歴史散歩:143キロの流れ』創元社。

関口 武
1985『風の事典』原書房。

関屋 朝裕、堀之内 義郎、斎藤 豊、永田 俊一、高藤 和洋、田口 智也
2015「本県沿岸へ来遊したニューギニアウナギシラスについて」『平成27年度 宮崎県水産試験場事業報告書』pp.331－332、宮崎県水産試験場。

妹尾 優二
2017「魚道設置に伴う河川環境について」『水利科学』61(4):87−97、一般社団法人 日本治山治水協会。
仙海 義之
2021「モダン宝塚の誕生:小林一三の洋風化大作戦」『大阪春秋』182:20−23、新風書房。
全日本持続的養鰻機構
2016『「ニホンウナギ」を未来へ:持続的資源管理にむけて』一般社団法人 全日本持続的養鰻機構。
曽根 悟
2022「鉄道技術との60年 20 鉄道発展のための遺言(3)」『鉄道ピクトリアル』72(8)(2022年8月号):145−149、鉄道図書刊行会。
祖父江 孝男
1971『県民性』中央公論社。
高須賀 俊一
1978「長崎南部総合開発事業計画の概要」『農業土木学会誌』46(3):27−31、農業土木学会(現・公益社団法人 農業農村工学会)。
高田 雄之
1961「オランダの干拓視察記」『農業土木研究』28(6):44−49、農業土木学会(現・公益社団法人農業農村工学会)。
高信 幸男
2017「珍名さん万歳 四 日本鰻と同じく貴重な名字のうなぎさん」『一個人』203:95、KKベストセラーズ。
髙橋 伸明
2018「市川における斜め堰と水制工による治水効果を踏まえた河道改修について」『平成30年度近畿地方整備局研究発表会 論文集 一般部門(安全・安心)II』国土交通省。
竹井 祥郎
2012「魚類の体液調節のしくみ:海水環境への適応機構」『ソルト・サイエンス・シンポジウム2012』pp.5−11、公益財団法人 ソルト・サイエンス研究財団。
武田 重信
2006「海洋に鉄を撒く:植物プランクトンを介した海洋のCO_2吸収は促進されるか」『学術の動向』11(9):42−47、公益財団法人 日本学術協力財団。
武田 史朗
2016『自然と対話する都市へ:オランダの河川改修に学ぶ』昭和堂。
竹林 征三
2006「『治水の神様』の系譜:信玄・清正そして成富兵庫」谷川健一[編]『加藤清正 築城と治水』pp.7−44、冨山房インターナショナル。
武光 誠
2009『知っておきたい日本の県民性』角川学芸出版。
太齋 彰浩
2020「南三陸町における震災復興と自然を活かしたまちづくり」『レジリエントな地域社会』3:64−81、人間文化研究機構広領域連携型基幹研究プロジェクト「日本列島における地域社会変貌・災害からの地域文化の再構築」地球研ユニット:災害にレジリエントな環境保全型地域社会の創生。
田住 真史、角 哲也、竹門 康弘
2018「伝統的河川工法『聖牛』に関する知見の整理と木津川における試験施工」『京都大学防災研究所年報』61−B:748−755。
田中 泉吏
2012「微生物と本質主義:種カテゴリーに関する恒常的性質クラスター説の批判的検討」『科学基礎論研究』40(1):9−25、科学基礎論学会。
田中 克
2008『森里海連環学への道』旬報社。
田中 克[編]
2019『いのち輝く有明海を:分断・対立を超えて協働の未来選択へ』合同会社花乱社。
田中(斎藤)理恵子
2005「『オランダモデル』の文化的背景:合意と共存のコミュニティ形成」『社学研論集』5:1−14、早稲田大学大学院社会科学研究科。
田辺 悟
2002『網』(ものと人間の文化史 106)法政大学出版局。
谷 誠
2014「豪雨時に森林が水流出に及ぼす影響をどう評価するか」蔵治光一郎・保屋野初子[編]『緑のダムの科学:減災・森林・水循環』pp.46−65、築地書館。
多部田 修、高井 徹、松井 魁
1977「わが国における外来ウナギについて」『水産増殖』24(4):116−122、日本水産増殖学会。
田和 正孝
2019『石干見の文化誌:遺産化する伝統漁法』昭和堂。
田和 正孝[編]
2007『石干見:最古の漁法』(ものと人間の文化史 135)法政大学出版局。
筑後川まるごと博物館運営委員会[編]
2019『筑後川まるごと博物館:歩いて知る、自然・歴史・文化の143キロメートル』新評論。
千葉県立中央博物館[編]
1994『リンネと博物学:自然誌科学の源流』(平成6年度特別展図録)千葉県立中央博物館。
2008『リンネと博物学:自然誌科学の源流 増補改訂』文一総合出版。
千葉 将希
2014「新しい生物学的本質主義の批判的検討:生物分類群は歴史的本質をもつか」『哲学・科学史論叢』16:127−153、東京大学教養学部哲学・科学史部会。
中央ブロック水産業関係研究開発推進会議・東京湾研究会
2013「江戸前の復活!東京湾の再生をめざして」『東京湾の漁業と環境』4、独立行政法人 水産総合研究センター中央水産研究所(現・国立研究開発法人 水産研究・教育機構水産資源研究所横浜庁舎)。
張 成年
2008「産卵海域で成熟ウナギの捕獲に成功!」『日本水産学会誌』74(5):979−981、公益社団法人日本水産学会。
塚本 勝巳
2012『ウナギ大回遊の謎』PHPサイエンス・ワールド新書。
2014『ウナギ 一億年の謎を追う』学研教育出版。
塚本 勝巳[編著]
2019『ウナギの科学』朝倉書店。
堤 裕昭
2018「有明海異変と環境変化:諫早湾潮受け堤防設置との関連」『ACADEMIA』168:33−49、一般社団法人 全国日本学士会。
堤 裕昭、小松 利光
2016「有明海奥部海域の海底堆積物と潮流速の関係」諫早湾開門研究者会議『諫早湾の水門開放から有明海の再生へ:最新の研究が示す開門の意義』pp.93−107、有明海漁民・市民ネットワーク。
出村 雅晴
2012「ウナギをめぐる最近の情勢」『農林金融』65(8):58−63、農林中金総合研究所。
寺村 淳、大熊 孝
2005「北陸扇状地河川における霞堤の変遷とその役割に関する研究:『技術の自治』の展開と消滅という観点を軸に」『土木史研究』24:

161－171、公益社団法人 土木学会。

動物命名法国際審議会［著］、日本学術会議動物科学研究連絡委員会［日本語版監修］、野田 泰一、西川 照昭［日本語版編集］
2005『国際動物命名規約 第4版日本語版』日本分類学会連合。

泊（とまり） みゆき
2022「FITが支える大規模輸入バイオマス発電」『グローバルネット』376（2022年3月号）：6－7、一般財団法人 地球・人間環境フォーラム。

富野 章
2002『日本の伝統的河川工法 1, 2』信山社サイテック。

富山（とみやま） 和子
1999「有明海とアオ（淡水）の世界」（『水の文化』とは何か 第3回）『水の文化』3：15－28、ミツカン水の文化センター。

董（Dong） 嗔紅（Dianhong）、古賀 憲一、Patchraporn ITTISUKANANTH、西村 陽介、山口 秀樹
2008「筑後川下流域の水質特性に関する基礎的研究」『環境システム研究論文集』36：427－435、公益社団法人 土木学会。

内藤 佳奈子
2022「海の基礎生産：鉄の果たす役割」田中克［監修］認定NPO法人シニア自然大学校地球環境自然学講座［編］『いのちの循環「森里海」の現場から』：pp.132－135、合同会社花乱社。

直海（なおみ） 俊一郎
1994「分類学の黎明期における生物分類と種概念：リンネとアダンソンの分類理論を中心に」千葉県立中央博物館［編］『リンネと博物学：自然誌科学の源流』pp.91－101、千葉県立中央博物館。

中尾 勘悟
1989『中尾勘悟写真集：有明海の漁』葦書房。
2019「諫早湾と有明海の今昔：干潟の海を撮り続けて45年」田中克［編］『いのち輝く有明海を：分断・対立を超えて協働の未来選択へ』pp.44－61、合同会社花乱社。

長坂 寿久（としひさ）
2007『オランダを知るための60章』明石書店。

中坊 徹次［編］
2000『日本産魚類検索：全種の同定 第二版』東海大学出版会。

中村 圭吾
2006「世界の河川復元（自然再生）の現状と課題」『水利科学』50（2）：1－28、一般社団法人 日本治山治水協会。

中村 淳子
2003『四万十川の漁具：高知県立歴史民俗資料館「四万十川流域移動漁具展」の資料に関する小冊子』公益財団法人 四万十川財団。

中村 俊六［著］、リバーフロント整備センター［編］
1995『魚のすみよい川づくり：魚道のはなし：魚道設計のためのガイドライン』山海堂。

中村 哲
2001『医者 井戸を掘る：アフガン旱魃との闘い』石風社。
2006『アフガニスタンで考える：国際貢献と憲法九条』岩波書店。

新村（にいむら） 安雄
2018『川に生きる：世界の河川事情』中日新聞社。
2019「シーボルト・コレクションにおける『NAGASAKI』」細谷和海［編著］『シーボルトが見た日本の水辺の原風景』pp.103－110、東海大学出版部。

西尾 建（たつる）
1985『有明海干拓始末：たたかいぬいた漁民たち』日本評論社。

西川 輝昭
2018「命名法上のタイプ概念、タイプ化の原理、および標本登録システムに関する歴史的考察」『タクサ 日本動物分類学会誌』45：33－47、日本動物分類学会。

西田 慎（まこと）
2009『ドイツ・エコロジー政党の誕生：「六八年運動」から緑の党へ』昭和堂。

西谷 文孝
2007『百貨店の時代：長く苦しい時代を乗り越え百貨店が輝きを取り戻す』産経新聞出版。

西村 三郎
1997『リンネとその使徒たち：探検博物学の夜明け』朝日新聞社。

日外アソシエーツ
1991『河川大事典』日外アソシエーツ。

二平（にひら） 章（あきら）
2006「利根川および霞ヶ浦におけるウナギ漁獲量の変動」『茨城県内水面水産試験場研究報告』40：55－68、茨城県農林水産部水産試験場内水面支場。

日本海洋学会［編］
2005『有明海の生態系再生をめざして』恒星社厚生閣。

野間 晴雄
1987「『疏導要書』にみる佐賀藩の治水と利水」『歴史地理学紀要』29：55－83、歴史地理学会。

箱岩 英一
2002「河川・水路・港湾の基準面について」『国土地理院時報』99：9－19、国土地理院。

羽島（はじま） 有紀（ゆうき）
2021「『優良農地』の実態：干拓地での営農はどうなっているか？」『建築ジャーナル』2021年4月号：14－16、企業組合建築ジャーナル。

橋本 和磨（かずま）、福島 慶太郎、横山 勝英（かつひで）
2016「東日本大震災による塩性湿地の形成過程に関する研究：気仙沼舞根地区の事例」『土木学会論文集G』72（5）：I 179－I 186、公益社団法人 土木学会。

畠山 重篤（しげあつ）
1994『森は海の恋人』北斗出版。

服部 良一
1982『ぼくの音楽人生：エピソードでつづる和製ジャズ・ソング史』中央文芸社。

波床（はとこ） 正敏、中川 大（だい）
2012「全国新幹線鉄道整備法に基づく幹線鉄道政策の今日的諸課題に関する考察」『土木学会論文集D3』68（5）：I 1045－I 1060、公益社団法人 土木学会。

東アジア鰻資源協議会日本支部［編］
2013『うな丼の未来：ウナギの持続的利用は可能か』青土社。

平江（ひらえ） 多績（たつむ）、猪狩（いがり） 忠光、高杉 朋孝
2017「ウナギ資源増殖対策事業－II（放流用種苗育成手法開発事業）」平成29年度『鹿児島県水産技術開発センター事業報告書』pp.175－187、鹿児島県水産技術開発センター。

平川 新（あらた）
2018『戦国日本と大航海時代：秀吉・家康・政宗の外交戦略』中央公論新社。

平嶋（ひらしま） 義宏
1989『学名の話』九州大学出版会。
2000「『種小名』には反対する」『タクサ 日本動物分類学会誌』9：13－14、日本動物分類学会。
2007『生物学名辞典』東京大学出版会。

広松 伝（つたえ）
1999「水環境の保全と再生・水文化の再構築継承発展：柳川堀の再生から矢部川上・下流交流まで」『第一回 日本水大賞受賞論文集・市民活動賞』公益財団法人 日本河川協会。

古川 藤雄［責任編集］
1988『神秘の魚 粥川：うなぎ天国』美並村文化財保護委員会。

古田 尚也
2018「生態系を基盤とした防災・減災（Eco-DRR）の国際的動向」『Ocean Newsletter』429、公益財団法人 笹川平和財団海洋政策研究所。

プロセック、ジェイムズ［著］小林 正佳［訳］
2016『ウナギと人間』築地書館。

細谷 和海［編著］
2019『シーボルトが見た日本の水辺の原風景』東海大学出版部。

堀 雅通
2012「整備新幹線（延伸）開業に伴う諸問題：『並行在来線問題』を中心に」『東洋大学大学院紀要』49：123－144、東洋大学大学院。

本間 雄治
2019「筑後川下流の近代化産業遺産群」筑後川まるごと博物館運営委員会『筑後川まるごと博物館：歩いて知る、自然・歴史・文化の143キロメートル』pp.203－214、新評論。

増井 好男
1999『内水面養殖業の地域分析』一般財団法人 農林統計協会。
2013『ウナギ養殖業の歴史』筑波書房。

松井 魁
1972『鰻学 養成技術篇』恒星社厚生閣。

松浦 茂樹
1990「明治初頭のお雇いオランダ人技術者の来日の経緯」『水利科学』34（3）：1－12、一般社団法人 日本治山治水協会。

松尾 公春
2018「干拓地で農業に生きる」『ACADEMIA』168：69－76、一般社団法人 全国日本学士会。

松田 圭史、服部 宏勇、冨山 実、矢田 崇、内田 和男
2016「ウナギ属4種における飛び出し行動とよじ登り能力」『水産技術』8（2）：67－72、国立研究開発法人 水産研究・教育機構。

松永 勝彦
1993『森が消えれば海も死ぬ：陸と海を結ぶ生態学』講談社。

松原 創、野村 和晴、村下 幸司、黒川 忠英、小林 亨、田中 秀樹
2010「ニホンウナギとヨーロッパウナギのハイブリッドは成長できるか？」『比較内分泌学』36（137）：133－139、日本比較内分泌学会。

松村 健史、守村 融、新谷 哲也、横山 勝英
2017「分岐合流を有する感潮河道における塩水遡上運動の三次元流動シミュレーション」『土木学会論文集B1』73（4）：1039－1044、公益社団法人 土木学会。

松本 俊吉［編著］
2010『進化論はなぜ哲学の問題になるのか：生物学の哲学の現在』勁草書房。

松本 昌大、白石 日出人
2018「エツ種苗生産における配合飼料導入時期の検討」『福岡県水産海洋技術センター研究報告』28：1－6、福岡県水産海洋技術センター。

馬奈木 昭雄
2018「農漁業共存を目指すたたかいが始まった」『季刊地域』35：67－73、一般社団法人 農山漁村文化協会。

丸山 茂徳［編著］
2016『地球史を読み解く』一般財団法人 放送大学教育振興会。

水資源機構筑後川局福岡導水管理室
2014「福岡導水 通水30年を経過して：筑後川の恵みで、潤いのある暮らしを守る」『水とともに』132（2014年10月号）：4－7、独立行政法人 水資源機構。

水の文化編集部
2005「水管理国家の政策転換は話し合い」『水の文化』19：4－9、ミツカン水の文化センター。
2009「堀の記憶が成し遂げた、柳川再生物語」『水の文化』32：40－45、ミツカン水の文化センター。

三田村 鳶魚
1975『三田村鳶魚全集』第十巻 中央公論社。

宮崎 駿［製作］、高畑 勲［監督］
1987 新文化映画『柳川堀割物語』製作：二馬力（ブエナ ビスタ ホーム エンターテイメント）。

虫明 敬一［編］、太田 博巳、香川 浩彦、田中 秀樹、塚本 勝巳、廣瀬 慶二、虫明 敬一［著］
2012『うなぎ・謎の生物』築地書館。

村山 千晶
2013「筑後の龍『デ・レーケ導流堤』」（土木遺産の香 60）『季刊Consultant』260：48－51、一般社団法人 建設コンサルタンツ協会。

本山 荻舟
1958『飲食事典』平凡社。

森 千恵
2016「児島湾の研究者 湯浅照弘さんの足跡」『岡山びと（岡山シティミュージアム紀要）』10：11－28、岡山シティミュージアム。

森川 一郎
2000「魚がのぼりやすい川づくり推進モデル事業の現状と課題」『応用生態工学』3（2）：193－198、応用生態工学会。

森本 あんり
2015『反知性主義：アメリカが生んだ「熱病」の正体』新潮社。

諸富町史編纂委員会
1984『諸富町史』諸富町。

安田 陽一［著］、北海道魚道研究会［編］
2011『技術者のための魚道ガイドライン：魚道構造と周辺の流れからわかること』コロナ社。

山内 晧平
1994「魚類の回遊と生殖機構に関する研究」『日本水産学会誌』60（3）：311－316、公益社団法人 日本水産学会。

山口 和人
2010「ドイツの脱原発政策のゆくえ」『外国の立法』244：71－103、国立国会図書館。

山崎 妙子
1996「ワニ料理」『日本調理科学会誌』29（2）：77－81、一般社団法人 日本調理科学会。

山下 弘文
1998『諫早湾ムツゴロウ騒動記：忘れちゃいけない20世紀最大の環境破壊』南方新社。

山下 博美
2016「干潟再生に対するリスク・ベネフィット言説：有明海諫早湾干拓潮受け堤防排水門『開門』をケースに」『湿地研究』6：3－17、日本湿地学会。

山室 真澄
2021『魚はなぜ減った？見えない真犯人を追う』つり人社。

山本 三郎、松浦 茂樹
1996「旧河川法の成立と河川行政（1）、（2）」『水利科学』40（3）、40（4）、一般社団法人 日本治山治水協会。

ヤンセン、ピーター・フィリップス（Peter Philips JANSEN）アドリアン・フォルカー（Adriaan VOLKER）
1954『日本の干拓に関する所見（Some Remarks on Impoldering in Japan）』農林省農地局。

湯浅 照弘

1970『岡山県旧児島湾の漁具と漁法の考察』湯浅照弘(自費出版)。

横山 勝英、鈴木 伴征、味元 伸親

2007「筑後川の河床変動要因と土砂動態の変遷」『水工学論文集』51:997−1002、公益社団法人 土木学会。

横山 勝英、大村 拓、鈴木 伴征、高島 創太郎

2011「筑後川河口域における塩水遡上特性と汽水環境について」『土木学会論文集B1』67(4):1453−1458、公益社団法人 土木学会。

吉永 龍起

2018「日本の未来に魚はあるか?持続可能な水産資源管理に向けて 第10回 市場に流通するウナギの正体」『グローバルネット』328(2018年3月号):14−15、一般財団法人地球・人間環境フォーラム。

吉野 正敏

2008『世界の風・日本の風』成山堂書店。

吉村 伸一、島谷 幸宏

2009「嘉瀬川・石井樋の水システムに関する考察」『土木史研究論文集』28:33−42、公益社団法人 土木学会。

米田 茂男

1967「児島湾の干拓:土地の変遷および作物生育との関係」『化学と生物』5(7):423−426、公益社団法人 日本農芸化学会。

ワイツゼッカー、エルンスト・フォン(Ernst Ulrich von Weizsäcker) **アンダース・ワイクマン**(Anders Wijkman)[**編著**]、**林 良嗣、野中 ともよ**[**監訳**]

2019『Come On! 目を覚まそう! 環境危機を迎えた「人新世」をどう生きるか?』明石書店。

若尾 五雄

1988「鬼伝説の研究:金工史の視点から 二 中部地方の鬼」谷川健一[責任編集]『妖怪』(日本民俗文化資料集成8) pp.187−191、三一書房。

和田 一範

2009「武田信玄の総合的治水術:扇状地における流水コントロールシステム」『水の文化』32:10−15、ミツカン水の文化センター。

和田 一範、有田 茂、後藤 知子

2005「わが国の聖牛の発祥に関する考察:近世地方書にみる記述を中心として」『土木史研究論文集』24:151−160、公益社団法人 土木学会。

和田 清、東 信行、中村 俊六

1998「デニール式およびスティープパス式魚道における流れ場の特性と稚アユの遡上行動」『水工学論文集』42:499−504、公益社団法人 土木学会。

渡辺 音吉[**語り**]、**竹島 真理**[**聞き書き**]

2007『筑後川を道として:日田の木流し、筏流し』不知火書房。

渡邉 悟

2012「シリーズ『我が国を襲った大災害』明治29年大水害:気象観測体制と都道府県別被害(III)」『水利科学』56(5):79−86、一般社団法人 日本治山治水協会。

渡邊 俊

2011「ウナギ属魚類の新しい分類」『日本水産学会誌』77(4):589−592、公益社団法人 日本水産学会。

2019「回遊」塚本勝巳[編著]『ウナギの科学』pp.45−48、朝倉書店。

渡邊 俊、青山 潤、塚本 勝巳

2015「フィリピン・ルソン島で採集されたウナギ属魚類の新種*Anguilla luzonensis*」『日本水産学会誌』81(4):639、公益社団法人 日本水産学会。

CHANG, Yu-Lin K., Yasumasa MIYAZAWA, Michael J. MILLER, and Katsumi TSUKAMOTO

2018 "Potential impact of ocean circulation on the declining Japanese eel catches." *Scientific Reports* (Online).

FAO (Food and Agriculture Organization of the Unaited Nations)

1984 "Synopsis of biological data on the eel *Anguilla anguilla.*" *Fisheries Synopsis* No.80, Rev. 1.

GROSS, Mart R., Ronald M. COLEMAN, and Robert M. McDOWALL

1988 "Aquatic productivity and the evolution of diadromous fish migration." *Science*, 239: 1291–1293.

HEBERT, Paul D.N., Alina CYWINSKA, Shelley L. BALL, and Jeremy R. DEWAARD

2003 "Biological identifications through DNA barcodes." *Proc. Royal Society B*, Vol. 270:313-321.

KAN, Kotaro, Masanori SATO, and Kazuya NAGASAWA

2016 "Tidal-flat macrobenthos as diets of the Japanese eel *Anguilla japonica* in western Japan, with a note on the occurrence of a parasitic nematode Heliconema anguillae in eel stomachs." *Zoological Science*, Vol. 33(1):50−62.

KIMURA, Shingo, Takashi INOUE, and Takashige SUGIMOTO

2001 "Fluctuation in the distribution of low-salinity water in the North Equatorial Current and its effect on the larval transport of the Japanese eel." *Fisheries Oceanography*, 10(1):51−60.

KITA, Tomohiro, Kazuki MATSUSHIGE, Shunsuke ENDO, Noritaka MOCHIOKA, and Katsunori TACHIHARA

2021 "First Japanese records of *Auguilla luzonensis* (Osteichthyes: Anguilliformes: Anguillidae) glass eels from Okinawa-jima Island, Ryukyu Archipelago, Japan." *Species Diversity*, 26(1):31−36.

YAMAMOTO, Toshihiro, Noritaka MOCHIOKA, and Akinobu NAKAZONO

2000 "Occurrence of the third *Anguilla* species, *Anguilla bicolor pacifica* glass-eels, from Japan" *SUISANZOSHOKU*, 48(3):579−580.(『水産増殖』48(3):579−580、日本水産増殖学会)。

用語索引

用語の出現頁。下線付き太字は、その用語の解説が記載されている頁を示す。

著者略歴

中尾 勘悟（なかお かんご）

1933年長崎県佐世保市生まれ。長崎大学卒業後、長崎県公立学校教員を32年間勤める。1970年夏、長崎大学ヒンドゥークシュ登山隊に参加、食料と記録を担当、16mmフィルム映画撮影機を回す。翌1971年の長崎県展写真部門に「アッサラーム・マレイコム!」（アフガンの少女）を出展、読売新聞社賞を受賞。1972年刊『アフガニスタンの山と人』（長崎大学学士山岳会編）を分担執筆。離島勤務の頃から自然とくらしを撮りはじめ、その後、諫早勤務になり、1972年以降は諫早湾と有明海の漁とくらしを撮り続けている。

1989年、『中尾勘悟写真集:有明海の漁』（葦書房）を自費出版。同時に、IWAPRO（註17）が製作した有明海の記録映画製作にも関わり、コーディネートと監修を担当、それ以後も4本の有明海記録映画に関わる。1996年、FUKUOKA STYLE Vol.16『有明海大全』の編集に関わる。2000～2004年、日韓共同干潟調査の干潟文化班に参加、干潟と漁村のくらしを撮影。2008年の春と夏、WWFJapanが主催する「黄海エコリージョン支援プロジェクト」（パナソニック株式会社が支援）の視察団に同行、中国渤海湾沿岸、韓国インチョン周辺の漁村と干潟を撮影、「黄海多様な命のかがやき」写真展（WWFJapan、パナソニック株式会社が企画）を東京、北京、大阪、ソウルなどで開く。また、「有明海の漁とくらし」写真展を、東京、静岡、北九州、福岡、佐賀、武雄、鹿島などで開く。2011年春、長崎県大村市から佐賀県鹿島市へ移住。2018年9月、東京大学中島ホールで2018年「有明海の再生に向けた東京シンポジウム」の開催に合わせて写真展「有明海と諫早湾の今昔」を開く。有明海をテーマにした映像収録などのコーディネートもおこなうほか、『佐賀新聞』に写真コラム「有明海点描」を毎月掲載中。

久保 正敏（くぼ まさとし）

1949年兵庫県尼崎市生まれ。京都大学工学部大学院修士課程修了、工学博士（京都大学）。京都大学、国立民族学博物館に勤務、2015年に定年退職、国立民族学博物館名誉教授。京都大学時代の専攻はマルチマイクロプロセッサ・システムを用いた画像情報処理、国立民族学博物館に着任後は専攻を民族情報学に変更し、博物館資料情報のデータベース形成、関係するすべての人びとの間で文化資料データベースを共有・共創するための情報化方策、オーストラリア先住民文化の情報学的分析、旅文化に焦点を当てた昭和歌謡曲の歌詞分析、などの研究をとおして、人文社会科学と情報学の互恵的な相互浸透を図ろうと考えてきた。その過程で、文化人類学のようなミクロな視点による研究、及び、社会学や経済学のようなマクロな視点による研究が、協働することによって互恵的効果が得られる可能性に気づき、自然科学系、人文社会科学系を問わず、「ミクロ-マクロ往還」「木を見て森も見る」研究スタイルの必要性を唱えてきた。

主な著書に、1995年『コンピュータ・ドリーミング：オーストラリア・アボリジニ世界への旅』（明石書店）、1996年『マルチメディア時代の起点：イメージからみるメディア』（NHKブックス）、2014年『映像人類学：人類学の新たな実践へ』（せりか書房、村尾静二・箭内匡との共編著）、2015年『バウィナンガ・アボリジナル組合の議事録（1978～1994）から見る対アボリジニ政策とインフラ整備の歴史：マニングリダと周辺アウトステーションの活動史』（国立民族学博物館、堀江保範との共著）。現在は、国立民族学博物館を支援して、文化人類学・民族学の広報普及活動や社会連携諸活動をおこなう、公益財団法人 千里文化財団に勤務（非常勤）。

有明海のウナギは語る——食と生態系の未来

2023年3月1日　初版発行

著　者　中尾 勘悟
編著者　久保 正敏
装丁　山本 圭吾（千里文化財団）
印刷・製本　研文社

発　行　公益財団法人 千里文化財団
〒565-8511 大阪府吹田市千里万博公園10-1
Tel 06-6877-8893 Fax 06-6878-3716
https://www.senri-f.or.jp/shop/

発　売　株式会社 河出書房新社
〒151-0051 東京都渋谷区千駄ヶ谷2-32-2
Tel 03-3404-1201（営業）
https://www.kawade.co.jp/

Printed in Japan　ISBN978-4-309-92253-9